ENCYCLOPÉDIE
DES
TRAVAUX PUBLICS

Fondée par M.-C. LECHALAS, Inspecteur général des Ponts et Chaussées
Médaille d'or à l'Exposition universelle de 1889

ARCHITECTURE & CONSTRUCTIONS CIVILES

COUVERTURE
DES ÉDIFICES

ARDOISES, TUILES, MÉTAUX, MATIÈRES DIVERSES.
CHÉNEAUX & DESCENTES

PAR

J. DENFER
ARCHITECTE
PROFESSEUR A L'ÉCOLE CENTRALE

PARIS
GAUTHIER-VILLARS ET FILS, IMPRIMEURS-LIBRAIRES
DU BUREAU DES LONGITUDES, DE L'ÉCOLE POLYTECHNIQUE, ETC.
Quai des Grands-Augustins, 55

ENCYCLOPÉDIE DES TRAVAUX PUBLICS

COUVERTURE DES ÉDIFICES

Tous les exemplaires de l'ouvrage de M. Denfer :
ARCHITECTURE ET CONSTRUCTIONS CIVILES
COUVERTURE DES ÉDIFICES
devront être revêtus de la signature de l'auteur :

ENCYCLOPÉDIE
DES
TRAVAUX PUBLICS

Fondée par M.-C. Lechalas, Inspecteur général des Ponts et Chaussées
Médaille d'or à l'Exposition universelle de 1889

ARCHITECTURE & CONSTRUCTIONS CIVILES

COUVERTURE

DES ÉDIFICES

ARDOISES, TUILES, MÉTAUX, MATIÈRES DIVERSES.
CHÉNEAUX & DESCENTES

PAR

J. DENFER

ARCHITECTE
PROFESSEUR A L'ÉCOLE CENTRALE

PARIS
GAUTHIER-VILLARS ET FILS, IMPRIMEURS-LIBRAIRES
DU BUREAU DES LONGITUDES, DE L'ÉCOLE POLYTECHNIQUE, ETC.
Quai des Grands-Augustins, 55

—

1893
Tous droits réservés

CHAPITRE PREMIER

CONSIDÉRATIONS GÉNÉRALES

SOMMAIRE :

1. But de la couverture. — 2. Classement des matériaux employés. — 3. Ouvriers employés aux travaux de couverture. — 4. Pente à donner aux toitures. — 5. Tableau de la correspondance des degrés et des pentes par mètre, avec le développement des toitures par mètre de projection horizontale. — 6. Tableau comparatif des poids par mètre et des pentes nécessaires aux divers genres de couvertures. — 7. Conditions que doivent remplir les couvertures. — 8. Formes diverses qu'affectent les toitures. Combles à une et deux pentes. — 9. Combles de forme dite à la Mansard. — 10. Modes de liaison des combles des bâtiments contigüs. — 11. Combles d'usines dits Sheds. — 12. Groupement des combles des bâtiments divers d'un même établissement. — 13. Couverture des Pavillons, toitures carrées, rectangulaires, polygonales. — 14. Toitures cylindriques, dômes. — 15. Combles coniques. — 16. Coupoles de révolution. — 17. Voligeage et lattis. — 18. Des usages en couverture. — 19. Accès et circulation sur les toitures. — 20. Législation relative aux toitures.

CHAPITRE PREMIER

CONSIDÉRATIONS GÉNÉRALES

1. But de la couverture. — La couverture comprend :

1° La connaissance des matériaux dont on dispose pour préserver les bâtiments des intempéries, de la pluie principalement, et former ce que l'on nomme la toiture.

2° L'étude des meilleurs procédés d'emploi et d'assemblage de ces matériaux.

La couverture s'occupe aussi des moyens de recueillir les eaux ramassées par les toitures et de les amener au sol sans dommages pour les constructions. Elle comprend donc l'étude des gouttières, chéneaux et tuyaux de descente.

Le mot *couverture* s'emploie également :

soit pour désigner l'ensemble des travaux de protection d'un bâtiment,

soit pour nommer le corps d'état qui s'occupe spécialement de ces travaux.

2. Classement des matériaux employés. — Les matières qu'on peut affecter à la protection des édifices sont très variées, on peut les grouper de la façon suivante :

1° *Matériaux schisteux*. — Comprenant les ardoises et les laves ;

2° *Matériaux de maçonnerie*. — Pierres taillées, ciments asphaltes ;

3° *Produits céramiques*. — Les tuiles de toutes sortes ;

4° *Matériaux de vitrerie*. — Vitres et glaces ;

5° *Métaux* en feuilles minces ou fondus de formes convenables, tels que le zinc, le plomb, le cuivre, la tôle, la fonte ;

6° *Matériaux ligneux*. — Bois, papier, carton, feutre, chaume.

3. Ouvriers employés aux travaux de couverture. — La couverture emploie un certain nombre d'ouvriers différents, ayant chacun sa spécialité, obtenant ainsi par la division du travail une grande expérience et une habileté consommée.

Les *Couvreurs* sont ceux qui posent plus spécialement la tuile et l'ardoise. Ils sont toujours servis chacun par un aide qui amène et prépare tous matériaux et outils.

Les *Plombiers* s'occupent principalement des couvertures en plomb, en même temps que des autres ouvrages de plomberie que peut réclamer l'intérieur d'un bâtiment. Comme les couvreurs, ils sont servis par des aides en nombre égal.

Les *Zingueurs* s'occupent des travaux de zincage de toutes sortes, ils sont aidés par des garçons zingueurs.

Chacune de ces catégories d'ouvriers a des outils variables suivant le genre d'ouvrages qu'elle exécute. A chaque chapitre, les principaux d'entre ces outils seront passés en revue.

4. De la pente des toitures. — Les toitures ont leur surface extérieure disposée en pente plus ou moins rapide. Cette pente a pour but, non seulement de permettre aux eaux de pluie un écoulement convenable, mais encore de faire égoutter et sécher vivement certains matériaux et les rendre insensibles à des gelées subséquentes, de les maintenir en même temps dans un état constant de propreté qui les préserve de l'envahissement des végétations cryptogamiques.

La pente des couvertures s'évalue, soit en degrés mesurant l'angle avec l'horizontale de la ligne de plus grande

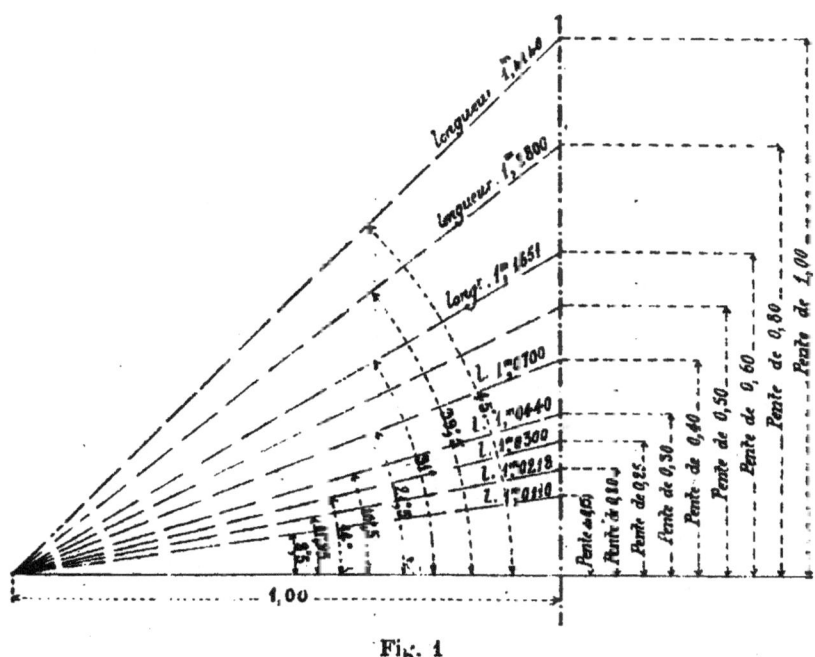

Fig. 1

pente des pans, soit par la hauteur verticale correspondant à 1 mètre de projection de cette ligne de plus grande pente. C'est ce que l'on nomme la pente par mètre.

Cette pente par mètre est la tangente trigonométrique naturelle de l'angle d'inclinaison de la toiture.

Il est intéressant dans nombre de cas de passer rapidement de la pente en degrés à la pente par mètre et réciproquement. Le tableau suivant donne immédiatement la correspondance de ces deux chiffres pour tous les angles, de degré en degré, depuis 0° jusqu'à 90°.

Il donne en même temps un autre renseignement très utile, savoir le développement de la toiture pour chaque degré, par mètre carré de projection horizontale.

Tableau de la correspondance des degrés et des pentes par mètre, avec le développement des toitures par mètre de projection horizontale.

Degrés	Pente par mètre	Développement par mèt. de projection	Degrés	Pente par mètre	Développement par mèt. de projection	Degrés	Pente par mètre	Développement par mètre de projection
1°	0m,0175	1m,0004	31°	0m,6009	1m,1666	61°	1m,8045	2m,0627
2	0, 0349	1, 0006	32	0, 6249	1, 1792	62	1, 8808	2, 1301
3	0, 0524	1, 0014	33	0, 6494	1, 1924	63	1, 9626	2, 2030
4	0, 0699	1, 0024	34	0, 6745	1, 2062	64	2, 0503	2, 2813
5	0, 0875	1, 0038	35	0, 7002	1, 2208	65	2, 1445	2, 3664
6	0, 1051	1, 0055	36	0, 7265	1, 2361	66	2, 2450	2, 4584
7	0, 1228	1, 0075	37	0, 7536	1, 2521	67	2, 3559	2, 5593
8	0, 1405	1, 0098	38	0, 7813	1, 2690	68	2, 4750	2, 6692
9	0, 1584	1, 0125	39	0, 8098	1, 2868	69	2, 6051	2, 7903
10	0, 1764	1, 0154	40	0, 8391	1, 3054	70	2, 7474	2, 9239
11	0, 1944	1, 0187	41	0, 8693	1, 3250	71	2, 9042	3, 0717
12	0, 2126	1, 0223	42	0, 9004	1, 3457	72	3, 0777	3, 2360
13	0, 2309	1, 0263	43	0, 9325	1, 3673	73	3, 2709	3, 4203
14	0, 2493	1, 0306	44	0, 9657	1, 3902	74	3, 4874	3, 6280
15	0, 2680	1, 0353	45	1, 0000	1, 4142	75	3, 7321	3, 8638
16	0, 2868	1, 0403	46	1, 0355	1, 4395	76	4, 0108	4, 1338
17	0, 3057	1, 0457	47	1, 0724	1, 4663	77	4, 3315	4, 4457
18	0, 3249	1, 0515	48	1, 1106	1, 4945	78	4, 7047	4, 8098
19	0, 3443	1, 0576	49	1, 1504	1, 5243	79	5, 1446	5, 2410
20	0, 3640	1, 0642	50	1, 1918	1, 5557	80	5, 6712	5, 7589
21	0, 3839	1, 0711	51	1, 2349	1, 5890	81	6, 3137	6, 3928
22	0, 4040	1, 0785	52	1, 2799	1, 6243	82	7, 1154	7, 1853
23	0, 4245	1, 0864	53	1, 3270	1, 6616	83	8, 1443	8, 2057
24	0, 4452	1, 0947	54	1, 3764	1, 7013	84	9, 5144	9, 5666
25	0, 4663	1, 1034	55	1, 4281	1, 7435	85	11, 4301	11, 4739
26	0, 4877	1, 1126	56	1, 4825	1, 7883	86	14, 3007	14, 3355
27	0, 5095	1, 1223	57	1, 5399	1, 8361	87	19, 0811	19, 1077
28	0, 5317	1, 1326	58	1, 6003	1, 8871	88	28, 6367	28, 6534
29	0, 5548	1, 1433	59	1, 6645	1, 9416	89	57, 2900	57, 2982
30	0, 5774	1, 1547	60	1, 7320	2, 0000	90	∞	∞

La *fig.* 1 représente graphiquement quelques-unes des pentes les plus usuelles avec leurs correspondances en degrés et la longueur de la partie inclinée. Elle permet de juger plus facilement des inclinaisons dont on a besoin pour les études que l'on fait.

6. Pentes nécessaires aux divers genres de couverture. — Les divers matériaux de couverture demandent chacun une pente particulière, en raison du mode d'assemblage et de liaison qui lui sont propres, et en raison aussi de l'état de sa surface extérieure, de la porosité dont elle est susceptible, et de sa résistance aux agents atmosphériques, surtout en présence de l'humidité.

Les métaux demanderont une pente faible ; les tuiles mécaniques de bonne qualité viendront après ; les tuiles plates demanderont des pans plus raides pour être étanches ; les ardoises, tout en ayant le même mode de liaison, exigeront une inclinaison encore plus forte pour résister aux vents, lorsqu'elles ne seront pas retenues par des crochets. Enfin les couvertures en matériaux ligneux viennent en dernier ; en raison de leur facile absorption de l'eau, ces matières demandent une pente très forte et leur mode d'attache leur permet de recouvrir des pans complètement verticaux.

Certains matériaux, comme les tuiles, ne sont pas disposés pour des pentes trop raides, leurs crochets d'attache quitteraient le lattis ; ils ne peuvent par suite dépasser une pente maximum.

Les renseignements sur la pente exigée par les diverses couvertures sont consignés dans le tableau ci-après, qui donne en même temps le poids propre de chacune de ces sortes de matériaux par mètre de surface mesurée suivant le rampant.

Tableau des pentes nécessaires aux divers matériaux de couverture.

Désignation des matériaux	Pente minimum		Pente maximum		Poids par mèt. de couverture	Observations
	en degrés	par mèt. de projection	en degrés	par mèt. de projection		
Ardoises clouées	40°	0m,83	90°	verticale	20 à 30 k.	
Ardoises avec crochets	30	0, 58	90	Id.		
Pierres taillées	30	0, 58	90	Id.	variable	
Enduit de ciment	3	0, 05	90	Id.	Id.	
Enduit d'asphalte	4	0, 07	60	1,75	Id.	
Tuiles plates de Bourgogne grand moule	40	0, 84	60	1,75	90 k.	
Tuiles plates de Bourgogne petit moule	45	1, 00	60	1,75	88	
Tuiles de pays	45	1, 00	60	1,75	88	
Tuiles creuses	27	0, 50	60	1,75	100	
» flamandes	27	0, 50	60	1,75	100	
» Courtois	37	0, 75	60	1,75	45	
» Josson grand moule	31	0, 60	60	1,75	51	
» Josson petit moule	37	0, 75	60	1,75	40	
Mécaniques Gilardoni	20	0, 36	60	1,75	40	
Mécaniques Muller	20	0, 36	60	1,75	45	
» Royaux	27	0, 50	60	1,75	35	
» Boulet	37	0, 75	60	1,75	32	
Muller à écailles	45	1, 00	60	1,75	41	
Muller fer de lance	45	1, 00	60	1,75	32	
Suisse dite de montagne	37	0, 75	60	1,75	40	
Verre avec joints	10	0, 17	90	verticale	5 à 6 k.	
» sans joints	4	0, 07	90	Id.		
Zinc à ressauts	5	0, 09	90	Id.	10 k.	les ressauts en plus
» agrafé	10	0, 18	90	Id.		
Plomb sans joints	5	0, 09	60	1,75	35	
» avec joints	10	0, 18	60	1,75		
Cuivre	10	0, 18	90	verticale	10	
Tôle galvanisée	9	0, 16	90	Id.	10 à 12	
Ardoises métalliques	17	0, 30	90	Id.	10	
Bardeaux de bois	45	1, 00	90	Id.	30	
Chaumes et roseaux	60	1, 73	80	5,70	20	
Papier goudronné	40	0, 84	90	verticale	5 à 15	
Carton goudronné	40	0, 84	90	Id.		
Feutre goudronné	40	0, 84	90	Id.		

7. Conditions que doivent remplir les couvertures. — Les couvertures bien établies doivent remplir les conditions suivantes :

1° Être complètement imperméables — l'humidité qui les traverserait pourrissant les charpentes et étant toujours nuisible dans les batiments qu'il s'agit de protéger ;

2° Être légères, pour ne pas surcharger les charpentes ni exiger une dépense de renforcement de celles-ci ;

3° Résister à l'action des vents dans tous les sens, quelque violents qu'ils puissent être ;

4° Se prêter à toutes les dilatations dues aux variations de la température extérieure ;

5° Sécher très vivement dès que la pluie cesse ;

6° Être aussi économiques que possible ;

7° Demander le minimum d'entretien ;

8° Protéger le batiment contre les incendies qui peuvent se produire dans le voisinage. C'est un des grands inconvénients des matériaux ligneux de ne pas remplir cette dernière condition.

On verra, dans les chapitres qui vont suivre, comment chacun des genres de couvertures dont il sera question peut satisfaire à ces différentes règles.

8. Des formes diverses qu'affectent les toitures. — Les toitures peuvent avoir des formes très variées, suivant l'apparence que l'on veut donner aux bâtiments, la quantité de pluie de la région, la fréquence ou la violence des vents, la nature des matériaux le plus économiquement disponibles.

Ordinairement on se contente de plans inclinés dans différents sens :

Un batiment couvert par une seule surface plane est nommé un *appentis*. — Le pan unique de toiture qui en résulte se termine au droit du mur le plus bas, du *mur de goutte* comme on l'appelle, par une rive horizontale *a.b.* qui porte le nom *d'égout*. En haut, une autre ligne horizontale le limite : c'est *le faitage cd*.

La toiture est dite à *un égout* ; elle est représentée par la *fig*. 2.

La ligne de plus grande pente *a'c'* est l'inclinaison de la toiture. Dans cette *fig*. 2 le pan unique est limité par les deux

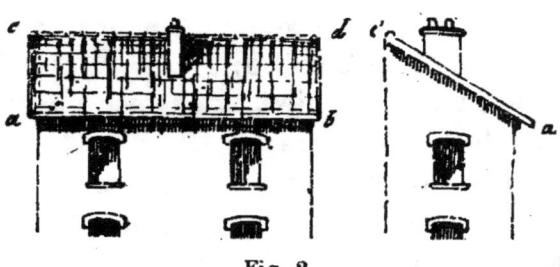

Fig. 2

pignons extrêmes, il les recouvre en les dépassant un peu.

Si le bâtiment est couvert par une toiture formée de deux plans inclinés comme dans la *fig*. 3, on dit que la cou-

Fig. 3

verture est à deux égouts ; les deux murs bas opposés sont les murs de goutte ; ils sont presque toujours arrêtés à la même hauteur.

La ligne de faitage est alors, située au milieu du bâtiment, plus ou moins exactement.

Les pentes des deux versants peuvent être égales et symétriques comme dans le cas présent, où la façade principale est en pignon ; elles pourraient être différentes si les façades longitudinales des murs de goutte étaient les plus importantes.

Les toitures à deux pentes planes sont de beaucoup les plus répandues en raison de l'économie qui résulte de cette forme simple.

Lorsque les bâtiments sont isolés, tous les murs extérieurs du rectangle formé par la construction peuvent former murs de gouttes, il y a alors quatre pans de toiture,

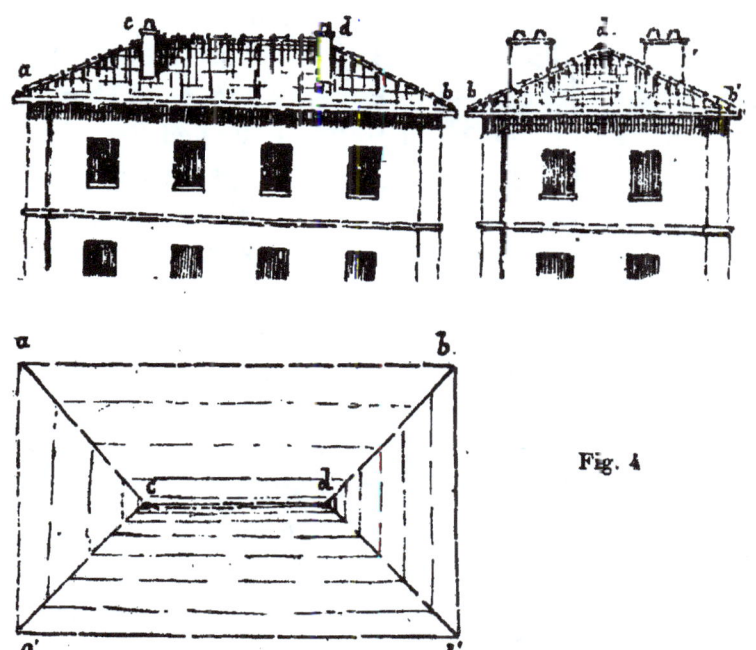

Fig. 4

deux longitudinaux et deux transversaux, et formation de deux croupes.

La *fig.* 4 rend compte de cette disposition.

Les égouts forment une ceinture complète de niveau $ab\ a'b'$ tout autour du batiment *fig.* 4.

Le faîtage se réduit à cd. Les faîtages inclinés tels que ac, db, etc. se nomment les *arétiers*.

Les 4 pans peuvent avoir même inclinaison.

Quelquefois la construction de la charpente exige que les fermes de croupe tombent sur un trumeau ; il en résulte des pentes différentes pour les pans longitudinaux ou *longs pans* d'une part, et les pans transversaux ou *pans de croupes*, de l'autre.

Dans bien des bâtiments les couvertures dépassent les murs de face en les recouvrant. Il en résulte une protection très efficace ; les eaux sont recueillies au dehors par des gouttières, et, si ces dernières ne fonctionnent pas bien, le débord a lieu à l'extérieur, sans dommage pour l'édifice.

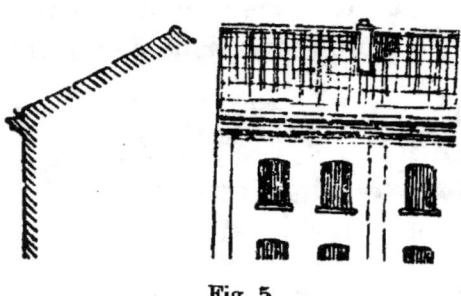

Fig. 5

Ces toitures à égout saillant sont donc très avantageuses, et d'ordinaire sont en plus très économiques. Les *fig.* 2, 3 et 4 montrent des bâtiments à égout saillant.

Lorsque l'avancement du toit est considérable, de 1 à 4 ou 5 mètres, il porte le nom de *queue de vache*.

Bien souvent aussi, on est conduit par l'étude de la forme, de la silhouette, du profil du bâtiment que l'on projette, à renfermer toute la toiture dans l'intérieur des murs de face et on surmonte ces derniers de canaux d'écoulement d'eau, qui prennent alors plus spécialement le nom de chéneaux.

Les murs sont moins protégés. On indiquera dans le chapitre des chéneaux et gouttières, tous les procédés et toutes les précautions qu'il faut prendre pour éviter, en cas de fuite ou de débord, la moindre pénétration d'eau à l'intérieur.

La forme de ces toitures est indiquée en coupe et en élévations *fig.* 5.

9. Combles de formes dites à la Mansard. — La *fig.* 6 donne le profil d'une toiture à la Mansard.

Elle peut être en appentis et correspondre à un bâtiment simple en profondeur, ou à deux pentes, auquel cas presque toujours elle couvre un bâtiment double. Chaque pente est formée de deux pans plans : l'un part du mur de goutte, a une pente raide, et comprend un étage habitable de hauteur suffisante ; l'autre, au-dessus, ne sert plus que de couverture et est aussi plat que le permettent les matériaux dont on dispose. — Le pan raide porte le nom de *bris*, le pan du haut est le *terrasson*, et l'arête séparative des deux, ordinairement accusée par une forte moulure, porte le nom de *membron*.

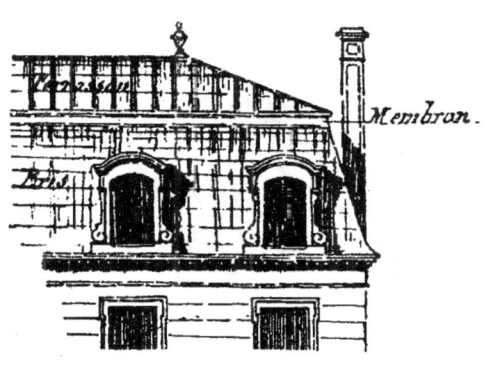

Fig. 6

Le bris se raccorde avec le canal des eaux, gouttière ou chéneau, placé au niveau de la corniche qui passe au devant de toutes les lucarnes.

La forme de toiture à la Mansard peut s'arrêter directe-

Fig. 7

ment le long de deux pignons latéraux qui l'amortissent brusquement. Dans d'autres circonstances, lorsque le bâtiment est isolé et doit avoir toutes ses faces soignées, on retourne le profil brisé sur les murs latéraux de manière à avoir sur toutes les faces un mur de goutte de niveau et à former deux croupes doubles, (partie de bris et partie de terrasson) ; on a alors à couvrir des arêtiers de bris et des arêtiers de terrasson.

La *fig*. 7 représente la façade longitudinale et la façade latérale d'un comble Mansard à deux croupes.

Fig. 8

10. Mode de liaison des combles de bâtiments contigus. — Deux bâtiments contigus peuvent avoir leurs toitures en pénétration, comme dans la *fig*. 8. De l'intersection de pans voisins il résulte des arêtes rentrantes telles que *ef* que l'on appelle des *noues*, de même que les arêtes saillantes sont nommées *arêtiers*.

Les noues doivent, pour être absolument étanches, être construites avec beaucoup d'attention. Les eaux tendent à s'éloigner des arêtiers formant points de partage des versants ; mais elles viennent au contraire des pans voisins concourir aux noues, s'y accumuler et y trouver écoulement. Les noues forment de véritables chéneaux.

Ordinairement leurs fortes pentes facilitent ces écoulements d'eau.

Il faut absolument éviter dans les bâtiments destinés à l'habitation, les chéneaux à faible pente traversant transversalement, et recevant les eaux de deux constructions contiguës. Un tel chéneau, comme celui qui serait établi en *m*, *fig*. 9, entre le corps de logis *a* et la construction *b* donnerait lieu à des mécomptes quel que bien établi qu'il fût.

Il y a en effet des circonstances qui se présentent l'hiver où un chéneau, même en très bon état, donne nécessairement des fuites, et la moindre parcelle d'eau pénétrant dans la maison y imbibe les maçonneries, humidifie les peintures, sèche lentement, produit des taches ineffaçables, des moisissures, et oblige à des réparations onéreuses et à des réassortiments de tentures difficiles.

Le résultat se produira inévitablement en temps de

Fig. 9

neige. Celle-ci s'accumulera dans le chéneau encaissé m, s'y tassera, et formera des barrages longs à fondre. — Or, si la fonte de la neige vient à commencer, soit par la chaleur perdue de l'intérieur du bâtiment, soit par une pluie douce, l'eau produite, arrêtée par le barrage, s'accumulera, son niveau s'élèvera et en peu de temps il y aura un débord qui inondera l'intérieur.

On ne peut éviter cet accident qu'en enlevant les neiges à mesure qu'elles se produisent. Mais il y a une difficulté pratique à opérer cet enlèvement, et peut-on répondre qu'il n'y aura pas négligence ?

Toutes les fois qu'on le pourra, on évitera donc ces encaissements et on amènera les toitures en pénétration.

Si on a besoin de conserver la silhouette des toitures de la *fig.* 9, on prendra un moyen terme, qui consistera à construire entre les deux toitures des bâtiments a et b un petit comble de raccord. Ce comble se projette en élévation suivant la ligne ponctuée ab qui représente son faîtage ; dans la coupe oo' il se profile suivant la ligne également ponctuée cde. On donne à ce comble, qui forme une large noue, une pente telle que les neiges ne puissent s'y accumuler, et de l'extérieur ce raccord est peu visible.

On prend une disposition analogue dans les encaissements qui accompagnent les souches de cheminée, ou dans ceux que l'on pourrait établir le long du mur d'une construction voisine plus élevée.

11. Combles d'usines dits Sheds. — Presque toujours les combles à pentes opposées présentent des deux côtés la même inclinaison, et cette inclinaison dépend des matériaux de couverture adoptés.

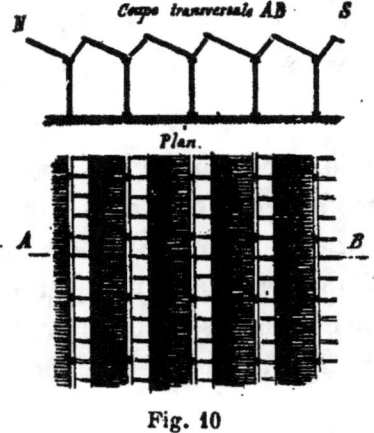

Fig. 10

Il n'en est cependant pas toujours ainsi. Depuis une quarantaine d'années, dans les constructions industrielles à rez-de-chaussée où l'éclairage se fait par le haut, au moyen de baies spéciales percées dans la toiture, on a reconnu que les toitures à pentes égales donnaient forcément un éclairage irrégulier et on a été conduit à la forme rationnelle appelée du nom anglais de *shed* : et souvent aussi de celui de *toitures en dents de scie*. Cette forme est représentée en coupe transversale et en plan dans la *fig.* 10.

Qu'on imagine une série de hangars, à petite portée ordinairement, parallèles et adossés, couvrant un espace aussi grand qu'on veut dans chaque sens. — Ces hangars sont séparés par des chéneaux parallèles. Chacun d'eux est couvert par un toit à deux pentes ; son faîtage est donc parallèle aux cheneaux. Les deux pentes n'ont ni la même destination ni la même couverture, les bâtiments sont orientés de telle sorte qu'une des faces du comble, celle à pente raide, entièrement ou partiellement vitrée, se trouve exposée au Nord, tandis que l'autre face complètement pleine, couverte de matériaux opaques, n'admette aucune baie d'éclairage. Il en résulte que dans aucun cas les rayons directs du soleil ne peuvent pénétrer dans l'atelier ; chaque hangar est éclairé de la même manière, et on peut diminuer la distance des chèneaux autant qu'on le veut ; plus on la diminue, plus l'éclairage est uniforme et régulier.

Dans beaucoup d'industries ces sortes de combles rendent de très grands services ; aussi se sont-ils répandus dans toutes les régions manufacturières.

12. Groupement des combles des bâtiments divers d'un même établissement. — Dans les groupes de bâtiments qui forment un même établissement et qui concourent à un même but, il y a lieu de donner de l'unité à l'ensemble des toitures ; ordinairement on adopte un genre unique de matériaux imperméables, et ce choix amène à une inclinaison uniforme des pans recouverts ; il en résulte une heureuse harmonie de l'ensemble. La décoration seule fait varier l'aspect des différents bâtiments partiels et leur donne l'importance relative que mérite chacun d'eux, suivant le rôle qu'il doit jouer, suivant la destination spéciale qu'on lui donne.

Des pentes diverses dans les toitures de bâtiments d'un même groupe, de même que des matériaux variés font ordinairement mauvais effet ; il en résulte une apparence de désordre et de manque d'études qui choque d'autant plus que les constructions ainsi dépareillées ont à satisfaire à des destinations plus rapprochées.

Cependant, on peut faire varier légèrement certaines inclinaisons suivant des besoins spéciaux de construction ou même de distribution, à la condition expresse qu'il ne résulte de la disposition adoptée pour le groupement général aucune discordance de lignes accusant cette variation. Si aucune discordance de ce genre n'existe, l'œil admet souvent des différences assez fortes sans y prêtel attention ; le tout est affaire d'étude et de jugement.

13. Couverture des pavillons. — On nomme pavillon un bâtiment détaché, au moins à sa partie supérieure et dont les deux façades contiguës, ne diffèrent pas beaucoup de longueur.

Fig. 11

Si le plan est un rectangle, et que l'on adopte une pente uniforme pour les quatre versants de toiture qui vont le couvrir, il en résultera un faîtage court à la partie haute, ainsi que le montre l'exemple de la *fig.* 11 et le plan à petite échelle qui suit, *fig.* 12.

Il y a une chose à remarquer, qui est bien importante à signaler et qui se produit pour peu que les murs du pavillon soient un peu élevés, c'est que le comble ne présentera jamais en réalité l'apparence qu'on a cru lui donner dans l'étude de la façade en projection orthogonale. — A moins qu'on ne l'aperçoive de très loin, les pans du toit fuyant en tous sens lui font perde beaucoup de hauteur et en apparence il diminue beaucoup de volume.

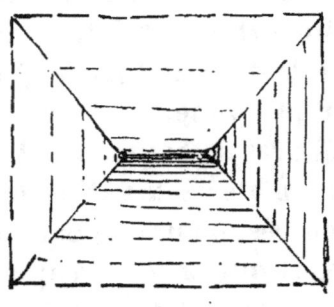

Fig. 12

On doit donc, dans l'étude de la forme d'un tel comble, en exagérer notablement la hauteur sur la projection orthogonale, en raison de la grande perte de valeur que le comble construit éprouvera dans l'espace.

Les procédés de couverture des bâtiments ordinaires s'appliqueront aux pavillons de ce genre, souvent avec un plus grand luxe d'ornementation; les arêtiers seront construits en relief; les extrémités du faîtage seront armés *d'épis saillants* comprenant entre eux une crête découpée. Les raccords de toutes sortes seront étudiés comme forme pour concourir utilement à la décoration générale.

Si le pavillon est établi sur plan carré, la toiture se réduit à une pyramide quadrangulaire dont le somme est orné d'un épi et terminée souvent par un paratonnerre. La même observation qui a été faite pour les pavillons précédents s'applique de la même façon aux pavillons carrés. Ils perdent toujours beaucoup d'importance en exécution et d'autant plus que le côté du carré est plus large et que la hauteur est plus réduite.

Fig. 13

Lorsque les toits du pavillon carré surmontent une tour, un clocher, on arrive à leur donner une pente considérable et par suite une grande hauteur. Ils portent alors le nom de flèche.

La *fig*. 13 donne l'élévation d'une flèche de ce genre surmontant le clocher d'une église.

Dans ces sortes de toitures exposées aux grands vents, en raison de leur hauteur et de leur isolement, il y a lieu de soigner particulièrement la couverture pour la rendre capable de résister à ces efforts souvent très développés.

Le pavillon peut être établi sur plan polygonal ordinairement régulier, et lorsqu'il a une étendue considérable et un grand nombre de côté, il porte le nom de *rotonde*.

La toiture d'une rotonde présente la forme d'une pyramide d'un nombre de côtés égal à celui du périmètre à couvrir, et les arêtes saillantes sont accusées dans la couverture. Chaque pan présente la forme d'un triangle dont le sommet est sur l'axe vertical de l'édifice. Presque toujours la pyramide est tronquée près de son sommet et agrémentée d'une lanterne polygonale ; cela rend la silhouette plus agréble à l'extérieur, tout en permettant à l'intérieur un éclairage vertical et une ventilation plus commode.

14. Toitures cylindriques. — Toutes les couvertures ne sont pas composées des parties planes, quoique ces dernières soient les plus économiques. On est conduit souvent à adopter une surface courbe, par des considérations d'un

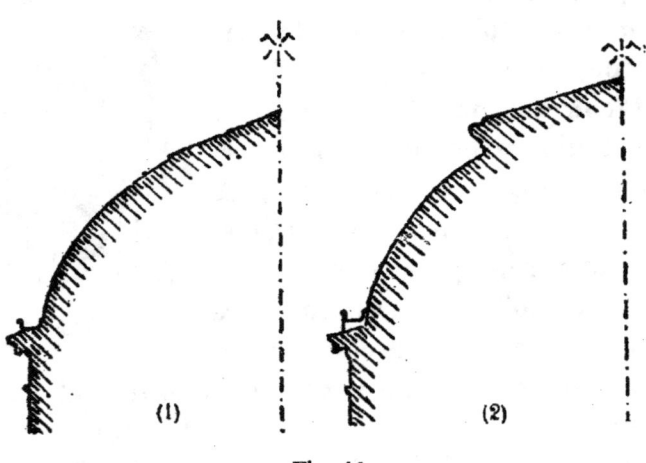

Fig. 14

autre ordre, soit la recherche de l'aspect extérieur, soit l'obligation de rentrer dans un gabarrit réglementaire, tout en profitant complètement des profils permis.

Les toitures de surface courbe peuvent rentrer dans deux catégories : celles formées de surfaces développables, cylindres ou cônes, et celles qui ne sont pas développables.

Les toitures cylindriques sont les plus nombreuses. Elles remplacent souvent dans les villes le profil à la Mansard. L'axe du cylindre coïncide le plus souvent avec la retombée du comble sur le haut du mur de goutte, et l'arc adopté s'arrête à la partie haute, au point où la pente cesse d'être praticable pour le genre de couverture qui est adopté ; à partir de ce point, le comble se continue par un pan droit qui conserve cette inclinaison minimum.

Le bâtiment, qu'il soit en appentis, c'est-à-dire simple en profondeur ou à deux pentes et double, présente alors le premier profil de la *fig.* 14 ; d'autres fois, comme dans le second croquis de cette même figure 14, le comble prend le profil d'un comble à la Mansard dont le pan de bris serait curviligne.

Dans ses sortes de combles, les matériaux doivent être choisis convenablement pour se prêter à cette forme cintrée et doivent s'accommoder de la diversité des pentes qu'elle présente. Ceux qui se prêtent le mieux à ces variations sont les ardoises, en raison de leurs petites dimensions, ou les feuilles métalliques, en raison de leur flexibilité.

Fig. 15

Les pavillons se recouvrent souvent par des pans curvilignes sur chacune des faces, il en résulte une forme connue sous le nom de *Dôme cylindrique*.

Les quatre cylindres déterminent par leurs intersections des arêtiers courbes que l'on orne plus ou moins suivant l'importance de la couverture.

La partie haute ne se raccorde pas d'ordinaire suivant un faîtage linéaire. Le plus souvent on crée dans cette partie, au moyen de membrons ornés, un terrasson de peu de développement, mais qui termine mieux l'ensemble.

La *fig.* 13 rend compte d'un toit en dôme ainsi disposé au-dessus d'un pavillon rectangulaire.

15. Combles coniques. — Les combles coniques sont plus rares : on n'en voit guère d'exemples que dans les couvertures de tours et de tourelles.

Fig. 16

Ils sont ordinairement aigus et leur sommet est terminé par un épi plus ou moins orné.

La couverture est presque toujours en ardoise qui se prête à tous les changements de forme, soit en largeur, soit en hauteur, nécessités par la forme de la surface.

D'autres fois, on remplace les ardoises par des plaquettes de plomb de même forme et posées de même. A la partie haute, lorsque le diamètre est diminué suffisamment pour rendre les ardoises ordinaires ou métalliques impossibles, on termine la couverture par un revêtement conique en plomb d'une ou de plusieurs pièces superposées.

La *fig.* 14 donne l'aspect d'une couverture conique surmontant un clocher circulaire en plan.

16. Coupoles de révolution. — Les autres couvertures en surfaces courbes sont presque toujours des surfaces de révolution appliquées au revêtement des coupoles et qui portent le nom de dômes sphériques.

Elles sont engendrées, ces surfaces, par la rotation autour d'un axe vertical, d'un arc de cercle, d'ellipse ou de parabole. On n'utilise que la partie de courbe qui a une inclinaison en rapport avec les matériaux adoptés.

Cette couverture est généralement composée de feuilles métalliques cuivre, plomb ou zinc, qui se prêtent au mieux à prendre les formes de la double courbure extérieure. On les dispose suivant des bandes méridiennes de largeur variable et séparées par des saillies disposées suivant des méridiens régulièrement distancés. — Les dômes de coupoles se terminent à leur partie haute par des campaniles surmontés eux-mêmes d'un toit conique plus ou moins aigu ; la *fig*. 17 donne la forme ordinaire des coupoles.

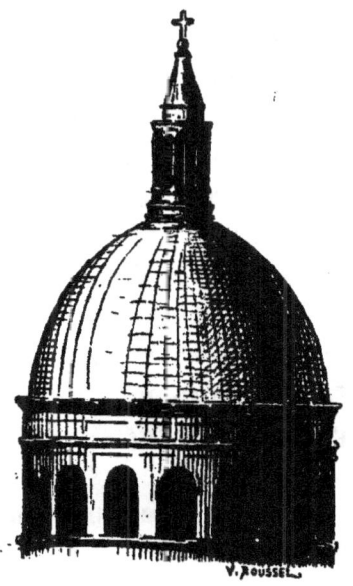

Fig. 17

17. Voligeage et lattis.
— Les matériaux de couverture demandent pour se poser et se fixer une surface supérieure ordinairement continue et capable de les recevoir.

La surface la plus commode pour porter et fixer la couverture est un plancher général en bois, nommé voligeage ; les frises qui le composent, appelées voliges, se posent les unes près des autres, jointives et à plat joint. Ce n'est que pour les couvertures très soignées qu'on assemble leurs rives contiguës à languettes et rainures. Mais, en ce cas, il faut, jusqu'à ce que le comble soit *hors d'eau*, les préserver de la pluie, qui les ferait gonfler et dérangerait leur forme.

Le bois employé pour les voligeages ordinaires est le peuplier ; les voliges de peuplier ont 0,08 à 0,11 de largeur, 0,013 d'épaisseur, 1,50 à 2,00 de longueur. Pour des travaux auxquels on apporte plus de soin, on préfère le sapin que l'on obtient en plus grandes longueurs, 4 à 5^m, auquel on donne 0,015 à 0,018 d'épaisseur. La largeur de frise est de 0,06 à 0,11. Les bois de faible largeur et de grande longueur sont recherchés surtout pour le voligeage de surfaces courbes. développables ou non pour la confection desquelles ils donnent une bien plus grande facilité.

Le voligeage ainsi compris doit être porté tous les 0.35 à 0,50 environ, pour ne pas fléchir avec les épaisseurs ci-dessus. Ce sont les chevrons qui dans la plupart des combles sont chargés de cet office ; ils ont un équarissage de $0,08 \times 0,07$ $0,065 \times 0,085$ $0,08 \times 0,11$ suivant les cas.

Lorsque les combles sont en fer et hourdés en maçonnerie, on remplace les chevrons par des bois plus petits appelés *lambourdes*, $0,08 \times 0,04$, ordinairement posés et scellés sur l'aire en maçonnerie, comme celles que l'on ménage pour les planchers. On les établit à l'écartement des chevrons. Lorsque les combles sont raides, on augmente la solidité des lambourdes, en les assurant, indépendamment du double solin de scellement, par des pattes qui sont fortement entrées dans le hourdis.

Dans certains combles en fer on supprime le chevronnage et on se contente des pannes pour porter le voligeage. On réduit alors leur espacement à 1^m,00 ou 1^m,50 et on franchit cet intervalle par un premier plancher en bois de 0,027 ou de 0,034 d'épaisseur, en frises rainées posées droites, ou mieux à point de Hongrie, rabotées et décorées de baguettes sur joints lorsqu'elles doivent former plafond apparent à leur parement inférieur. Le premier plancher est doublé d'un second, croisant ses joints, et formant le véritable voligeage sur lequel on place la couverture. Les deux planchers réunis doivent être combinés comme épaisseur et résistance, en raison de la portée à franchir et de la charge à porter.

Pour les matériaux qui peuvent se clouer ou s'accrocher suivant des lignes régulières que l'on peut prévoir comme emplacement exact, et toutes les fois que le voligeage n'est pas nécessaire pour former plafond inférieur, on le réduit à un lattis, réseau de pièces de bois de faible section, séparées par un vide et espacés à la demande des pièces de couverture.

Le lattis pour les tuiles peut être formé de lattes de refente, en cœur de chêne, d'environ 0,04 de largeur et de 0,01 d'épaisseur ; quelquefois on remplace le chêne par des lattis de châtaignier de dimensions analogues. La couverture permet une certaine tolérance dans la rectitude de ces bois de refente.

Lorsque la couverture demande une précision plus grande et une rectitude absolue, on remplace les lattes dont il vient d'être question par du bois de sciage de section appropriée, de petites dimensions, $0,027 \times 0,027$, $0,027 \times 0,034$, par exemple, sur lesquels on accroche les pièces imperméables, ardoises ou tuiles. Si les matériaux exigent un clouage, on augmente les dimensions de ce bois que l'on nomme des *liteaux*.

18. Des usages en couverture. — Les matériaux de couverture ne sont jamais de grandes surfaces, soit parce qu'alors ils ne pourraient être ni produits ni extraits commodément, soit aussi parce qu'il leur faut partout une libre et facile dilatation sous l'influence des variations de la température extérieure. Il en résulte l'obligation de les imbriquer les uns sur les autres, en leur ménageant les assemblages compatibles avec les propriétés de chacun d'eux et avec leur dilatation. Il en résulte également un ordre forcé dans la pose d'une couverture.

Le voligeage ou le lattis étant établis suivant la forme voulue, on commence par construire le cheneau de goutte s'il doit en exister un, et celui-ci posé ainsi que les noues, on commence la couverture par le bas, les matériaux de chaque rangée horizontale recouvrant les matériaux de la rangée immédiatement inférieure. On étale ainsi les matériaux sur toute la surface à garnir, de telle sorte que la grande masse de la pluie venant à tomber sera menée de suite aux canaux d'écoulement que l'on complète par des descentes provisoires.

A cet état la toiture est dite *hors d'eau*, le peu d'humidité passant entre les points non raccordés étant insignifiant.

On passe ensuite au détail des *travaux complémentaires* qui sous le nom d'*usages* permettent d'achever la couverture.

Ces usages comprennent la pose des couvre-joints, l'établissement des châssis et les assemblages au pourtour, tous les raccords avec les murs voisins, les lucarnes, les souches de cheminées, la couverture de ces dernières, la mise en place des faîtages, arêtiers, crochets, chattières et des ornements divers qui doivent garnir les parties saillantes du travail, l'organisation des descentes d'eau définitives à mesure que les façades qui les portent se trouvent ravalées et terminées.

19. Accès et circulation sur les toitures. — Il est de bonne administration de poser, dans les programmes d'établissement des couvertures des bâtiments de toutes sortes, que leur construction devra se prêter à toutes visites faciles et de toute sécurité au moyen de chemins horizontaux et de rampes inclinées, munies partout de marches et de mains courantes et que l'accès de ces circulations se fera au moyen d'un dernier étage d'escalier donnant par une porte sur le comble.

Il en résulte non seulement un moyen de sauvetage dans les villes en cas d'incendie, mais une facilité pour les intéressés de surveiller et d'exécuter les ramonages, et les travaux de réparation de tous genres, sans produire de dégradations au restant de la couverture.

Les chemins conduisent partout où ces travaux peuvent

être nécessaires; ils doivent parcourir le faîtage, longer les souches de cheminées, qui elles-mêmes doivent être garnies d'échelles en fer, et mener aux cheneaux, qui doivent être assez larges pour former aussi chemins.

Les garde-fous permettant de parcourir la toiture en toute sécurité doivent être très légers tout en étant solides; leurs montants, espacés de 1^m,00 à 1^m,50, sont reliés, à 0^m,90 de hauteur au-dessus du chemin, par la main courante et à mi-hauteur par une lisse intermédiaire. Dans bien des cas on peut même réduire la main courante à un simple fil de fer de 0,003 à 0,005 de diamètre galvanisé et convenablement tendu sur des montants appropriés.

Ceux des chemins d'égout peuvent avantageusement être garnis dans toute leur hauteur d'un grillage pour former arrêt et protection en cas d'accident à un ouvrier.

Ces dispositions se complètent par la pose de crochets et de tous moyens usités de tous temps pour fixer les échelles et les échafaudages sur les pans un peu étendus et permettre leur facile entretien.

Cette circulation facile sur les toitures devient par contre un inconvénient sérieux au point de vue de la clôture, surtout dans les villes où les bâtiments sont contigus; elle exige des précautions spéciales pour la fermeture des locaux des derniers étages.

20. Législation relative aux toitures. — Dans quelques villes il existe des règlements relatifs soit aux profils à donner aux toitures des bâtiments bordant la voie publique, soit à leur mode de construction. A Paris on s'est donné pour but de limiter la hauteur des maisons en raison de la largeur des voies et il en est résulté des formes spéciales pour les combles qui les recouvrent en même temps qu'une grande monotonie dans l'aspect des constructions. Voici les règlements actuellement en vigueur :

RÉGLEMENT

SUR LA HAUTEUR DES MAISONS
LES COMBLES ET LES LUCARNES DANS LA VILLE DE PARIS

(23 *Juillet* 1884)

Le Président de la République Française, décrète :

TITRE PREMIER

De la hauteur des Bâtiments

1re SECTION. — DE LA HAUTEUR DES BATIMENTS
BORDANT LES VOIES PUBLIQUES

Art. 1er. — La hauteur des bâtiments bordant les voies publiques dans la ville de Paris est déterminée par la largeur légale de ces voies publiques pour les bâtiments retranchables.

Cette hauteur, mesurée du trottoir ou du revers de pavé au pied de la façade du bâtiment, et prise au point le plus élevé du sol, ne peut excéder, y compris les entablements, attiques et toutes les constructions à plomb des murs de face, savoir :

Douze mètres ($12^m,00$) pour les voies publiques de sept mètres, quatre vingts centimètres ($7^m, 80$) de largeur.

Quinze mètres ($15^m,00$) pour les voies publiques de sept mètres quatre-vingts centimètres ($7^m,80$) à neuf mètres soixante-quatorze centimètres ($9^m,74$) de largeur.

Dix-huit mètres ($18^m,00$) pour les voies publiques de neuf mètres soixante-quatorze ($9^m,74$) à vingt mètres ($20^m,00$) de largeur.

Vingt mètres ($20^m,00$) pour les voies publiques (places, carrefours, rues, quais, boulevards, etc.) de vingt mètres ($20^m,00$) de largeur et au-dessus.

Le mode de mesurage indiqué au paragraphe 2 du présent article ne sera applicable pour les constructions en bordure des voies en pente que pour les bâtiments dont la largeur n'excédera pas

30 mètres ; au delà de cette longueur les bâtiments seront abaissés suivant la déclivité du sol.

Si le constructeur établit plusieurs maisons distinctes, la hauteur sera mesurée séparément pour chacune de ces maisons suivant les règles énoncées ci-dessus.

Art. 2. — Les bâtiments dont les façades seront construites partie à l'alignement, partie en arrière de l'alignement, soit par suite du retrait à n'importe quel niveau d'une partie du mur de face, soit à fruit ou de toute autre manière, devront être renfermés dans le même périmètre que les bâtiments entièrement construits en alignement.

Art. 3. — Tout bâtiment situé à l'angle de voies publiques d'inégale largeur peut être élevé sur les voies les plus étroites jusqu'à la hauteur fixée pour la plus large, sans que toutefois la longueur de la partie de façade ainsi élevée sur les voies les plus étroites puisse excéder deux fois et demie la largeur légale de ces voies.

Cette disposition ne peut être invoquée que pour les bâtiments construits à l'alignement déterminé par ces voies publiques.

Si ces voies communiquant entre elles sont placées à des niveaux différents, la cote qui servira à déterminer la hauteur de la construction sera la moyenne des cotes prises au point le plus élevé de chaque voie, à la condition qu'en aucun point la hauteur réelle de la façade ne dépasse de plus de $2^m,00$ la hauteur légale.

Art. 4. — Pour les bâtiments autres que ceux dont il est parlé en l'article précédent et qui occupent tout l'espace compris entre des voies d'inégale largeur ou de niveaux différents, chacune des façades ne peut dépasser la hauteur fixée en raison de la largeur ou du niveau de la voie publique sur laquelle elle est située.

Toutefois, lorsque la plus grande distance entre les deux façades d'un même bâtiment n'excède pas 15 mètres, la façade bordant la voie publique la moins large, ou du niveau le plus bas, peut être élevée à la hauteur fixée pour la voie la plus large ou du niveau le plus élevé.

2me SECTION. — DE LA HAUTEUR DES BATIMENTS NE BORDANT PAS LA VOIE PUBLIQUE

Art. 5. — Les bâtiments dont toute la façade est établie en retrait des voies publiques pourront être élevés soit à la hauteur de quinze mètres ($15^m,00$) soit à celle de dix-huit mètres ($18^m,00$) soit à celle de vingt mètres (20^m,00), mesurée du pied de la construction à la condition que le retrait sur l'alignement ajouté à la largeur de la voie, donnera au moins une largeur de 7^m,80 dans le premier cas, de 9^m,74 dans le second cas, et de 20^m,00 dans le troisième cas.

Les bâtiments situés en retrait de l'alignement dans les voies publiques de 20^m,00 ne pourront pas être élevés à une hauteur supérieure à 20^m,00.

Art. 6. — Les hauteurs des bâtiments établis en bordure des voies privées, des passages, impasses, cités et autres espaces intérieurs, seront déterminées d'après la largeur de ces voies ou espaces, conformément aux règles fixées à l'article premier, pour les bâtiments en bordure des voies publiques.

3me SECTION. — DU NOMBRE ET DE LA HAUTEUR DES ETAGES

Art. 7. — Dans les bâtiments, de quelque nature qu'ils soient, il ne pourra en aucun cas être toléré plus de sept étages au-dessus du rez-de-chaussée, entresol compris, tant dans la hauteur du mur de face que dans celle du comble, telle que ces hauteurs sont déterminées par les articles 1, 9, 10 et 11.

Art. 8. — Dans les bâtiments, de quelque nature qu'ils soient, la hauteur du rez-de-chaussée ne pourra jamais être inférieure à 2^m,80 mesurés sous plafond. La hauteur des sous-sols et des autres étages ne devra pas être inférieure à 2^m,60 mesurées sous plafond. Pour les étages dans les combles, cette hauteur de 2^m,60 s'applique à la partie le plus élevée du rampant.

TITRE DEUXIÈME

Des combles au-dessus des façades

Art. 9. — Pour les bâtiments construits en bordure des voies publiques, le profil du comble, tant sur les façades que sur les ailes, ne peut dépasser un arc de cercle dont le rayon sera égal à la moitié de la largeur légale ou effective de la voie publique, ainsi qu'il est dit à l'article premier, sans toutefois que ce rayon puisse être jamais supérieur à huit mètres cinquante centimètres (8ᵐ,50). Si la largeur de la voie est inférieure à 10ᵐ,00, le constructeur aura cependant droit à un rayon minimum de 5ᵐ,00. Quelles que soient la forme et la hauteur du comble, toutes les saillies qu'il pourrait présenter devront être renfermées dans l'arc de cercle considéré comme un gabarit dont on ne devra pas sortir.

Le point de départ de l'arc de cercle sera placé à l'aplomb de l'alignement du mur de face, et le centre à la hauteur légale du bâtiment telle qu'elle est déterminée par l'article premier.

Art. 10. — Les dispositions de l'article 9, sauf en ce qui concerne la détermination du rayon du comble, sont applicables :

1° Aux bâtiments construits en retrait des voies publiques, ainsi qu'il est dit à l'article 5.

2° Aux bâtiments situés en bordure des voies privées, passages, impasses, cités et autres espaces intérieurs.

Dans ces cas, le rayon du comble sera calculé d'après la largeur moyenne de l'espace libre au droit de la façade du bâtiment, et égal à la moitié de cette largeur dans les conditions déterminées par l'article 9.

Toutefois, les cages d'escaliers pratiquées sur les cours pourront sortir du périmètre indiqué ci-dessus, de manière à pouvoir s'élever jusqu'au plafond du dernier étage desservi par ces escaliers.

Art. 11. — Pour les constructions situées à l'angle des voies publiques d'inégale largeur dont il est parlé à l'article 3, le comble pour bâtiment en façade sur la voie publique la plus large sera déterminé d'après les bases indiquées à l'article 9, et pourra être retourné, avec les mêmes dimensions sur toute la partie du bâtiment en façade sur la voie la plus étroite, dans les limites déterminées à l'article 3.

Art. 12. — Les murs de dossier et les tuyaux de cheminée ne pourront percer la ligne rampante du comble qu'à un mètre cinquante centimètres (1ᵐ,50) mesurés horizontalement du parement extérieur du mur de face à sa base, ni s'élever à plus de soixante centimètres (0ᵐ,60) au-dessus de la hauteur légale du sommet du comble.

Art. 13. — La face extérieure des lucarnes et œils-de-bœuf peut être placée à l'aplomb du parement extérieur du mur de face donnant sur la voie publique, mais jamais en saillie.

Le couronnement des lucarnes ou œils-de-bœuf établi soit en premier soit en second rang, ne pourra faire saillie de plus de cinquante centimètres (0^m,50) sur le périmètre légal, mesurés suivant le rayon du dit périmètre.

L'ensemble produit par les largeurs cumulées des faces de lucarnes d'un bâtiment ne pourra pas excéder les deux tiers de la longueur de face de ce bâtiment.

Art. 14. — Les constructeurs qui n'élèvent pas leurs bâtiments à toute la hauteur permise jouiront de la faculté d'établir les autres parties de leurs bâtiments suivant leur convenance, sans pouvoir toutefois sortir du périmètre légal tel qu'il est déterminé, tant pour les façades que pour les combles par les dispositions des première et deuxième sections du titre Ier et du titre IIe.

Art. 15. — Les dispositions du présent titre sont applicables à tous les bâtiments, situés ou non en bordure des voies publiques.

TITRE TROISIÈME

Des cours et des courettes

Art. 16. — Dans les bâtiments, de quelque nature qu'ils soient, dont la hauteur ne dépasserait pas 18^m,00, les cours sur lesquelles prendront jour et air des pièces pouvant servir à l'habitation n'auront pas moins de 30 mètres de surface avec une largeur moyenne qui ne pourra être inférieure à 5 mètres.

Art. 17. — Dans les bâtiments élevées sur les voies publiques à une hauteur surpérieure à 18 mètres, mais dont les ailes ne dépasseraient pas cette hauteur, les cours devront avoir une surface minima de 40 mètres avec une largeur moyenne qui ne pourra être inférieure à 5 mètres.

Lorsque les ailes de ces bâtiments auront également une hauteur supérieure à 18 mètres, les cours n'auront pas moins de 60 mètres de surface, avec une largeur moyenne qui ne pourra être inférieure à 6 mètres.

Art. 18. — La cour de 40 mètres ne sera pas exigée pour les constructions établies sur les terrains prenant façades sur plusieurs voies et d'une dimension telle qu'il ne puisse y être élevé qu'un corps de bâtiment occupant tout l'espace entre ces voies.

Art. 19. — Toute courette qui servira à éclairer et aérer des cuisines devra avoir au moins 9 mètres (9^m,00) de surface, et la largeur moyenne ne pourra être inférieure à un mètre quatre-vingts centimètres (1^m,80).

Art. 20. — Toute courette sur laquelle seront exclusivement éclairés et aérés des cabinets d'aisances, vestibules ou couloirs, devra avoir au moins quatre mètres (4^m,00) de surface, avec une largeur qui ne pourra en aucun point être moindre de 1^m,60.

Art. 21. — Au dernier étage des corps de logis, on pourra tolérer que des pièces servant à l'habitation prennent jour et air sur les courettes à la condition que les dites courettes aient une surface de 5 mètres au moins.

Art. 22. — Il est interdit d'établir des combles vitrés dans les cours ou courettes au-dessus des parties sur lesquelles sont aérés et éclairés, soit des pièces pouvant servir à l'habitation, soit des cuisines, soit des cabinets d'aisances, à moins qu'ils ne soient munis d'un châssis ventilateur à faces verticales, dont le vide aura au moins le tiers de la surface de la cour ou courette, et quarante centimètres (0^m,40) au minimum de hauteur, et qu'il ne soit établi, à la partie inférieure, des orifices prenant l'air dans les sous-sols ou caves et ayant au moins dix décimètres carrés de surface.

Le châssis ventilateur ne sera pas exigé pour les cours et courettes sur lesquelles ne seront aérés ni éclairés, soit des pièces pouvant servir à l'habitation, soit des cuisines, soit des cabinets d'aisances ; mais les courettes, dont la partie inférieure ne sera pas en communication avec l'extérieur, devront être ventilées.

Art. 23. — Lorsque plusieurs propriétaires auront pris par acte notarié l'engagement envers la ville de Paris de maintenir à perpétuité leurs cours communes et que les cours auront ensemble une fois et demie la surface réglementaire, les propriétaires pourront être autorisés à élever leurs constructions à la hauteur correspondant à ladite surface réglementaire.

En cas de réunion de plusieurs cours, la hauteur des clôtures ne pourra pas excéder 5 mètres.

Art. 24. — Dans aucun cas les surfaces des courettes ne pourront être réunies pour former soit une courette soit une cour d'une dimension réglementaire.

Art. 25. — Toutes les mesures des cours et courettes seront prises dans œuvre.

TITRE QUATRIÈME

Dispositions diverses

Art. 25. — Les dispositions qui précèdent ne sont pas applicables aux édifices publics.

L'administration pourra, pour les constructions privées ayant un caractère monumental, ou pour des besoins d'art, de science ou d'industrie, autoriser des modifications aux dispositions relatives à la hauteur des bâtiments, après avis du Conseil général des bâtiments civils et avec l'approbation du ministre de l'intérieur.

L'arrêté suivant concernant la sécurité des habitants a été pris par le Préfet de Police en novembre 1883, mais il a été peu mis en pratique jusqu'ici, en raison des grands inconvénients de plusieurs de ses prescriptions.

Arrêté du Préfet de Police :

A l'avenir, le faîtage des constructions devra présenter un chemin plat d'au moins $0^m,70$ de largeur, et parfaitement praticable, tant pour les ouvriers en cas de réparation que pour les sapeurs pompiers, habitants ou sauveteurs en cas d'incendie. Ce chemin sera bordé d'un côté d'une lisse en fer placée à $0^m,80$ de hauteur ; il sera installé en outre le long du chéneau un garde-corps fixe en fer, avec montants et traverses dont les intervalles seront grillagés fortement pour arrêter la chute des sapeurs pompiers, des ouvriers ou des matériaux en cas de réparations. La hauteur de ce garde-corps ne pourra être moindre de $0^m,80$; il pourra être formé d'ornements ajourés, mais toujours être pourvu à son sommet d'une lisse à main courante.

Au long des murs mitoyens et de ceux de refend perpendiculaires aux façades sur rues, cours et jardins, il devra être scellé des échelons en fer formant escaliers avec supports et mains courantes, le tout indépendant et sans point d'appui sur le comble. Il sera prévu une sortie facile sur le comble, soit par une lucarne soit par une trappe dans le comble même, de manière à permettre d'atteindre aisément les échelons en fer des murs mitoyens et de refend.

Ce règlement prescrit autant que possible l'établissement de deux escaliers offrant une double issue aux étages supérieurs sur le comble.

Si le second escalier est d'exécution impossible, on doit y suppléer par des échelons en fer placés sur toute la hauteur de la façade sur cour.

CHAPITRE II

COUVERTURES EN ARDOISES

SOMMAIRE :

21. Propriétés générales du schiste ardoisier. — 22. Gisements, principales localités de production. — 23. Dimensions commerciales des ardoises. — 24. Formes des ardoises appliquées à la couverture. — 25. 1er mode de pose des ardoises. Ardoises clouées. — 26. Pente de la couverture en ardoises clouées. — 27. Apparence extérieure des couvertures en ardoises. Dispositions décoratives. — 28. Ardoises épaisses, modèles anglais. — 29. Pose de ces ardoises sur voliges ordinaires ou espacées. — 30. Pose sur voliges chanlattées. — 31. Choix du modèle d'ardoises. — 32. Croquis de pose des différents numéros d'ardoises modèles anglais. — 33. 2me mode de pose des ardoises. Fixation avec crochets. — 34. Système Hugla. — 35. Système Fourgeau. — 36. Fixation par crochets sur lattis en fer. — 37. Autres formes de crochets. — 38. Couvertures en grandes ardoises sur chevrons sans lattis. — 39. Egoût inférieur des couvertures en ardoises. Egoût de 2 pièces. — 40. Egoût de 3 pièces. — 41. Raccord par le moyen d'une bande de batellement. — 42. Ruellées dans les couvertures en ardoises. Dispositions diverses. — 43. Raccord d'un pan d'ardoises contre une paroi verticale. — 44. Des arêtiers dans une couverture en ardoises. — 45. Des faîtages des toitures en ardoises. — 46. Faîtages ornés. — 47. Comble Mansard avec bris en ardoises. — 48. Noues dans les toitures en ardoises. — 49. Arrangement des couvertures en ardoises autour des châssis d'éclairage. — 50. Raccords autour des chattières. — 51. Disposition des crochets de service. — 52. Ouvriers employés pour la couverture en ardoises. — 53. Outils de couvreurs spéciaux à la pose des ardoises. — 54. Prix des ardoises dans Paris. — 55. Prix composés. — 56. Sous-détails des prix de règlement d'un mètre superficiel de couverture en ardoises.

CHAPITRE II

COUVERTURES EN ARDOISES

21. Propriétés générales du Schiste ardoisier. — Les ardoises sont tirées d'un schiste argileux, le *schiste ardoisier*, que l'on rencontre assez fréquemment, et souvent en grandes masses, dans les terrains de transition. C'est surtout dans l'étage silurien que se trouvent ces gisements.

Le schiste ardoisier est principalement composé de silice et d'alumine, avec mélange de matières étrangères : Peroxyde de fer, magnésie, carbonate de chaux, etc. C'est une argile impure.

Cette roche, au contraire de l'argile, jouit de la propriété importante d'être indélayable dans l'eau, et inattaquable à l'action des agents atmosphériques. Elle est dure, tenace, à grain fin. Elle possède de plus à un très haut degré une propriété spéciale, la fissilité : elle se laisse facilement diviser en feuillets minces, d'épaisseur variable à volonté. Ce sont ces feuillets minces qui sont *les ardoises*.

Cette *fissilité* n'existe qu'au moment de l'extraction du schiste au sortir de la carrière. Elle disparaît à mesure que la roche se dessèche, pour ne plus reparaître par une humidité subséquente. La gelée produit le même effet que la dessiccation, mais plus vivement.

Cette divisibilité en feuillets minces, inattaquables à l'air, à l'eau et la gelée, imperméables en même temps, rend le schiste ardoisier précieux pour la couverture des bâtiments.

Les ardoises se présentent, suivant les origines et les couches, avec des qualités très variables. — Celles de bonne qualité résistent bien aux intempéries, mais presque toujours moins bien que la bonne tuile. Cette résistance dépend de la pureté du schiste et de l'imperméabilité des surfaces de clivage. Les ardoises qui présentent des fossiles ou des pyrites sont vite décomposées et détruites; celles qui sont perméables sont promptement désorganisées par les gelées.

L'homogénéité de la matière ainsi que la finesse du grain se reconnaissent à l'aspect extérieur. L'imperméabilité se juge par un essai à l'eau. Cet essai peut se faire de plusieurs façons différentes.

On peut suspendre verticalement les ardoises à essayer au-dessus d'un vase plein d'eau dans laquelle on les fait descendre lentement jusqu'à un certain niveau, en ayant soin de ne pas mouiller le schiste qui reste hors du liquide. L'ardoise est réputée bonne si au bout de 24 heures elle ne s'est pas mouillée à plus de $0^m,01$ au-dessus du niveau, par suite d'une imbibition capillaire.

On opère quelquefois autrement : on fait en cire, à la surface d'une ardoise bien sèche que l'on maintient horizontale, un petit bassin que l'on remplit d'eau et on laisse la pénétration se faire. L'ardoise n'est acceptée que si au bout de plusieurs jours elle n'a pas été traversée.

La couleur des schistes ardoisiers est variable avec les localités d'origine et même avec les couches pour une même carrière. La plupart du temps elles sont d'un gris bleuâtre, quelquefois elles tirent sur le vert. D'autres gisements sont d'un violacé rougeâtre. Ces teintes diverses dépendent de la composition chimique de la matière.

Les ardoises tirées des couches épaisses et profondes sont de meilleure qualité que les autres.

La densité du schiste varie de 2600 à 3000 suivant sa compacité.

Le schiste est complètement inattaquable aux acides; il n'est pas réfractaire mais, résiste à une température assez élevée ; il est fusible au chalumeau.

La fissilité du schiste ardoisier est distincte de la stratification et se présente suivant une direction souvent oblique. — Le plan de fissilité est appelé clivage dans certaines carrières et quelquefois la même roche présente un autre clivage appelé le *longrain* dans les Ardennes ; il est perpendiculaire au précédent et souvent difficile à obtenir.

Les schistes ardoisiers sont appelés aussi *phyllades* en minéralogie, de φυλλον, feuille. La pâte de ces phyllades renferme dans la masse des éléments cristallins de mica, de feldspath, de tourmaline, etc.

Les feuillets de phyllades peuvent s'obtenir sous très mince épaisseur — leur surface est plate, lisse, un peu brillante et soyeuse, douce et onctueuse au toucher.

D'après Nivoit, *Géologie appliqué à l'art de l'Ingénieur*, les phyllades contiennent :

> Silice . . . . 45 à 75 %
> Alumine . . . . 15 à 20

Et le reste est formé de magnésie, potasse, chaux, soude et eau.

La dureté du schiste ardoisier est très variable. Certains gisements sont rayés par l'ongle, d'autres rivalisent avec les calcaires les plus durs.

22. Gisements, principales localités de production.

— En France, on trouve des Phyllades dans les Ardennes, l'Anjou, la Bretagne, la Mayenne, la Corrèze, les Pyrénées. Les ardoises d'Anjou et des Ardennes sont les seules qui se transportent au loin, on en exporte de notables quantités en Belgique et en Allemagne. Les autres gisements sont restreints et ne servent que pour les constructions élevées dans leur voisinage. En Angleterre, il s'en rencontre d'énormes gisements, surtout dans le Pays de Galles.

Ils sont en même temps très nombreux et leurs produits sont de très bonne qualité et d'un prix peu élevé.

Les ardoises de Fumay dans les Ardennes ont une teinte spéciale violette, le longrain y est très accentué et on l'utilise pour le débit des gros blocs.

Les gisements de Rimogne sont bleus ou gris. Les ardoises grises sont souvent criblées de cristaux de fer oxydulé qui donnent à leur surface un toucher rugeux et les rends susceptibles de prendre la mousse.

Les Phyllades d'Anjou sont d'un noir bleuâtre très apprécié dans les contructions; mais elle sont moins dures que les précédentes et contiennent quelquefois des nodules isolés de pyrites de fer.

23. Dimensions commerciales des ardoises.

— Chaque ardoisières débite un grand nombre de modèles différents, tant pour mieux utiliser la matière que pour se prêter à tous les genres et prix de couvertures.

Voici comme exemples les dimensions des produits des ardoisières d'Angers. Ils se divisent en :

Ardoises ordinaires
Ardoises modèles anglais

Ces dernières sont plus épaisses et donnent de meilleures couvertures.

Modèles des diverses ardoises de la Commission des ardoisières d'Angers

Dénominations des ardoises	Dimensions en millimètres		Épaisseurs approximatives en millimètres	Poids moyens approximatif des 1040 ardoises	Pureaux, ou partie visible de chaque ardoise sur le toit; au recouvrement du 1/3 de la hauteur.	Nombre d'ardoises entrant dans un mètre carré de couverture aux pureaux ci-contre	Nombre de mètres carrés de couverture par 1000 d'ardoises
	Hauteur	Largeur					
Ardoises ordinaires							
1re carrée, grand modèle	0,324	× 0,222	2,7 à 3,5	520 kos	0m 11c	42 ardses	23m 80c
1re carrée, 1/2 forte	0,297	× 0,216	2,7 à 3	410	0 10	47	21 27
1re carrée, forte	0,297	× 0,216	2,8 à 4	540	0 10	47	21 27
2me carrée, —	0,297	× 0,195	2,7 à 3,5	410	0 10	52	19 23
Grande moyenne, forte	0,297	× 0,180	2,7 à 3,5	380	0 10	55	18 18
Petite moyenne, —	0,297	× 0,162	2,7 à 3,5	330	0 10	62	16 12
Moyenne	0,270	× 0,180	2,7 à 3,5	355	0 09	61	16 40
Flamande n° 1	0,270	× 0,162	2,7 à 3,5	320	0 09	69	14 49
Flamande n° 2	0,270	× 0,150	2,7 à 3,5	300	0 09	74	13 50
3me carrée n° 1	0,243	× 0,180	2,7 à 3,5	310	0 08	72	13 88
3me carrée n° 2	0,243	× 0,150	2,7 à 3,5	265	0 08	82	12 20
4me carrée ou cartelette n° 1	0,216	× 0,162	2,7 à 3,5	260	0 07	88	11 36
— ou cartelette n° 2	0,216	× 0,122	2,7 à 4	200	0 07	114	8 77
— ou cartelette n° 3	0,216	× 0,095	2,7 à 4	150	0 07	146	6 84
Ardoises non échantillonnées — Poil taché	0,297	× 0,168	2,7 à 4	400	0 09 moy.	70 en moy.	14 30
— Poil roux	0,270 au moins	× 0,141 au moins	2,7 à 4	300	0 09 —	80 —	12 50
— Héridelle	0,380 au moins	× 0,108 au moins	2,7 à 4	480	variable		» »
Ardoises taillées à la mécanique — Grande écaille	0,296	× 0,198	2,8 à 4	500	0 10	50	20 »
— Petite écaille	0,230	× 0,132	2,7 à 3,5	240	0 08	94	10 63
— Ardse découpée	0,300	× 0,170	2,7 à 3,5	300	0 10	60	16 66

Modèles des diverses ardoises de la Commission des ardoisières d'Angers

Dénominations des ardoises	Dimensions en millimètres			Poids moyens approximatif des 1040 ardoises	Pureaux, ou partie visible de chaque ardoise sur le toit ; au recouvrement uniforme de 0m08 c.	Nombre d'ardoises entrant dans un mètre carré de couverture aux pureaux ci-contre		Nombre de mètres carrés de couverture par 1000 d'ardoises
	Hauteur	Largeur	Epaisseurs approximatives en millimètres					
Ardoises dites modèles anglais								
Nos 1	0,640 ×	0,360	4,5 à 6	3100 kos	0 280 m/m	9 ardscs	92	100m20c
2	0,608 ×	0,360	4,5 à 6	2900	0 265	10	48	95 41
3	0,608 ×	0,304	4,5 à 6	2450	0 265	12	40	80 64
4	0,558 ×	0,279	4,5 à 6	2020	0 240	14	92	67 02
5	0,508 ×	0,254	3,8 à 5	1460	0 215	18	31	54 61
6	0,458 ×	0,254	3,8 à 5	1330	0 190	20	70	48 30
7	0,406 ×	0,203	3,8 à 5	860	0 165	29	85	33 50
8	0,355 ×	0,203	3,8 à 5	710	0 140	35	21	28 40
9	0,355 ×	0,177	3,8 à 5	630	0 140	40	32	24 80
10	0,305 ×	0,165	3,8 à 5	470	0 115	52	63	19 »
11	0,360 ×	0,254	3,8 à 5	960	0 140	28	12	35 56
12	0,304 ×	0,203	3,8 à 5	620	0 115	42	83	23 34

DIMENSIONS COMMERCIALES EN ARDOISES

Les ardoisières de Riadan (Sarthe) livrent au commerce différent modèles dont les principaux sont :

		longueur	largeur	épaisseur
Ardoises ordinaires	1re carrée, grand modèle.	0,324	0,222	0,0025 à 0,035
	1re carrée, forte.	0,297	0,216	0,0030
	2e carrée, forte.	0,297	0,195	0,0025 à 0,0027
	Grande moyenne, forte.	0,297	0,180	0,0025 à 0,0027
	Petite moyenne, forte.	0,297	0,162	0,0025 à 0,0027
	3e carrée, flamande.	0,270	0,162	0,0025 à 0,0027
	3e carrée, ordinaire.	0,243	0,180	0,0025 à 0,0027
	4e carrée ou cartelette n° 1.	0,216	0,162	0,0022 à 0,0035
	2.	0,216	0,122	0,0022 à 0,0027
	3.	0,216	0,095	0,0022 à 0,0025
	Grande écaille.	0,296	0,198	0,0025 à 0,0027
	Petite écaille.	0,230	0,132	0,0025 à 0,0027
Ardoises anglaises	N°s 1.	0,640	0,300	0,0045 à 0,0060
	2.	0,608	0,300	0,0045 à 0,0060
	3.	0,608	0,304	0,0045 à 0,0060
	4.	0,558	0,279	0,0045 à 0,0060
	5.	0,508	0,254	0,0035 à 0,0050
	6.	0,458	0,251	0,0035 à 0,0050
	7.	0,406	0,203	0,0035 à 0,0050
	8.	0,355	0,203	0,0035 à 0,0050
	9.	0,355	0,177	0,0035 à 0,0050
	10.	0,305	0,165	0,0035 à 0,0050

Les carrières de la Richolle à Rimogne ont comme principaux types :

		longueur	largeur	épaisseur
Ardoises ordinaires	1re carrée, grand modèle.	0,324	0,222	0,0030
	2e carrée, —	0,300	0,220	0,0030
	3e carrée, —	0,297	0,195	0,0027
	4e carrée, —	0,300	0,190	0,0027
	Grand St-Louis, bleue.	0,300	0,190	0,0027
	Grand barra, bleue.	0,320	0,190	0,0030
	— verte.	0,320	0,190	0,0035
	Démêlée, bleue.	0,300	0,165	0,0032
	— verte.	0,300	0,165	0,0032
	Flamande.	0,270	0,170	0,0027
	Couronne, bleue.	0,260	0,135	0,0030
	— verte.	0,260	0,135	0,0030

Les ardoisières St-Gilbert à Fumay (Ardennes) livrent sutout les dimensions ci-après :

		longueur	largeur	épaisseur
Ardoises ord^{res}	Angers, double. . . .	0,300	0,220	0,0035 à 0,005
	Angers, simple. . . .	0,300	0,220	0,0025 —
	Saint-Louis	0,300	0,190	0,0025 —
	Flamande	0,265	0,160	0,0025 —
	Petite flamande. . . .	0,260	{ 0,120 { 0,140	0,0025 à 0,0035 0,0025 à 0,0035

24. Formes des ardoises appliquées en couverture. — La forme la plus courante des ardoises est le rectangle représenté en (1) dans la *fig.* 18. Comme les angles supérieurs ne servent pas, on les abat souvent,

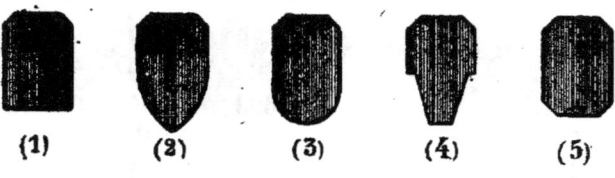

Fig. 18

ce qui permet d'utiliser des morceaux de schistes plus nombreux.

Les autres formes de cette même figure demandent à être taillées très régulièrement, puisque la taille s'y applique à la partie vue. On les réserve, en raison de leur prix plus élevé, aux couvertures plus soignées, auxquelles elles donnent un aspect plus décoratif.

Ce sont : en (2) l'ogive, en (3) l'écaille, en (4) le losange, enfin en (5) le rectangle avec les angles inférieurs abattus.

Toutes ces ardoises se disposent sur la couverture de la même façon. — Cette pose va être détaillée pour les ardoises rectangulaires.

25. Premier mode de pose des ardoises. — **Ardoises clouées.** — La pose des ardoises se fait par rangs horizontaux successifs imbriqués les uns sur les autres, et dans chaque rang toute ardoise est fixée par deux clous engagés dans le voligeage.

Comme les clous ne sont pas répartis d'une façon absolument régulière, il est bon que le voligeage soit jointif pour que, partout où on veut mettre un clou, il puisse rencontrer du bois. Ceci est surtout utile dans les réparations lorsque l'on doit mettre de nouveaux clous, évitant les trous de ceux de la pose précédente. — La disposition des ardoises est représentée dans la *fig.* 19.

Les voliges absolument jointives présentent l'inconvé-

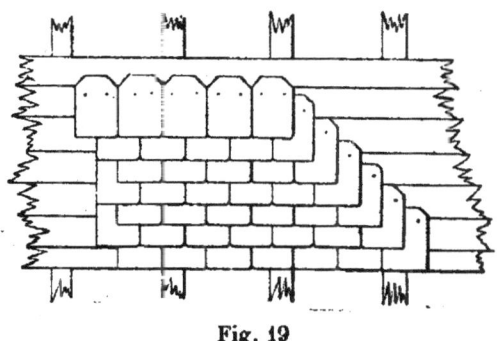

Fig. 19

nient de se soulever lorsque, par accident, elles viennent à être mouillées et à augmenter de largeur.

On a avantage à les dresser et à les régler de largeur sur les rangs d'ardoises, enfin à leur ménager un intervalle de $0^m,005$ à $0,01$ qui les sépare et les empêche de se toucher. Si une volige se mouille, elle gonfle seule sans pousser les voisines et désorganiser les rangs voisins. Le détail de cette disposition est représenté dans la *fig.* 20, qui montre plus en grand la position relative des ardoises. — Les rangs successifs croisent leurs joints, bien régulièrement, les rangs de deux en deux ont leurs joints qui se correspondent suivant les lignes de plus grande pente du toit.

Il en résulte que les ardoises A et C, se correspondant à deux rangs de distance, doivent se recouvrir pour que l'eau de l'ardoise A, coulant dans le joint des deux pièces B et B' du rang suivant, rencontre le haut de l'ardoise C qui la ramène au dehors.

Le recouvrement *mn* doit varier avec l'inclinaison des

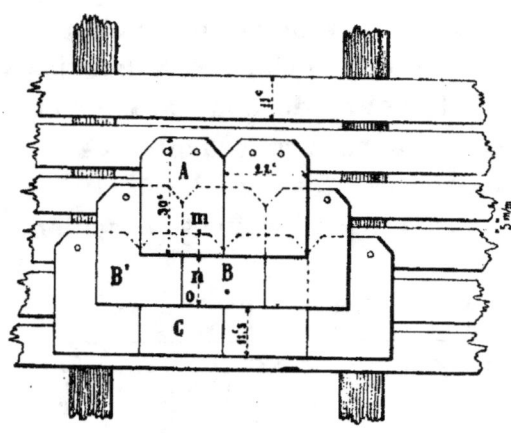

Fig. 20

ardoises; il est ordinairement de 0,07 à 0,11. La largeur vue *no* se nomme le *pureau*.

Le mode de pose des ardoises est donc tel que la longueur d'une ardoise se compose du recouvrement et de deux fois le pureau.

Autrement dit encore, le pureau p est la moitié de la longueur l de l'ardoise dont on a défalqué le recouvrement r :

$$p = \frac{l-r}{2}$$

Souvent, pour les ardoises ordinaires, on fait le recouvrement égal au tiers de la longueur de l'ardoise, et le pureau est alors aussi du tiers de cette même longueur, il est égal en ce cas au recouvrement.

Chaque ardoise est fixée au voligeage par deux clous en cuivre à tête très large, et ces clous doivent être posés dans la partie cachée pour ne pas donner d'eau. Ordinairement on les dispose comme l'indique la *fig*. 21 ; ils sont recouverts par les ardoises suivantes. Les clous doivent se trouver à une certaine distance de la tête de l'ardoise qui vient s'appuyer sur la volige. — Lorsque cette distance est trop faible, l'action du vent venant prendre l'ardoise en dessous a trop de facilité pour la casser. On assujétit mieux la couverture en remontant le voligeage légèrement, et en baissant les clous d'attache au tiers environ de la hauteur de l'ardoise, ainsi que l'indique la variante, *fig*. 21.

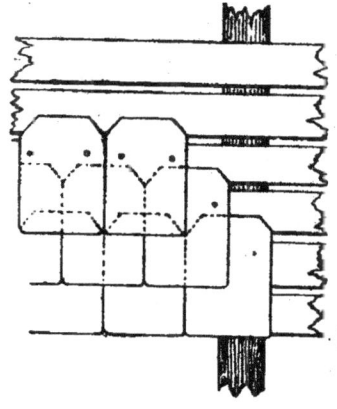

Fig. 21

26. Pente de la couverture en ardoises clouées. — La pente minimum des couvertures en ardoises clouées est de 40°, et on peut aller jusqu'à des revêtements verticaux. L'inconvénient que présentent les pentes inférieures à 40°, est de donner des couvertures trop fragiles sous l'action du vent.

Lorsque le vent souffle de manière à pouvoir pénétrer l'ardoise par dessous, il exerce sur sa surface inférieure une pression qui tend à la soulever et qui la casse, en raison du peu de résistance qu'elle présente à la flexion.

De là des dégradations fréquentes, des fuites et des réparations constantes.

On cherche donc une inclinaison telle que le vent, quelle que soit sa direction, appuie toujours sur la surface extérieure de la couverture, et ne puisse la prendre par-dessous ; c'est à partir de 40° que l'on obtient ce résultat. Les fortes pentes ont de plus ce grand avantage de sécher vivement la couverture dès que les pluies s'arrêtent, et de la rendre par suite moins sensible aux agents extérieurs.

Les constructeurs habiles prennent encore une autre précaution qui concourt au même résultat : ils creusent légèrement les pans destinés à être couverts en ardoises. Les rives basses des ardoises que l'on nomme souvent *les pinces* ne risquent plus de bailler ; elles viennent au contraire s'appuyer bien exactement sur l'ardoise inférieure et ne laissent aucune prise au vent.

Cette précaution est à prévoir dans la charpente dès la pose des pannes ; on place le faîtage et la sablière ; entre les deux on tend un cordeau et on le laisse prendre une flèche de quelques centimètres. C'est suivant le cordeau ainsi arrêté que l'on règle les faces supérieures des pannes intermédiaires. Les chevrons cloués sur les pannes prennent cette même flèche et la communiquent au voligeage qu'ils portent à leur tour et qui reçoit la couverture.

27. Apparence extérieure des couvertures en ardoises. Dispositions décoratives. — La couverture en ardoise convient parfaitement dans la plupart des cas où les combles présentent de fortes inclinaisons. Elle est en outre bien plus décorative que la tuile et les métaux. Aussi l'emploie-t-on de préférence pour les habitations luxueuses et pour les monuments recouverts de toitures aiguës.

La décoration que les édifices peuvent en tirer peut résider dans les dispositions variées des pans de couverture recouvrant les bâtiments divers qui les composent, et auxquels on donne une apparence mouvementée qui accuse chacun d'eux. — La *fig.* 22 donne un exemple de toitures ainsi étudiées produisant le meilleur effet, et terminant d'une façon agréable à la vue les diverses parties du château représenté.

On peut encore tirer un certain effet décoratif de la forme

des ardoises, de leur arrangement en dessins réguliers,

Fig. 22

enfin du mélange de couleurs de matériaux d'origines différentes.

Il est évident que l'on n'adopte ce mode de décoration que pour les toitures que l'on est susceptible de voir de très près. Sans cela la disposition serait inutile et onéreuse.

C'est ainsi qu'aux ardoises rectangulaires de teinte uniforme, on peut substituer

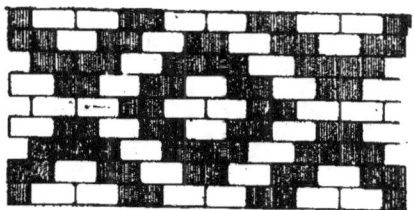

Fig. 23

des ardoises de deux tons disposées suivant des arrangements réguliers. Cette disposition est agréable et se recommande surtout pour les pans ayant une certaine étendue de parties unies entre les lucarnes, les arêtiers et les faîtages. Un des arrangements les plus communément employés est celui que représente la *fig.* 23.

La forme suivant laquelle les ardoises sont taillées influe également sur l'apparence extérieure, lorsque le point de

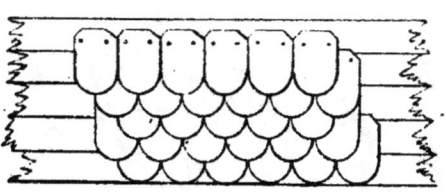

Fig. 24

vue est rapproché. Lorsque les pureaux sont découpés en demi-cercles, on obtient la couverture dite en écailles, dont la *fig.* 24 donne la représentation. Cette disposition est plutôt réservée pour des couvertures nues de peu d'étendue, petites coupoles, rotondes, kiosques, belvédères, etc.

Un aspect un peu différent, plus convenable pour de plus grandes étendues est donné par l'ardoise en ogive.

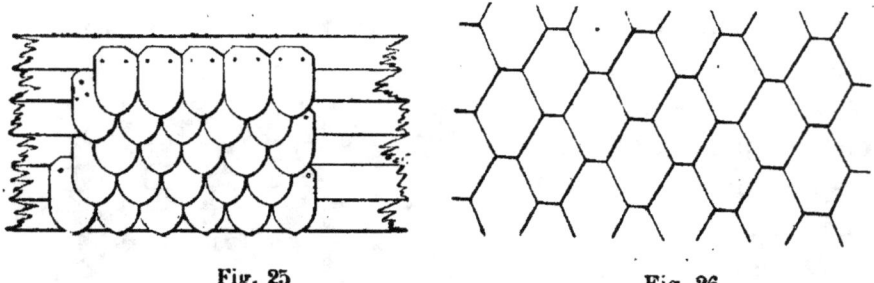

Fig. 25   Fig. 26

On taille suivant cette forme des ardoises plus grandes que les précédentes. Une portion de couverture en écailles ogivales est représentée par la *fig.* 25.

Enfin les deux *fig.* 26 et 27 montrent des dispositions d'ardoises dites *losangées*.

Avec deux tailles différentes des pureaux, on obtient l'apparence d'une série d'hexagones régulièrement disposés, soit avec un côté horizontal comme dans le premier exemple, soit avec un côté vertical comme dans le second.

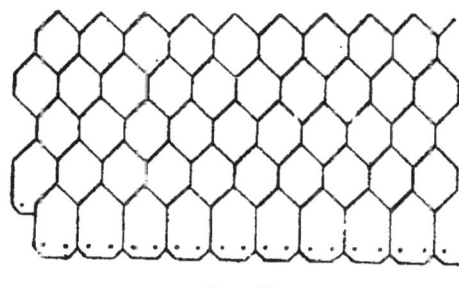

Fig. 27

Ce sont des dispositions qui produisent en pratique un très bon effet, du moment qu'elles s'accordent et s'harmonisent bien avec l'apparence de l'édifice auquel on les applique.

On obtient un effet décoratif agréable en modifiant dans un pan de couverture la forme des pureaux, de manière à obtenir un dessin se répétant régulièrement sur les portions analogues d'une même toiture.

La *fig.* 28 en donne un exemple. Dans la couverture qu'elle représente, on obtient des motifs de milieux de panneaux, en

Fig. 28

transformant les pureaux rectangulaires en pureaux losangés et on peut accentuer encore l'effet produit en employant des ardoises de couleurs différentes.

Cet emploi d'ardoises de colorations variées peut se combiner avec les pureaux de formes spéciales des dispositions précédentes. — La *fig.* 29 en donne un exemple, c'est l'application qui en a été faite à la couverture de l'hôtel des ventes de la rue Rossini à Paris. Les ardoises, en place, figurent des hexagones, dont un côté est vertical. Les ardoises bleues, les plus foncées, figurant des bandes obliques dans deux sens, forment des panneaux losangés successifs qui décorent la grande surface des pans. Quelques ardoises de même teinte accusent de plus les milieux des panneaux.

Fig. 29

28. Ardoises épaisses, modèles Anglais. — Les ardoises épaisses, modèles anglais de la Commission des ardoisières d'Angers, sont de beaucoup préférables aux ardoises ordinaires sous le rapport de la résistance, ainsi qu'il résulte du rapport de M. Blavier, ingénieur des mines, sur les propriétés du schiste ardoisier d'Angers et sur son application à la couverture des édifices. Ce rapport a été lu à la société d'agriculture, des sciences et des arts du département de Maine-et-Loire (séance de mai 1852).

Voici un extrait de ce rapport :

J'ai fait sur les propriétés résistantes du schiste ardoisier d'Angers, employé dans différentes conditions d'étendue et d'épaisseur, des expériences nombreuses dont voici les résultats :

1° Des ardoises de $0^m,25$ sur $0^m,25$ chargées directement sur une surface égale à 1 décimètre carré et reposant par leurs quatre côtés sur un cadre bien dressé, ont supporté

Avec 1 millimètre d'épaisseur	8 kilogrammes
» 2 » »	35 »
» 3 » »	50 »
» 4 » »	90 »
» 5 » »	120 »
» 6 » »	150 »
» 7 » »	170 »

Ces chiffres sont des moyennes provenant d'un grand nombre d'expériences.

De ce tableau il résulte que les charges supportées croissent rapidement avec l'épaisseur des ardoises ; superposant ensuite deux ardoises de même dimension ($0^m,25$ sur $0^m,25$) ayant 1 millimètre d'épaisseur chacune, elles n'ont supporté qu'une charge de 30 kilo., moindre, comme il était facile de le prévoir, que la charge supportée par une seule ardoise de 2 millimètres d'épaisseur. Cette loi est évidemment générale, en sorte que toutes choses égales d'ailleurs, il y aura, pour la résistance à la charge, grand avantage à employer une ardoise unique ayant 6 millimètres d'épaisseur, au lieu de trois ardoises superposées ayant chacune 2 millimètres, surtout si l'on observe que dans les couvertures en ardoise, celles-ci sont loin d'être appliquées exactement les unes sur les autres mais présentent dans leur disposition normale des porte-à-faux inévitables.

2° Ayant chargé encore directement des ardoises de même épaisseur et de dimensions variables, je suis arrivé aux résultats suivants :

| L'ardoise de 20° carrés et 3^m d'épaisseur a supporté 60 kil. |
| » 25 » 3 » 50 |
| » 30 » 3 » 45 |
| » 35 » $3^1/_2$ » 57 |
| » 40 » 4 » 65 |

Ainsi, une faible augmentation d'épaisseur fait plus que compenser une différence considérable dans la surface des ardoises pour la résistance à la charge.

3° Opérant sur de grandes ardoises de 60 centimètres sur 36, appuyées par leurs quatre côtés sur un cadre bien dressé, j'ai trouvé que :

L'ardoise de 6 mil. d'épaisseur supporte une charge de 130 kilog.
      »   7   »   150

4° Opérant encore sur une de ces grandes ardoises faites d'après les modèles anglais et ayant 5 millimètres d'épaisseur, j'ai produit une charge uniforme de 190 kilogrammes au moyen d'une colonne d'eau avant d'atteindre la limite de résistance.

5° J'ai ensuite cherché la résistance à l'arrachement que présente une ardoise quand elle est fixée par 2 clous sur les combles. Cette résistance est énorme, car une ardoise de 60 centimètres sur 36, ayant 4 millimètres d'épaisseur, après avoir été percée de 2 trous placés à 2 centimètres seulement de chacune des arrêtes et fixée par 2 clous introduits dans ces trous, a résisté à l'arrachement produit par un poids de 100 kilos.

Les résultats de ces expériences sont donc, en résumé, très favorables à l'emploi des ardoises de grandes dimensions et d'épaisseur considérable, sous le rapport de la résistance à la charge.

Ces ardoises très régulières de fabrication ont donc une solidité et une stabilité supérieure à celles des ardoises ordinaires : Elles sont de plus, en raison de leur épaisseur, infiniment plus résistantes aux agents atmosphériques; elles exigent une inclinaison moins forte et peuvent s'employer avec clous, à partir de 35° degrés d'inclinaison, soit 0^m,70 par mètre.

Enfin, elles se recouvrent plus exactement que la tuile et s'opposent mieux au passage dans les combles du vent, de la pluie ou de la neige.

L'excédant de prix des ardoises modèles anglais sur les ardoises ordinaires n'est pas en rapport avec la plus grande valeur que leur emploi donne aux couvertures. Ces dernières, bien exécutées avec les ardoises modèles anglais, présentent une durée infiniment plus grande, et une sécurité beaucoup plus absolue. Les réparations sont pour ainsi dire nulles pendant un très grand nombre d'années, surtout si la pente adoptée est suffisante; plus cette dernière sera forte, mieux les matériaux sècheront, moins il y aura absorption d'eau par capillarité, moins la gelée aura de prise, moins il s'y développera de cryptogames, mousses et lichens, et plus la durée sera longue.

Le poids d'un mètre superficiel de couverture varie suivant le recouvrement entre 30 et 35 kilogrammes.

Le voligeage jointif est remplacé par des *lattes chanfreinées* ou *voliges chanlattées* en sapin du Nord, de 0,08 de largeur, et d'épaisseur de 0,03 et 0,02 pour les n°⁸ 1, 2, 3
de 0,025 et 0,015 pour les n°⁸ 4 et 5
de 0,020 et 0,015 pour les n°⁸ 6 à 12

Ces voliges doivent être attachées par deux pointes, à chaque chevron.

D'autres ardoisières fabriquent également des ardoises de ces modèles dits Anglais ; elles ont adopté les mêmes dimensions de surfaces et épaisseurs que celle de la Compagnie d'Angers et les ont appelés du même numéros. Ainsi qu'on l'a vue dans la nomenclature des produits de l'ardoisière de Riadan, n° 23.

29. Pose de ces ardoises sur des voliges ordinaires ou espacées. — Les ardoises, modèles anglais, de quelque échantillon qu'elles soient, s'emploient par superposition en se conformant aux règles suivantes, conseillées par la Commission des ardoisières d'Angers, comme donnant les meilleurs résultats.

Le couvreur, après s'être assuré que le chevronnage est parfaitement réglé, fixera le *recouvrement*, ou liaison à donner à ses ardoises suivant l'angle d'inclinaison du toit, Il doit être de 0,08 pour les toitures inclinées au-dessus de 40 degrés et de 0,10 à 0,12 pour celles de pente moindre.

Le recouvrement adopté, on en déduira facilement :

1° *le pureau* ou surface, visible de l'ardoise sur la toiture, qui doit toujours être égal à la moitié de la hauteur de l'ardoise, déduction faite du recouvrement.

2° *l'écartement des voliges* qui doit toujours être égal au pureau.

L'ardoise est toujours clouée par deux clous en cuivre; ces clous, qui peuvent varier de 0,035 à 0,025 de longueur suivant les numéros d'ardoise employés, peuvent être placés soit en tête de l'ardoise, soit au milieu, comme le montre la *fig*. 30, suivant que l'on veut plus ou moins serrer les ardoises entre elles. On a vu pour les ardoises ordinaires que cette seconde disposition était préférable.

Toutes les ardoises ne pouvant être d'égale épaisseur, il

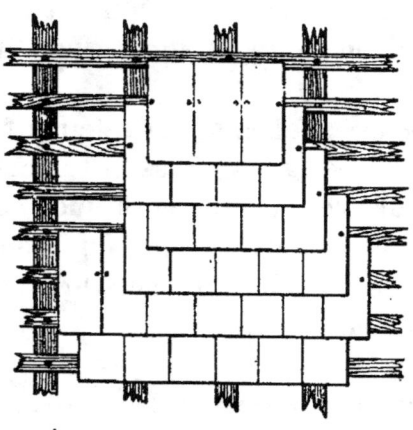

Fig. 30

est essentiel qu'avant de les poser sur le toit, le couvreur en fasse le triage et les classes en catégories par degré d'épaisseur. Les plus fortes seront employées aux égouts, celles d'une moyenne épaisseur au milieu du toit, enfin celles un peu plus minces au faîtage.

Le tableau ci-contre spécial aux ardoises, modèle anglais, d'Angers, complète les renseignements donnés dans le tableau général qui précède.

Il donne pour chaque numéro le pureau correspondant à un recouvrement de $0^m,08$ et par mètre carré le nombre d'ardoises, de clous ou agrafes, le métrage de la volige, etc.

Ce tableau permet de dresser le sous-détail du prix du mètre superficiel de couverture de tous les modèles an-

POSE DES ARDOISES SUR DES VOLIGES ORDINAIRES OU ESPACÉES

Numéros d'ordre	Dimensions en millimètres			Poids moyen des 104 ardoises	Pureau ou surface visible de chaque ardoise au recouvrement de 8 centimètres	Nombre					Nombre moyen de mètres carrés de couverture exécutable par compagnon et aide en une journée
	hauteur	largeur	épaisseur			d'ardoises par mètre carré au recouvrement de 8 centimètres	de clous ou agrafes par mètre carré au recouvrement de 8 centimètres		de mètres de voliges par mètre carré au recouvrement de 8 centimètres	de pointes à voliges par mètre carré deux par chevron	
							clous	agrafes			
1	640	360	4,5 à 6	310 kos	0m,280	9 92	20	10	3m,60	18	18
2	608	360		290	0,265	10 48	21	11	3,80	19	18
3	608	304		245	0,265	12 40	25	13	3,80	19	18
4	558	279		202	0,240	14 92	30	15	4,20	21	16
5	508	254		151	0,215	18 31	37	19	4,65	24	16
6	458	254		133	0,190	20 70	41	21	5,30	27	14
7	406	203	3,8 à 5	92	0,165	29 85	60	30	6,10	31	14
8	355	203		74	0,140	35 21	70	36	7,15	36	12
9	355	177		63	0,140	40 32	81	41	7,15	36	12
10	305	165		47	0,115	32 63	105	53	8,70	44	10
11	360	254		96	0,140	28 12	56	29	7,45	36	14
12	304	203		62	0,115	42 83	85	43	8,70	44	11

glais, après avoir fait le prix de revient de chacun des éléments qui le composent, rendu au lieu d'emploi. Ce sous détail s'établit comme suit :

Ardoises n°   , à   le cent . . . .
Clous cuivre, à   le mille. . . . .
Voliges chanlattées, à   le mètre . . . . . .
Pointes à volige, à   le mille. . . . .
Heures de compagnon et aide pour pose de voliges,
  façon de couverture à   l'heure . . . . .
                      Ensemble. . . . .

Déchets, clous, ardoises, temps 5 % . . . . . .
Frais généraux appliqués à la main-d'œuvre. . . .
                      Ensemble. . . . . . .
                      Bénéfice 10 % . . . . . .
                      Total . . . .

La *fig.* 31 donne le détail à grande échelle des ardoises

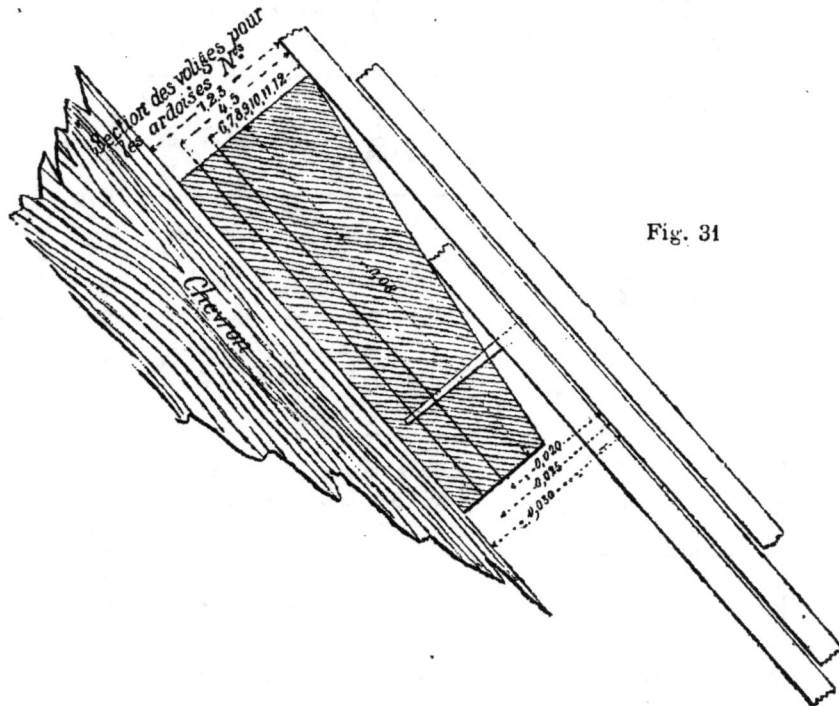

Fig. 31

fixées sur voliges chanlattées avec clous en cuivre ainsi que la section de ces voliges. Elles ont uniformément 0^m,06 de largeur, et environ, 0^m,01 de pente de l'arrête supérieure à rives du bas. Cette pente est calculée pour loger la tête d'un rang d'ardoise, sans empêcher le rang de celles qui les rencontrent de s'appuyer sur l'arête du haut de la même volige.

L'épaisseur au haut de la pente est de 0^m,03 pour les voliges chanlattées qui correspondent aux numéros 1, 2 et 3 d'ardoises ; elle n'est plus que de 0,025 pour les numéros 4 et 5 ; enfin, elle peut se réduire à 0,020 pour les numéros 6 à 12.

31. Choix du modèle d'ardoises. — Les divers numéros des ardoises anglaises correspondent à des emplois différents. — On prendra les numéros élevés qui donnent de grands pureaux aux toitures dont les pans auront de grandes surfaces et seront vus de très loin, et aussi pour les couvertures économiques dans les pays où l'ardoise peut le disputer à la tuile mécanique.

Les numéros moyens correspondront aux édifices dont les proportions sont largement taillées et les toitures développées.

Les petits numéros correspondront à tous les cas où l'ardoise ordinaire conviendrait comme dimensions, et où on veut lui substituer une couverture plus solide. Ainsi les plus petits numéros 11 et 12 ont été employés à la toiture du Palais du Trocadéro.

32. Croquis de pose des différents numéros d'ardoises modèles anglais. — Les croquis représentés par les *fig.* 32 à 39 donnent, pour tous les numéros d'ardoises anglaises, le croquis de pose, dans lequel est coté l'écartement du lattis, en supposant le recouvrement ordinaire de 0,08. Le pureau est égal à cet écartement. Le petit ensemble qui accompagne chaque croquis permet de juger les proportions du pureau et de faire un choix suivant l'effet à produire sur la couverture qu'on se propose d'exécuter.

CHAP. II. — COUVERTURES EN ARDOISES

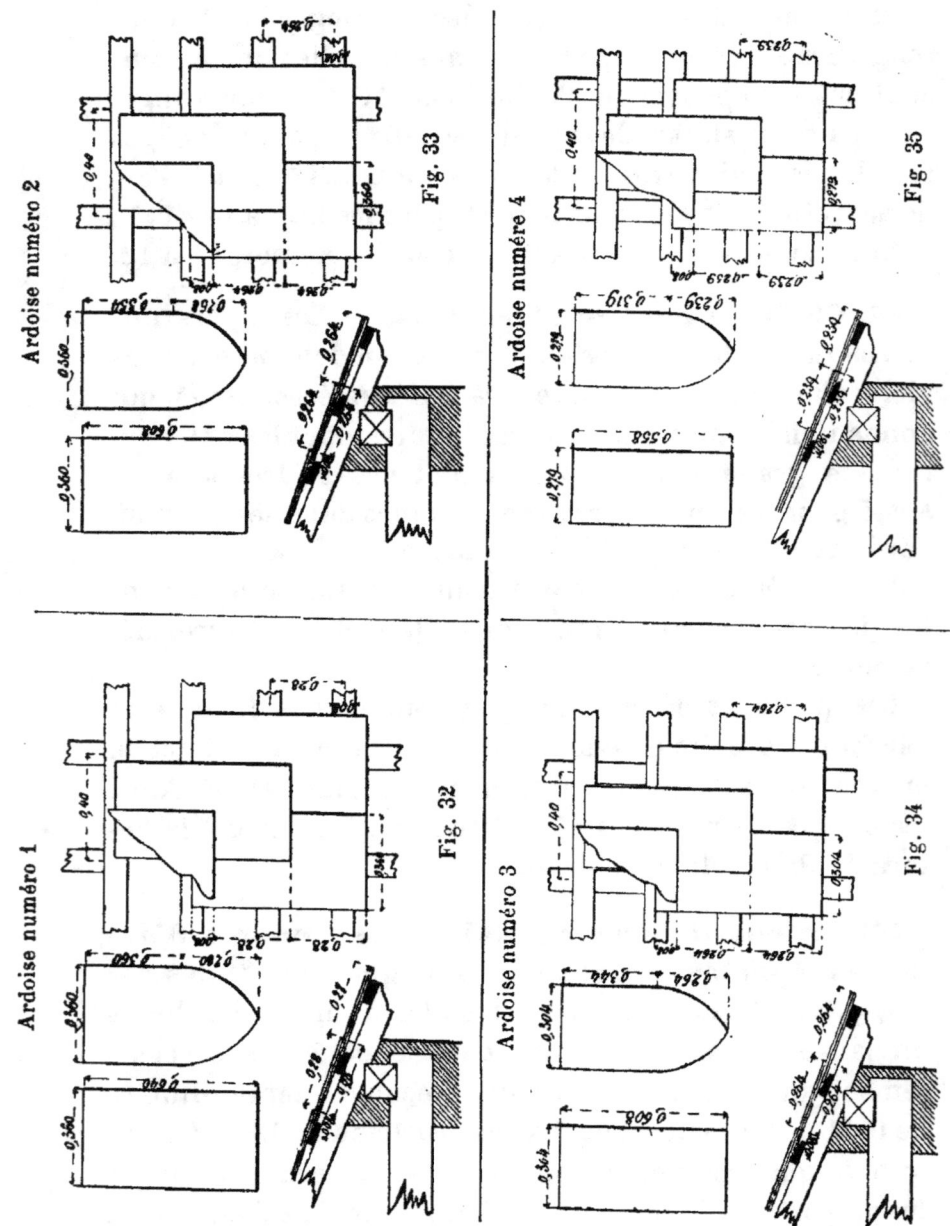

Fig. 32 — Ardoise numéro 1
Fig. 33 — Ardoise numéro 2
Fig. 34 — Ardoise numéro 3
Fig. 35 — Ardoise numéro 4

CROQUIS DE POSE DES DIFFÉRENTS NUMÉROS MODÈLE ANGLAIS 63

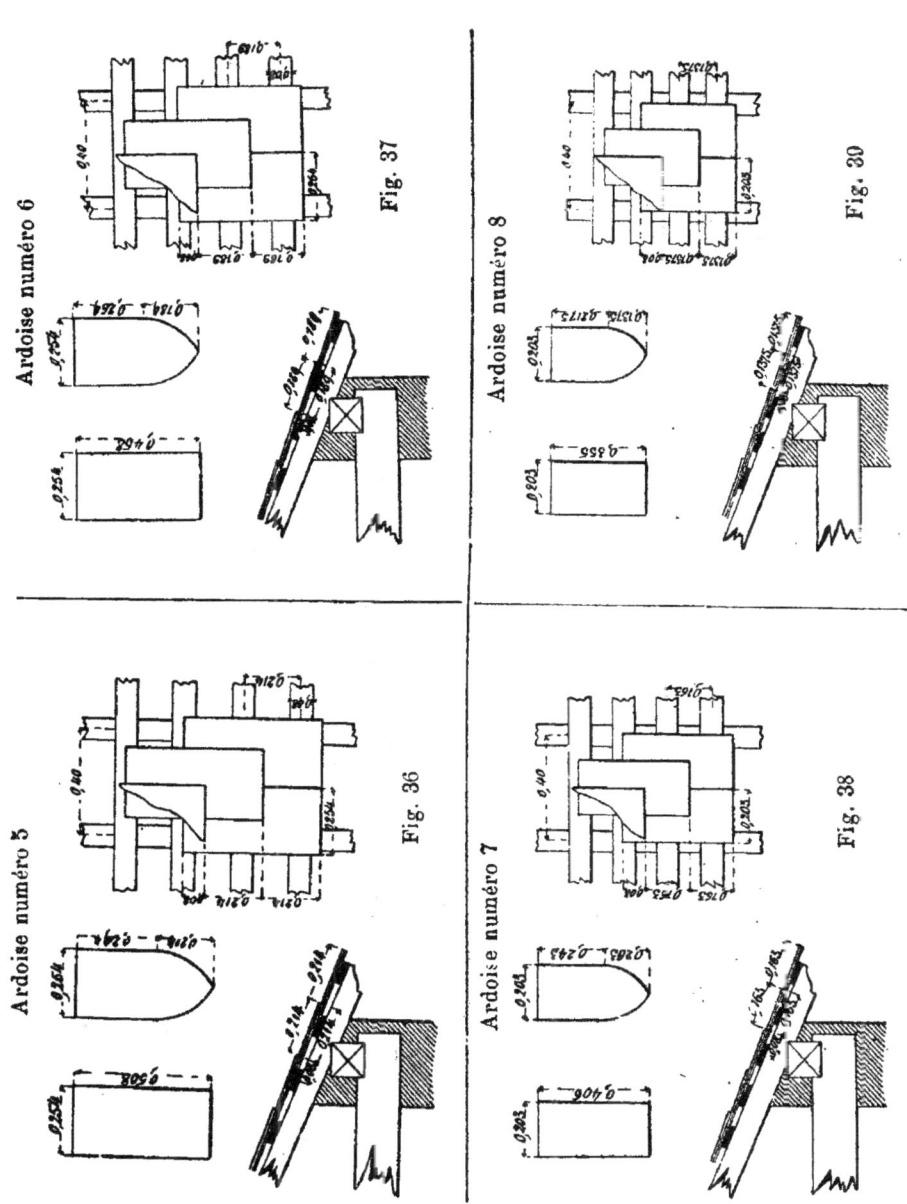

CHAP. II. — COUVERTURES EN ARDOISES

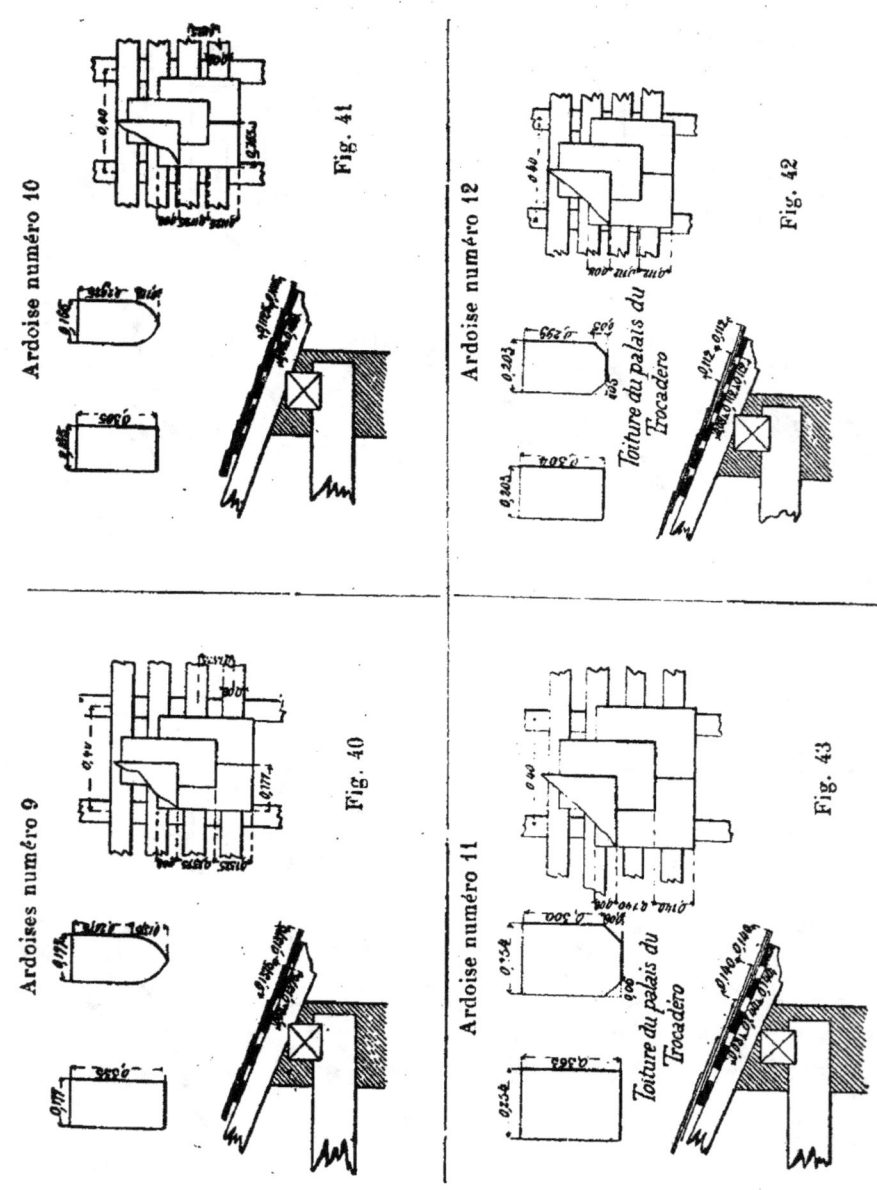

SYSTÈME FOURGEAU

33. Deuxième mode de pose des ardoises. Fixation avec crochets. — La principale cause de destruction des ardoises vient du vent qui les soulève et les casse ; aussi a-t-on cherché un mode d'attache plus rationnel que celui des clous ; on est arrivé à l'emploi des crochets, qui donne une bien meilleure garantie.

Bien des formes ont été proposées pour ces crochets, elles se ramènent aux types suivants : le système Hugla et le système Fourgeau.

34. Système Hugla. — Dans le système de M. Hugla le crochet est formé d'une tige en fer plat repliée et arron-

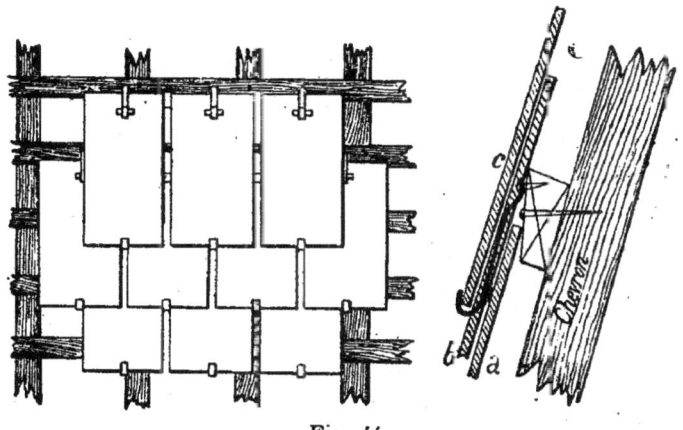

Fig. 44

die à sa partie inférieure, et disposée en haut pour être clouée sur le lattis comme l'indique la *fig.* 44. Ce crochet est galvanisé pour éviter l'oxydation ainsi que l'action des pyrites de l'ardoise sur le fer. Il porte une petite plaque transversale qui appuie sur les ardoises déjà posées a et se loge sous les ardoises du rang suivant, b. Le corps du crochet passe entre ces ardoises et se recourbe à la partie inférieure pour maintenir le bas de l'ardoise du rang c.

Fig. 45

La figure ci-dessus montre l'ensemble d'une portion de

couverture établie selon le système Hugla : on voit que les ardoises de chaque rang sont écartées de la largeur du corps des crochets. La *fig.* 45 donne la forme d'un crochet séparé.

35. Système Fourgeau. — Le principe du crochet système Fourgeau est le même que dans le système précédent : le feuillard est remplacé par un crochet en fil de cuivre de 0,003 diamètre, cintré à sa partie inférieure pour former pince et retenir l'ardoise ; ce fil est de plus contourné en pointe à sa partie haute, ce qui permet de le clouer directement dans la volige chanlattée. Ce système est plus simple que le précédent et revient à un prix moindre.

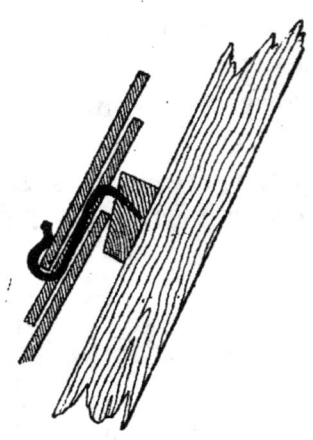

Fig. 46

La dimension du crochet inférieur dépend de l'épaisseur de l'ardoise, et il est diposé de manière à former ressort sur l'ardoise, afin de la fixer solidement.

Depuis, on a perfectionné ce système, et fait des crochets en cuivre, du même diamètre de 0,003, qui ont la forme *fig.* 47. Ils ne se clouent plus sur la volige, mais l'embrassent à la partie supérieure en formant ressort, de même qu'à la partie inférieure ils pressent l'ardoise également par élasticité. La pose en est plus facile que le clouage des crochets Fourgeau, et on réserve la forme de ces derniers pour les crochets qui tombent au droit d'un chevron, et qu'on appelle pour cette raison des *passe-chevrons*.

Fig. 47

C'est ce système d'agrafure qui est le plus répandu aujourd'hui ; on l'applique aussi bien aux ardoises ordinaires qu'aux ardoises modèles anglais.

La *fig.* 48 donne l'ensemble, élévation et coupe, d'une portion de couverture en ardoise établie avec des crochets système Fourgeau. Il est facile de se rendre compte que les couvertures en ardoises agrafées, de l'un ou l'autre des systèmes qui viennent d'être décrits, ou de système analogues établis d'après le même principe, sont excessivement solides et d'une grande supériorité sur les couvertures clouées.

Les ardoises, toutes solidement maintenues en haut et en bas simultanément, sont solidaires et peuvent résister sans casser, aux vents les plus violents. Il en résulte que

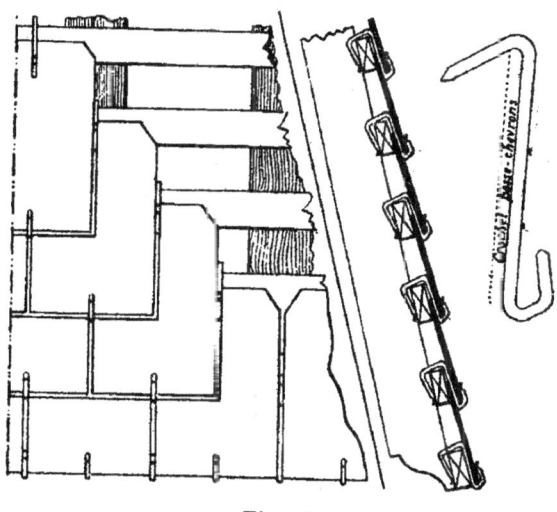

Fig. 48

l'on peut diminuer encore la pente adoptée pour les couvertures clouées, et que cette pente peut s'abaisser jusqu'à 30° sur l'horizontale. Mais il est bon d'augmenter alors le recouvrement et de le porter, de la dimension ordinaire de 0,08, à celle de 0,10 à 0,12, surtout si les couvertures sont très exposées.

36. Fixation par crochets sur lattis en fer. — Le mode d'attache des ardoises au moyen de crochets peut s'appliquer également aux charpentes en fer. Si le lattis de ces charpentes est établi en fer carré de 0,013 à 0,015 l'anneau supérieur du crochet est réduit à ces dimensions et on lui donne une ouverture telle qu'il force un peu et qu'on soit obligé de l'assujétir par un léger coup de marteau. Cette diposition est représentée en (1) *fig.* 49.

En (2) on montre dans la même figure l'application à un lattis en cornières ; c'est la condition la plus défavorable

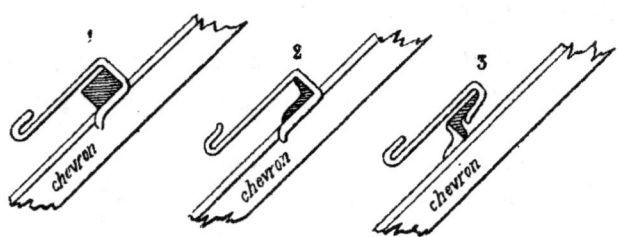

Fig. 49

à la pose de l'ardoise. La pièce du dessous doit s'appuyer sur la cornière tout en laissant passer le crochet. Comme la tranche du fer est très mince, on doit laisser monter plus haut la tête de l'ardoise inférieure, en lui faisant une entaille pour le passage du crochet.

On évite cet inconvénient par la disposition (3) dans laquelle la cornière est disposée pour présenter un plat du côté de la couverture et, ce plat permet de mieux faire reposer la tête de l'ardoise du rang inférieur.

37. Autres formes de crochets. — On a imaginé bien des formes de crochets pour maintenir les ardoises ; elles ne diffèrent que par des détails qui ont souvent leur importance ; parmi ces crochets, nous pouvons mentionner le système Chevreau représenté en (1) et en (2) dans la *fig.* 50.

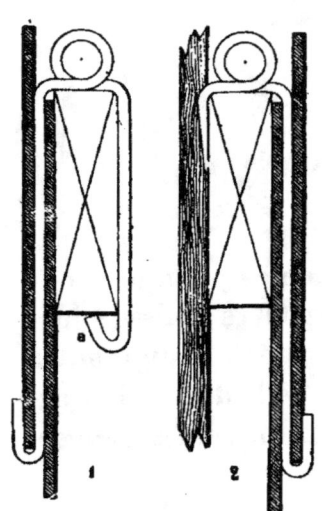

Fig. 50

En (1) est le crochet courant ; il est formé d'un fil de cuivre qui embrasse la latte, et possède de plus, en tête, une boucle qui fait ressort et maintient mieux les ardoises sur le voligeage ; enfin, un arrêt *a* maintient le crochet sur la latte et l'empêche de remonter.

Le numéro 2 est la disposition du crochet passe chevron ; la branche arrrière est supprimée et remplacée par une pointe qu'on assujétit au marteau dans le joint de la latte et du chevron.

On s'est quelquefois servi de la partie apparente des

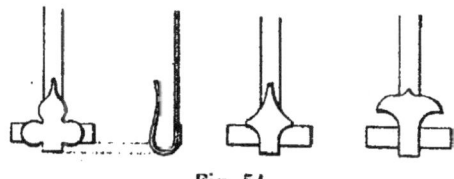

Fig. 51

crochets pour la décoration des toitures, on leur a donné des formes spéciales dont la répétition produisait une ornementation agréable. La *fig.* 51 donne quelques-unes de ces formes appliquées à des crochets Hugla.

Ces crochets peuvent être alors exécutés soit en cuivre soit en fer que l'on a soin de galvaniser, pour éviter l'oxydation.

38. Couverture en grandes ardoises sur chevrons sans lattis. — On peut exécuter avec les grandes ardoises d'Angers, modèle anglais, ou tous autres analogues, des couvertures économiques, pour des hangards ou bâtiments d'usines ne demandant pas une étanchéité parfaite.

On supprime tout ce que l'on peut des doubles épaisseurs d'ardoises et on les réduit aux simples recouvrements nécessaires. Comme la dimension du schiste le permet, on peut espacer les attaches de 0,50 à 55 horizontalement et le fixer directement sur les chevrons, sans l'intermédiaire du lattis, qui se trouve supprimé.

La *fig.* 52 montre une portion de couverture ainsi disposée.

Les ardoises vont d'un chevron à l'autre et l'écartement de ces derniers d'axe en axe est égale à la longueur de l'ardoise, déduction faite d'un recouvrement de 0,08.

Dans une même bande horizontale, on pose les ardoises de rang pair directement sur le bois et celles de rang impair sur les premières. ce qui les exhausse d'une épaisseur. Dans la bande horizontale suivante on place les ardoises de

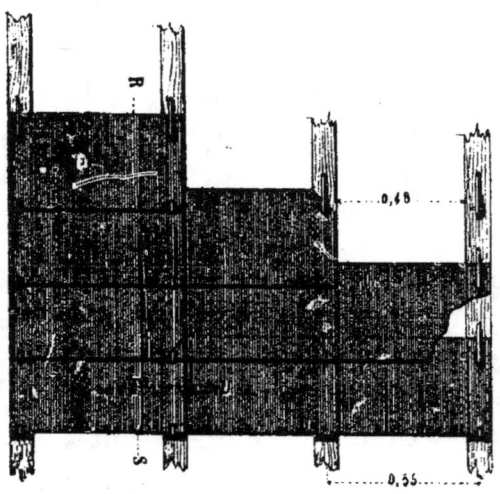

Fig. 52

rang pair sur le bois et ensuite les ardoises de rang impair sur les premières, et ainsi de suite, de telle sorte que les ardoises sont toujours espacées l'une sur l'autre d'une épaisseur. — Elles ne s'appliquent face contre face que dans les joints montants.

Les crochets sont courts, ils n'ont que la longueur du recouvrement, ce qui les rend très solides. Leur courbure inférieure doit toujours être calculée pour contenir les deux épaisseurs des ardoises contiguës.

Si on voulait une couverture non ajourée, il faudrait l'établir sur voligeage jointif et rainé au besoin.

39. Egout des couvertures en ardoises. Egout de deux pièces.

— La partie inférieure des couvertures en ardoises, l'*égout*, comme on le nomme, peut se faire de plusieurs façons, suivant qu'il doit former une rive simple, ou déverser l'eau dans un chéneau.

La bande inférieure d'une couverture en ardoises devant former une rive libre est formée de deux lignes de pièces superposées, croisant leurs joints montants pour ne pas laisser passer l'eau.

L'égout est alors appelé *égout de deux pièces*. — La coupe de cet égout par un plan vertical passant par la li-

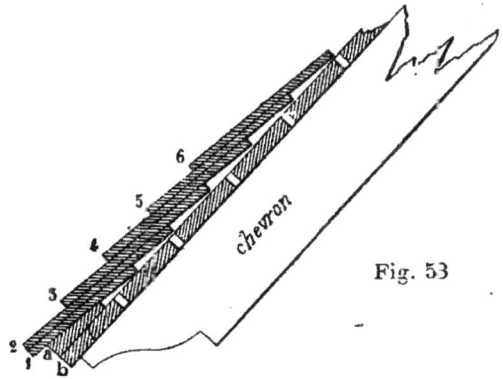

Fig. 53

gne de plus grande pente du toit est représentée dans la *fig.* 53.

Sur les extrémités des chevrons, on voit le voligeage jointif qui doit porter la couverture, et, au dessus la disposition des ardoises. — La pente des ardoises imbriquées les unes sur les autres diffère de la pente du voligeage en raison des superpositions d'épaisseurs. — C'est cette pente des ardoises que doit avoir la première bande de ces matériaux. Il est nécessaire de les caler sur la rive, ce qu'on fait au moyen d'une pièce de bois *a* de forme appropriée, nommé *chanlatte*, clouée sur la rive du voligeage.

Dans les travaux courants peu soignés, on double la volige par la moitié d'une seconde volige refendue dans le sens de la longueur, et on complète la pente par un peu de mortier de plâtre étendu suivant la pente voulue.

On diminue la hauteur de la chanlatte en formant la première pièce de l'égout d'ardoises défectueuses, que l'on raccourcit d'un quart environ sur la longueur. — Il vaut mieux clouer ce premier rang que le sceller au plâtre. Ce scellement peut entretenir l'humidité de l'ardoise ; tout au moins, il l'empêche de sécher en dessous et la rend plus accessible aux effets de désorganisation des agents atmosphériques. Au rang numéro 2, les ardoises formant les secondes pièces d'égout sont entières. Leurs joints sont posés bien au milieu des premières pièces. Au-dessus on continue, comme il a été dit, la pose de la couverture.

Pour que cette dernière soit arrangée bien régulièrement, on a commencé par battre au cordeau, sur la surface du voligeage, des traits horizontaux colorés, espacés de la valeur du pureau, et qui permettent de placer bien régulièment les ardoises de la couverture. Cette condition est indispensable à la bonne apparence du travail.

40. Egout de trois pièces. — Lorsque l'on veut avoir un égout plus résistant et plus étanche, on le compose de trois bandes horizontales d'ardoises superposées en croisant leurs joints. On a ce que l'on appelle un égout de trois pièces.

La première pièce d'égout est formée de morceaux courts environ des demi-ardoises. Elle est fixée avec clous et plus souvent scellée, ce qui a moins d'inconvénients que dans l'égout de deux pièces puisqu'elle est complètement garantie par le doublis qui la recouvre.

La seconde bande est à son tour formée d'ardoises incomplètes clouées dont les joints sont soigneusement croisés. La bande numéro 3 est faite d'ardoises entières fixées comme celles du reste de la couverture.

La *fig.* 54 donne la disposition de cet égout de trois pièces.

Lorsque les ardoises sont accrochées au lieu d'être

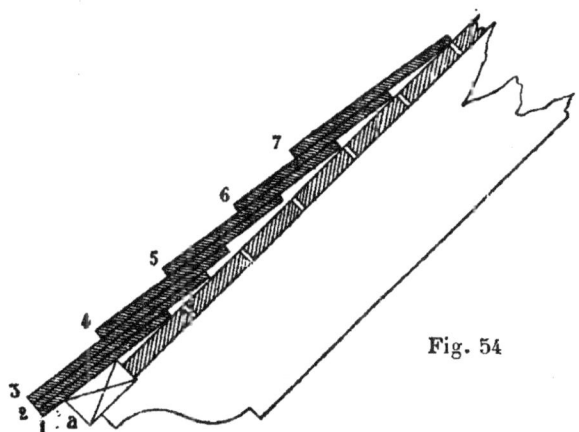

Fig. 54

clouées, la disposition des pièces reste la même ; ordinairement alors on se contente d'égouts de deux pièces, et il est bon de prendre les ardoises les plus épaisses pour faire le doublis. On peut même avec avantage en commander tout spécialement de très épaisses pour le doublis de rive de l'égout.

Cette rive reçoit donc deux fois plus de crochets qu'une latte quelconque de la couverture. Ceux de la première et ceux de la deuxième bande de l'égout. Ces derniers doivent être assez ouverts pour retenir l'ardoise de cette bande.

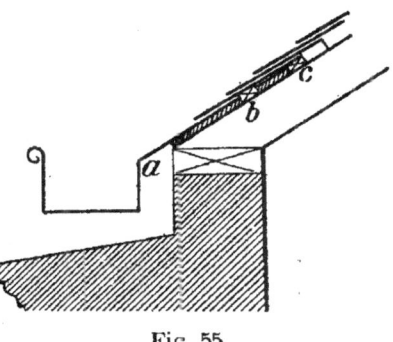

Fig. 55

Il est toujours bon de prendre la précaution de voliger d'une façon jointive la portion de couverture qui s'étend au dehors des murs des bâtiments ; on évite ainsi que le vent ne vienne appuyer sur le dessous des ardoises et ne désorganise leur arrangement.

41. Raccord par le moyen d'une bande de batellement. — La seconde disposition des égouts est celle que l'on prend lorsqu'ils doivent se raccorder avec un chéneau dans lequel ils déversent leurs eaux. La liaison se fait d'ordinaire par l'intermédiaire d'une bande métallique a,b *fig.* 55, dont la rive basse vient donner dans le chéneau et qui en haut reçoit les derniers rangs d'ardoises.

Cette bande, nommé *bande de batellement*, est inclinée suivant la pente de la toiture ; elle est posée sur le voligeage jointif que portent les chevrons, car elle a besoin d'être appuyée et soutenue sur toute sa surface ; on la fait d'ordinaire en zinc. Sa construction sera détaillée au chapitre *Zincage*.

Le premier rang d'ardoises vient s'étendre sur cette bande, en dépassant sur le métal d'une quantité égale à un pureau augmenté du recouvrement adopté ; les autres rangs s'étagent ensuite à la manière de ceux du restant de la couverture.

On augmente de beaucoup la résistance du bas de la couverture en remplaçant le premier rang d'ardoises du croquis précédent par un double rang, *un doublis*, comme l'on dit, analogue à un égout de deux pièces.

42. Des ruellées dans les couvertures en ardoises. — Dispositions diverses. — Lorsqu'une toiture vient se terminer au ras d'un pignon finissant brusquement un bâtiment, la rive inclinée de la couverture se nomme une *ruellée*. Elle doit être organisée de manière à être étanche, et à maintenir solidement les ardoises de la rive.

Autrefois on posait, à scellement avec du mortier de plâtre, les dernières ardoises entières ou taillées à la demande, qui formaient la rive ; on leur donnait un léger dévers pour rejeter les eaux sur le plein de la couverture en les éloignant du mur, et on empâtait cette rive dans une sorte de bourrelet de plâtre, de forme appropriée, que l'on voit en A *fig.* 56, en coupe, et en BC en élévation.

Cette disposition était défectueuse en ce que le plâtre de la ruellée, découvert, exposé aux intempéries, se dissolvait en partie dans l'eau de pluie, subissait la désagrégation de la gelée, et avait une durée très limitée. Il se détachait bientôt par grands morceaux et la couverture prenait un aspect délabré et faisait eau.

Il est maintenant de principe absolu de bannir l'emploi du plâtre des ouvrages apparents de couverture. On y supplée pour les ruellées par l'emploi de bandes en plaques métalliques, de zinc dans le plus grand nombre des cas, et on cherche la meilleure disposition à leur donner pour permettre leur dilatation facile, tout en évitant toute pénétration d'eau à l'intérieur.

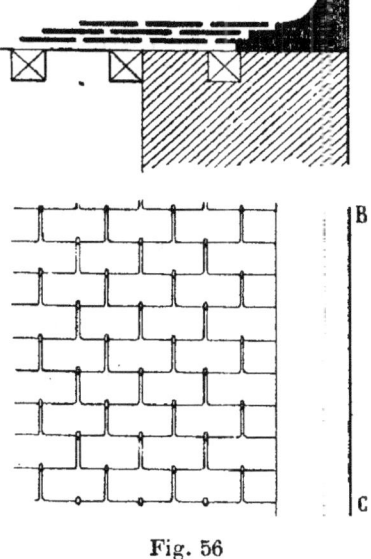

Fig. 56

Une des manières les plus usuelles de procéder consiste à s'arranger pour aboutir au pignon de manière à avoir seulement des ardoises terminales entières, et des demi ardoises. On y arrive en taillant les joints montants des lignes voisines, et on remplace les demi ardoises en schiste par des plaques métalliques, de même forme pour la partie qui s'applique sur le long-pan, et qui, de plus, se relèvent sur la rive en un relief vertical de 0^m,04 à 0^m,06 de saillie.

Ces plaques de zinc à relief remplaçant les demi-ardoises portent le nom de *noquets*.

La *fig.* 57 représente en coupe et en élévation la ruellée ainsi disposée ; *nn* sont les noquets métalliques dont les bords sont relevés comme il a été dit. Pour produire meilleur aspect, les ardoises entières qui les recouvrent sont écornés suivant des lignes biaises d'un pureau de hauteur et d'une demi ardoise de largeur.

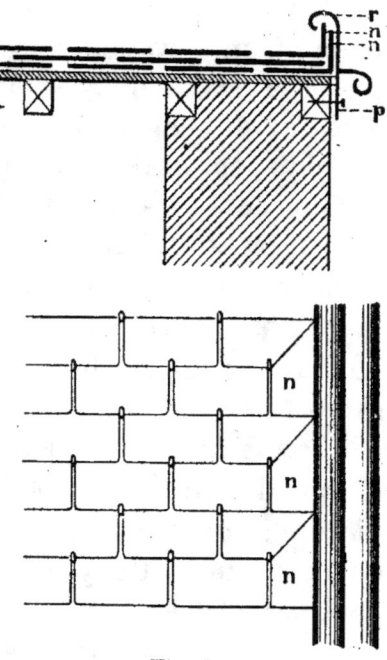

Fig. 57

Quoique les noquets ne soient mis que de deux en deux rangs en raison de leur hauteur, ils se croisent d'une quantité égale au recouvrement ; leurs reliefs forment donc une saillie continue le long de la rive du pignon. On recouvre ces reliefs par une bande continue en zinc *r*, recourbée en ourlet à la partie haute et formant larmier en bas par un autre ourles avancé. Cette bande de recouvrement est faite par morceaux de 1 mètre à 2 mètres de long se recouvrant sucessivement, et chacun de ces morceaux est tenu par des pattes *p* soudées en dessous et clouées sur la face latérale du chevron de rive.

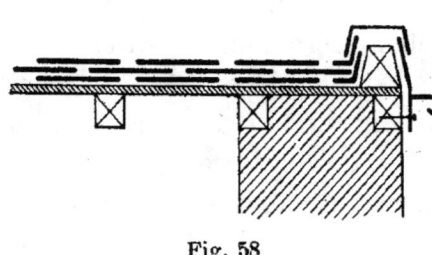

Fig. 58

Une autre disposition consiste à établir sur la rive un

tasseau analogue à ceux que l'on emploie dans la couverture en zinc, comme le montre la *fig.* 58. Du côté de la toiture, on relève les reliefs des noquets le long de ce tasseau ; de l'autre, on fixe une bande formant larmier, et on recouvre le tout d'un couvrejoint.

Les détails de ces assemblages de feuilles métalliques seront données complètement au chapitre de la couverture en zinc.

Un troisième mode d'exécution des ruellées est le suivant, représenté dans la *fig.* 59. Elles s'établissent avec des ardoises seules : on commence par sceller à quelques centimètres en contrebas du rampant une file d'ardoises imbriquées *aa*, avec pureau de 1/2 hauteur d'ardoise environ et une saillie en dehors du nu extérieur du pignon de 0,08 à 0,10 au plus; on leur donne un léger dévers du côté du dehors.

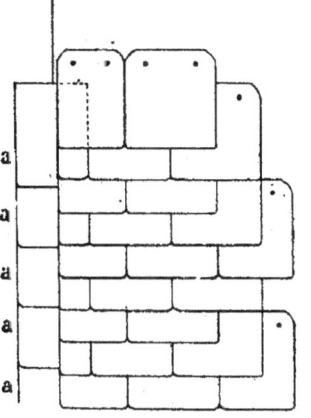

Au-dessus on établit une pente en plâtre avec une légère déclivité transversale vers le bâtiment et on recouvre d'ardoises à la manière ordinaire.

Si les ardoises étaient posées à crochet, on maintiendrait par des clous les ardoises de rives et surtout les demi ardoises. Souvent

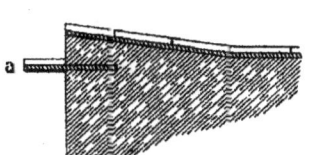

Fig. 59

même on scelle en plus les ardoises de ruellées à bain de plâtre, ce qui les rend plus résistantes au vent; mais ce procédé, en empêchant l'évaporation par dessous, les maintient plus longtemps humides et les rend accessibles aux dégradations de la gelée, lorsqu'elles ne sont pas d'excellente qualité. Les ardoises scellées sont toujours moins durables que les autres.

On remplace aussi quelquefois les ardoises scellées *aa*, par une bande de zinc *b* établie dans les mêmes conditions par bouts de 1 mètre de long se recouvrant suivant la pente de 0,05 à 0,10. La *fig.* 60 donne la coupe du pignon ainsi recouvert.

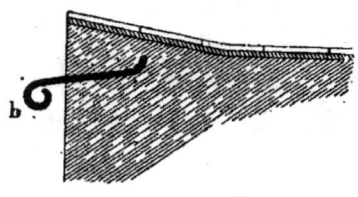

Fig. 60

Ces deux dernières dispositions, avec ardoises *aa*, ou zinc *b*, scellés en plâtre, sont bien inférieures au point de vue de la durée et de l'échantéité aux deux dispositions précédentes avec emploi de noquets. Il reste un parement vertical de plâtre exposé aux intempéries, et l'ardoise est moins bien protégée contre l'action directe du vent.

43. Raccord d'un pan d'ardoises contre une paroi verticale.. — Lorsque le pan d'ardoises vient buter

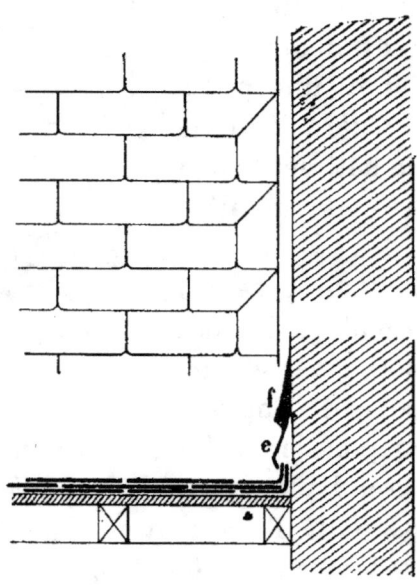

Fig. 61

contre un mur, contre la jouée d'une lucarne, ou enfin le long d'une paroi verticale quelconque, si cette paroi fait avec les lignes de pureaux un angle droit ou un angle obtus, le raccord est très facile à exécuter au moyen de noquets.

Ils se disposent comme on l'a vu pour les ruellées ; seulement le relief vertical est plus accentué, et on les recouvre par une bande de zinc *e*, *fig.* 61, engravée et scellée à la partie haute dans l'épaisseur du mur de $0^m,02$ à $0,03$, et qui en bas se rapproche et se recourbe sur la rive de la couverture.

On garantit les joints de la bande qu'on nomme *bande de solin* avec le mur au moyen d'un empatement *s* en mortier de plâtre, ou mieux en mortier de ciment, et que l'on nomme le *solin*. Ce solin recouvre le zinc de quelques centimètres seulement et garantit des infiltrations de l'eau que reçoit le pan vertical du mur.

Si l'angle du mur et des pureaux, au lieu d'être droit, est obtus en s'évasant par le bas, la disposition reste la même, seulement les ardoises de chaque rang sont taillées à la demande et les noquets sont dissemblables. Chacun d'eux est disposé sur panneau spécial et on règle sa largeur pour la plus grande commodité de raccord avec les ardoises voisines.

Si l'angle du mur et des pureaux est un angle aigu, les ardoises, en raison de la pente, amènent l'eau contre le mur et il y a lieu d'établir pour la recevoir une véritable noue en encaissement, comme pour la rencontre de deux pans, disposition qui sera étudiée plus loin.

44. Des arêtiers dans les couvertures en ardoise. — Une première disposition des arêtiers consiste à recouvrir les pans qui se rencontrent avec des lignes d'ardoises prolongées jusqu'à l'arête, et taillées bien exactement pour se joindre sur l'angle d'une façon précise. Les ardoises d'un pan recouvrent celles de l'autre de leur épaisseur, alternativement tous les deux rangs. Ce genre de construction et d'un aspect, uniforme, et convient surtout lorsque les rampants qui se rencontrent se rapprochent de la verticale ; l'arrangement est alors très simple, et

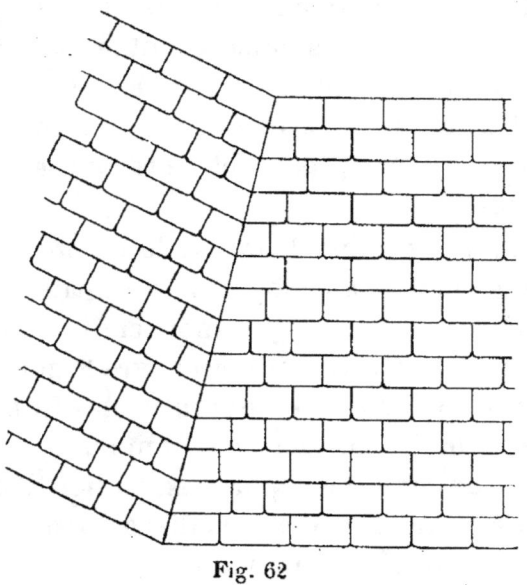

Fig. 62

l'action du vent risque moins de se faire sentir sur les ardoises de rive.

Lorsque la pente est faible, au contraire, l'arrangement des ardoises est difficile ; l'appareil qui en résulte n'a pas

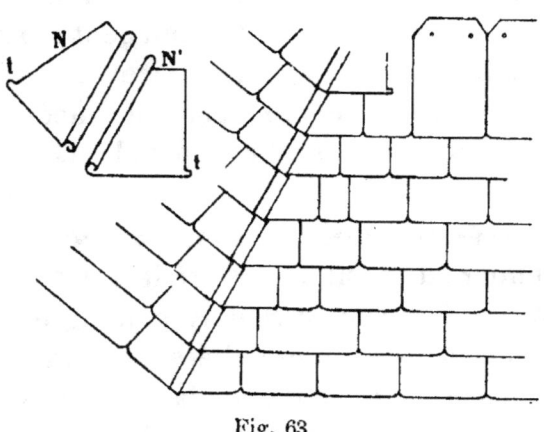

Fig. 63

la régularité voulue, et le vent risque beaucoup de soulever les trapèzes par leur grande surface inférieure, alors qu'ils sont mal retenus par le petit côté du haut. Lorsque la couverture est agrafée, les agrafes elles-mêmes se disposent assez mal. On préfère alors se servir d'une des combinaisons suivantes.

La première consiste à remplacer toutes les ardoises d'arêtier par des noquets métalliques, ordinairement en zinc, qui portent le nom de noquets d'arêtier. Ils s'imbriquent successivement dans un même pan, en se raccordant avec les rangées d'ardoises ; de plus, le noquet d'un pan s'agrafe avec le noquet correspondant de l'autre pan. Ils ont les formes appropriées représentées par N et N, *fig.* 63. Ils sont munis de talons *tt* qui passent sous les ardoises contiguës, et empêchent le vent de les soulever.

L'arête vive de la disposition précédente est alors rem-

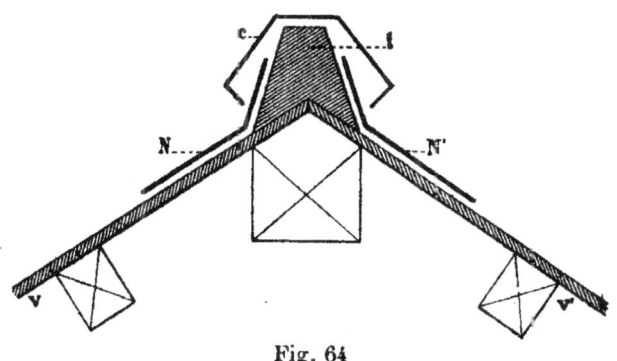

Fig. 64

placée par une sorte de boudin continu, résultant de l'agrafage des noquets.

Une autre disposition consiste à relever ces mêmes noquets, au moyen d'un relief vertical, le long d'un tasseau d'arêtier, et à recouvrir ce dernier d'un couvrejoint métallique. La *fig.* 64 représente la coupe de la couverture ainsi comprise par un plan perpendiculaire à la ligne d'arêtier ; V et V' sont les pans de voligeage, N et N' sont les noquets d'un rang quelconque, ils sont relevés le long d'un tasseau d'arêtier *t* échancré convenablement à sa base; enfin, un couvrejoint *c* en zinc recouvre le tasseau et les reliefs des noquets.

Cette disposition bien plus résistante aux vents ne fait pas disparaître les difficultés d'appareil des ardoises voisines.

On obtient la régularité la plus absolue dans l'arrangement des ardoises en remplaçant les noquets par des bandes continues en zinc venant joindre le tasseau d'arêtier et auxquelles on donne une largeur uniforme. Cette nouvelle disposition est représentée dans la figure 65; V et V' sont toujours les pans voligés; les ardoises sont prolongés jusqu'au long du tasseau d'arêtier, sans modification d'appareil, les dernières ardoises seules étant taillées à la demande: Les bandes métalliques se placent par dessus; elles recouvrent les pans ardoisés sur une largeur cons-

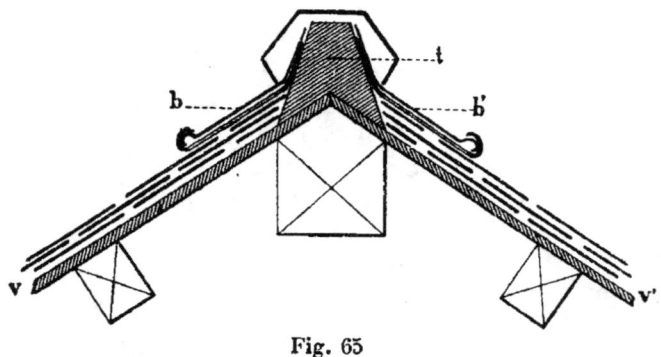

Fig. 65

tante de 0^m,10 à 0^m,15 et se relèvent le long du tasseau t: elles sont retenues tous les 0,40 à 0,50 par des pattes en cuivre clouées en dessous sur le tasseau et repliées extérieurement sur l'ourlet.

On applique sur le tasseau un couvrejoint métallique, qui vient abriter à son tour le bois et les reliefs des bandes. Ces dernières, ainsi que les couvrejoints, sont disposées par bouts de 1^m,00 de longueur.

Quelquefois on double les bandes de zinc d'une bande en plomb parallèle, qui les sépare de l'ardoise et qu'on n'a qu'à soulever en cas de réparation; l'arêtier est alors établi comme on le verra plus loin pour le faîtage.

45. Disposition des faîtages des toitures en ardoise. — Dans les anciens bâtiments, on trouve encore des faîtages de couverture en ardoises exécutés en faîtières de terre cuite ; celles-ci sont simples, avec crêtes et embarrures en mortier, ou bien à recouvrement, ce qui est bien préférable ; mais cette disposition n'est à adopter que dans les bâtiments ruraux, pour des toitures économiques. L'apparence de ce mélange d'ardoise et de terre cuite n'est pas heureuse.

Dans les couvertures soignées, on fait des faîtages métalliques en zinc ou en plomb, et la disposition la plus ordinaire est la suivante :

On volige en plein un espace de $0^m,50$ environ sur cha-

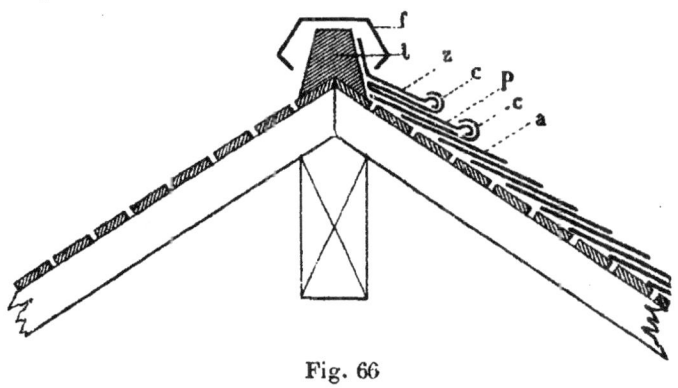

Fig. 66

que versant, à partir de la ligne de faîte, et on recouvre celle-ci d'un fort tasseau en bois t, *fig.* 66, échancré à sa partie basse suivant l'angle des deux rampants.

Le dernier rang d'ardoises monte jusqu'à environ $0^m,11$ du tasseau et on le recouvre d'une bande de plomb P, partant du tasseau, où elle est clouée en tête ; sa rive inférieure est ourlée et retenue de distance en distance, tous les $0^m,35$ à $0^m,40$, par des pattes en cuivre c, rabattues sur l'ourlet.

La largeur de la bande est telle qu'elle ne laisse découvert qu'un pureau de l'ardoise a, et elle est disposée par bouts de 1^m,00 de longueur se recouvrant de 0,08 à 0,10 aux jonctions.

Sur cette bande on en ajoute une seconde, z, en zinc cette fois, qui remonte le long du tasseau pour y être clouée en tête ; elle prend la pente du toit sur une quinzaine de centimètres pour se terminer par un ourlet. Cet ourlet est retenu de distance en distance par de nouvelles pattes c. Enfin un couvre joint en zinc, f, recouvre le tasseau du faîtage. La bande de zinc est disposée par bouts de 1^m,00.

On reviendra plus en détail sur cette disposition des faîtages dans le chapitre de la couverture en zinc. L'avantage de cette disposition, dont l'aspect est représenté

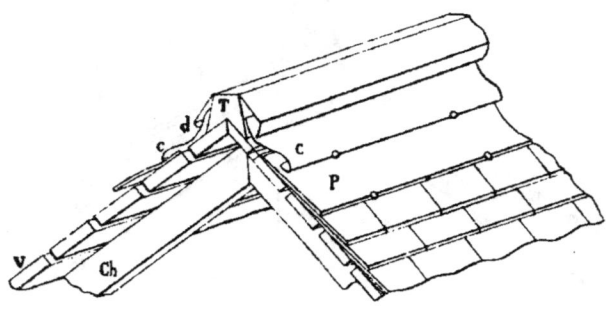

Fig. 67

dans la *fig.* 67, réside dans une forme agréable, jointe à une très grande facilité de réparation.

Pour remplacer quelques ardoises dans le voisinage du faîtage, on n'a, en effet, qu'à déplier les pattes qui retiennent la bande de plomb et relever cette dernière au point voulu ; on dégage ainsi le dernier rang des ardoises et on accède par suite à tous les autres.

Lorsque les ardoises sont fixées par des crochets, la bande en zinc qui les recouvre peut aussi être fixée elle-même par une dernière rangée de ces crochets, mais alors elle n'est pas ourlée ; ou bien, si elle est ornée d'une baguette saillante, c'est à quelque distance du bord, pour ne pas gêner l'agrafure.

46. Des faîtages ornés. — La manière dont les arêtiers et les faîtages des couvertures en ardoises sont traités dans un bâtiment influe beaucoup sur l'aspect extérieur. C'est sur ces parties que se porte de préférence l'ornementation.

On se sert d'ordinaire des bandes métalliques du faîtage, et de celles des arêtiers, que l'on met en accord, pour for-

Fig. 68

mer autour des pans d'ardoise des encadrements complets, et on les relie dans les angles au moyen de crossettes. Le principe de cette disposition est donné dans la *fig.* 68.

Souvent on couronne le tout d'une moulure saillante surmontée d'une crête découpée, amortie à ses extrémités par des épis. — Ces ornements se font en fonte, ou en zinc, ou préférablement encore en plomb repoussé, qui est plus cher, mais convient mieux, par son aspect et sa durée, aux constructions plus soignées.

D'autres fois, lorsque les arêtiers sont en ardoises taillées, le faîtage seul porte la décoration ; il se compose de bandes

Fig. 69

de raccord avec l'ardoise munies de crossettes et surmontées d'un faîtage en plomb repoussé. Celui-ci comprend plusieurs moulures formant une sorte de couronnement, et, au-dessus, on peut ajouter une crête à jour amortie contre des épis. La *fig.* 68 rend compte de cette dernière disposition ; la *fig.* 69 montre des arêtiers unis à arêtes vives avec le raccord d'un faîtage orné.

Dans les combles en pavillon sur plan carré, ou dans ceux qui forment une aiguille conique, le faîtage se réduit à un point et le principe de décoration du sommet unique reste le même; la crête disparaît et il reste un épi portant d'ordinaire un paratonnerre ou une girouette, et qui s'appuie sur un cône ou une pyramide moulurés venant couronner l'ardoise. Dans le cas de pyramide, on met souvent des crossettes aux angles, et on les raccorde avec les bandes d'arêtiers lorsqu'il y a des arêtiers métalliques.

Les *fig.* 70 et 71 donnent l'aspect

Fig. 70

Fig. 71

de toitures de ce genre pour pavillons circulaires ou carrés, couverts en ardoises avec sommets en métal.

47. Comble Mansard avec bris en ardoise. — Toutes les fois que des pans recouverts en ardoises doivent se raccorder avec des parties métalliques, il est bon de faire la jonction par l'intermédiaire d'une bande de plomb recouvrant les ardoises. Ce plomb peut se relever facilement, ce qui rend les réparations très simples à exécuter.

La *fig.* 72 en représente un exemple; elle montre le bris d'un comble Mansard recouvert en ardoises.

Le membron est suivi sur le pan le plus raide par une bande de zinc *m*, qui se raccorde par la crossette *c* avec

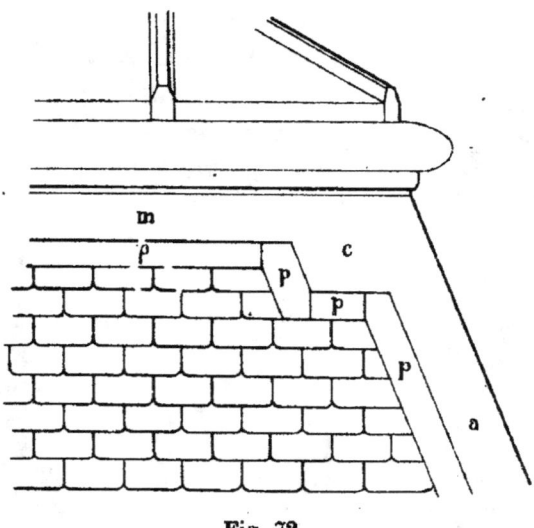

Fig. 72

un arêtier de même métal *a*. Le long de ces trois pièces *m*,*c*,*a*, on a établi une bande en plomb *p*, d'une largeur d'environ $0^m,10$ à $0^m,15$ et d'une épaisseur de $0^m,002$ à $0^m,003$. Cette bande peut être fixée sous le zinc soit par des agrafes soit par de simples clous enfoncés dans le voligeage; sa rive extérieure peut être libre, le poids du plomb suffisant dans ce cas à la maintenir en raison de son peu de largeur; elle peut aussi être retenue par des pattes rabattues, ou par de simples crochets en fil de cuivre, lorsque les ardoises sont elles-mêmes posées avec agrafes. Cette bande de plomb est ordinairement disposée par bouts de 1ᵐ,00 de longueur pour rendre la dilatation plus facile ; les bouts successifs se recouvrent d'environ 0ᵐ,10.

Quant à la partie métallique du bris et du terrasson supérieur, on verra dans la couverture en zinc la manière détaillée de les disposer et de les rendre dilatables et étanches.

49. Des noues dans les couvertures en ardoises. — Les noues dans les couvertures en ardoises s'exécutent presque exclusivement en métal, et on verra dans le chapitre de la couverture en zinc comment est disposée la partie métallique.

On dispose le chevronnage et le voligeage pour produire un encaissement à l'endroit de la noue et cet encaissement est garni de zinc comme le montre la *fig.* 73

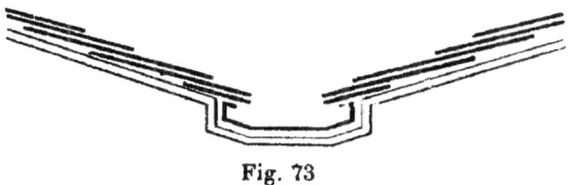

Fig. 73

qui représente une coupe par un plan perpendiculaire à la direction de la noue.

Au-dessus viennent les ardoises posées comme à l'ordinaire, mais tranchées, telles qu'elles se trouvent, suivant une ligne bien droite. Ces tranchis se font facilement et régulièrement, si on a soin de battre les traits au cordeau sur les ardoises bien présentées.

Lorsque le long d'un tranchis il reste un morceau trop petit, on le supprime et on prend une ardoise plus grande que la voisine et dont le panneau comprend la partie supprimée ; de deux ardoises contiguës, on n'en fait qu'une.

Le plan d'une noue avec ses deux tranchis d'ardoises est représenté *fig.* 74 ; il montre la disposition des ardoises.

C'est une noue de ce genre que l'on établit dans les cas où des rampants d'ardoise viennent s'amortir contre la paroi verticale d'un mur plus élevé, faisant un angle aigu avec la ligne des pureaux. Cette noue encaissée reçoit les eaux des ardoises qui se terminent par un tranchis biais comme le précédent.

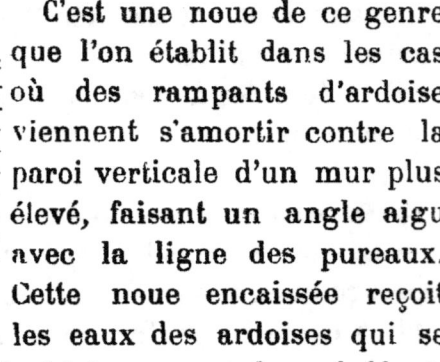

Fig. 74

49. Arrangement des couvertures en ardoises autour des châssis d'éclairage. — Parmi tous les modes raccord des couvertures en ardoises autour des châssis d'éclairage et d'aérage, les deux plus usités sont les suivants :

Le premier consiste, après avoir organisé l'ouverture de la baie comme on le verra plus loin, à l'entourer d'une couverture en zinc, la débordant sur tous côtés de $0^m,25$ à $0^m,30$, et à redresser les bords de cette couverture par une pince extérieure sur les deux parties latérales, de manière à retenir l'eau. C'est sur cette pince que viennent s'appliquer les rives d'ardoises, régularisées, par un tranchis droit dirigé suivant la ligne de plus grande pente du rampant.

La *fig.* 75 montre l'aspect que présente la couverture ainsi disposée.

A la partie inférieure, la couverture en zinc, renforcée par une pince plate tournée cette fois à l'intérieur, recouvre les ardoises des rangs inférieurs ; le métal est retenu, soit par des pattes en zinc ou en cuivre, soit par de simples crochets à ardoises, si le restant de la couverture est également posé avec des crochets.

A la partie haute, la couverture métallique s'engage sous les rangs supérieurs d'ardoises en même temps qu'une bande de plomb transversale *a* ; celle-ci est chargée de recouvrir la partie ouvrante du châssis et de la suivre dans son mouvement tout en garantissant le joint de la charnière contre l'introduction de l'eau. Cette bande *a* déborde le châssis de chaque côté et doit être assez lourde

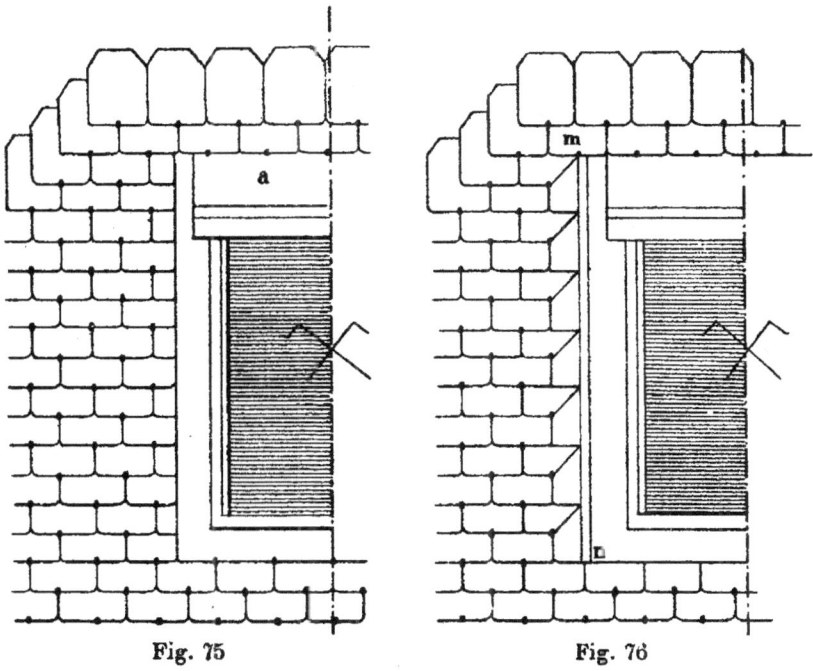

Fig. 75 Fig. 76

pour que le vent ne tende pas à la soulever; on lui donne de 0,002 à 0,003 d'épaisseur.

Le détail de la disposition du châssis sera donné dans l'étude de la couverture en zinc.

La seconde méthode consiste à disposer la couverture métallique qui entoure le châssis comme le montre en élévation la *fig.* 76.

Les deux bords latéraux sont relevés suivant un relief *mn* disposé comme un tasseau de couverture.

Le long de la rive extérieure de ce tasseau, l'on dispose les ardoises avec des noquets en zinc relevés verticalement, comme s'il s'agissait d'un amortissement le long d'une paroi verticale.

Le tasseau est ensuite recouvert d'un couvrejoint métallique comme ceux que l'on emploie dans la couverture en zinc. Pour faciliter le raccord de la couverture avec le haut de ce couvrejoint, l'on exécute en zinc l'ardoise m qui existe en tête, ce qui permet de lui souder un moignon de couvrejoint.

On évite le tranchis droit, qui est toujours d'une solidité douteuse en raison des fragments d'ardoises qui se trouvent sur rives; mais on a un travail plus ouvragé qui revient d'ordinaire à un prix plus élevé.

Le restant du châssis s'exécute comme dans l'exemple précédent.

50. Des raccords autour des chattières. — Les chattières qui servent à aérer les combles sont formées d'un demi cône en zinc recouvrant une ouverture pratiquée dans la couverture. Les dimensions et saillie de la chattière sont prévues de telle sorte que le vent ne puisse chasser la pluie ou la neige dans la baie d'aérage. L'entourage de cette baie est garni d'une feuille de zinc triangulaire, débordant l'ouverture de $0^m,25$ à $0^m,30$ tout autour. Les deux côtés du triangle isocèle sont relevées en relief par une pince extérieure destinée à contenir l'eau et sur cette pince viennent se placer et déborder les ardoises coupées suivant la pente par un tranchis biais.

Fig. 77

La feuille métallique s'élargit par le bas pour se raccorder convenablement avec les ardoises voisines; elle vient recouvrir les rangs d'ardoises inférieurs; son bord inférieur, qui forme la base du triangle isoscèle, est renforcé d'une pince plate ; il est retenu par une série de pattes en zinc ou en cuivre rabattues en dessus, ou bien simplement par de simples crochets d'ardoises, si le restant de la couveture est lui-même maintenu avec des crochets.

Quant au demi-cône en zinc formant la chattière proprement dite, les dimensions, assemblages et disposition seront détaillés dans le chapitre des couvertures métalliques, au paragraphe des couvertures en zinc.

51. Disposition des crochets de service. — Les crochets de service sont indispensables pour les réparations des couvertures en ardoise en raison de leur étendue, de leur pente souvent très raide, et de leur fragilité; ils servent à attacher les échelles, cordages et autres engins nécessaires pour la circulation des ouvriers sur les toitures.

Fig. 78

Ils doivent être solides et inaltérables; on les exécute d'ordinaire en fer rond de 0^m,020 à 0,022, et on aplatit la branche qui doit s'appuyer sur le rampant. Cette branche est percée de deux trous pour le passage de deux boulons de 0,014 de diamètre, et elle est terminée par un talon. Le tout est en fer au bois galvanisé avec soin.

On doit les attacher sur une pièce de charpente, telle qu'un chevron; les boulons les serrent sur la surface du bois. Ils doivent se trouver posés entre les ardoises sans les toucher. Ils portent sur une feuille métallique *f*, ordinairement en zinc, se raccordant à la façon des noquets avec les ardoises voisines. Puis une seconde feuille *g*, cette fois en plomb pour les recouvrir exactement, vient cacher et protéger les boulons et se raccorder également avec les ardoises de dessus et de côté.

L'aspect général est celui représenté par la *fig.* 78.

Les crochets s'établissent en lignes espacées d'environ $1^m,50$ à $2^m,00$; ils sont à des distances variables de 3 à 4 mètres dans chaque ligne. Souvent on les répartit en quinconce sur les grands pans d'ardoises. Dans chaque cas particulier, on cherche à se rendre compte des emplacements qui se prêteront le mieux à l'établissement et au soutien des échafaudages que les réparations peuvent exiger.

52. Ouvriers employés pour la couverture en ardoises. — Les ouvriers qui sont employés pour les couvertures en ardoises sont les *couvreurs*. Ils se divisent en compagnons et garçons. Les compagnons couvreurs ne travaillent jamais seuls ; chacun d'eux est toujours servi par un garçon, qui lui prépare ses outils et l'aide dans le montage des matériaux et la marche des opérations.

Le prix de la main d'œuvre est variable suivant les localités : à Paris la journée du compagnon couvreur, été comme hiver, est payée $6^{fr},25$, celle du garçon couvreur $4^{fr},25$.

La journée d'été du 15 février au 31 octobre se compose de 9 heures de travail effectif au chantier des travaux, plus d'une heure pour aller prendre l'ordre à l'atelier de l'entrepreneur et se rendre ensuite au chantier.

La journée d'hiver du 1er novembre au 14 février se compose de 8 heures de travail effectif au chantier et d'une heure employée comme ci-dessus.

Les fractions de journées sont toujours exprimées et comptées en heures.

Pour l'établissement des sous-détails, le prix moyen de l'heure se compose de 85/120° du prix de l'heure d'été, et de 35/120° du prix de l'heure d'hiver soit

$$\left.\begin{array}{l}\text{Pour l'heure de couvreur.} \quad \ldots \quad 0^{fr},72 \\ \text{\textit{»}} \qquad \text{garçon couvreur} \quad \ldots \quad 0^{fr},49\end{array}\right\} = 1^{fr},21$$

53. Outils de couvreur employés dans la couverture en ardoises. — Les couvreurs ont, pour poser l'ardoise et la tailler, des outils spéciaux qui sont :

Le marteau de couvreur appelé encore *assette* ou *essette*. Il est représenté *fig.* 79.

D'un côté il a une tête pour enfoncer les clous, de l'autre une pointe pour préparer les trous dans l'ardoise sans la casser, et enfin un tranchant qui sert à couper l'ardoise, pour lui donner la forme convenable. Le manche est rond et bien à

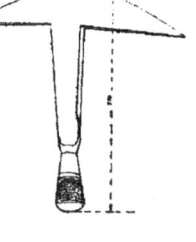

Fig. 79

la main pour ces diverses opérations, c'est le principal outil nécessaire aux couvertures en ardoises.

Pour s'en servir, on a besoin d'un outil complémentaire que l'on appelle une *enclume* et qui est figurée dans le croquis 80.

L'enclume se compose d'une sorte de T en fer dont la branche d'équerre est terminée en pointe aiguë, on l'enfonce dans le voligeage pour la fixer.

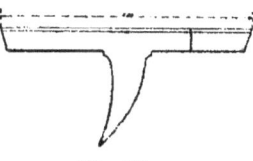

Fig. 80

La table sert alors pour appuyer l'ardoise et la poser pendant la confection des trous, ou la taille avec le marteau.

Enfin, pour la dépose des ardoises dans les travaux en réparation, on emploie un troisième outil qui est nommé *tire-clous*. C'est une lame de fer mince recourbée à l'une de ses extrémités et qui est munie de dents sur les côtés, mais à l'inverse des fiches de poseur de pierre.

Elle permet de passer sous la tête des clous et de les arracher sans détériorer les ardoises qu'ils ont servi à maintenir; suivant l'encoche dont on se sert pour ce travail, on prend un point d'appui plus ou moins éloigné sans appuyer sur l'ardoise qu'il s'agit de déposer. La *fig.* 81 montre la disposition du tire-clou.

Fig. 81 Indépendamment de ces outils, les couvreurs ont tous les outils ordinaires communs aux autres corps d'état.

54. Prix des ardoises dans Paris.

Ardoisières d'Angers	Grandes carrées, modèle 1.	0,324 × 0,222	le mille	50	»
	— modèle 2.	0,297 × 0,216	—	46	10
	1res carrées fortes, découpées			48	50
	Cartelettes	0,240 × 0,160	—	35	30
	Modèles anglais Nos 1.	0,624 × 0,360	—	317	30
	2.	0,608 × 0,360	—	296	55
	3.	0,608 × 0,304	—	247	»
	4.	0,558 × 0,279	—	201	30
	5.	0,508 × 0,254	—	161	65
	6.	0,458 × 0,250	—	141	05
	7.	0,406 × 0,203	—	98	60
	8.	0,355 × 0,203	—	80	90
	9.	0,355 × 0,177	—	70	70
	10.	0,305 × 0,165	—	54	80
Ardoisières de la Richolie à Rimogue	1re carrée, grand modèle .	0,324 × 0,222	—	50	»
	2e carrée, — .	0,300 × 0,220	—	41	50
	3e carrée, — .	0,297 × 0,195	—	40	»
	4e carrée, — .	0,300 × 0,190	—	38	»
	Grand St-Louis, bleue . .	0,300 × 0,190	—	37	»
	Grand barra, bleue . . .	0,320 × 0,190	—	36	90
	Démêlée, bleue	0,300 × 0,165	—	32	»
	Flamande	0,270 × 0,170	—	30	»
	Commune, bleue. . . .	0,260 × 0,135	—	24	»

Ardoisières de Riadan	1re carrée, grand modèle	0,324 × 0,222	—	50	»
	1re carrée, forte	0,297 × 0,216	—	46	10
	2e carrée, forte	0,297 × 0,195	—	42	»
	Grande moyenne, forte	0,297 × 0,180	—	37	80
	Petite moyenne, forte	0,297 × 0,162	—	34	20
	3e carrée, flamande	0,270 × 0,162	—	29	»
	3e carrée, ordinaire	0,243 × 0,180	—	28	»
	4e carrée ou cartelette, nos 1	0,216 × 0,162	—	35	30
	2	0,216 × 0,122	—	20	»
	3	0,216 × 0,095	—	15	»
	Grande écaille	0,296 × 0,198	—	55	»
	Petite écaille	0,230 × 0,132	—	30	»
	Modèles anglais, Nos 1	0,640 × 0,300	—	307	»
	2	0,608 × 0,300	—	266	90
	3	0,608 × 0,304	—	241	45
	4	0,558 × 0,259	—	196	45
	5	0,508 × 0,254	—	156	85
	6	0,458 × 0,251	—	137	55
	7	0,406 × 0,203	—	94	60
	8	0,355 × 0,203	—	78	70
	9	0,355 × 0,177	—	68	95
	10	0,305 × 0,165	—	54	»
Saint-Gilbert, à Fumay	Angers double	0,300 × 0,220	—	62	»
	Angers simple	0,300 × 0,220	—	45	»
	Saint-Louis	0,300 × 0,190	—	41	»
	Flamande	0,265 × 0,160	—	31	»
	Petite flamande	0,260 × {0,120 à 0,140}	—	22	»

55. Prix composés. — Quand on veut établir le sous-détail du prix d'un ouvrage en ardoise, il faut partir du principe suivant :

Le prix du règlement de chaque ouvrage se compose :

1° du déboursé pour la main-d'œuvre et les fournitures ;

2° des faux frais appliqués à la main d'œuvre seulement ;

3° du bénéfice appliqué aux prix de la main-d'œuvre, des fournitures et des faux frais ;

4° des intérêts d'avance de fonds et du fonds de roulement appliqués de même.

Pour la couverture en ardoises, les faux frais sont fixés à . 23 %
— le bénéfice, à . . . . . 10 %
— les intérêts d'avances et de fonds de roulement, à . 0,75 %

Le prix de règlement de la journée de compagnon couvreur s'établira donc comme il suit :

Journée (été et hiver), déboursé . . .	6f,250	
Faux frais, 23 %	1 438	
	7f,688	7f,688
Bénéfices, 10 %		» 769
Avances de fonds, 0,75 %		» 058
Prix de règlement		8f,515
En chiffres ronds		8f,50

Le prix de règlement de la journée de garçon s'établira de même, savoir :

Journée (été et hiver), déboursé . . .	4f,250	
Faux frais, 23 %	» 978	
	5f,228	5f,228
Bénéfice, 10 %		» 523
Avances de fonds, 0,75 %		» 039
Prix de règlement		5f,790
En chiffres ronds		5f,80
Journée de compagnon et aide, ensemble		14f,30

56. Sous-détail du prix de règlement d'un mètre superficiel de couverture en ardoises. — Soit à faire le sous-détail du prix de règlement de la couverture d'un mètre superficiel d'ardoise d'Angers, grande carrée

2ᵉ modèle 0,297 × 0 216, pureau de 0,11 ; on l'établira comme suit :

43 ardoises, à 46 fr. 10 le mille . . .	1ᶠ,982	
86 clous à ardoises, à 1 fr. 50 le mille .	» 129	
6ᵐ volige, à 0 fr. 1203	» 722	
37 clous à volige, à 2 fr. 87 le mille . .	» 106	
1 heure couvreur et aide, à 1 fr. 21 . .	1 210	
Faux frais, 23 % sur 1,21	» 278	
	4ᶠ,427	4ᶠ,427
Bénéfice, 10 %		» 443
Avances de fonds, 0,75 %		» 033
Prix de règlement		4ᶠ,903
En chiffres ronds		4ᶠ,90

Le sous-détail de l'ardoise de Riadan modèle anglais n° 6 sur volige neuve ordinaire serait :

21 ardoises, à 137 fr. 35 le mille . . .	2ᶠ,889	
42 clous en cuivre, à 11 fr. 35 le mille .	» 477	
5ᵐ volige, à 0 fr. 1203	» 602	
31 clous à volige, à 2 fr. 87 le mille . .	» 089	
40 minutes couvreur et aide, à 1 fr. 21 l'heure	» 807	
Faux frais, 23 % sur 0,807	» 186	
	5ᶠ,050	5ᶠ,050
Bénéfice, 10 %		» 505
Avances de fonds, 0,75 %		» 038
Prix de règlement		5ᶠ,593
En chiffres ronds		5ᶠ,60

CHAPITRE III

COUVERTURES EN MATÉRIAUX
DE MAÇONNERIE
PIERRES, CIMENTS, ASPHALTES

SOMMAIRE :

57. Couvertures en pierre des monuments de l'antiquité. — 58. Disposition employée au Panthéon. — 59. Couverture en grandes dalles plates. — 60. Emploi de dalles creusées et aérées par dessous. — 61. Couverture des clochers. Flèches en pierre. — 62. Couverture en pierre des murs de clôture. — 63. Dalles naturelles. Laves. — 64. Couvertures en ciment à prise lente. Inconvénients. Moyens de les atténuer. — 65. Couverture en ciment, système Caillette. — 66. Terrasses en ciment. — 67. Application aux petites parties, murs, souches. — 68. Couverture en asphalte. Précautions à prendre.

CHAPITRE III

COUVERTURES EN MATÉRIAUX
DE MAÇONNERIE
PIERRES, CIMENTS, ASPHALTES

57. Couvertures en pierre des monument de l'antiquité. — Les Grecs et les Romains ont couvert d'abord leurs édifices en terre cuite. — Ce n'est que plus tard qu'ils

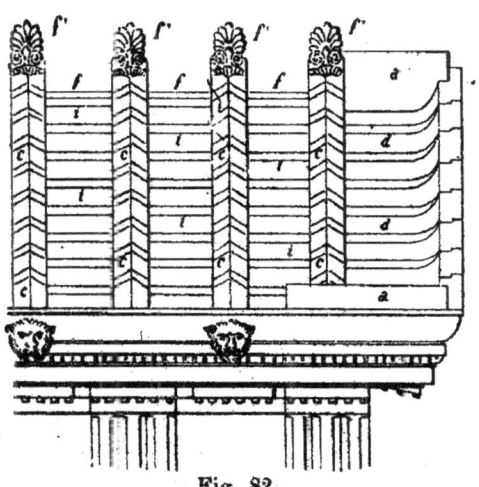

Fig. 82

lui ont substitué la pierre dure, principalement le marbre blanc, dans leurs monuments les plus soignés, dans leurs temples.

Les formes de ces pierres et dalles dérivaient de celles que présentaient les pièces en terre cuite qu'elles remplaçaient. La *fig.* 82, tirée du remarquable ouvrage de Léonce Reynaud (Traité d'architecture), est la reproduction elle-même d'une étude des antiquités de l'Attique publiée par la Société des

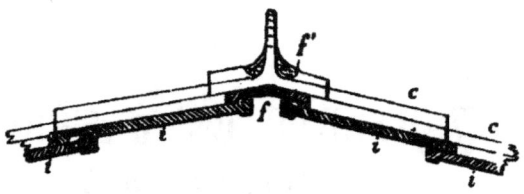

Fig. 83

dilettanti de Londres. Elle représente le système de couverture, qui a été reconstitué, du temple de Némésis à Rhamnus.

Les dalles de marbre rectangulaires i (tegulæ) étaient portées par la charpente, et rangées par lignes dirigées suivant la de plus grande pente de la toiture. Chaque pièce présentait deux rebords latéraux et aussi des encoches à la base et au sommet, qui permettaient de les accrocher les unes aux autres. Les différentes bandes de ces

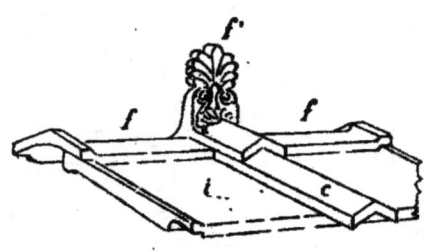

Fig. 84

dalles n'étaient séparées que par un léger intervalle, et ce dernier était recouvert par d'autres pièces de même matière, *c*, les *couvrejoints*, appelés souvent aussi *chevrons*, également imbriquées entre elles et ayant des rebords saillants sur les rives pour recouvrir les saillies inverses des tegulæ. — Les dalles d qui longeaient les rives du pignon avaient une forme spéciale et se relevaient pour former la première moulure du fronton. Au sommet et aux retombées elles se reliaient à des pierres plus grosses *a*, formant acrotères, supportant des groupes sculptés.

Le faîtage était formé de deux sortes de pierres : des faîtières simples *f* venaient recouvrir les tegulæ, et d'autres *f'* servaient à couronner les lignes de couvrejoints. Ces dernières étaient saillantes au-dessus du toit et comportaient des ornements sculptés. La *fig.* 83 montre les formes spéciales de toutes ces pièces par une coupe par un plan vertical perpendiculaire au faîtage. La *fig.* 84 donne une vue en perspective d'une portion de cette partie haute de la couverture. On a aussi tiré de l'ouvrage de Reynaud la *fig.* 85 qui indique la manière dont étaient taillées les pièces d'égout. Chacune de ces dernières formait chéneau en saillie sur le nu de la façade longitudinale ; elle était légèrement creusée vers le point

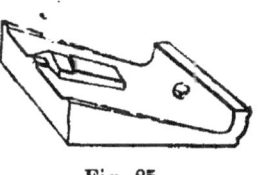

Fig. 85

d'écoulement aux joints, elle avait au contraire un léger relèvement. Au milieu était la gargouille rejetant les eaux au dehors, et le devant de cette pièce formait une cymaise moulurée et souvent sculptée. La partie haute de ces pierres de rive était taillée suivant la forme la plus convenable pour recevoir, soit les tegulæ, soit la partie basse des lignes de couvre joints.

On voit par ces divers croquis que les soins les plus minutieux étaient donnés à ces parties si importantes de la construction. L'inclinaison du toit doit être dans ces constructions assez faible, pour que les pierres, posées, comme il vient d'être dit, ne puissent pas glisser sur leurs appuis.

Disposition employée au Panthéon. — La *fig.* 86 représente en plan, vu de dessus, et en coupe verticale, la couverture en dalles de pierre de la colonnade extérieure du dôme du Panthéon à Paris.

Les dalles sont très larges et imbriquées les unes sur les autres comme celles des monuments antiques. Elles sont écartées faiblement, et le joint est recouvert d'un couvrejoint ou chevron qui vient barrer tout passage à l'eau ; le tout est posé à bain de ciment sur l'extrados des voûtes et les joints parfaitement garnis ont donné toute satisfaction au point de vue de l'étanchéité. Les eaux sont recueillies dans un chéneau C posé et garni de la même

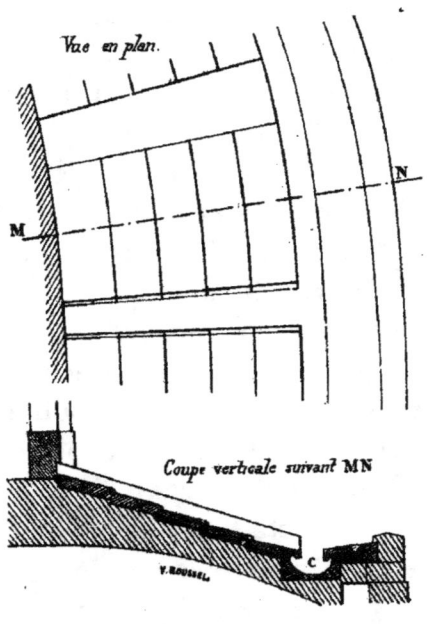

Fig. 86

façon et qui, de distance en distance, communique avec le dehors par des gargouilles permettant l'issue de l'eau. Les détails d'exécution et les formes des différentes pièces sont données dans les figures 87 et 88, qui comme la précédente sont empruntées à l'ouvrage de Rondelet « l'art de bâtir ». La *fig.* 87 représente une portion de couverture comprenant des dalles et le chevron qui recouvre leurs extrémités.

La *fig.* 88 montre ce même chevron vu par dessous avec

la coupe compliquée et difficultueuse des entailles d'assemblages.

Il résulte de l'examen de ces tailles que l'on a un grand avantage, quand on le peut, à adopter les plus grandes dimensions possibles pour les tégulæ et à espacer par suite les chevrons.

Cette disposition employée au Panthéon est une imita-

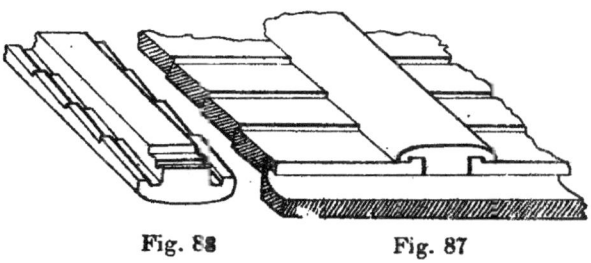

Fig. 88   Fig. 87

tion économique des formes de l'antiquité; elle présente de grands avantages au point de vue de l'étanchéité, en raison de sa pose sur un massif inébranlable, à bain de mortier hydraulique.

59. Couvertures en grandes dalles plates. — Les premières églises voûtées furent couvertes en grandes

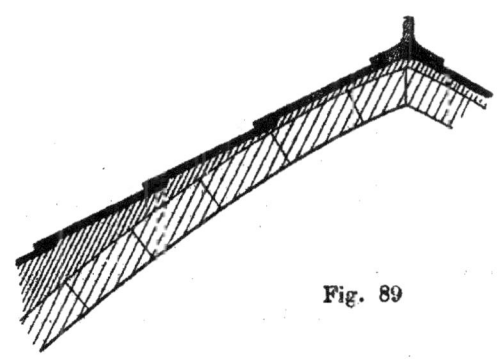

Fig. 89

dalles imbriquées dans le sens de la plus grande pente du long pan et juxtaposées dans le sens perpendiculaire.

Cette disposition se rencontre encore dans de nombreux

édifices du centre et du midi de la France. Sur la voûte on établissait le massif nécessaire pour porter les dalles, qui reposaient dans toute l'étendue de leur sous-face sur un bain de mortier.

Le soin avec lequel les joints étaient remplis n'empêchait pas quelques pénétrations de l'eau dans l'intervalle des dalles; de plus, le calcaire employé n'était presque jamais complètement imperméable, de telle sorte que les voûtes étaient continuellement humides et se détérioraient très facilement.

60. Emploi des dalles creusées et aérées par-dessous. — On n'a pu arriver à assécher les voûtes qu'en les séparant franchement de la couverture, et en aérant le

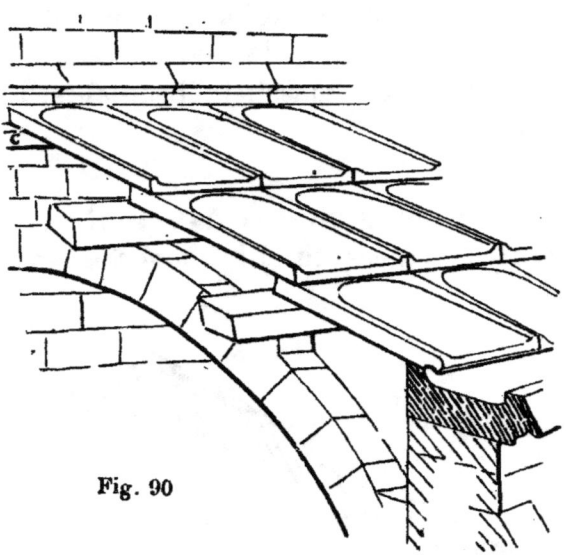

Fig. 90

dessous des dalles qui composaient cette dernière. En même temps, on accélérait l'écoulement de l'eau sur leur surface supérieure en les taillant en forme de cuiller, et en relevant leur paroi le long des joints pour les soustraire à l'action de l'eau.

La *fig.* 90 donne, d'après Viollet-le-Duc, la couverture

des terrasses de Notre-Dame de Paris. Les dalles de grandes dimensions sont légèrement creusées en leur milieu, ce qui relève leurs joints latéraux et accélère la descente de l'eau. Elles se recouvrent successivement et le recouvrement est toujours accompagné d'une mouchette. Elles sont complètement isolées des voûtes et portent sur des pannes en pierre soutenues elles-mêmes sur des arcs légers placés au-dessus des voûtes à une certaine distance. Le grenier perdu qui en résulte présente les ouvertures nécessaires pour une aération facile, de telle sorte que le peu d'humidité qui passe par les joints, ainsi que celle qui peut traverser la dalle, s'évapore à mesure à la paroi de dessous, et les voûtes se maintiennent complètement sèches. Les dalles elles-mêmes, asséchées continuellement, ont une durée beaucoup plus considérable que dans les ouvrages scellés.

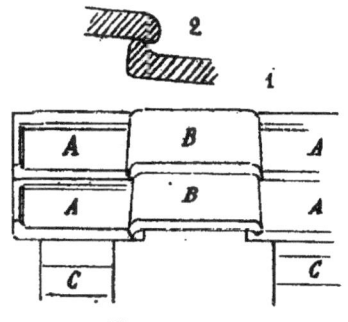

Fig. 91

Viollet-le-Duc cite encore une disposition retrouvée dans quelques églises où les dalles étaient parfaitement disposées pour donner une étanchéité absolue, en même temps que pour présenter les conditions de la plus longue durée ; elles affectaient deux formes différentes représentées dans la *fig.* 91. Les tuiles A, creusées en cuiller, imbriquées, avec mouchettes sur leur rive basse, étaient portées en files sur des arcs légers CC, disposés suivant la plus grande pente à intervalles convenables ; elles étaient recouvertes par un second système de pièces B,B, débordant et masquant les reliefs des premières. Les joints étaient ainsi partout efficacement protégés. Le croquis (2) de cette même figure indique le profil d'assemblage des pièces A et B dans un joint montant.

De nos jours, on couvre peu les édifices en pierres, en raison du prix très élevé auquel cette couverture revient. Nous citerons cependant l'église du Sacré-Cœur à Montmartre, qui a été récemment couverte de cette manière.

61. Couvertures des clochers. Flèches en pierre. — Si les couvertures de grands édifices en pierre sont rares, les couvertures restreintes se rencontrent assez souvent. Nombre de clochers ont leur flèche construite en pierres taillées. Lorsque la pente est très forte, que la flèche est très aiguë, on pose les pierres les unes sur les autres et on taille la pente sur le parement latéral en ayant soin de croiser les joints et de les remplir complètement en ciment. Il est indispensable de prendre dans ce cas des

Fig. 92

pierres de très bonne qualité ne risquant pas de se déliter sous l'influence des agents atmosphériques.

D'autres fois, on dispose l'appareil de telle sorte que le lit de pose soit dirigé suivant la pente de la flèche; de la sorte la pierre résiste beaucoup mieux.

Enfin les clochers sont souvent décorés d'écailles retournées qui présentent comme avantages, non seulement l'effet produit, mais encore une forme très convenable pour empêcher l'eau de passer dans les joints; la *fig.* 16 donne la disposition d'ensemble d'un clocher ainsi appareillé, et la *fig.* 92 en donne le détail d'après Viollet-le-Duc (vol. III, p. 308).

Chaque joint vertical part ainsi du sommet d'une écaille et l'eau coulant à côté ne risque pas de former des infiltrations.

Le cône est dit *squammé*.

Ces cônes ainsi recouverts d'écailles résistent en effet mieux à l'action de la pluie que les cônes à parements lisses.

62. Couverture des murs de clôture. — Les murs de clôture sont très fréquemment recouverts en dalles plates, ou même en pierres d'épaisseur plus forte taillées d'après un profil déterminé. — La couverture en dalles plates est la plus économique en raison du petit cube de matière em-

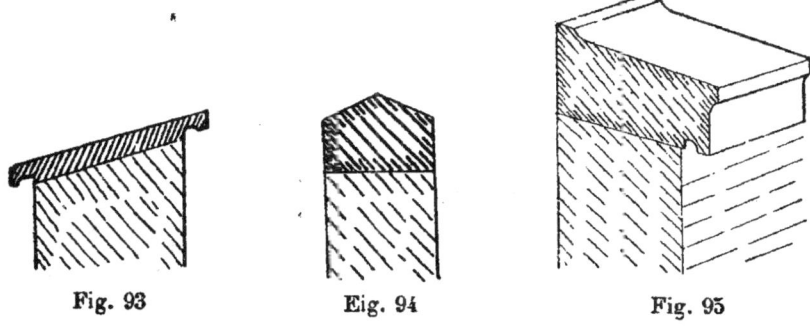

Fig. 93   Fig. 94   Fig. 95

ployé, mais elle n'est admissible qu'avec une légère pente qui empêche l'eau de séjourner sur la pierre et de la rendre plus accessible aux dégradations de la gelée. On rend la protection du mur plus efficace en taillant une mouchette sur les deux rives qui débordent les parements du mur. On se contente souvent de la mouchette de la rive inférieure, et lorsque la pente est suffisante pour que l'inclinaison s'oppose au retour de l'eau en plafond, on la supprime.

Un mur construit en matériaux résistants et bon mortier hydraulique n'a rien à redouter des agents extérieurs, tant que l'eau n'atteint que ses parements. On peut le couronner par un chaperon en pierre sans aucune saillie.

posé à bain de mortier de ciment, et le profil de ce chaperon se compose des deux parements verticaux continuant les parois du mur et d'une pente supérieure, simple ou double, *fig.* 94. Le plus souvent on cherche à éloigner l'eau le plus possible du parement du mur par une saillie plus ou moins considérable, et une mouchette taillée sous la dalle empêche l'eau de revenir en plafond et de s'introduire dans le joint. Le profil le plus simple pour un chaperon à un seul versant est celui représenté par la *fig.* 95. Un filet limite la pente du dessus à sa partie haute, le devant est formé par une tablette de larmier surmonté d'un listel. Mais le profil est quelquefois orné d'un plus grand nombre de moulures et peut constituer une corniche complète.

De même, lorsque le chaperon doit être à deux versants, on peut adopter un profil simple comme celui qui est re-

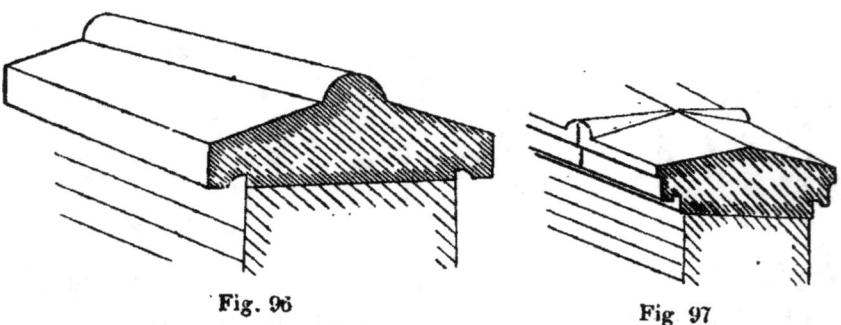

Fig. 96   Fig. 97

présenté *fig.* 96. On peut même le simplifier encore en remplaçant le boudin de faîtage par l'arête de rencontre des deux pentes ; de chaque côté la saillie, accompagnée de la mouchette, permet d'écarter sûrement l'eau du parement du mur. On peut aussi prendre pour chaque saillie les profils moulurés dont il vient d'être parlé.

Le peu d'eau qui tombe sur ces sortes de dallages ne nécessite pas de précautions spéciales pour les joints transversaux. Cependant quelquefois on relève ces joints pour que le vent ne puisse y chasser l'eau ; ils ne sont plus susceptibles de recevoir que la pluie qui y tombe directement. Il résulte également de ces saillies, lorsqu'elles se reproduisent régulièrement à des intervalles égaux, une répétition décorative importante.

Par raison d'économie et pour ne pas perdre de pierre, le joint ainsi relevé part d'une saillie nulle au faîtage et va en s'accentuant régulièrement jusqu'à l'arête de goutte.

On couvre de même en pierre de taille les pilastres des portes et des grilles, ainsi que les souches de cheminées hors comble (voir notre ouvrage sur la maçonnerie).

63. Dalles naturelles. — Laves. — Mode d'emploi. — Les schistes ardoisiers ne sont pas les seules roches naturelles qui puissent servir à la couverture des bâtiments, on peut obtenir des dalles d'une épaisseur plus ou moins forte avec nombre d'autres roches jouissant naturellement d'une certaine fissilité, telles que du gneiss, du micaschiste et autres pierres analogues et même le grès bigarré des Vosges ; certains calcaires de la Bourgogne et de la Franche-Comté présentent ces mêmes propriétés schisteuses. On désigne ces roches dans beaucoup de pays, et bien improprement, sous le nom de *laves*.

Ces laves s'emploient partout aux couvertures des bâtiments. On les établit soit sur voûtes, soit sur charpentes massives, avec une pente assez réduite pour qu'il ne puisse y avoir glissement. On les dispose comme les ardoises, c'est-à-dire par rangs successifs à joints croisés. On prend un recouvrement d'environ 0,10 à 0,12 et la moitié du restant de la hauteur forme la dimension du pureau.

Ces laves forment de bonnes couvertures dans la plupart des cas ; leur seul inconvénient est un poids considérable par mètre, ce qui constitue une lourde charge pour les ouvrages de support.

64. Couvertures en ciment à prise lente. Inconvénients, moyens de les atténuer. — On peut, pour des bâtiments industriels, employer comme couverture le ciment à prise lente, l'état d'enduit appliqué sur des pans préalablement hourdés ; mais il est certaines précautions qu'il est indispensable de prendre, si on ne veut pas s'exposer à des mécomptes.

1° Il faut que le hourdis et l'enduit puissent faire corps ensemble par suite d'affinité et d'adhérence réciproques.

Pour cela, il est nécessaire que le hourdis soit déjà exécuté en ciment, et que la qualité de ce dernier ne l'expose ni à des gonflements ni à des retraits ; il doit donc être de bonne qualité et de fabrication déjà ancienne. Il peut être à prise rapide, mais dans ce cas on ne doit pas faire en mortier la surface supérieure du hourdis ; on doit plutôt la composer avec les matériaux solides qui forment la maçonnerie et avec lesquels le Portland aura une meilleure liaison.

2° Il faut composer le hourdis et l'enduit qui doit le recouvrir de panneaux n'excédant pas 2^m,00 de largeur et ayant comme longueur la dimension de la ligne de plus grande pente du toit.

3° Ces panneaux ne doivent être divisés dans leur largeur par aucun fer qui créerait une ligne de faible résistance suivant laquelle pourrait se déterminer une fissure.

4° Les bords latéraux des panneaux doivent être limités par des fers de la charpente disposés suivant la ligne de plus grande pente, et suivant lesquels les retraits pourront avoir lieu. Aux points où ces retraits peuvent se faire, il faut relever la maçonnerie et l'enduit, et ajouter une couverture en terre cuite ou en fonte formant couvrejoint et empêchant l'eau d'entrer.

5° Enfin, il faut recouvrir l'enduit, sitôt sa fabrication, et pendant une durée d'une quinzaine de jours, d'une matière quelconque pouvant le protéger contre les chocs, les pressions et même la dessiccation, et maintenir à sa surface au moyen d'arrosements convenablement renouvelés un état constant et suffisant d'humidité.

La coupe d'une toiture en ciment pourrait être établie comme le montre la *fig.* 98. Cette coupe est supposée faite par un plan perpendiculaire au pan de toiture et passant par une de ses horizontales. En A, B, C sont représentés des arbalétriers ou des chevrons de la charpente, suivant les cas ; ces fers sont réunis comme les fers d'un plancher

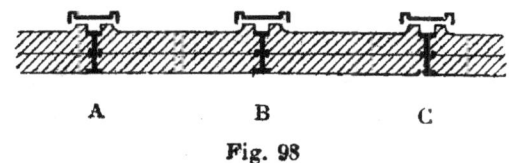

Fig. 98

par des boulons à quatre écrous, et espacés de $1^m,50$ à $2^m,00$. Les entrevous sont hourdés comme il vient d'être dit, et le hourdis se relève le long des fers sans les recouvrir ; et le joint est masqué par un couvrejoint en plomb, en fonte, ou en terre cuite convenablement disposé.

Dans ces conditions, le ciment présente les avantages suivants :

Il est économique, toutes les fois que le hourdis qui le supporte est motivé par d'autres considérations. Il ne prend ni ne garde aucune empreinte.

Il donne une couverture imperméable à l'eau et à la neige ; il résiste aux vents qui n'ont sur lui aucune prise, quelle que soit leur violence ; il s'échauffe moins que les autres matériaux de couverture. Enfin, dans les pays ou on doit recueillir les eaux pluviales, il les livre aussi pures qu'il est possible.

Il dure aussi longtemps que l'on peut le désirer, toutes les fois que le bâtiment est soustrait aux tassements qui seuls peuvent le désorganiser.

Une autre manière de diposer le ciment destiné aux couvertures consiste à l'employer sous une épaisseur beaucoup plus faible que le hourdis ci-dessus, tout en lui permettant d'obéir aux mouvements du bâtiment et aux dilatations dues aux variations de la température extérieure.

On réduit le hourdis à une épaisseur de bardeaux pleins

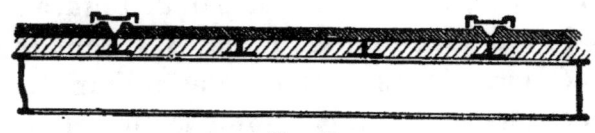

Fig. 99

ou creux placés entre les chevrons, et on ne fait pas les panneaux plus grands que 1^m,50 en largeur ; l'enduit qui les recouvre a la même largeur et se relève sur les bords. Les rives ainsi formées sont recouvertes d'un couvrejoint comme ci-dessus en plomb, fonte ou terre cuite.

65. Couverture en ciment système Caillette. — M. Caillette a proposé un joint qui paraît donner d'excel

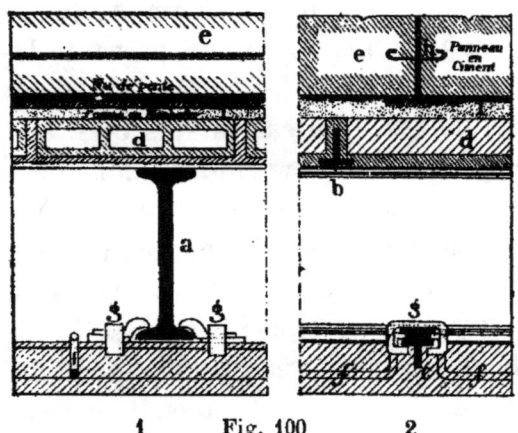

1   Fig. 100   2

lents résultats, il est représenté par deux coupes perpendiculaires dans la *fig.* 100

Le croquis (1) donne la coupe par un plan perpendiculaire au pan et passant par sa ligne de plus grande pente ; a est une panne, sur cette panne se posent des chevrons b ; entre ces chevrons on fait un hourdis en bardeaux creux d.

Au-dessus est une couche de machefer faisant office d'une forme isolante, et c'est sur cette forme que l'on établit des nus de pente sous les joints qui séparent les panneaux, et que l'on fait l'enduit en ciment.

De cette manière le ciment est complètement isolé des fers et n'aura pas à subir les effets de leur dilatation.

Ces panneaux ont de $0^m,04$ à $0,08$ d'épaisseur, suivant les cas ; ils sont isolés les uns des autres par des bandelettes verticales en zinc, qui empêchent l'adhérence et préparent les joints de fissures en cas de retrait.

Pour que l'eau ne passe pas dans les fissures ainsi produites, deux panneaux contigus sont reliés le long du joint de contact par une bande de plomb, h, de $0^m,0015$ d'épaisseur et de $0^m,06$ de largeur et dont les bords sont relevés. Cette bande de plomb est engagée dans le hourdis des panneaux et s'y trouve scellée. Elle suit tous les contours formés par les joints et le pourtour des murs, en se scellant dans ces derniers lorsqu'ils montent plus haut, ou en formant bavette, lorsque les eaux se déversent dans un cheneau.

Toutes les bandes sont matées bout à bout pour former continuité dans tout leur développement. Elles ont pour but de garantir hermétiquement contre le passage de l'eau lorsque les joints se fissureront par le retrait, la dilatation ou la trépidation des charpentes.

L'eau qui s'infiltre par ces joints imperceptibles s'arrête à la bande de plomb et disparaît par évaporation.

Les lames de zinc qui séparent les panneaux sont en deux pièces dans le sens vertical et se posent l'une au-dessus, l'autre en dessous de la lame de plomb du joint.

Tout le système du joint est posé sur les nus de pente

faits préalablement sur la forme du plancher en suivant le tracé des joints.

Terrasses en ciment. — Ce dernier procédé convient très bien à la confection des terrasses en ciment et la *fig.* 101 représente, en un plan et deux coupes perpendiculaires correspondantes, l'application du procédé de M. Caillette à une terrasse.

Le plan est fait à trois niveaux différents : à gauche il montre l'ossature du plancher supposé en fer et qui pour-

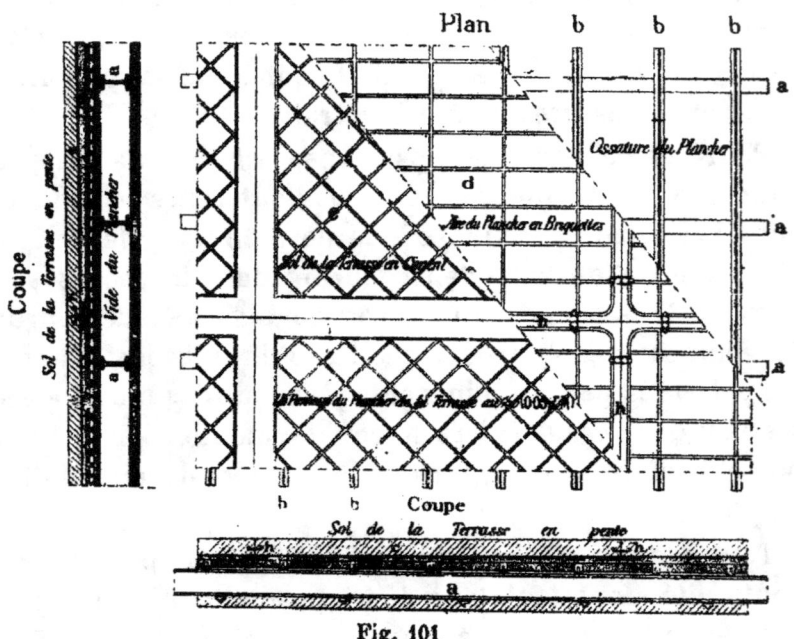

Fig. 101

rait même être un ancien plancher en bois; *aa* sont les solives en fer à I, *bbb* des fers à I destinés à former une aire légère en briquettes formant bardeaux. Ces fers *aa* doivent avoir 0,030 de hauteur et 0,030 de largeur, et on doit, suivant la charge, régler en conséquence l'écartement des solives qui les soutiennent.

La 2ᵉ partie du plan montre l'aire en briquettes qui soutient la terrasse ; *d* est l'une des briquettes posées sur ciment et jointoyées en même mortier. Au-dessus de l'aire, on étend une couche de mâchefer de quelques centimètres d'épaisseur et sur cette forme on établit le tracé des joints séparatifs des panneaux, et les nus de pente qui recevront les joints. Dans ce plan, les lignes hh indiquent les joints en plomb qui séparent les panneaux.

La 3ᵉ partie du plan montre le dessus de la terrasse, lorsque le travail est complètement terminé, avec les quadrillages tracés sur sa surface, pour empêcher que le sol ne soit glissant.

Les coupes dans deux sens perpendiculaires qui accompagnent le plan indiquent la composition du plancher, ainsi que la paillasse suspendue qui supporte le plafond inférieur.

L'épaisseur entre le dessus du fer et le dessus de l'enduit de dallage est ainsi composée :

Machefer de la forme. .	$0^m,03$	
Enduit en ciment. . .	$0,08$	$0^m,15$
Aire en briquettes. . .	$0,04$	

A cette épaisseur minimum il y a lieu d'ajouter la pente qui doit être de $0^m,015$ par mètre, et en outre $0^m,02$ environ s'il doit y avoir un caniveau formé dans le dallage.

67. Application aux petites parties, murs, souches.

— Les couvertures en enduits de ciment conviennent très bien pour les petites parties, par exemple pour des couvertures de murs de clôture ou de souches de cheminées, parce, qu'alors les surfaces ne sont pas considérables et que les questions de dilatation ou de retrait n'ont plus d'importance.

Pour des murs de clôture, il est indispensable de prendre, pour le gros œuvre, du mortier qui ne puisse donner aucun tassement, et d'éviter le plâtre d'une façon absolue.

Il est très convenable aussi de diviser l'enduit en portions séparées, d'une longueur de 1^m,50 à 2^m,00 au plus, de manière à créer des joints de rupture pour lesquels on prend les précautions nécessaires en vue des infiltrations. On peut de cette façon adopter la forme des profils qui ont été donnés précédemment pour les couvertures des murs de clôture en pierre. Voir ci-dessus, n° 62.

Il en est de même des souches de cheminée qui ne sont autre chose que des murs s'élevant au-dessus des toits. Les mitrons se trouvent scellés dans l'enduit, c'est la seule différence.

68. Couverture en asphalte. — Précautions à prendre.

— Il est encore une matière que l'on peut employer pour la couverture, surtout lorsqu'il s'agit de rendre les terrasses imperméables, c'est l'asphalte.

Le mastic d'asphalte, dont il a été question dans notre livre de la maçonnerie, est en effet une matière plastique à chaud qui peut s'opposer, si elle est bien employée, aux infiltrations de l'eau. L'inconvénient auquel il y a à parer, c'est que cette matière devient cassante par le froid, et subit en même temps, sous l'effet des basses températures, un retrait sensible, qui la sépare des murs auxquels on a voulu l'unir. Il en résulte des fissures qui laissent passer l'eau. De plus, si elle est trop molle, elle prend très facilement les empreintes.

La première précaution à prendre lorsqu'on veut l'appliquer à une couverture de terrasse consiste à augmenter sa plasticité, tout en maintenant la surface assez dure pour éviter la pénétration des charges qu'elle a à supporter. On la compose à cet effet de deux couches superposées :

La première contient peu de sable, elle a $0^m,012$, à $0,015$ d'épaisseur ; lorsqu'on craint que l'adhérence à certains matériaux ne soit pas suffisante, on l'augmente par un badigeonnage préalable de ces matériaux avec du goudron chauffé.

La seconde couche contient le maximum de sable et est posée sur la première en croisant les joints. C'est elle qui résistera aux charges extérieures.

Il faut en outre limiter les panneaux à la dimension que l'on peut exécuter sans reprise, toute reprise pouvant donner lieu à une fissure. Les joints de reprise doivent être relevés pour que l'eau ne puisse s'y infiltrer et au besoin on peut les recouvrir comme pour le ciment d'un couvre-joint en plomb.

Le dallage en mastic d'asphalte se sépare facilement des murs contre lesquels on l'adosse. Il est bon de prévoir cette séparation en établissant après coup et avec soin des solins en asphalte et recouvrant les solins par une bande métallique en plomb ou en zinc qui reçoit l'eau et la déverse sur le dallage en cas de séparation.

La face supérieure de l'asphalte est bien plus rugueuse que celle des enduits de ciment, aussi est-on obligé de lui donner une pente plus forte. On prend comme limite inférieure de cette pente $0^m,06$ par mètre et on va jusqu'à $0^m,08$ toutes les fois qu'on le peut.

Les caniveaux peuvent se faire également en mastic d'asphalte à la condition de les faire en même temps que les travées qu'ils reçoivent, sans l'intermédiaire d'aucun joint.

La face supérieure de l'asphalte est ordinairement quadrillée comme les dallages en ciment; il en résulte une meilleure apparence, et la circulation y est moins glissante et plus facile.

CHAPITRE IV

COUVERTURE EN TUILES

§ 1. — *Tuiles anciennes et tuiles plates.*
§ 2. — *Tuiles mécaniques.*

SOMMAIRE :

§ 1. — *Tuiles anciennes et tuiles plates* : 69. Emploi de la terre cuite à la couverture. — 70. Comparaison entre la fabrication en pâte molle et la fabrication en pâte dure. — 71. Tuiles anciennes. — 72. Tuiles romaines. — 73. Tuiles creuses. — 74. Tuiles flamandes. — 75. Tuiles plates de Bourgogne ou de pays, grand et petit moule. — 76. Pose des tuiles plates ; lattis, pureau, recouvrement. — 77. Disposition à claire-voie. — 78. Pose des tuiles avec scellement au mortier. — 79. Pose sur combles hourdés, avec liteaux en maçonnerie. — 80. Inclinaisons convenables aux couvertures en tuiles plates. — 81. Prix des tuiles plates. — 82. Ouvriers et outils employés dans la couverture en tuiles. — 83. Sous-détail du prix d'un mètre superficiel. — 84. Disposition des égouts. Egout simple. — 85. Egoût de deux pièces. — 86. Egoût de trois pièces. — 87. Egoût retroussé. — 88. Egoût pendant. — 89. Prix des égoûts. — 90. Disposition des faîtages. Faîtages à joints au plâtre. — 91. Faîtages à recouvrement en terre cuite. — 92. Prix des faîtages. — 93. Faîtages ornés. — 94. Arêtiers. — 95. Prix des arêtiers. — 96. Des noues. — 97. Ruellées. — 98. Raccords avec les murs plus élevés et les souches. Solives. — 99. Tuiles plates à écailles. — 100. Coloration des tuiles. — 101. Raccord avec les châssis d'éclairage et d'aérage. — 102. Couverture des murs de clôture en tuiles plates. — 103. Action de la capillarité. Emoussage.

§ 2. — *Tuiles mécaniques* : 104. Des tuiles mécaniques. — 105. Tuiles Gilardoni. — 106. Tuiles Muller. — 107. Tuiles Royaux. — 108. Tuiles Boulet. — 109. Tuiles Josson. — 110. Tuiles Courtois. — 111. Tuiles dites Suisses, dites tuiles de montagne. — 112. Prix des tuiles mécaniques. — 113. Sous-détail du prix de règlement de la couverture en tuiles mécaniques. — 114. Faîtages pour tuiles mécaniques. — 115. Garnitures de rives. Ruellées. — 116. Egoût inférieur. — 117. Tuiles spéciales pour chatières et tuyaux. — 118. Tuiles et châssis d'éclairage. — 119. Tuiles de raccord en fonte pour montants et marches. — 120. Couverture des murs de clôture en tuiles mécaniques.

CHAPITRE IV

COUVERTURE EN TUILES

§ 1. — TUILES ANCIENNES ET TUILES PLATES

99. Emploi de la terre cuite en couverture. — L'application aux matériaux de couverture des produits céramiques remonte à la plus haute antiquité. Les pièces faites en terre cuite pour cet usage sont de dimensions restreintes et se nomment *tuiles*.

Toutes les argiles ne sont pas convenables pour former des tuiles, il faut qu'elles donnent par la cuisson un produit homogène de grain fin, formant une surface imperméable, résistant même mouillée à l'effet de la gelée, et enfin que la cuisson puisse être faite à une température assez élevée pour que toutes les tuiles sans exception soient suffisamment atteintes par la chaleur pour avoir les propriétés désirables.

Lorsque les argiles réunissent les qualités qui viennent d'être énumérées, elles sont en général très sonores, elles absorbent peu d'eau par une immersion prolongée, et à l'emploi sont d'une durée pour ainsi dire indéfinie.

Rarement on trouve dans la nature des argiles capables

de donner directement des tuiles. Ce n'est la plupart du temps que par un mélange de terres de diverses qualités et provenances qu'on arrive au résultat voulu. Les terres bien nettoyées, rendues bien homogènes par une série de triturages mécaniques, formant avec l'eau une pâte bien régulière, sont moulées suivant la forme à obtenir, puis séchées avec beaucoup de soin et enfin cuites. La cuisson a pour objet de détruire la plasticité de la terre, de la rendre indélayable et indéformable, inattaquable par conséquent aux agents atmosphériques.

Le seul inconvénient que présentent les tuiles réside dans leur poids qui exige de bonnes charpentes. La plupart des améliorations qu'on s'est efforcé d'apporter à leur fabrication ont eu pour but de réduire ce poids au minimum.

70. Comparaison entre la fabrication en pâte molle et la fabrication en pâte dure. — Sans entrer dans les détails de fabrication, qui sont exposés d'une façon un peu plus étendue dans notre ouvrage sur la maçonnerie, il y a lieu de rappeler que les tuiles peuvent être obtenues de deux façons bien distinctes : le procédé en *pâte molle* ou tendre, d'une part, et de l'autre, par la fabrication en *pâte dure*.

Le procédé de fabrication en *pâte molle* consiste à mouiller abondamment les mélanges de terres argileuses et à les laisser longtemps sous l'influence de cette humidité pour qu'elle se répande uniformément dans la masse, et que la plasticité de l'argile soit égale et entière partout ; puis, cette terre est malaxée mécaniquement, réduite en pains ou blocs, et moulée molle et tendre dans des moules en plâtre cerclés de fer ou enfermés dans des châssis en fonte. Elle est comprimée fortement dans ces moules pour en prendre l'empreinte exacte et on la démoule encore très molle. Elle demande alors pour être séchée un temps considérable et de grands soins ; lorsqu'elle est bien sèche, ou la passe au four pour la cuisson.

C'est là le premier procédé qui a été adopté, et qui a toujours donné des produits parfaitement homogènes et très supérieurs.

Le procédé dit *en pâte dure* a été appliqué d'abord en Saône-et-Loire pour des argiles tendres au feu, d'une résistance très faible, et de plus remplies de fragments de silex qui détérioraient rapidement le plâtre des moules. Pour éviter ces inconvénients et diminuer considérablement la main d'œuvre, on a corroyé les pâtes avec beaucoup moins d'eau, on les a triturées avec de puissantes machines, en les passant plusieurs fois de suite à la filière qui produit un laminage énergique ; enfin, on les a moulées sous une très forte pression dans des moules de fonte imbibés d'huile, qui exigent des pâtes très fermes pour éviter l'adhérence.

La pâte, malaxée avec très peu d'eau, est loin de présenter une homogénéité parfaite. Dans le travail de la filière, la soudure des parties terreuses est incomplète ; la terre sort en filets parallèles et la pâte produite est feuilletée, souvent gercée par le frottement contre les parois métalliques ; enfin, lorsqu'on met au moule les blocs découpés dans cette terre, et qu'après séchage on vient à les cuire, on peut s'assurer par des cassures répétées que la masse est inégale, irrégulière, discontinue, mal soudée par places, inégalement imperméable et absorbante. A l'emploi, les produits de cette fabrication en pâte dure sont bien inférieurs aux précédents comme résistance et comme durée.

Malgré ces grands inconvénients, la fabrication en pâte dure s'est fort répandue ; elle donne une grande économie sur la fabrication plus rationnelle, et souvent même ses produits sont d'une apparence plus régulière et plus agréable. De plus, pour pouvoir préserver les surfaces polies et les arêtes vives obtenues par le moulage en fonte, on se contente d'une cuisson plus ménagée et souvent imparfaite, ce qui diminue encore la valeur des produits.

Toutes les fois que l'on voudra avoir des couvertures durables, il faudra donc exiger des tuiles fabriquées en pâte tendre, et dont la cuisson aura été suffisamment poussée.

71. Des tuiles anciennes. — Chez les Grecs et les Romains, on trouve deux sortes de tuiles, les unes plates appelées *tegulæ*, les autres courbes dites *tegulæ imbricatæ* ou par abréviation *imbrices*.

Les *tegulæ* étaient ou simplement plates ou avaient un rebord de chaque côté, elles étaient rectangulaires, rarement trapézoïdales, et avaient d'ordinaire 0,25 de largeur sur 0,35 à 0,40 de hauteur. On en a trouvé à Rome de 0,55 sur 0,70. Leur épaisseur variait de 0,025 à 0,040.

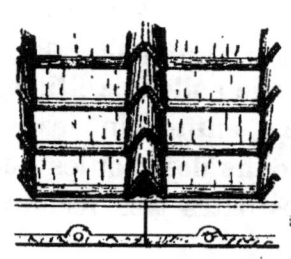

Fig. 102

Les *imbrices* étaient de forme demi cylindrique ou encore avaient une section en V renversé. La *fig.* 102 ci-contre indique la manière dont étaient disposées ces tuiles : les tegulæ par files verticales jointives, les rebords étant dirigés suivant la ligne de plus grande pente du toit, et les imbrices venant recouvrir les joints montants. Chacune de ces sortes de tuiles s'imbrique sur la tuile inférieure pour y déverser ses eaux.

Chaque rangée d'imbrices se terminait par une tuile plus grande, nommée *antefixe*, fermée sur sa face antérieure et décorée d'un sujet d'ornementation, tête, masque, feuille, palmette, etc.

D'autre fois les *antefixes* étaient supprimés et remplacés par un chéneau en terre cuite ornée. Chaque morceau, correspondant à une rangée de tuiles plates, portait en son milieu un écoulement rejetant les eaux au dehors.

Les faitages étaient formés par des tuiles en dos d'âne, recouvrant le haut des tuiles des deux pans, et les couvre-joints correspondant aux imbrices portaient des *antefixes* ornés sur les deux faces.

Chaque joint de tuiles plates correspondait à un chevron.

72. Tuiles romaines. — Le genre des couvertures anciennes s'est perpétué dans le midi de la France, et surtout en Italie. Dans ce dernier pays, les tuiles prennent la forme trapézoidale au lieu de la forme rectangulaire, de manière à obtenir une pose plus commode, sans emploi des encoches nécessitées par la forme des premières tuiles.

Sur les chevrons, écartés d'environ 0,32 d'axe en axe, on pose un plancher jointif, ou un carrelage en grands bardeaux, et

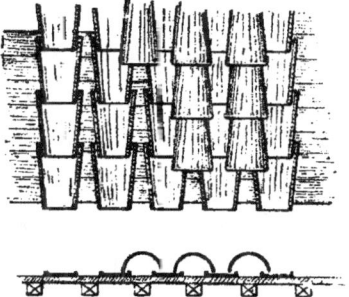

Fig. 103

sur ce plancher les files de tuiles plates appelées *tegoles* s'emboîtant les unes dans les autres et se recouvrant d'environ 0^m,08. Les files séparées les unes des autres par un intervalle d'environ 0^m,03 sont recouvertes par les tuiles creuses appelées *canali*, également imbriquées. Les tuiles inférieures sont calées sur le carrelage et souvent on les scelle sur toute la surface de la couverture. A Rome les tuiles ont 0,41 de longueur, les tégoles ont 0,33 de largeur en haut, 0,25 en bas, les canali 0,175 en haut et 0,24 en bas.

73. Tuiles creuses. — Dans le midi de la France l'emploi des tuiles romaines a subi une modification ; les tégoles plates ont fait place aux canali retournés, de sorte qu'on n'a plus qu'un seul modèle de tuiles pour toute une couverture ; ce sont les *tuiles creuses* représentées par la *fig.* 104.

Fig. 104

Les tuiles creuses se posent sur un plancher continu cloué sur les chevrons. Ce plancher ne doit être ni trop rapide pour que les tuiles ne puissent glisser, ni trop plat de manière qu'il n'y ait pas infiltration.

La limite supérieure de la pente est de 27°, soit 0,50 p. m. La limite inférieure est de 15° soit 0,25 p. m. On cale, soit avec des pierres à sec soit avec du mortier, les tuiles concaves ; souvent on les scelle complètement soit dans les parties basses des combles, soit sur toute la surface des pans.

74. Tuiles flamandes. — Dans les Flandres, on emploie des tuiles à double courbure, en forme d'S aplatis, qui se recouvrent les unes les autres latéralement. On tourne ce recouvrement du côté opposé à celui d'où vient le vent de pluie.

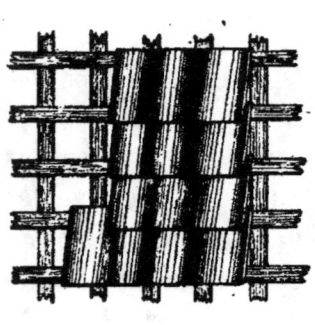

Fig. 105

Ces tuiles portent à leur sousface un *crochet* saillant ou *talon* qui sert à les accrocher à un fort lattis cloué transversalement sur le chevronnage.

Ce crochet permet de les employer avec des inclinaisons plus fortes que les tuiles précédentes, 0,50 à 0,70 par mètre ; mais la forme même de la tuile rend sa fabrication difficile, et les nombreuses tuiles gauches qu'on obtient nuisent à la parfaite étanchéité de cette couverture.

La *fig*. 105 représente en élévation et en coupe la forme de ces tuiles flamandes qui sont encore adoptées dans quelques localités.

75. Tuiles plates de Bourgogne ou de pays. — Grand et petit moule. — Les tuiles romaines, creuses et flamandes, sont loin de valoir les tuiles plates et les tuiles mécaniques que l'on trouve presque partout maintenant. Elles tendent donc à disparaître entièrement.

Les tuiles plates se distinguent en tuiles de Bourgogne, et tuiles de pays. Ce sont des rectangles légèrement bombés munis d'un crochet ou talon.

Les tuiles de *Bourgogne* sont de deux échantillons différents.

1º *Le grand moule*, $0,31 \times 0,25 \times 0,015$ pesant 2000 kilogs au mille.

2º *Le petit moule*, $0,25 \times 0,18 \times 0,014$ pesant 1300 kilogs le mille.

Les terres de Bourgogne étant de toute première qualité, la tuile de Bourgogne est le type d'un produit supérieur; elle sonne clair au choc, est imperméable, résiste parfaitement à la gelée et aux intempéries.

Les *tuiles de pays* sont des imitations de la tuile de Bourgogne commes formes et dimensions, dans les divers pays où on a de la terre à briques. La tuile de pays est généralement inférieure, en raison de la moindre qualité de la matière première.

A Paris on n'emploie que les tuiles de Bourgogne et de Montereau grand moule.

Dans la fabrication, toutes les tuiles ne restent pas planes à la cuisson; elles se gauchissent et se voilent plus ou moins. Elles sont dites *coffines* quand elles sont bombées en dessus dans le sens de la largeur, *gambardières* quand au contraire elles sont concaves, *pendantes* lorsque le bombement en dessus est longitudinal, enfin *gauche à gauche*, et *gauche à droite* lorsque un côté est seul relevé soit à gauche, soit à droite.

Les tuiles ne sont pas rejetées pour cela, on s'en sert avec succès soit pour corriger les défauts des unes par les défauts opposés des autres, soit pour parer à des défauts de chevronnage et de lattis, soit enfin pour former des revers s'opposant à l'écoulement de l'eau le long de certaines rives à protéger.

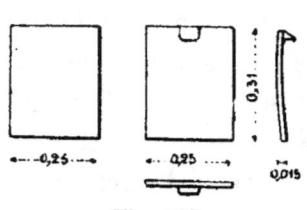

Fig. 106

Les tuiles de Montereau, un peu inférieures peut-être aux tuiles de Bourgogne, sont plus régulières ; les tuiles de pays sont souvent plus régulières encore, mais elles sont loin d'être de la qualité des précédentes ; elles ne valent que ce que vaut elle-même la terre qui a servi à les fabriquer.

76. Pose des tuiles plates. Lattis. Pureau. Recouvrement. — Les tuiles plates se posent presque toujours sur lattis. — On exécute ce dernier au moyen de lattes en cœur de chêne refendu, de 0,040 à 0,045 de largeur, 0,005 à 0,01 d'épaisseur et 1^m,30 de longueur.

Les lattes sont clouées transversalement aux chevrons suivant des lignes bien horizontales. On espace, d'axe en axe, deux rangs successifs de

0^m,11 pour les tuiles grand moule,
0^m,08 pour les tuiles petit moule.

On pose les lattes *en liaison*, c'est-à-dire que les joints se trouvent régulièrement répartis sur les divers chevrons et croisés d'un rang à l'autre. — L'espacement des chevrons est de 0^m,325 ; 4 intervalles de chevrons forment la longueur d'une latte et il n'y a pas de perte.

Sur chaque ligne de lattes on vient poser un rang de tuiles qui se trouvent retenues par le crochet de leur sousface, et les joints d'un rang correspondent aux milieux des tuiles du rang suivant.

Dans le sens de la pente du toit, pour qu'il n'y ait pas d'infiltration :

Le *recouvrement*, c'est-à-dire la liaison à donner aux tuiles, est de 0,08 à 0,09 environ.

Le *pureau*, ou partie découverte visible de la tuile, est égal à la moitié de la hauteur de la tuile, déduction faite du recouvrement ; pour le grand moule il sera

$$\frac{0,30 - 0,09}{2} = 0,11$$

pour le petit moule il devient

$$\frac{0,25 - 0,09}{2} = 0,08$$

d'où ces mêmes dimensions indiquées plus haut pour les distances des lignes de lattes.

On combine les irrégularités du lattis avec le gauche plus ou moins grand de la tuile, pour obtenir que chaque pièce soit bien assise, bien calée, et ne puisse prendre aucun mouvement ; on est sûr alors que la circulation des ouvriers, marchant sur la toiture ne viendra pas déranger les pièces et désorganiser la couverture.

Le commerce ne fournit plus la latte cœur de chêne que l'on avait autrefois ; aussi remplace-t-on souvent cette latte par du *treillage* de châtaigner, tringles refendues ordinairement employées à exécuter les treillages, d'où leur nom. Inférieures aux lattes cœur de chêne, les tringles de treillage valent mieux que les lattes d'aubier de chêne ou de branches, que le commerce peut offrir.

Quelquefois même on exécute le lattis en tringles de sapin, 0,27 × 0,027 obtenues droites par le sciage et qui portent le nom de liteaux. Ce lattis est très régulier, mais moins durable lorsqu'il y a des traces d'humidité.

La *fig.* 107 représente une portion de couverture en tuiles plates ; elle montre comment se pose la tuile dans la partie courante d'une couverture.

Pour disposer cette couverture, on détermine la position exacte que doit avoir le rang inférieur. En présentant une tuile de ce rang, on voit où tombe le crochet, et par suite on détermine la place exacte de la dernière latte. On trace au cordeau, enduit de blanc ou de rouge, une horizontale passant par cette latte, puis une série d'autres horizontales espacées sur le pan du toit de la valeur du pureau. Ces lignes servent à poser les lattes sans faire d'erreur, puis on place les tuiles, rang par rang, en commençant par le bas.

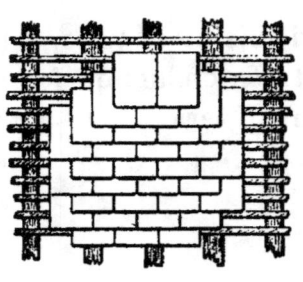

Fig. 107

Il résulte de cet arrangement que sur toute la surface de la toiture il y a environ trois épaisseurs de tuile ; cela correspond à un poids d'environ soixante kilogrammes par mètre superficiel de couverture mesurée suivant l'inclinaison.

La tuile grand moule est de beaucoup la plus employée.

Mais pour les deux moules, la pose est la même, la seule différence réside dans les valeurs respectives des pureaux qui sont de 0,11 ou de 0,08.

77. Disposition à claire-voie. — Pour les hangars ou magasins qui n'exigent pas une étanchéité absolue, ou pour ceux qui ont besoin d'une ventilation facile et abondante, comme par exemple les toitures qui recouvrent les culées de cuisson dans les fabriques de plâtre, on emploie une disposition spéciale dite à claire-voie.

On laisse dans chaque rang un intervalle de 0^m,08 à 0,10 entre deux tuiles successives ; on croise toujours les joints d'un rang à l'autre et on augmente un peu le pureau aux dépends du recouvrement. On obtient alors une couverture qui présente l'aspect figuré *fig.* 108. Les nombreux vides que déterminent ainsi les intervalles des tuiles donnent une communication facile et régulièrement répartie avec l'extérieur. Mais c'est aux dépens de l'étanchéité, surtout lorsque la pluie est accompagnée d'un vent assez fort.

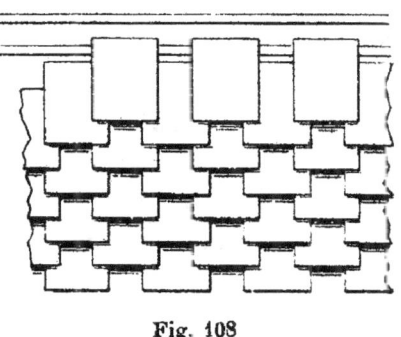

Fig. 108

78. Pose de tuiles avec scellements au mortier. — Les tuiles dans quelques cas particuliers, au lieu d'être tenues par leurs crochets, peuvent être scellées au mortier sur un massif recouvrant soit les murs soit des portions spéciales de charpentes. On peut employer le mortier de chaux hydraulique lorsqu'on doit recourir à ce moyen d'attache. Dans les pays à plâtre et notamment dans le bassin de Paris, on emploie très avantageusement à cet usage le mortier de plâtre.

Mais il en résulte un grave inconvénient toutes les fois que la tuile n'est pas de toute première qualité. La tuile ne pouvant s'évaporer par-dessous conserve bien plus longtemps l'humidité qu'elle absorbe par porosité et elle est alors exposée à une détérioration bien plus facile par la gelée.

Dans la pratique, on reconnaît que les tuiles scellées, même pour les bonnes qualités de terre, offrent une durée beaucoup moins considérable que celles qui sont simplement posées sur les charpentes et retenues par leurs crochets.

Lorsqu'on est obligé de poser sur mortier une portion de couverture, on doit faire choix, pour cette partie du travail, des meilleures des tuiles dont on dispose, et au besoin on prend pour ce raccord des pièces de qualité exceptionnelle.

Pose sur combles hourdés avec liteaux en maçonnerie. — Dans les bâtiments dont la charpente de comble est en fer et dont les intervalles des pièces sont hourdés en maçonnerie, on a pour poser la couverture l'aire supérieure de cette maçonnerie.

1° On peut y sceller des lambourdes comme sur un plancher. Ces lambourdes joueront le rôle des chevrons ; elles recevront les lattes, puis les tuiles.

2° On peut dresser l'aire et y tracer au moyen de règles de véritables liteaux formés par un enduit supérieur bien

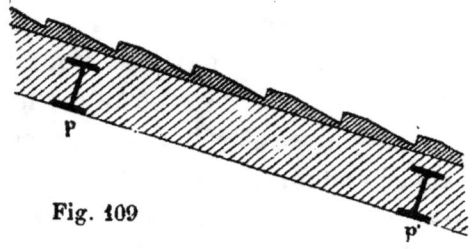

Fig. 109

régulier. C'est après ces liteaux, espacés à distances régulières convenables, que l'on viendra accrocher les tuiles.

La *fig.* 109 représente ainsi en hachures écartées le hourdis d'un pan de toit existant dans la hauteur des pannes, dont deux d'entre elles sont représentées en p et p' ; puis en hachures serrées l'enduit supérieur, avec les saillies qui remplaçant les lattes.

La charpente en fer peut être terminée par un chevronnage en fer à I où en $+$ dont les pièces espacées de $0^m,40$ à $0,50$ soient destinées à recevoir des bardeaux en terre cuite, devant former plafond par leurs sous-faces et recevoir la couverture par le haut, ainsi que le représentent les deux coupes perpendiculaires de la *fig*. 110. Dans ce cas on donne aux bardeaux une hauteur (suivant la pente) égale à la valeur du pureau et une section en forme de trapèze. Si on les met bien en lignes par rangées exacte-

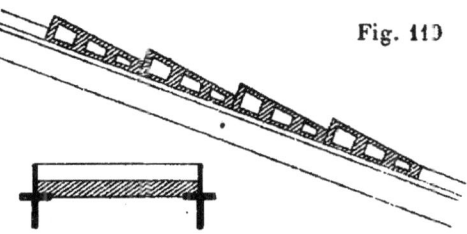

Fig. 110

ment horizontales, il en résultera des saillies très convenables pour accrocher les divers rangs de tuiles et on aura évité l'emploi du bois et les inconvénients qu'il peut présenter dans la circonstance où l'on se trouve.

80. Inclinaisons convenables des couvertures en tuiles plates. — L'écoulement de l'eau se fait d'autant mieux que la pente est plus rapide, la tuile est alors plus durable. Mais le développement est plus grand et, le prix étant en rapport avec ce développement, la dépense au mètre carré de surface couverte est d'autant plus forte. On est également limité, pour la pente des couvertures en tuiles, par la stabilité même des tuiles qui ne peuvent se tenir accrochées solidement sur le lattis, si la déclivité est trop raide. — Pour les tuiles de Bourgogne grand moule :

Ordinairement on se maintient entre   40° soit 0^m,80 par mètre
et   60° soit 1^m,73 par mètre.

Une pente très fréquemment adoptée est celle de 45°, soit 1^m,00 pour 1^m,00.

Pour le petit moule on tend à donner plus de pente et celle de 45° devient un minimum.

C'est également la pente de 45° qui devient un minimum pour les tuiles de pays pour lesquelles il y a tendance à augmenter la pente; la terre est inférieure, souvent poreuse et il y a nécessité d'égoutter les tuiles au plus vite pour les soustraire à l'action des gelées.

Le maximum est toujours 60°.

81. Prix des tuiles plates. — La tuile de Bourgogne grand moule se vend au mille, et le mille comprend 1 040 pièces plus 6 faîtières; le prix à Paris en est de 100 fr.

En déduisant le prix des excédents le mille revient à   93^f,20
La tuile de Bourgogne petit moule revient à Paris à   63 50

Les tuiles de pays ont des prix très variables suivant les localités, la valeur de la terre, le transport, etc.

82. Ouvriers et outils employés dans la couverture en tuile plates. — Les ouvriers employés dans la couverture en tuiles plates sont les couvreurs, les mêmes que pour l'ardoise; ils sont ou compagnons ou garçons; les compagnons se trouvent toujours aidés d'un garçon pour leur préparer les outils, faire les montages, etc.

Le prix de la main d'œuvre est le même que pour l'ardoise, il varie suivant les localités; à Paris la journée de compagnon couvreur est payée le même prix, été comme hiver, soit . . . . 6^f,25
Celle du garçon couvreur 4 25

Soit : compagnon et aide, ensemble . . . 10^f,50

La journée d'été est plus longue; elle va du 15 février au 31 octobre et est de 9 heures de travail. Celle d'hiver du 1er novembre au 14 février, se compose de 8 heures de travail. En plus, l'ouvrier doit une heure pour aller *au rapport*, c'est-à-dire passer à l'atelier de l'entrepreneur, avant de se rendre au chantier, pour prendre ses ordres.

Pour l'établissement des sous-détails, le prix moyen de l'heure se compose de 85/120e du prix de l'heure d'hiver soit :

pour l'heure de couvreur. . . 0^{fr},72 ⎱
pour l'heure de garçon . . . 0, 49 ⎰ 1^f,21

Les outils employés pour la pose de la tuile, en dehors de ceux qui sont communs aux autres corps d'état, se réduisent à un marteau à tête d'un côté et à panne amincie à l'autre, de manière à former un tranchant perpendiculaire au manche. Ce tranchant doit être très dur et très affûté. C'est avec lui que le couvreur taille les tuiles dans les endroits difficiles, qu'il fait les tranchis, etc., tandis qu'avec la tête il enfonce les clous qui servent à fixer le lattis.

83. Sous-détail du prix du mètre superficiel. — Le sous-détail de la pose de la tuile plate grand moule, de Bourgogne, sur lattis neuf, pureau de 0,11, est le suivant d'après la Série des prix de Paris.

37 tuiles, à 93 fr. 28 le mille	3^f,448
Lattes, 9^{m}10 à 0,026	» 237
Clous à lattes, 30 à 1 fr. 47 le mille	» 044
Couvreur et aide, 30 minutes, à 1 fr. 21 l'heure .	» 605
Faux frais, 23 % sur 0,605	» 139
Ensemble	4 473
Bénéfice, 10 %	» 447
Avances de fonds, 0,75 %	» 034
Ensemble	4^f,954
Prix de règlement en chiffres ronds. . .	4^f,95

Si la tuile était posée sur plâtre, le sous-détail deviendrait le suivant :

37 tuiles, à 93 fr. 20 le mille	3^f,448
Plâtre, 0,02, à 17 fr. le m. c.	» 340
Couvreur et aide, 40 minutes à 1 fr. 21 l'heure .	» 807
Faux frais, 23 % sur 0,807.	» 186
Ensemble	4 781
Bénéfices, 10 %	» 478
Avances de fonds, 0,75 %	» 036
Ensemble	5^f,295
Prix de règlement en chiffres ronds. . .	5^f,30

84. Disposition des égouts. Egout simple. — La rive horizontale inférieure d'une couverture en tuiles peut affecter plusieurs dispositions : elle porte le nom d'égout.

Egout simple. L'égout est dit simple lorsqu'un cheneau se trouve disposé en bas du pan de toiture pour recueillir ses eaux, et qu'une bande en zinc le relie à ce pan et vient passer sous le premier rang de tuile. — Ce rang est alors unique, il se pose comme une ligne courante.

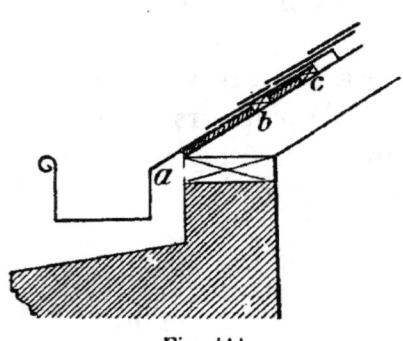

Fig. 111

L'eau qui peut traverser les joints du rang d'égout est reçue par la bande en zinc qui la ramène au cheneau.

Le rang de tuiles d'égout est alors tenu par une latte c et une tringle plus épaisse b. Cette dernière se nomme une *chanlatte* ; sa surépaisseur doit être calculée pour conserver à la tuile son inclinaison, malgré l'absence de rangs de tuiles situés plus bas et qu'elle doit remplacer comme supports. De la chanlatte b, au cheneau, le lattis est remplacé par un voligeage jointif chargé de porter la feuille de zinc.

D'autres fois, le voligeage s'étend jusqu'à la latte e et la tringle b diminuée d'autant est clouée sur le voligeage.

D'autres fois encore la tringle b est supprimée et le rang d'égout est scellé au plâtre sur le voligeage. Nous avons vu les inconvénients de cette manière de procéder.

Les égouts d'une pièce sont peu employés et, même dans le cas que nous venons de citer, on les remplace par des égouts de deux pièces, bien plus solides et mieux soutenus.

85. Egout de deux pièces. — La (*fig.* 112) représente la disposition d'un égout de deux pièces appliquée à une toiture dépourvue de chéneau. Deux rangs de tuiles superposées et à joints croisés sont scellés sur la rive du mur de goutte, qu'ils dépassent de $0^m,07$ à $0^m,08$. L'eau qui peut passer par les joints du rang supérieur est recueillie par le rang de dessous et ramenée à l'extérieur.

Quelquefois, par raison d'économie, on utilise, pour former le rang inférieur, des morceaux de tuiles dont il reste plus que la moitié inférieure et que l'on nomme des *demi-tuiles*. Pour le second rang, appelé doublis, on prend pour la même raison des tuiles écornées ou sans crochet, des *deux tiers de tuiles*, comme l'on dit. Le troisième rang, appartient à la couverture du pan de toiture, se pose en retrait de $0^m,11$ et ainsi de suite des autres.

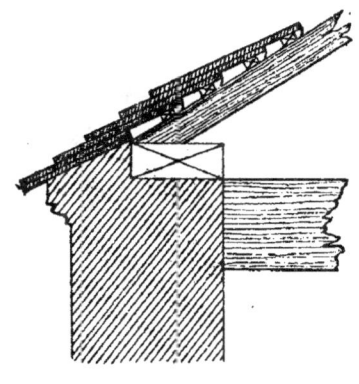

Fig. 112

Lors de la pose, le premier rang est seul scellé à bain de plâtre sur toute sa surface de contact avec le mur, le doublis n'est scellé qu'en tête et non dans la partie exposée. On choisit des tuiles un peu courbes, pour laisser un certain aérage entre ces deux rangs et faciliter l'évaporation du doublis.

86. Égout de trois pièces. — L'égout est dit de trois pièces lorsque, voulant lui donner une saillie plus forte au-delà du mur, ou une résistance plus grande, on le compose de trois rangs superposés de tuiles à joints croisés. — Le rang inférieur est presque toujours formé de demi-tuiles. Les trois rangs sont scellés au plâtre, le premier en plein, les deux autres seulement en tête, le reste se continue comme ci-dessus.

Quelquefois pour former décoration, le rang inférieur est posé sur l'angle et le rang de doublis a sa face inférieure blanchie pour faire ressortir l'appareil.

87. Egout retroussé. — L'égout est dit retroussé lorsqu'il est posé sur coyaux avec une inclinaison moindre que le restant du pan. La disposition est indiquée par la *fig.* 113.

Un premier égout de deux pièces scellées sur la partie supérieure du mur forme une arête avancée à 0^m,08 en

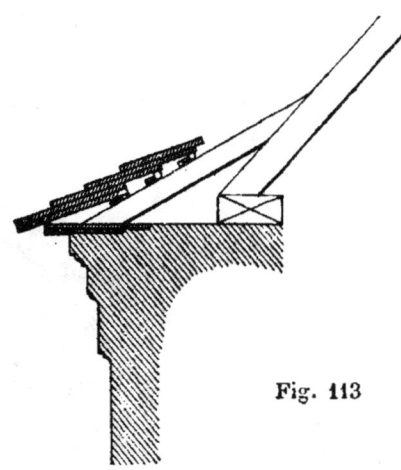

Fig. 113

viron en avant du listel de couronnement. Cette arête vient servir de support à un second égout de deux pièces avançant encore de quelques centimètres, et formant larmier en saillie. Puis, les différents autres rangs de tuiles se posent à la manière ordinaire, en suivant d'abord l'inclinaison des coyaux, puis celle des chevrons.

88. Egout pendant. — L'égout est dit *pendant* lorsque les chevrons dépassent le mur. — Ordinairement, pour garantir la couverture de l'effort du vent, et empêcher que ce dernier, la prenant au-dessous, ne soulève les tuiles, on volige en plein toute la partie du chevronnage qui se trouve en saillie et forme ce qu'on appelle la *queue de vache*. C'est sur ce voligeage que l'on pose l'égout.

A l'extrémité de la dernière volige inférieure, on cloue une chanlatte, d'épaisseur suffisante pour donner une inclinaison convenable à l'égout; puis on place les lattes comme à l'ordinaire et on pose un égout de deux pièces en garnissant de plâtre le dessous des deux rangs pour les bien assujettir; les joints sont bien exactement croisés. Enfin, on pose les rangs suivants comme à l'ordinaire.

La différence d'épaisseur du voligeage se perd facilement en employant une tringle plus épaisse ou une double

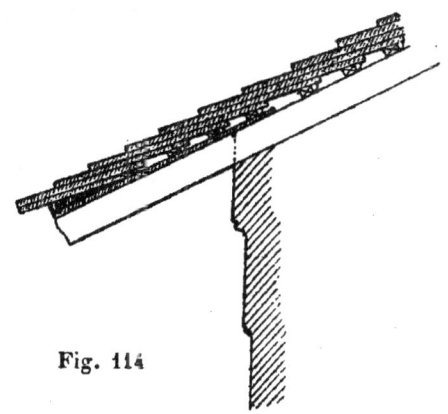

Fig. 114

latte pour le rang qui suit immédiatement ce voligeage. On peut encore sceller sur une pente en plâtre les tuiles qui recouvrent l'épaisseur du mur et reprendre le lattis pour l'intérieur du bâtiment. Mais ce moyen ne donne pas plus de facilité, et présente l'inconvénient déjà signalé des tuiles scellées.

89. Prix des égouts. — Le premier rang des tuiles d'égout est le plus cher, il comprend la pose des tuiles et leur scellement au mortier; il se paye au mètre linéaire, et à Paris le mètre linéaire est réglé, fourniture et pose, à : $0^{fr},80$.

La seconde pièce d'égout comprend le rang n° 2 qui forme le doublis; elle est payée au mètre linéaire à raison de : $0^{fr},75$.

Il y a eu un peu moins de plâtre pour le scellement.

S'il y a un troisième rang de pièces, il est compté au même prix que le second.

Au-dessus, la couverture est comptée au mètre superficiel.

90. Disposition des faîtages. Faîtages à joints au plâtre.

— Les faîtages tout en plâtre, exécutés sur les toitures en tuiles plates, ne valent absolument rien ; ils n'ont aucune durée, aucune résistance aux agents extérieurs.

Les faîtages se sont faits longtemps avec des tuiles spéciales, ayant simplement la forme d'un demi-cylindre, et qu'on nomme *faîtières*. On les posait à cheval sur les deux pans de toiture et on les scellait au plâtre avec des plâtras ou déchets ; on les espaçait de 0,04 à 0,06.

Ce large joint était ensuite rempli de plâtre qu'on faisait monter en bourrelet au-dessus du faîtage. Ce bourrelet s'appelait une *crête*. Chaque intervalle de faîtières était donc garni d'une *crête*.

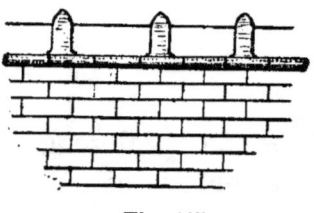

Fig. 115

On nomme *embarrures* les garnissages en plâtre qui relient les faîtières aux tuiles.

Le grave inconvénient de ces genres de constructions, est d'exposer aux intempéries et à l'action dissolvante de la pluie des surfaces de plâtre ; au bout de quelques années ce garnissage se détériore, tombe et, tout est à recommencer.

La *fig.* 115 montre la disposition des crêtes et embarrures d'un faîtage exécuté avec des faîtières de Bourgogne demi-cylindriques ordinaires. Les faîtières ont 0^m,37 à 0^m,40 de longueur.

91. Faîtages à recouvrement en terre cuite.

— On a amélioré la construction des faîtages, lorsqu'on a remplacé le faîtage demi-cylindrique ordinaire par les faîtières à emboîtement, ou encore par les faîtières à recouvrement, représentés tous dans la *fig.* 116.

Les crêtes qui sont les ouvrages les plus exposés sont remplacées par l'emboîtement ou le recouvrement en terre cuite comme le reste de l'ouvrage.

Les embarrures, mieux protégées, peuvent du reste se faire en ciment, de préférence au plâtre.

Les croquis ci-contre représentent des tuiles faîtières que livre au commerce la tuilerie d'Ivry (Muller et Cie).

Une précaution à prendre, lorsqu'on scelle au plâtre des faîtières demi-cylindriques, est de mettre très peu de plâtre pour garnir le massif qui doit remplir la faîtière, sans

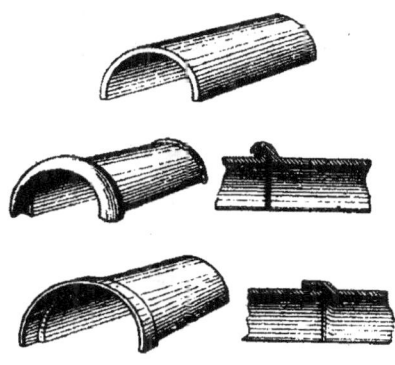

Fig. 116

quoi le gonflement du plâtre ferait casser celle-ci. On remplace avantageusement aussi, dans ce cas, le plâtre par le ciment, qui ne gonfle pas et ne fait courir aucun risque au faîtage.

92. Prix des faîtages. — Les faîtages tout en plâtre sont comptés en légers ouvrages, en tenant compte de la largeur de l'enduit et des diverses arêtes qu'il comporte.

Les faîtières de Bourgogne ont 0^m,37 à 0^m,40 de longueur, elles valent 0^{fr},50 la pièce.

Les faîtages en faîtière de Bourgogne, compris le plâtre pour le scellement, les crêtes et les embarrures sont réglées à Paris le mètre linéaire : 2^{fr},70.

Les faîtières à bourrelet ou à recouvrement se payent 0^{fr},60 à 0,70 l'une. Les faîtages faits avec ces pièces compris, scellement et embarrures, sont réglées à Paris, la valeur des faîtières, plus pour pose et scellement, quel que soit le modèle : 0^{fr},90.

93. Faîtages ornés. — Beaucoup de tuileries fabriquent des faîtières ornées, de modèles très variés pouvant s'adapter aux divers genres de décoration extérieure des bâtiments. Les lignes de faîtage qu'elles produisent viennent s'amortir contre des pièces d'extrémités plus importantes, appelées *épis* ou *poinçons*, et ces pièces sont également de formes très étudiées. La *fig.* 117 donne en *a* et

Fig. 117

en *c* des exemples de ces faîtages ornés. Ils proviennent de l'album de la grande tuilerie Muller à Ivry. En *b* se trouve représenté un poinçon d'extrémité, contre lequel vient s'amortir le faîtage ; il a été étudié par M. Davioud, architecte. Le mètre linéaire de ces faîtières revient à $7^{fr},00$; le poinçon vaut également $7^{fr},00$ la pièce. Le faîtage *c*, dû au crayon de M. Simonet, vaut le même prix de 7 fr., le mètre linéaire.

94. Arêtiers. — Les arêtiers se faisaient autrefois en plâtre ; un tranchis biais arrêtait toutes les tuiles à quelques centimètres de l'arête vive formée par la rencontre des deux pans ; toutes les tuiles des tranchis étaient posées au plâtre et l'intervalle était garni de même mortier, avec surépaisseur, de manière à former un gros bourrelet continu. Cette disposition était défectueuse au même titre que les crêtes.

Aujourd'hui, on fait les arêtiers avec des sortes de petites faîtières, nommées tuiles d'arêtiers ou simplement arêtiers, et on prend avec avantage le système de joint à emboîtement ou à recouvrement, en le disposant dans le sens voulu pour le préserver de l'eau. On pose ces arêtiers au plâtre et mieux au ciment ; le dernier bout du bas porte un ornement pour cacher sa section béante.

Fig. 118

La *fig*. 118 montre des modèles d'arêtiers de la maison Muller et Cie.

On peut encore amortir les tranchis des tuiles le long d'un tasseau d'arêtier très saillant, que l'on garnit de deux bandes de plomb et d'un couvrejoint, ainsi qu'on l'a vu dans la couverture en ardoises. L'épaisseur du plomb doit être assez forte pour que les vents violents ne puissent le soulever ; on le bat du reste sur les tuiles, de manière à lui faire épouser leur forme extérieure, et donner moins de prise dans les temps de bourrasques.

95. Prix des arêtiers. — Les arêtiers en plâtre dessous et dessus, sur tuile neuve fournie, compris les deux tranchis, sont réglés d'après la série de Paris à 1^{fr},25 le mètre linéaire.

Les arêtiers en faîtages à recouvrement, compris double tranchis et plâtre, sont comptés dans cette même série à 4 fr., le mètre linéaire.

En faîtières d'Ivry : 2^{fr},80.

96. Des noues. — On faisait autrefois les noues des toitures couvertes en tuiles plates, au moyen de ces mêmes tuiles plus ou moins grandes, plus ou moins creuses, et on les posait à la demande sur mortier en les calant convenablement ; le mortier se plaçait lui-même sur un voligeage plein, chargé de le soutenir.

Aujourd'hui, on prépare des encaissements voligés comme ceux qui ont déjà été vus dans la couverture en ardoise ; ils ont au moins $0^m,10$ de profondeur, et $0^m,40$ de largeur. On régularise le fond par un plancher en planches ou par une pente en plâtre, en ayant soin d'abattre ou d'arrondir les angles ; enfin on garnit cette noue de zinc.

Les tranchis biais des tuiles, formés de pièces scellées au plâtre, ou mieux en ciment, viennent déborder par dessus l'encaissement et verser leurs eaux dans la noue.

Les détails de construction sont indiqués au chapitre de la couverture en zinc.

Les tranchis biais apparents pour noues ont besoin d'être très soignés : ils sont comptés d'après la série de Paris à $1^{fr},05$ le mètre linéaire.

97. Ruellées. — Lorsque les pans d'une toiture se prolongent jusqu'à un pignon d'équerre sur les façades, les surfaces de tuiles s'arrêtent nécessairement à un tranchis droit au parement extérieur du pignon. Les pièces de ce tranchis sont scellées et en même temps reçoivent un léger dévers, de manière à éloigner l'eau de la rive ; puis on empâte l'arête de plâtre. De cette manière, la rive est garnie verticalement par un enduit, et le long des tuiles sur la couverture par un bourrelet qui vient les recouvrir. Cet ouvrage porte le nom de *ruellée*. La *fig.* 119 indique la coupe de la ruellée par un plan perpendiculaire à sa direction, et la partie en plâtre est indiquée par des hachures verticales.

On peut remplacer avantageusement le plâtre par le

ciment ; malheureusement le ciment, exposé sur les toits en petite quantité à la chaleur et à la sécheresse en même temps qu'aux mouvements des charpentes et des tuiles, se fend et tient peu.

On pourrait très convenablement remplacer ces ruellées en mortier par une ligne d'arêtiers sans emboîtement ni recouvrements scellés au ciment.

Lorsque le pignon n'est pas perpendiculaire aux façades il peut former avec la façade qui porte égout soit un angle aigu, soit un angle obtus.

Si l'angle est aigu, la pluie tombant sur l'arête tend à revenir au milieu de la couverture, la ruellée s'exécute de la même façon que précédemment et le tranchis est biais.

Si l'angle est obtus, au contraire, l'eau de la couverture tend à revenir

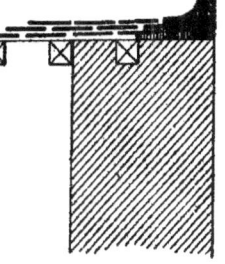

Fig. 119

sur le pignon. Cet angle peut alors différer peu ou beaucoup d'un angle droit ; s'il se rapproche de 90°, on conserve la disposition ci-dessus, et on a l'inconvénient d'un peu d'eau de la toiture qui vient se déverser sur le parement extérieur du pignon et s'y évaporer. Si l'angle est assez obtus pour que cette eau présente de l'inconvénient, on monte le mur pignon plus haut que le toit, on le couvre à part et on le sépare de la couverture par une noue encaissée qui reçoit les eaux de cette dernière.

On fait encore usage des tuiles de ruellées ou tuiles de rives dont il sera parlé au sujet des tuiles à emboîtement leur emploi est très recommandable et bien préférable aux ruellées en plâtre.

Les ruellées, compris tranchis non apparent, plâtre dessus et dessous, sont réglées d'après la série de Paris à 1 fr. le mètre linéaire.

98. Raccords avec les murs plus élevés et les souches. Solins. — Lorsqu'un pan de tuile vient buter contre un mur plus élevé, ou contre la paroi d'une souche, on opère de la même façon que pour les ruellées. On relève les dernières tuiles, tranchées suivant la direction du mur, pour leur donner un peu de dévers, et éloigner les eaux du parement du mur, et on en scelle les pièces au plâtre ; puis, après avoir bien piqué le parement du mur au droit de la rencontre des tuiles, on fait un garnissage en pente avec du plâtre que l'on dresse le mieux possible *fig.* 120. Ce garnissage en plâtre prend le nom de *solin*.

Les solins peuvent avantageusement être exécutés en mortier de ciment, sur lequel l'eau n'a nulle action ; mais

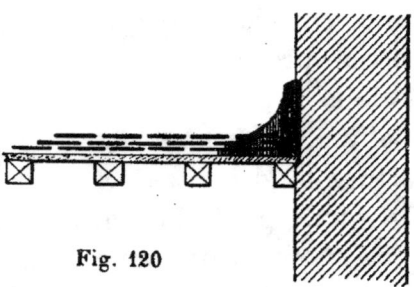

Fig. 120

il faut l'appliquer avec beaucoup de soin, pour éviter le décollement. Il faut aussi que les matériaux de la construction plus élevée permettent l'adhérence du ciment.

Cette disposition peut s'employer toutes les fois que le mur sera dirigé soit suivant la ligne de plus grande pente du toit, soit si l'angle avec le mur de goutte est aigu, comme pour les parties, FB *fig.* 121, du bâtiment ABCD figuré en plan, parce que l'eau longe le mur dans le premier cas, et tend à s'en écarter dans le second.

Quand, au contraire, l'angle avec le faîtage est plus petit que 90°, l'eau apportée par les tuiles tend à se rejeter sur le mur, malgré un léger dévers des tuiles, comme en FD *fig.* 121.

On est réduit dans ce dernier cas à établir, en contrebas des tuiles, le long du parement du mur et en suivant la pente des chevrons, une véritable noue encaissée dans laquelle e tranchis biais scellé vient verser ses eaux (v. chéneaux). Le raccord entre le chéneau et le mur se fait par le moyen d'une bande de solin en zinc (v. bande de solin).

Si maintenant on considère soit un mur, soit une souche qui sorte du toit sans aller jusqu'au faîtage comme GH dans la *fig*. 121, on voit qu'il faut s'opposer à ce que l'eau venant du dessus ne se déverse sur la partie G, dans l'épaisseur du mur ou de la souche.

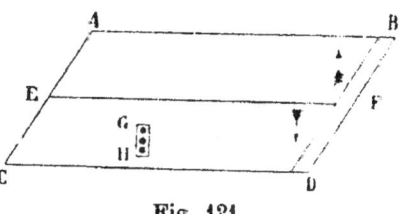

Fig. 121

Pour cela on volige les parties de chevrons en G, sur la largeur de la souche, augmentée d'environ 0,35 de chaque côté, et on établit sur ce voligeage une feuille de zinc ou de plomb, de la même largeur, s'étendant en haut sous les tuiles de 0,40

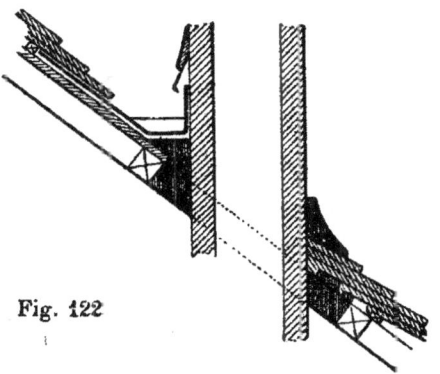

Fig. 122

à 0,50 et se relevant contre la paroi de la souche de 0,15 à 0,25. Cette feuille se nomme un *dossier* ou encore un *derrière* en zinc ou en plomb. Les tuiles viennent en recouvrement sur le dossier, y déversent leurs eaux, et celles-ci, séparées par un léger bombement ménagé au milieu de la feuille, sont rejetées à droite et à gauche.

La *fig.* 122 montre la coupe de la toiture par un plan vertical passant par l'axe de la souche. Cette coupe montre le dossier métallique, les tuiles revenant par dessus en forme d'égout simple, et la bande de solin formant joint entre le derrière et le parement de la souche. De l'autre côté on voit les tuiles avec un simple solin en plâtre ou en ciment, mais qui préférablement devrait être garni d'un revêtement en zinc.

99. Tuiles plates à écailles. — Pour les bâtiments de petites dimensions, on fait encore des couvertures en tuiles plates, mais dont le bord inférieur est arrondi. Elles ont alors la forme d'écailles et s'imbriquent à la manière

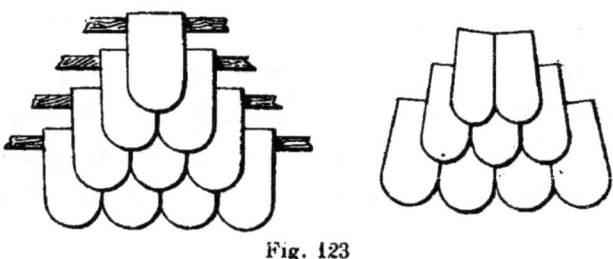

Fig. 123

ordinaire; tantôt elles sont régulières et servent à recouvrir des pans plans, tantôt elles sont de dimensions variées de manière à recouvrir des toitures coniques; on dit alors qu'elles sont gironnées. La *fig.* 123 représente les deux sorte de tuiles à écailles.

100. Coloration des tuiles. — Dans la grande majorité des cas, on laisse aux tuiles leur couleur naturelle. Plus ou moins rouge suivant la qualité de la terre, la surface rugueuse des tuiles plates ne tarde pas à prendre la poussière et à passer à une teinte grise agréable qui produit bon effet dans la construction.

Cependant quelquefois, on les colore de suite en noir; on emploie pour cela une dissolution de goudron dans du pétrole, mais la teinte n'est pas franche ni toujours bien solide.

On colore beaucoup mieux les tuiles en les émaillant au feu ; le vernis que l'on obtient ainsi présente une grande solidité, une grande durée, et on peut obtenir des tonalités très variées, suivant les émaux employés.

La chapelle du Conservatoire des Arts-et-Métiers présente un spécimen très remarquable de ces tuiles émaillées. Le prix en est très élevé en France, ce qui limite cette application ; dans d'autres pays, les tuiles vernissées se font à meilleur marché et sont d'un usage plus courant.

101. Raccord avec les châssis d'éclairage et d'aérage. — Lorsque l'on veut établir un châssis d'éclairage et d'aérage sur un toit en tuiles plates, on prépare l'emplacement juste du châssis au moyen de tranchis de dimensions convenables, en ayant soin de sceller les pièces autour de la baie et de les relever par un léger dévers. Cela fait, on ajoute par dessus le châssis, que, vu la forme de son ouverture, on dit *à tabatière*.

Il est composé de deux cadres : l'un, fixe, qui se scelle ou se cloue au moyen de pattes appropriées ; l'autre, mobile, articulé sur le premier et venant le recouvrir pour que l'eau ne puisse entrer. Le cadre fixe est muni au pourtour d'un jet d'eau en tôle ou en fonte, dont le rôle est de rejeter les eaux en dehors.

En arrière, pour empêcher l'eau du toit de recouvrir le châssis et de pénétrer par sa partie haute, on établit ce qu'on appelle un dossier ou encore, un *derrière* en plomb. C'est une sorte de noue formée d'une feuille de plomb de $0^m,002$ d'épaisseur qui s'engage assez avant sous les tuiles, présente un dos d'âne pour déverser cette eau à droite et à gauche, et enfin se relève pour se rabattre sur la partie haute du châssis. Le châssis mobile, articulé à la partie haute, est maintenu par une crémaillère et un crochet d'arrêt dans un certain nombre de positions d'ouverture déterminées.

On a fait bien des formes de châssis perfectionnés, l'un

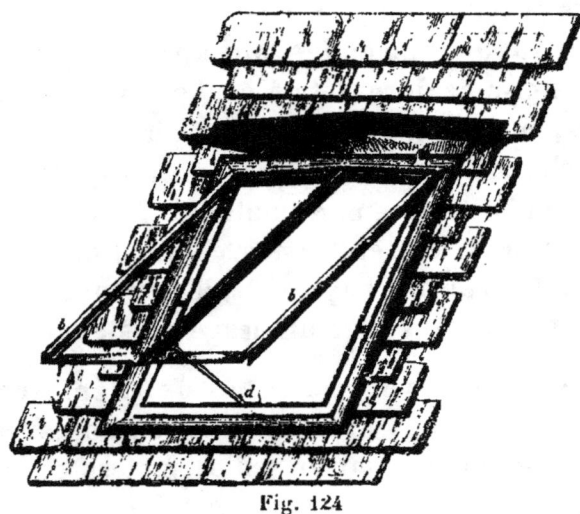

Fig. 124

d'eux et représenté dans la *fig.* 124, est contruit par les hauts fourneaux et fonderies de Brousseval (Haute-Marne).

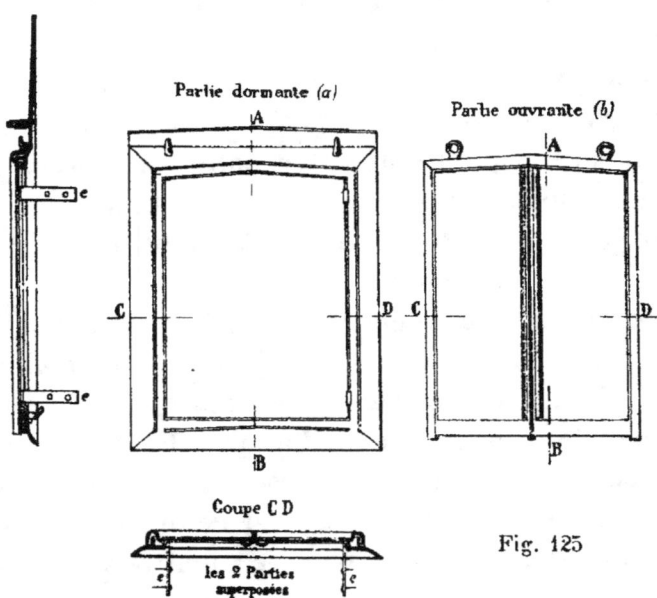

Fig. 125

La partie *aa* dormante, munie d'un jet d'eau, est placée sur la tuile ; elle porte une double feuillure ; elle est munie de pattes intérieures que l'on cloue ou que l'on visse sur les tableaux de la baie. Cela permet de fixer le châssis d'une façon invariable.

A la partie supérieure se trouve une petite bande verticale en dos d'âne, sur laquelle on accroche une noue en zinc. Celle-ci se cloue directement sur les chevrons et est ensuite recouverte par la tuile. Cette disposition est avantageuse, en ce sens qu'elle permet d'ouvrir le châssis autant qu'on le désire, tout en empêchant l'eau qui vient du toit supérieur de s'infiltrer dans la partie haute de la baie. Le châssis est en fonte et d'une solidité complète. L'eau de l'appartement ne peut pas retomber en gouttelettes à l'intérieur, une rainure pratiquée dans la fonte, au-dessous de la vitre, la recueille et l'écoule sur le toit. La *fig.* 125 représente le détail complet de ce châssis ; elle montre en *a* la partie dormante vue en élévation, en *b* le cadre ouvrant avec son mode d'attache au moyen de deux anneaux. La coupe verticale présente la noue en zinc, et enfin la coupe horizontale suivant CD indique la double feuillure du dormant en même temps que le recouvrement du cadre ouvrant. Les prix de ces châssis compris noues sont les suivants :

Numéros	Dimensions		Prix	Numéros	Dimensions		Prix
1	0^m,40	0^m,25	5 50	7	0^m,70	0^m,55	14 »
2	0, 45	0, 30	6 75	8	0, 80	0, 60	16 »
3	0, 50	0, 35	8 »	9	0, 98	0, 70	19 »
4	0, 55	0, 40	9 »	10	1, 00	0, 80	24 »
5	0, 60	0, 45	10 50	11	1, 50	1, 00	40 »
6	0, 65	0, 50	12 »				

102. Couverture des murs de clôture en tuiles plates. — Comme exemple de couverture en tuiles plates, on peut se proposer de couvrir un mur de clôture. Ce travail demandera un égout plus ou moins saillant, une pente de largeur convenable et un faîtage. La *fig.* 126 donne la construction employée appliquée à une tête de mur à une seule pente, de 0^m,45 de largeur, la saillie d'égout étant de 0^m,20 environ sur le parement de la maçonnerie. Pour soutenir cette saillie on commence par établir un doublis horizontal, dépassant le parement de 0,10 et ce doublis soutient l'égout qui le dépasse encore de 0,10. Les diffé-

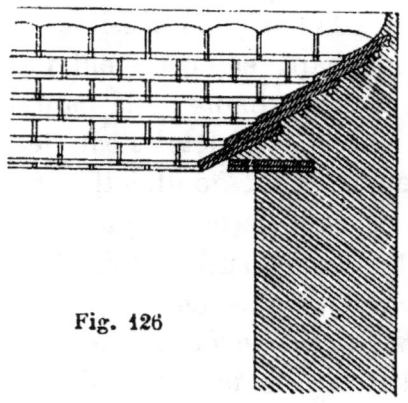

Fig. 126

rents rangs de tuile se trouvent scellés dans la pente en plâtre du chaperon et les pureaux ont les mêmes mesures que pour les couvertures de combles. — La partie haute est terminée quelquefois par un filet en plâtre, ainsi que le montre la figure; mais cette disposition du faîtage n'est applicable que pour les travaux peu soignés, car elle n'est pas durable. Il est préférable de la remplacer par un faîtage en terre cuite. — On obtient un faîtage économique en divisant, avant la cuisson, des tuyaux de drainage de 0,10 à 0,15 de diamètre par un plan diamétral, passant par l'axe; il en résulte deux faîtières convenant très bien après cuisson à la couverture des murs de clôture. Elles reviennent à bas prix, et les crêtes et embarrures qu'elles exigent sont exécutées en ciment, ainsi que le scellement qui doit les maintenir.

Lorsqu'on n'est pas limité pour la dépense, on adopte les mêmes faîtières à emboîtement que pour les bâtiments, et on prend de préférence celles de moindres dimensions qui servent à exécuter les arêtiers.

103. Action de la capillarité. Emoussage. — Les toitures en tuiles plates bien exécutées présentent une etanchéité absolue tant qu'elles sont neuves et propres; les divers joints sont alors vides de tous corps étrangers. Plus tard, par suite d'usage, tous les intervalles se remplissent de suie et de poussière et la capillarité mouille cette poussière; il en résulte premièrement des fuites sérieuses et, en second lieu, la tuile entretenue humide, comme elle le le serait au contact d'une éponge mouillée, ne résiste plus convenablement aux intempéries.

Lorsqu'une toiture est dans cet état, il y a lieu de déposer la couverture; on en profite pour changer le lattis, nettoyer les tuiles et les reposer à nouveau.

Une autre cause de destruction des couvertures en tuiles consiste dans les végétations cryptogamiques qui se produisent dans les poussières reçues et retenues sur la face et accumulées dans les joints. Ces mousses entretiennent également une humidité qui est nuisible à la conservation de la terre cuite.

On a grand avantage à entretenir les surfaces de couvertures en excellent état de propreté, on y arrive par des balayages et grattages fréquents, qui enlèvent les dépôts et les végétations qu'ils engendrent. — Cette opération s'appelle *émoussage*; elle se fait convenablement avant l'hiver et à la fin du printemps.

§ 2. — TUILES MÉCANIQUES

104. Des tuiles mécaniques. — On a cherché par une série de combinaisons de reliefs et d'emboîtements à diminuer les surfaces perdues par la triple épaisseur des tuiles plates; après bien des essais, on est arrivé aux différents modèles de tuiles mécaniques fort employés de nos jours.

On a obtenu comme avantages : un plus facile écoulement de l'eau, l'emploi possible de pentes plus faibles et par suite un moindre développement de charpentes et de toitures ; un poids plus faible au mètre carré et comme conséquence une économie dans la charpente ; enfin une plus grande résistance à l'action du vent.

Les inconvénients sont : des formes assez compliquées plus difficiles à produire, et des déformations pendant la cuisson, surtout lorsque celle-ci est portée au point désirable ; une cuisson incomplète laisse la terre poreuse fragile et gélive.

La plus grande surface de ces tuiles exige une meilleure fixation ; on les assujetit ordinairement par deux crochets ; la régularité de forme de ces tuiles entraîne celle du lattis, qui ne peut être obtenue que par des lattes de sciage ; ces dernières, que l'on nomme liteaux, sont faites en sapin.

105. Tuiles Gilardoni. — L'invention première des tuiles à emboîtement est due à MM. Gilardoni frères, fabricants à Altkirch en 1847. Après de nombreuses et coûteuses recherches, ces industriels étaient arrivés à combiner la tuile dont la *fig.* 127 ci-contre indique la disposition, en élévation vue par-dessus, en coupe longitudinale et en coupe transversale.

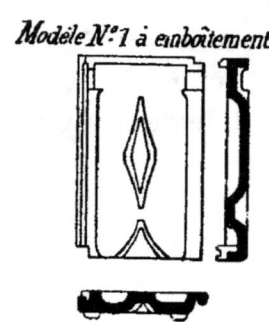

Fig. 127

Chaque tuile vient s'agrafer sur la tuile voisine de droite, et les pièces de chaque rang sur celles du rang immédiatement inférieur ; les joints sont donc emboîtés, en même temps que les tuiles sont chevauchées, la rive d'une tuile correspondant au milieu de la tuile du rang suivant.

Cette tuile a été le point de départ d'une infinité de modèles divers, présentant des variations de détail quelquefois avantageuses.

Le joint vertical chevauché exige des demi-tuiles de raccord sur les rives.

Cette tuile porte en dessous deux crochets ou talons qui viennent arrêter la tuile sur des liteaux en sapin de sciage cloués sur les chevrons.

La *fig*. 128 ci-contre montre l'aspect général de la couverture ainsi que le mode d'attache. Cette figure est tirée de la Revue générale de l'architecture et des travaux pu-

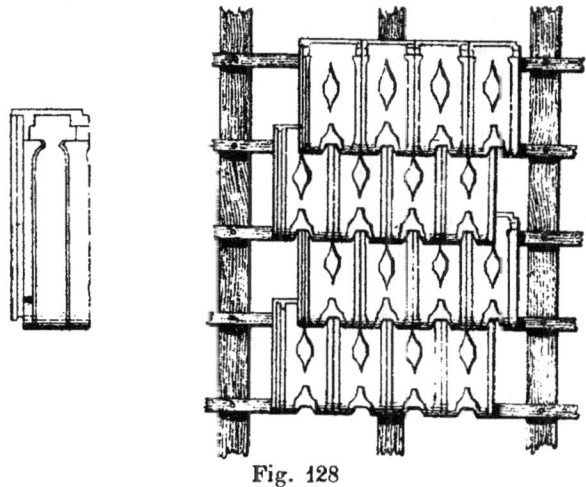

Fig. 128

blics, qui contient tome 19, 1861, une très bonne étude sur les diverses tuiles parues à cette époque.

Les fabricants ont donné à cette tuile le nom *de modèle n°1 à losange*; il y en a de deux formats, l'une, petit format, en comprend 15 au mètre carré et un mille pèse 2800 kilogs; l'écartement du lattis est de 0,32. l'autre, grand format comprend 13 tuiles au mètre carré; un mille pèse 3200 kilogs; l'écartement du lattis est de $0^m,35$; le prix de l'un et l'autre type est de 200 fr. le mille; la *fig*. 128 donne en même temps la forme de la demi-tuile nécessaire pour les ruellées droites; cette pièce peut s'employer indifféremment à droite ou à gauche; le prix est de 200 fr. le mille.

Modèle n° 2 à recouvrement. — Un second modèle de tuiles, créé par MM. Gilardoni frères, est celui représenté par la *fig.* 129, c'est la tuile n° 2. Cette tuile ne croise pas et n'exige pas de demi-tuiles ; ses emboîtements sont beaucoup plus hermétiques que ceux de la tuile n° 1. Le joint latéral est couvert, ce qui donne lieu au nom de *tuile à recouvrement*. Le losange est remplacé par une nervure médiane et toutes les nervures, en même temps que tous les

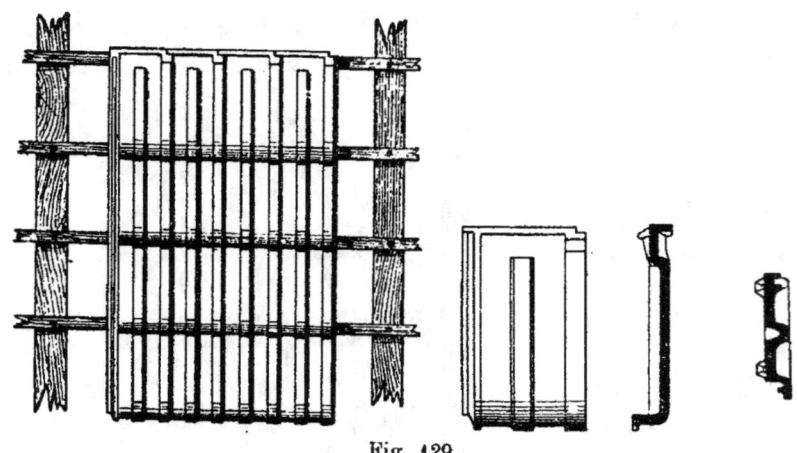

Fig. 129

joints, s'alignent suivant la direction de la plus grande pente du toit, ce qui donne lieu à l'aspect représenté dans la *fig.* 129.

L'écartement du lattis est de 0,34 d'axe en axe. Il a y 14 tuiles au mètre carré pour le petit format, et chacune pèse 3 kilogs.

Il y a 13 tuiles au mètre carré pour le grand format, et chacune pèse 3k,500.

Modèle n° 3. — Un troisième modèle de tuiles de MM. Gilardoni est celui représenté par la *fig.* 130, en élévation, coupe longitudinale et coupe transversale ; c'est le modèle dit, n° 3. Comme la précédente, cette tuile ne croise pas et n'exige pas de demi-tuile.

Un double emboîtement est réservé pour le croisement d'un rang sur le suivant. Le joint latéral est à simple emboîtement au lieu d'être à recouvrement comme dans le modèle n° 2.

La nervure longitudinale milieu a disparu et s'est réunie à la nervure du joint.

La *fig*. 130 montre l'ensemble d'une partie de tuiles de ce modèle posées sur lattis.

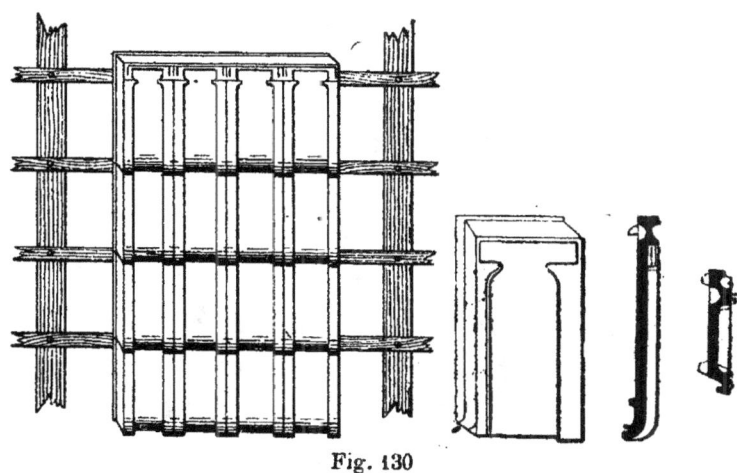

Fig. 130

L'écartement du lattis est de 0,33 d'axe en axe.
Le poids d'une tuile est de 3 kilogs.
Il en faut 15 au mètre carré.
Le prix est de 200 fr., le mille.

106. Tuiles Muller. — MM. Mulller et Cie, à Ivry, fabriquent, avec des terres de toute première qualité et de mélange constamment identique, la tuile Gilardoni n° 1, et la tuile à recouvrement. Cette fabrication a pris dans cette usine une énorme extension, grâce à la supériorité des produits.

La *fig*. 131 donne la forme des tuiles Muller à recouvrement, qui se rapprochent des tuiles Gilardoni n° 2 comme principe et ne s'en éloignent que par quelques détails de forme.

L'apparence d'un pan couvert en tuiles Muller se rapproche de celle de la couverture en tuiles Gilardoni n° 2 *fig*. 129, elle est dessinée *fig*. 135.

L'usine d'Ivry fabrique encore des tuiles à recouvrement sans nervures médianes *fig.* 132, et aussi des tuiles à double emboîtement *fig.* 133 pour édifices ou toitures très exposées.

Toutes ces tuiles pèsent environ 3 kilogs l'une, exigent une pente minima de 0,30 par mètre, qu'il vaut mieux porter à 0, 40.

Il en faut 15 au mètre carré de surface couverte mesurée suivant la pente, 3 en hauteur et 5 en largeur.

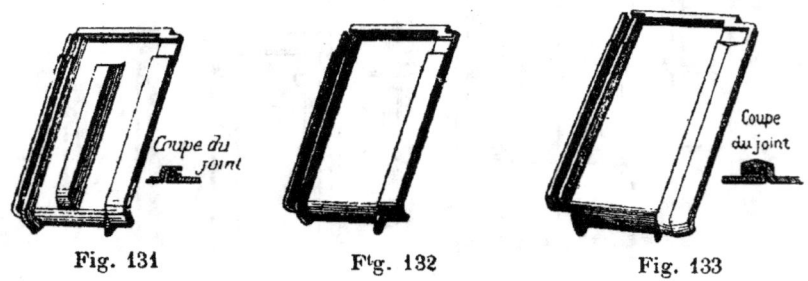

Fig. 131   Fig. 132   Fig. 133

Les lattes généralement employées sont en sapin de sciage et se nomment *liteaux*; elles sont préférées aux lattes fendues en raison de leur régularité.

Ces liteaux ont 0,025 à 0,027 d'épaisseur sur 0,040 à 0,050 de largeur, dimensions très suffisantes pour des écartements de chevrons de 0,70 à 0,80 d'axe en axe.

Pour des écartements au-dessous de 0,45, les lattes peu-

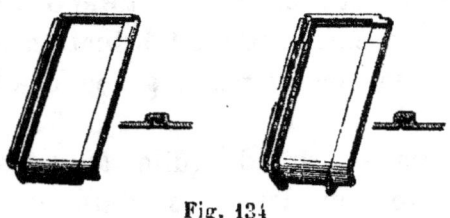

Fig. 134

vent n'avoir que 0,025 à 0,027 d'épaisseur sur 0,025 à 0,030 de largeur.

Les écartements des lattes d'axe en axe sont de 0,33 à 0,34.

Il faut donc trois mètres linéaires de lattes par mètre carré de couverture. Sur combles en fer les liteaux sont remplacés par des fers à T simple ou par des cornières.

Pour les toitures de petites dimensions MM. Muller et Cie ont une tuile petit moule, soit à simple emboîtement, soit à recouvrement *fig.* 135, de 0,14 sur 0,26 exigeant la même pente de 0,35 à 0,40 par mètre. Il faut 28 de ces

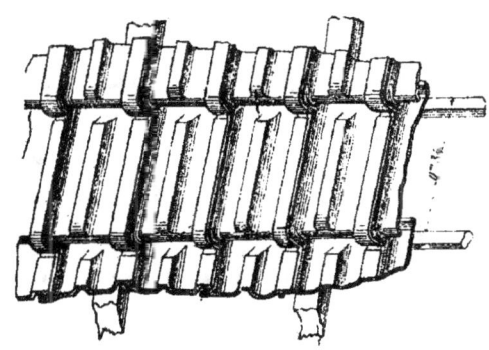

Fig. 135

tuiles par mètre de couverture, chacune pèse 1^{kg},300.

Pour ces mêmes cas de petites toitures, l'usine d'Ivry fabrique encore des *tuiles à écailles*, *fig.* 138, de 0,18 sur

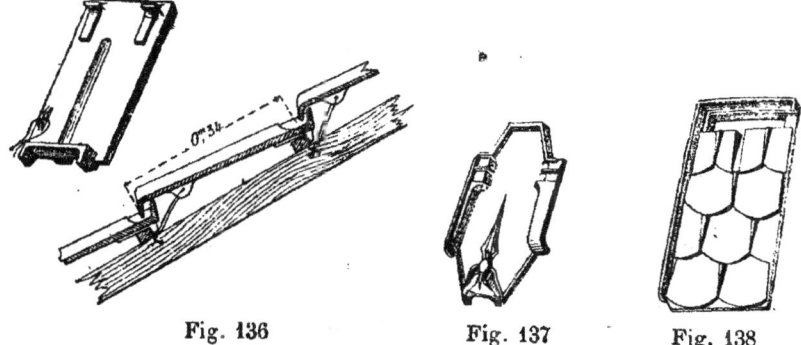

Fig. 136   Fig. 137   Fig. 138

0,33, soit 17 au mètre carré ; le poids de l'une d'elles est de 2^{ks},400 et la pente nécessaire de 45°, et aussi la tuile dite *fer de lance*, *fig.* 137, de 0,16 sur 0,20, soit 30 au mètre carré ; elles pèsent l'une 1^k,050 et la pente qui leur est nécessaire est de 45°.

Pour les toitures des bâtiments construits au bord de la mer, ou exposés à de grands vents, la même usine fait des tuiles à attache; un fil de laiton les relie au lattis ou au chevronnage. Le plus souvent il suffit d'employer un tiers

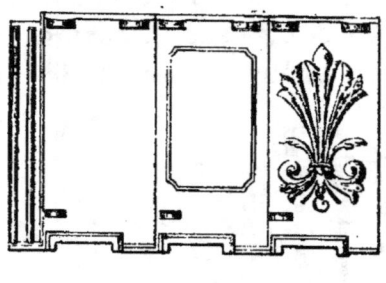

Fig. 139

de tuiles d'attache *fig.* 136, réparties avec intelligence dans les points où le vent peut avoir le plus de prise.

On emploie encore les tuiles à attaches pour les rives saillantes dites queues de vaches non voligées.

Enfin MM. Muller et Cie fabriquent des tuiles dont le dessous est décoré pour rester apparent. La *fig.* 139 montre le dessous de 3 tuiles à double emboîtement : l'un est lisse ; le deuxième est à panneau ; le troisième est décoré. On peut les employer isolés ou combinés pour obtenir un effet convenable.

Tuiles Royaux. — Les tuiles précédemment décrites ont été le point de départ d'une infinité d'autres formes

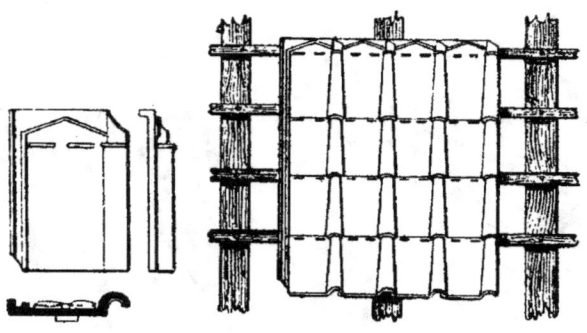

Fig. 140

s'en rapprochant plus ou moins. Dans beaucoup d'usines on a cherché la facilité de fabrication dans un modèle de dimensions plus restreintes. Dans le Nord de la France on se sert beaucoup de la *Tuile Royaux*, de l'usine de Leforest, (Pas-de-Calais) : dimensions 0,30 × 0,22, pureau 0,22 × 0,19. Ces tuiles présentent un rebord à gauche, un recouvrement 1/2 circulaire à droite, et un petit rebord en tête avec deux talons saillants limitant le recouvrement horizontal.

Ces tuiles sont très avantageuses comme prix ; elles demandent une pente de 0,45 à 0,50 par mètre.

La *fig*. 140 montre une partie de pan de toiture recouvert avec les tuiles Royaux. Les joints ne croisent pas, et les saillies demi-cylindriques se continuent suivant les lignes de plus grande pente du toit.

Il faut 24 tuiles Royaux par mètre superficiel de toiture couverte.

Chaque tuile pèse environ $1^k 470$; le mille de tuiles vaut 112 francs, le pureau est de 0,22, il faut $4^m,55$ de lattis et 24 tuiles par mètre carré de couverture.

108. Tuiles Boulet. — Une tuile également très répandue en France en raison de sa facilité de fabrication

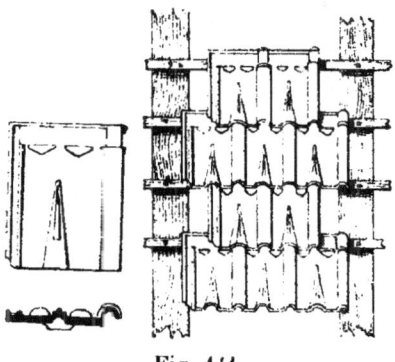

Fig. 141

et de son bon marché est la tuile Boulet. Les assemblages latéraux ont beaucoup de rapport avec ceux du modèle Royaux ; ils présentent les mêmes talons d'arrêt pour le joint horizontal. Mais la tuile est chevauchée ; une nervure conique se relève au milieu de la tuile et vient recouvrir le joint latéral inférieur.

Chaque tuile pèse 1ᵏ365, le pureau est de 0,23, il y a 4.35 de lattis par mètre carré de toiture et il faut 23 tuiles, le mille de briques suivant les localités vaut de 70 à 100 fr.

Cette tuile est dessinée *fig.* 141, en détail et comme vue d'ensemble.

109. Tuiles Josson. — Indépendamment des deux systèmes de tuiles ci-dessus décrits, les tuiles à joint vertical chevauché et celles à joint vertical continu, il y a encore les tuiles dites *losangiques* parmi lesquelles sont rangées toutes celles qui s'assemblent par joints obliques.

Un des types de ces tuiles est la tuile Josson, de la fabrique de MM. Josson et de Langle à Anvers ; elle est re-

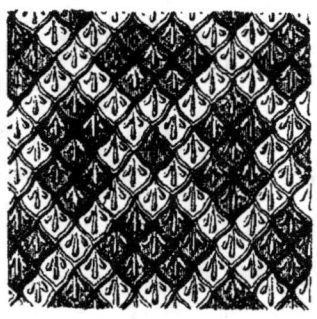

Fig. 142

présentée en dessus et en dessous par la *fig.* 142, comme vue d'ensemble et comme forme de tuile.

Les raccords de côté se font par des demi tuiles dirigées dans le sens convenable.

Ces tuiles se font rouges et grises.

En grand moule, il faut 22 tuiles 1/2 par mètre carré; pesant de 38 à 40 kilogrammese ; elles exigent 7 mètres de lattes ; leur prix est de 125 francs à Paris. En petit moule, il faut 45 tuiles et 10 mètres de lattes ; leur prix est de 120 francs à Paris.

Plus on approche de 45° comme pente, plus on est dans les conditions les plus convenables d'étanchéité ; mais pour être absolument sûr de n'avoir aucune fuite, il ne faut pas aller au-dessous de 0,60 par mètre pour le grand moule et de 0,65 pour le petit moule.

110. Tuile Courtois. — Les tuiles Courtois sont de forme absolument carrée et se posent en diagonale. Les deux côtés du haut sont munis d'une nervure supérieure, ceux du bas sont munis d'une nervure inférieure *fig.* 143.

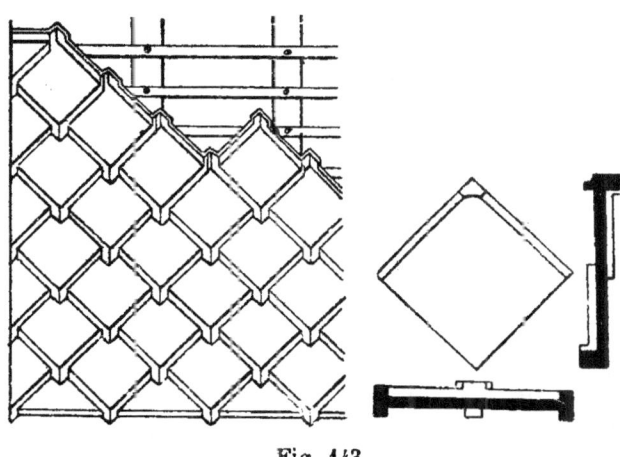

Fig. 143

Et ces tuiles s'assemblent comme il est indiqué dans la figure d'ensemble.

Les dimensions de ces tuiles Courtois sont de $0,27 \times 0,27$ et le pureau de $0,23 \times 0,23$, le poids d'une tuile est de $2^k,350$. Il en faut 19 au mètre carré et 7,00 de lattis.

L'inconvénient des tuiles losangiques est la tendance qu'a l'eau de pluie de suivre les aspérités diagonales au lieu de descendre par le plus court chemin jusqu'à la rive de goutte, c'est-à-dire de suivre la ligne de plus grande pente du toit. Les eaux peuvent alors s'accumuler en un point mal protégé, au lieu d'être réparties uniformément sur toute la longueur de l'égout.

Comme pour les précédentes, il est nécessaire d'avoir

des demi tuiles dans le sens vertical comme dans le sens horizontal.

L'aspect un peu lourd de cette couverture la rend très convenable pour les grandes surfaces.

La pente convenable est de 45° ou approchant, il ne faut pas aller au-dessous de 0,65 par mètre.

111. Des tuiles dites suisses, dites tuiles de montagne. — Depuis quelques années commence à se répandre en France un modèle de tuiles usité en Suisse et nommé *tuile de montagne* ou encore *tuile suisse*, elle est représentée *fig.* 144.

Il a l'inconvénient d'être fabriqué en pâte dure, mais il présente l'avantage d'une grande facilité de fabrication, et par suite d'un prix peu élevé. Cette tuile est entièrement fabriquée à la filière, la section étant constante. La nervure médiane est enlevée pendant l'étirage par un fil de laiton qui s'abaisse mécaniquement et supprime à chaque tuile le rectangle *abcd*.

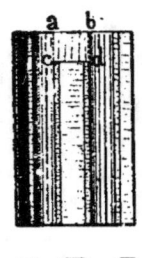
Fig. 144

De même les deux nervures de dessous *ef* produites par la filière sont ensuite coupées par un fil de laiton partout, sauf aux endroits restreints où elles forment les deux talons d'attache.

Ces tuiles ont leur joint vertical chevauché et formé par un simple emboîtement, rien n'arrête l'eau dans le joint horizontal, aussi ces tuiles demandent-elles une pente plus rapide pour l'écoulement des eaux ; il leur faut une déclivité de 0,60 à 1,00 par mètre.

Ces tuiles ont 0.38 × 0,21, le pureau 0,30 × 0,19 il en va environ 17 au mètre carré.

Le poids de ces tuiles est d'environ de $2^k,500$ la pièce.

112. Prix des tuiles mécaniques.

Les tuiles Gilardouin, Muller et analogues grand moule, 13 à 15 au mètre carré, coûtent à Paris, le mille	180f,50
Les tuiles Muller, petit moule, 28 au m. c., le mille . .	100 »
Tuiles Muller, à écailles, 17 au m. c. . . — . .	220 »
Tuiles Muller, fer de lance, 30 au m. c. . . — . .	130 »
Tuiles Royaux, 24 au m. c. . . . . . . — . .	112 »
Tuiles Boulet . . . . — . .	100 »
Tuiles Josson, grand moule, 22 1/2 au m. c. — . .	125 »
— petit moule, 45 au m. c. . . — . .	120 »
Tuiles Courtois, 19 au m. c. . . . . . — . .	150 »
Tuiles Suisses, 17 au m. c . . . . . — . .	100 »

La pose des tuiles mécaniques est excessivement simple et peu coûteuse. En province on la fait couramment à raison de $0^{fr},30$ à $0^{fr},40$ le mètre superficiel.

113. Sous-détail du prix de règlement de la tuile mécanique posée à Paris.

Prix de règlement d'un mètre superficiel de tuiles Muller, grand moule :

Tuiles, 15 à 180 fr. le mille	2f,700
Liteaux sapin, compris clous, 3 mètres à 0,10. .	» 300
Couvreur et aide, 20 minutes à 1 fr. 21 l'heure .	» 403
Faux frais, 23 % sur 0,403	» 093
Ensemble	3 496
Bénéfice, 10 %	» 350
Avances de fonds, 0,75 %	» 026
Prix de règlement	3f,872
En chiffres ronds	3f,85

Prix de règlement d'un mètre superficiel de tuiles Muller, petit moule :

28 tuiles, à 100 fr. le mille	2f,800
Liteaux, compris clous, 4 mètres à 0,10. . . .	» 400
Couvreur et aide, 1/2 heure, à 1 fr. 21 l'heure. .	» 605
Faux frais, 23 % sur 0,605	» 139
Ensemble	3 944
Bénéfice, 10 %	» 394
Avances de fonds, 0,75 %	» 030
Prix de règlement.	4f,368
En chiffres ronds	4f,35

114. Faîtages pour tuiles mécaniques. — Les faîtages pour tuiles mécaniques peuvent s'établir comme

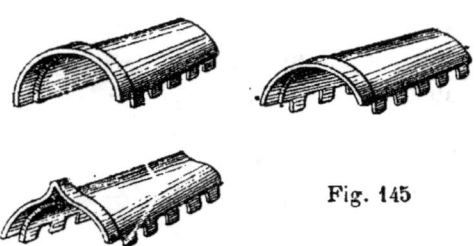

Fig. 145

ceux des tuiles plates, au moyen de faîtières à emboîtement *fig.* 145, avec les embarrures exécutées en plâtre ou en mortier.

On fait plus avantageusement encore usage de faîtières échancrées suivant les saillies des tuiles, qui évitent les embarrures en mortier. Les modèles figurés ci-contre sont ceux de la maison Muller à Ivry.

Un type qui présente de l'intérêt et qui trouve son application dans bien des toitures, notamment dans celles des Sheds, est celui représenté par la *fig.* 146. La faîtière est à recouvrement; son profil est plat à sa partie supérieure, sa face extérieure est quadrillée et l'ensemble du faîtage forme un chemin commode de $0^m,25$ de largeur, permettant de circuler facilement sur les toitures et d'y surveiller les réparations et les nettoyages. Cette disposition exécutée par la maison Muller et Cie a été appliquée aux sheds de la filature de lin de MM. Feray à Corbeil ; la *fig.* 147 donne la coupe transversale du faîtage des divers combles

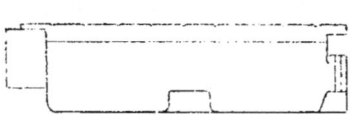
Faîtière chemin vue de côté

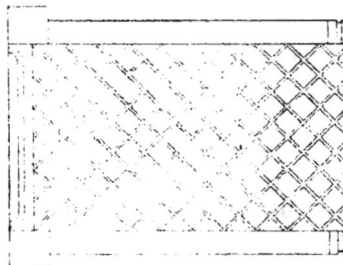
La même vue en plan

Fig. 146

de cette usine, et montre le massif en mortier de ciment sur lequel reposent solidement les différentes pièces du chemin.

Enfin, pour terminer la question des faîtages applicables aux couvertures en tuiles mécaniques, il nous

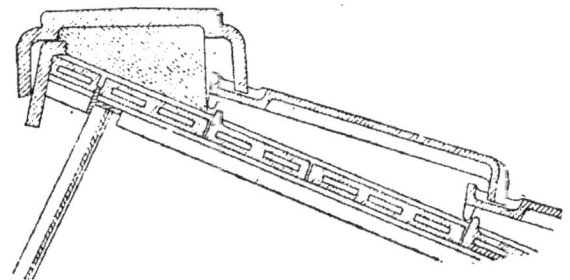

Fig. 147

reste à citer les faîtages ornés en terre cuite. Les modèles varient à l'infini ; nous en avons déjà indiqué pour accompagner la couverture en tuiles plates ; voici encore quel-

Fig. 148   Fig. 149

ques modèles *fig.* 148, 149 et 150 ; ils sont tirés de l'album de l'usine d'Ivry.

Ces ornements se nomment des crêtes ; on peut les exécuter de deux manières : dans la première, ils font corps avec les faîtières elles-mêmes, ce qui présente plus de solidité comme dans la figure 148.

D'autres fois, au contraire, la crête peut être rapportée sur les faîtières cuites à part, ce qui est d'une exécution plus commode. Dans ce dernier cas, il est indispensable d'étudier l'assemblage, de telle manière que l'eau ne puisse y séjourner ; en hiver la gelée ferait casser l'assemblage ; ce dernier est ordinairement fait à languette et rainure.

Les crêtes se terminent généralement par des motifs plus importants, épis, fleurons, etc.

La crête de la *fig.* 148 vaut 7 fr. le mètre courant, et le

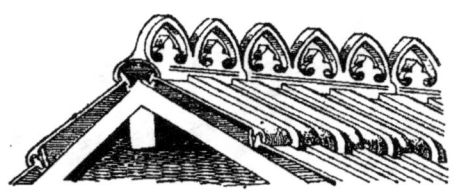

Fig. 150

poinçon correspondant 12 fr. la pièce. — La crête de la *fig.* 149, étudiée par M. Vaudremer, vaut 5 fr. le mètre courant et la croix 6 fr. pièce.

115. Garnitures de rives. Ruellées. — Lorsque les pans de tuiles viennent recouvrir un mur pignon, on peut les arrêter par une ruellée en plâtre ou mortier,

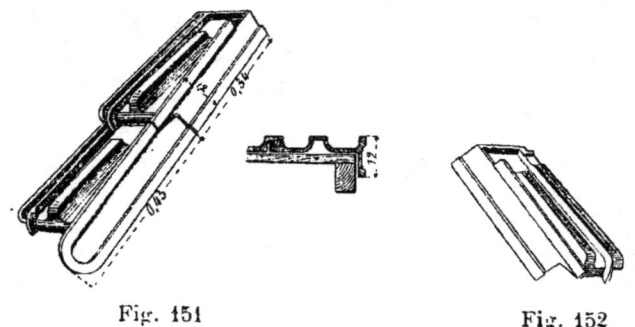

Fig. 151   Fig. 152

comme pour les tuiles plates. On a avantage à prendre une des dispositions ci-jointes, empruntées à l'album de la maison Muller. L'usine d'Ivry fait des tuiles spéciales de rives dont une joue qui redescend verticalement sur le parement du pignon et recouvre le chevron de rive de la couverture.

Ce dernier ne se fixe qu'au dernier moment, à la demande de la tuile, pour éviter de la couper en long.

La partie verticale a 0^m,12 de largeur, et la dernière tuile du bas a une forme spéciale pour terminer convenablement la rive ; on la nomme tuile d'about. De même,

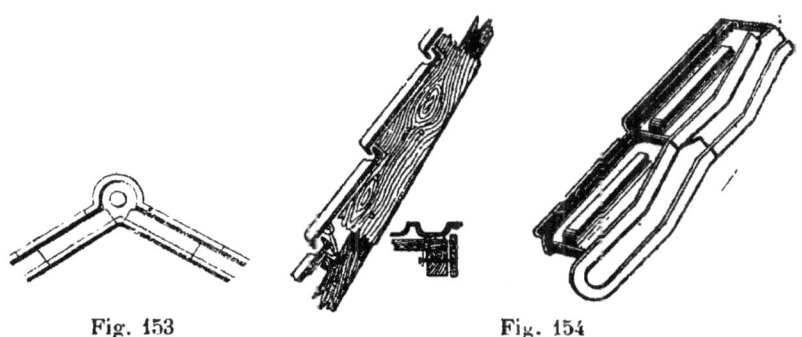

Fig. 153   Fig. 154

l'angle supérieur du pignon se termine par une pièce d'angle de fronton, ainsi que le montre la *fig*. 153. Cette pièce peut avoir une forme très variable suivant la décoration que l'on veut obtenir. On la nomme *antefixe* et elle fait corps avec la dernière faîtière.

Les tuiles de rives peuvent présenter un recouvrement brisé, lorsqu'on veut accuser sur la rive les abouts des différents rangs de tuiles, *fig*. 154. D'autres fois, par économie, on constitue la rive par un dernier rang de tuiles ordinaires parmi lesquelles on intercale quelques tuiles à attaches et on couvre le vide entre la tuile et le dernier chevron par une planche découpée à la demande, en forme de crémaillère, *fig*. 154.

Cette planche est vissée sur le parement vertical du dernier chevron et recouverte par la tuile, ainsi que le montre la coupe jointe à la *fig*. 154.

Enfin, on fait des garnitures de rives indépendantes des

tuiles. Les *fig.* 155 et 156 donnent deux dispositions différentes de ces garnitures.

Dans la première, les tuiles de la dernière rangée de

Fig. 155   Fig. 156

rive sont des tuiles ordinaires, souvent même des tuiles

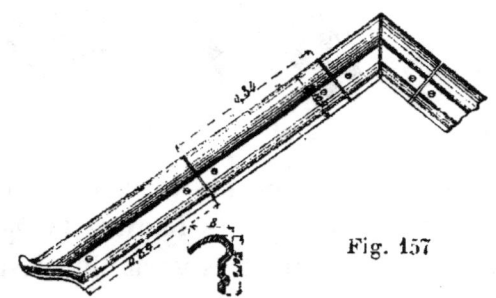

Fig. 157

de déchet. On pose le dernier chevron de telle sorte que

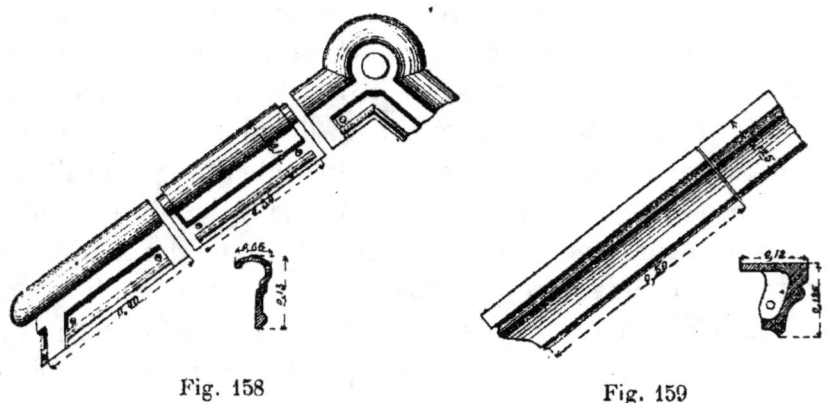

Fig. 158   Fig. 159

son parement vertical extérieur corresponde à la rive de

la tuile et on vient fixer la garniture de rive avec des vis sur le chevron, en ayant soin de garnir de mortier l'intervalle entre la garniture et la tuile.

Dans la deuxième disposition, *fig*. 156, les tuiles de la dernière rangée de rive sont des tuiles spéciales, dites tuiles cornières, qui présentent une saillie ou rebord vertical, empêchant l'eau de s'échapper, et cette saillie se trouve recouverte par la garniture de rive sans aucun emploi de mortier intermédiaire.

Les *fig*. 157, 158 et 159 montrent en élévation trois types de garnitures de rives exécutées par la maison Muller et Cie, à son usine d'Ivry.

Le prix de ces garnitures varie de 1fr.50 à 3fr. le mètre linéaire.

116. Egout inférieur. — L'égout inférieur des pans de toitures recouverts de tuiles mécaniques se fait avec un seul rang de tuiles qui dépassent de 5 à 10 centimètres le parement du mur à protéger.

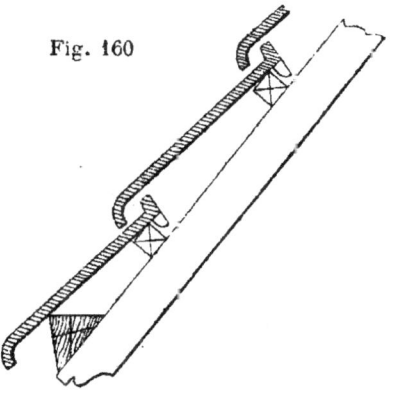

Fig. 160

Lorsque la couverture est faite sur liteaux en bois cloués sur chevrons, il est nécessaire de soutenir la dernière tuile vers son extrémité basse par une latte beaucoup plus épaisse que les liteaux et qu'on nomme *chanlatte*; elle permet de lui donner la même pente qu'au reste de la toiture. La chanlatte est souvent formée par un chevron coupé en deux suivant la diagonale de sa section, et clouée sur les chevrons pour former la dernière latte, *fig*. 160. Si le comble est en fer, la chanlatte est en cornière plus haute que le lattis.

117. Tuiles spéciales pour chattières et tuyaux.
— Chaque usine cherche à faire toutes les pièces spéciales qui sont nécessaires pour la ventilation, pour des passages

Fig. 161

de tuyaux ou autres besoins, et ces pièces spéciales s'emboîtent et se raccordent avec les tuiles courantes.

Le premier exemple, *fig.* 161, est tiré de l'album de

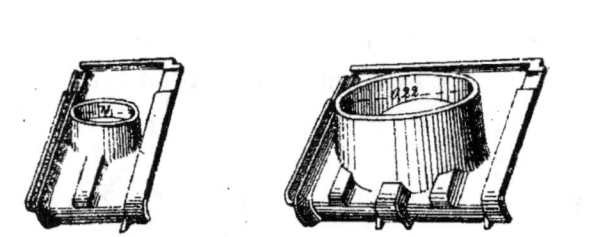

Fig. 162

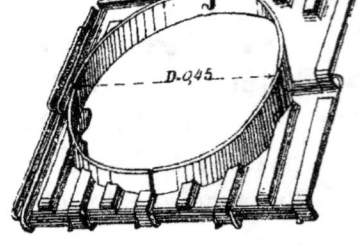

l'usine Muller à Ivry. Il représente trois grandeurs différentes de baies de ventilation des combles, que l'on nomme

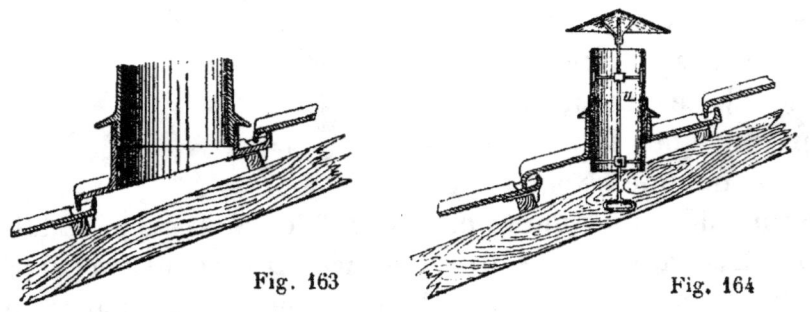

Fig. 163 — Fig. 164

œils de bœuf ou *chattières* ; ces pièces spéciales prennent la place exacte soit d'une, soit de deux, soit de trois tuiles.

Un second exemple est donné par les tuiles spéciales disposées pour le passage des tuyaux, *fig.* 162, et prenant la place de une, deux ou six tuiles. Ces tuiles portent une douille saillante, disposée pour éviter l'entrée de l'eau. Les deux *fig.* 163 et 164 montrent la manière dont les mitrons soit en terre, en tôle, ou en zinc rejettent l'eau au moyen d'une bavette circulaire extérieure qui recouvre la douille et vient déborder en dehors en jouant le rôle de larmier.

118. Tuiles et châssis d'éclairage. — On fait dans l'usine d'Ivry, dans celle de MM. Gilardoni et dans nombre d'autres, des tuiles vitrées, dont les *fig.* 165 indiquent la

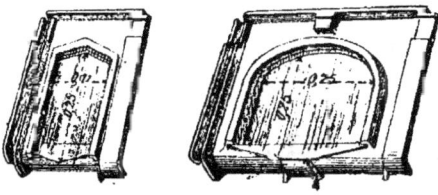

Fig. 165

disposition. Ces tuiles simples ou doubles portent une feuillure pour recevoir la vitre en verre double, qui doit donner de l'éclairage.

Lorsque l'on a à poser dans une toiture une pièce spéciale du genre de celles qui viennent d'être décrites, il faut commencer par couvrir en plein la surface du pan de toit, et cela avec des tuiles courantes ; puis au point où l'on doit mettre une pièce spéciale, on substitue cette dernière au nombre de tuiles qu'elle doit remplacer.

Tuiles en verre. — Presque toutes les tuileries font fabriquer à St-Gobain des tuiles en verre identiques à leurs tuiles en terre, et se raccordant parfaitement avec elles.

Ces tuiles, d'un usage commode, ont l'inconvénient d'être d'un prix élevé, environ 3 fr. pièce, et aussi celui d'être souvent mal ébarbées ; enfin dans les pans de toit susceptibles d'être parcourus par les ouvriers, en raison de leur faible pente, il faut en interdire l'accès par des défenses visibles, parce que : 1° elles sont très glissantes, et 2° elles

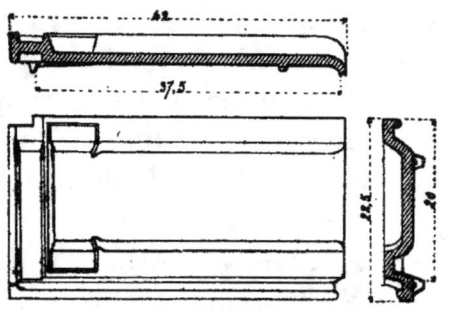

Fig. 166

ne portent pas toujours le poids d'un homme, double cause d'accidents à éviter.

Les *fig.* 166 à 169 donnent les formes de plusieurs tuiles en verre se raccordant avec les modèles des tuiles les plus usitées.

La *fig.* 166 donne celle qui correspond à la tuile Gilardoni. Elle pèse 3^k,400 l'une, et il en faut 16 au mètre

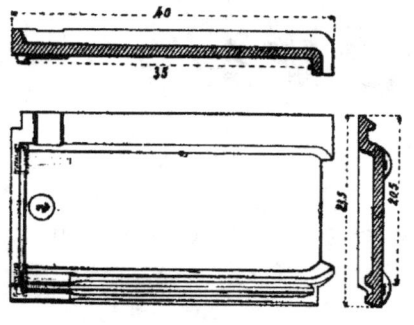

Fig. 167

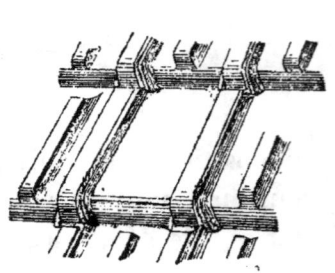

Fig. 168

La *fig.* 167 représente le modèle qui correspond à la tuile Muller à recouvrement, son poids est de 3^k,200 et il en faut 14 au mètre ; carré la *fig.* 168 montre une de ces tuiles en verre entourée de tuiles courantes en terre cuite. L'aspect diffère par la suppression de la nervure du milieu.

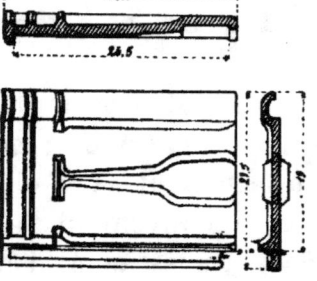

Fig. 169

Enfin la *fig.* 169 donne la forme de la pièce qui s'emboîte avec les tuiles Royaux. En raison de ses dimensions plus faibles, elle ne pèse que 2^k,100 l'une et il en faut 24 au mètre carré ; le prix en est réduit à 1^{fr},40 la pièce.

Les services que peuvent rendre ces tuiles en verre sont souvent à apprécier ; elles permettent, par une simple substitution, d'éclairer un grenier, un hangar, un atelier au point voulu, sans qu'il soit nécessaire de recourir à un ouvrier du métier, ni de faire sur la toiture une installation spéciale et coûteuse.

Leur prix seul les rend inapplicables aux grandes surfaces.

M. E. Muller a établi le premier des châssis métalliques

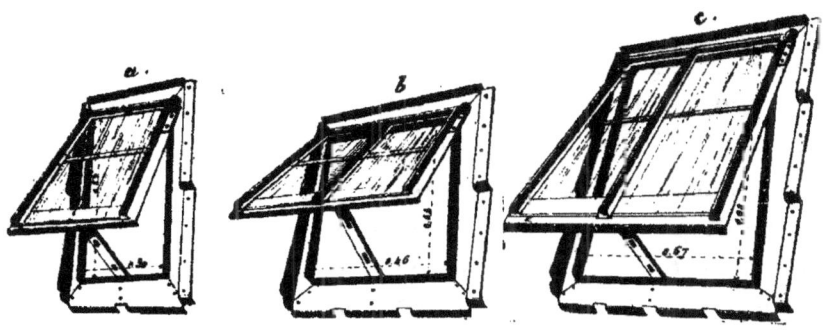

Fig. 170

présentant sur leur pourtour les formes convenables pour s'assembler directement avec les tuiles.

Il est nécessaire pour cela qu'ils prennent exactement la place d'un nombre entier de tuiles dans chaque sens. Ils se composent d'un bâti fixe en tôle galvanisée, ayant les emboîtements extérieurs voulus et présentant une ouverture bordée d'un relief saillant en tous sens. — Cette ouverture est recouverte par un châssis mobile autour d'un axe horizontal et qui s'ouvre à tabatière ; on le fixe dans plusieurs positions plus ou moins ouvertes, au moyen d'une crémaillère percée de trous, dans lesquels s'engage un goujon fixé au bâti et de saillie convenable. Le châssis mobile est en tôle galvanisée avec toute la partie milieu disposée pour recevoir des vitres.

La *fig.* 170 (*a,b,c*) donne la forme et les dimensions de trois châssis de différentes grandeurs.

a. Châssis prenant la place de 4 tuiles. L'ouverture disponible est de 0,30 × 0,53. Il pèse 7^k et coûte non vitré 13 fr.; sans pose.

b. Châssis de 6 tuiles. Ouverture disponible de 0,46 × 0,53. Il pèse 9_k et coûte non vitré 17 fr., sans pose.

c. Châssis de 12 tuiles. Ouverture disponible 0,67 × 0,90. Il pèse $13_k,500$, et coûte non vitré 26 fr., sans pose.

Pour poser ces châssis, on commence par étaler la tuile sur le rampant du toit, puis on choisit la place des châssis, on ôte les tuiles correspondantes, on présente le châssis et on trace les percements qu'il y a lieu de faire dans la charpente, et qui alors sont exécutées à leur place exacte.

Presque toutes les tuileries, en raison des grands services que présentent ces châssis, ont établi des modèles concordant avec leurs types de tuiles et permettant d'établir commodément des jours dans les rampants des toitures.

Les formes sont combinées pour éviter tous les raccords avec la couverture, tous les accessoires en plomb ou en zinc, qui augmentent beaucoup le prix des châssis ordinaires, dont on a vu la forme à propos de la tuile plate.

On les a quelquefois exécutés en fonte mince, et leur durée est alors encore plus assurée, quoique les châssis en tôle galvanisée aient présenté jusqu'ici, lorsqu'ils sont bien établis, une parfaite résistance aux intempéries.

Il est bon que le dormant du chassis soit très bien agrafé avec la charpente; pour garnir le pourtour de la baie qu'il présente, on établit des tableaux en bois assemblés qui sont fixés sur le chevronnage; des pattes rivées au bâti dormant du châssis sont clouées ou vissées sur l'entourage en bois et donnent une solidité convenable.

119. Tuiles de raccord en fonte pour montants et marches. — On a quelquefois à exécuter sur les toitures recouvertes en tôles métalliques des raccords qui exigent un certain nombre de pièces similaires présentant une disposition spéciale. Supposons que l'on ait à établir, par exemple, une balustrade en fer le long d'un faîtage, et que les divers montants aient à prendre appui et scellement dans un rampant. Il y aura de distance en distance une tuile d'un certain rang qui devra être traversée par le

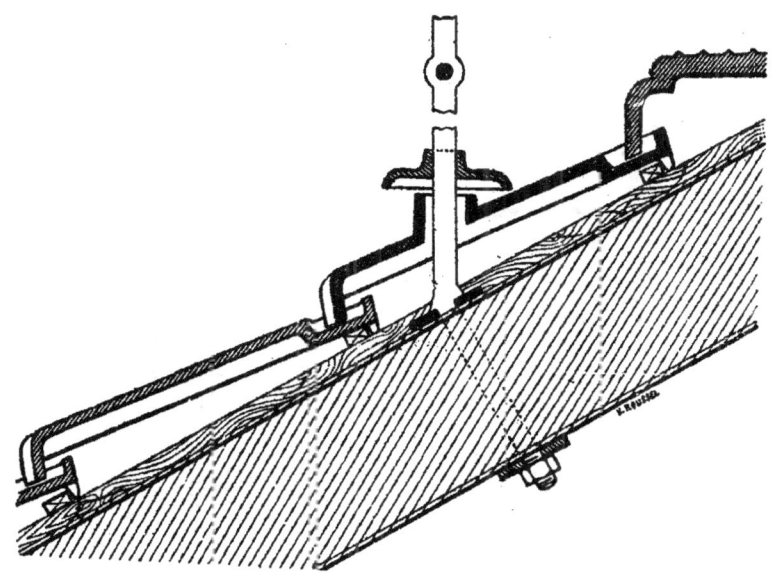

Fig. 171

montant ; elle devra présenter une disposition spéciale, qui se reproduira identiquement la même à chaque montant. On a alors avantage à exécuter cette pièce sur modèle spécial et en fonte. Sa forme sera telle qu'elle se raccorde avec les tuiles voisines dont elle présentera les contours et les dimensions ; de plus sa surface devra présenter une douille assez large pour laisser passer les plus grosses sections du montant.

La *fig.* 171 montre la coupe verticale, suivant la pente

de cette tuile, elle indique la forme de la douille et des rives de raccord.

Le montant doit être muni lui-même d'une rondelle saillante en une ou deux pièces, présentant la forme d'un larmier et capable de recouvrir la douille et d'écarter suffisamment les eaux de son orifice supérieur; la même coupe montre le mode d'attache du montant à la maçonnerie de hourdis du comble.

Un autre exemple de ces raccords en fonte est donné par un escalier permettant de circuler sur la couverture

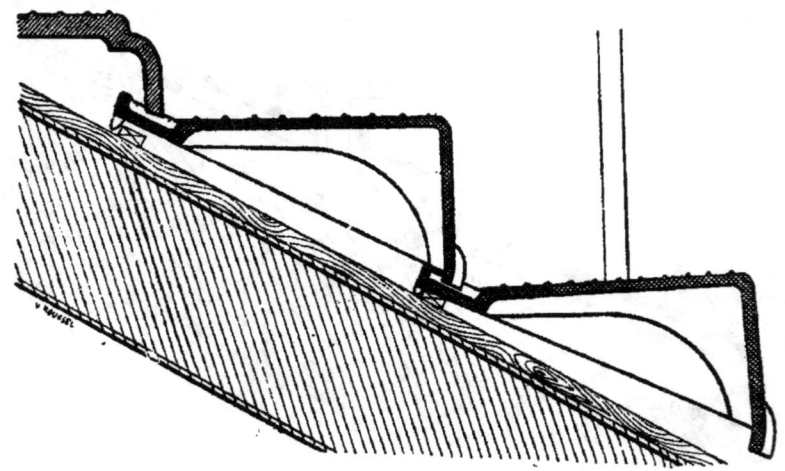

Fig. 172

et d'accéder au faîtage. Chacune des marches est en fonte et occupe la largeur de deux tuiles. Ses rives sont disposées pour se relier avec les tuiles voisines, et sa surface est établie en forme de marche horizontale, avec contremarche en avant.

La plate-forme des marches est convenablement soutenue par une nervure au-dessous et au milieu. L'épaisseur de la fonte est la plus faible possible, (0,008 à 0,010 environ). Il faut, quand on fait le modèle, prévoir le retrait que présentera la fonte après le moulage; les pièces doivent être goudronnées ou peintes avec soin avant la pose.

120. Couverture en tuiles mécaniques. — Les murs de clôture ont besoin d'être protégés contre la pluie, d'autant plus qu'ils sont généralement construits avec des matériaux de second choix souvent perméables et solubles. La tuile mécanique convient parfaitement à la couverture des murs. La couverture des murs de clôture se nomme *chaperon*, et le chaperon peut être à un ou à deux égouts, suivant que la pluie sera ou renvoyée d'un seul côté ou répartie sur les deux côtés.

Les chaperons à un égout sont généralement composés d'un ou deux rangs de tuiles et d'une faîtière, suivant la

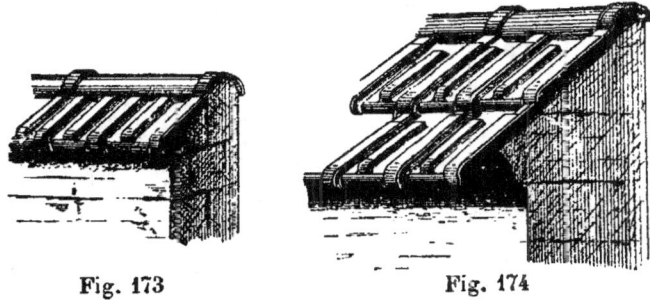

Fig. 173   Fig. 174

largeur du mur et la saillie de l'égout sur le parement vertical, *fig.* 173 et 174.

On emploie pour ces couvertures des pièces de deuxième choix au point de vue de la déformation, mais non au point de vue de la cuisson qui doit être aussi complète que pour une couverture ordinaire.

Les chaperons à un égout peuvent se faire d'une seule pièce; ils présentent alors une étanchéité plus grande mais se prêtent moins aux réparations. Le chaperon d'une pièce, *fig.* 176, est un modèle de l'usine d'Ivry. La largeur la plus grande est de 0,50 et les joints entre deux pièces successives sont des joints à emboîtement.

On obtient un faîtage très économique pour murs de clôture en faisant fabriquer des demi-tuyaux de drainage, que l'on pose bout à bout sur mortier de ciment et avec joints en ciment, remplaçant les crêtes ordinaires.

Les chaperons à deux égouts se font avec une ou deux rangées de tuiles de chaque côté; une rangée de tuiles entières peut être remplacée par une rangée de bouts

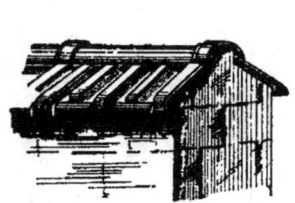

Fig. 175   Fig. 176

de tuiles obtenus par des tuiles défectueuses tranchées en tête. Dans chaque cas particulier, on organise le chaperon

Fig. 177   Fig. 178

en raison des tuiles dont on dispose et des saillies que l'on veut avoir.

La maison Müller et Cie à Ivry fabrique des chaperons à deux pentes d'une seule pièce pour murs à deux égouts.

Fig. 179

Ces chaperons sont de deux modèles; le premier, *fig.* 178,

est composé de pièces courbes pouvant couvrir jusqu'à 0,60 de largeur, et s'emboîtant les unes avec les autres.

Le second, *fig*. 179, simule les deux pans et un faîtage saillant, et ne peut couvrir que jusqu'à 0,50 de largeur.

Enfin la *fig*. 180 représente un mur recouvert d'un chaperon orné, exécuté par l'usine d'Ivry sous la direction de

Fig. 180

M. Chipiez, architecte. Des tuiles plates à rebord à nervures saillantes couvrent le mur; des tuiles creusées couvrent les joints des premières, et un faîtage orné, avec motifs accusant les joints, complète l'ensemble.

CHAPITRE V

COUVERTURE EN VERRE

SOMMAIRE :

121. Matériaux de vitrerie employés en couverture. — 122. Couverture en ardoises de verre. — 123. Couverture en verre ordinaire. — 124. Emploi des verres striés. Avantage. — 125. Emploi des glaces brutes. — 126. Condensation intérieure, précautions. — Vitrerie système André,

CHAPITRE V

COUVERTURE EN VERRE

121. Matériaux de vitrerie employés en couverture. — Le verre est un silicate de plusieurs bases, principalement la potasse ou la soude, la chaux et l'alumine ; il forme une masse fusible, amorphe, et plus ou moins transparente. Tantôt il est incolore, tantôt il est légèrement coloré par des oxydes métalliques qui se rencontrent parmi ses impuretés et qu'il dissout ; tantôt enfin on utilise sa faculté de coloration par l'incorporation de certains de ces oxydes, pour en tirer un moyen de décoration.

Avant de fondre, le verre passe par un état pâteux intermédiaire, et on utilise cet état pâteux pour lui donner toutes les formes dont on a besoin.

L'une des formes les plus usuelles est la disposition en feuilles planes ; les verres à vitres sont d'épaisseur faible et uniforme. On s'en sert pour les clôtures des croisées d'éclairage ; très souvent aussi, ils sont employés en couverture.

Le verre à vitre se trouve dans le commerce de dimensions déterminées, et en France les dimensions commerciales rentrent dans les quinze mesures suivantes :

$1{,}32 \times 0{,}30$ $0{,}69 \times 0{,}66$ $0{,}87 \times 0{,}54$ $0{,}75 \times 0{,}60$ $0{,}72 \times 0{,}66$
$0{,}72 \times 0{,}63$ $1{,}08 \times 0{,}42$ $1{,}14 \times 0{,}39$ $1{,}20 \times 0{,}36$ $0{,}96 \times 0{,}48$
$0{,}78 \times 0{,}63$ $0{,}90 \times 0{,}51$ $0{,}81 \times 0{,}57$ $1{,}02 \times 0{,}45$ $1{,}26 \times 0{,}33$

Le verre se vend à la caisse. Les caisses sont en planches légères; elles doivent toujours être droites; la partie à ouvrir est indiquée par le sens des lettres. Elles contiennent :

> ou 60 feuilles de verre simple
> ou 40 feuilles de verre 1/2 double
> ou 30 feuilles de verre double.

Le verre simple a environ $0^m,001$ d'épaisseur, le verre double a environ $0^m,002$; enfin le verre intermédiaire, d'épaisseur égale à environ $0^m,0015$, est dit verre demi-double. Indépendamment de ces dimensions courantes, on peut avoir des feuilles de volumes plus grands en les commandant en fabrique. Ils sont un peu plus chers au mètre superficiel, et portent le nom de verres *hors mesure*. On peut notamment avoir par variations de $0^m,03$ en $0^m,03$ les dimensions suivantes :

$0^m,30$	sur	$1^m,29$	à	$1^m,47$	$0^m,75$	sur	$0^m,75$	à	$2^m,28$
0, 33	—	1, 29	à	2, 07	0, 78	—	0, 78	à	2, 22
0, 36	—	1, 23	à	2, 07	0, 81	—	0, 81	à	2, 16
0, 39	—	1, 17	à	2, 07	0, 84	—	0, 84	à	2, 10
0, 42	—	1, 11	à	2, 19	0, 87	—	0, 87	à	2, 04
0, 45	—	1, 05	à	2, 28	0, 90	—	0, 90	à	1, 98
0, 48	—	0, 99	à	2, 52	0, 93	—	0, 93	à	1, 92
0, 51	—	0, 93	à	2, 52	0, 96	—	0, 96	à	1, 86
0, 54	—	0, 90	à	2, 52	0, 99	—	0, 99	à	1, 80
0, 57	—	0, 84	à	2, 49	1, 02	—	1, 02	à	1, 74
0, 60	—	0, 78	à	2, 46	1, 05	—	1, 05	à	1, 71
0, 63	—	0, 75	à	2, 43	1, 08	—	1, 08	à	1, 65
0, 66	—	0, 72	à	2, 40	1, 11	—	1, 11	à	1, 62
0, 69	—	0, 69	à	2, 37					
0, 72	—	0, 72	à	2, 34					

Les tarifs donnent les prix à la pièce de chacune de ces dimensions de verre en simple épaisseur, quoique en pratique cette épaisseur simple ne puisse s'obtenir avec ces dimensions. A qualité égale les verres demi doubles sont payés moitié en plus du prix du verre simple, et les verres doubles sont payés le double du prix du verre simple.

Les dimensions en longueur et largeur ci-dessus n'étant fixées que de 3 en 3 centimètres, les feuilles de dimensions intermédiaires sont vendues aux prix des feuilles de dimensions maxima.

Le verre à vitre est de qualité variable pour la blancheur et la transparence. On distingue dans le commerce les quatre qualités ou choix suivants :

Le 1er choix, verre absolument sans défaut et de toute blancheur, est réservé pour la gravure et n'est pas employé dans le bâtiment ;

Le 2e choix (1er choix du bâtiment) est très blanc sans bouillons ni défauts n'est employé que dans les cas de travaux très soignés ;

Le 3e choix (2e choix du bâtiment) est le verre courant de blancheur convenable et dont les légers défauts sont peu visibles ;

Le 4e choix (3e choix du bâtiment) est le verre présentant de légers défauts de coloration ou des imperfections sensibles. On le réserve pour la vitrerie des usines, écoles, bâtiments de communs, et enfin pour les toitures.

Dans les verres de mesures commerciales, le prix de la caisse varie suivant le cours et le choix. Ainsi la caisse de 2e choix valant 76 fr., celle de 3e se réduit à 51 fr., et celle du 4e choix ne vaut plus que 46 fr. Ce qui met les déboursés, au mètre superficiel, à 2^{fr},80 pour le 2e choix
à 1, 95 pour le 3e choix
à 1, 75 pour le 4e choix

Les verres hors mesure ne se font pas en 4e choix, et le prix du 3e choix est diminué de 10 0/0 sur celui le second. Il se fait aussi des verres cannelés qui présentent l'avantage de ne pas laisser voir les objets du dehors, et qui valent en verre simple environ 2 fr. la feuille dans les mesures commerciales.

Depuis déjà un certain nombre d'années les verreries livrent à des prix de plus en plus bas des verres coulés, d'une épaisseur de 4 à 6 millimètres, dont l'une des faces est lisse, tandis que l'autre est striée de saillies parallèles rapprochées que la *fig.* 181 représente en grandeur naturelle, ou encore de saillies se coupant suivant deux

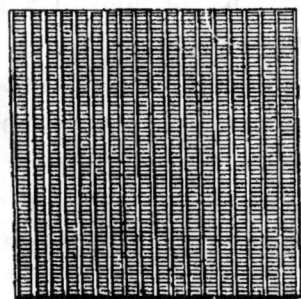
Fig. 181

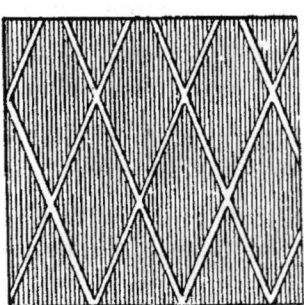
Fig. 182

directions inclinées et formant, également en grandeur, les losanges de la *fig.* 182.

En raison de ces saillies, ces verres sont nommés verres à reliefs.

Les feuilles se font de toutes les grandeurs dont on a besoin jusqu'à la limite que la fabrication peut atteindre ou que la résistance permet de manier. On ne dépasse pas 1 mètre en largeur et $2^m,70$ en longueur.

Le mètre superficiel de verre à relief est d'environ $3^{fr},50$ par mètre carré jusqu'à $1^m,10$ de surface, de $4^{fr},50$ jusqu'à $1^m,50$. Le poids est d'environ $12^k,500$ par mètre carré.

Les feuilles de 2 mètres de long sur $0^m,50$ de large rentrent dans les dimensions courantes, les ailes du palais du Trocadéro sont vitrées avec des feuilles de $2^m,82$ de longueur sur $0^m,62$ de largeur.

Enfin un produit qui tend à prendre de plus en plus une place importante dans la vitrerie des toitures est la glace brute que la Cie de Saint-Gobain, et à sa suite de nombreuses usines, arrivent à livrer à bas prix et sous de grands volumes. Son épaisseur de 11 à 13 millimètres lui donne une résistance très considérable, et ses grandes dimensions permettent de réduire le nombre des joints, souvent de les supprimer, et par suite, de diminuer considérablement la pente de certains vitrages.

Le prix de déboursés de ces glaces brutes est d'environ 7 fr. le mètre carré; elles se facturent, comme les glaces ordinaires, par 0^m,03 et au mètre carré, malgré les coupes qui peuvent être demandées. Le poids est d'environ 25 kilogrammes par mètre carré.

121. Couverture en ardoises de verre. — La première manière d'employer le verre à la couverture, est de le tailler en rectangles et de l'employer à la manière des ardoises. Seulement, comme on ne peut les clouer à la manière des phyllades, il faut employer les systèmes à crochets qui sont d'ailleurs bien préférables.

Dans certains cas, pour l'éclairage de greniers, on peut mélanger les ardoises de verre aux ardoises ordinaires pour obtenir une lumière partielle sans établir de châssis.

Dans d'autres cas particuliers on pourrait même, en dehors de toute question d'éclairage, remplacer toutes les ardoises d'une couverture par des ardoises de verre. La matière est infiniment plus durable, quoique un peu plus fragile; la seule précaution serait de ménager sur la surface les chemins nécessaires pour la circulation et les réparations, de manière à éviter aux feuilles de verre le contact des engins, échafaudages et agrès.

La question de coloration est facile à résoudre, les verres les moins chers étant en même temps les plus colorés, et ceux qui se prêteraient le mieux à cette substitution.

122. Couverture en verre ordinaire. — Dans la grande majorité des cas, le verre est employé dans les toitures à garnir les vides des châssis, et ces châssis sont presque toujours partiellement ou totalement en fer.

Les fers employés sont des fers à T simples, ou des fers moulurés à vitrages; les profils les plus courants sont les suivants représentés par la *fig.* 183. Lorsque la question

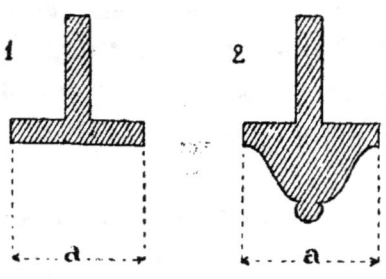

Fig. 183

de résistance n'est pas en jeu, il faut réduire la largeur *a* à la dimension nécessaire pour former les deux feuillures qui doivent recevoir le verre, et cette largeur peut être réduite à $0^m,023$ à $0^m,025$.

Le croquis n° 1 est celui qui est le plus fréquemment employé; on réserve la forme n° 2 pour les cas où la partie vitrée doit être vue de près et a avantage à se trouver moulurée.

Il faut que ces fers présentent une pente suffisante pour l'écoulement de l'eau; cette pente varie suivant que l'intervalle des fers est garni dans toute sa hauteur d'un verre d'un seul *volume*, ou de plusieurs feuilles imbriquées.

Dans le cas d'un verre unique, la pente est très faible et peut être réduite à $0^m,10$ par mètre. Dans le cas de verres imbriqués superposés, il faut porter la pente à $0^m,30$ au moins par mètre, si on veut éviter les infiltrations par les joints.

Les fers ci-dessus sont disposés parallèlement et dirigés

suivant la plus grande pente de la toiture ; ils sont peints convenablement et leur feuillure est garnie de mastic. Sur le mastic on pose le verre, en l'appuyant, de manière à faire refluer l'excédent et bien appuyer les rives. On complète le joint par un solin par dessus, recouvrant le verre et allant rejoindre l'arête supérieure de l'âme du fer.

Le mastic n'adhère bien au fer que si ce dernier est fraîchement peint à l'huile et d'ordinaire on le peint préalablement, après nettoyage convenable, à deux couches, dont la première de minium et la seconde en teinte.

La rive haute est logée dans une feuillure transversale que vient contourner le solin de mastic, en, formant des

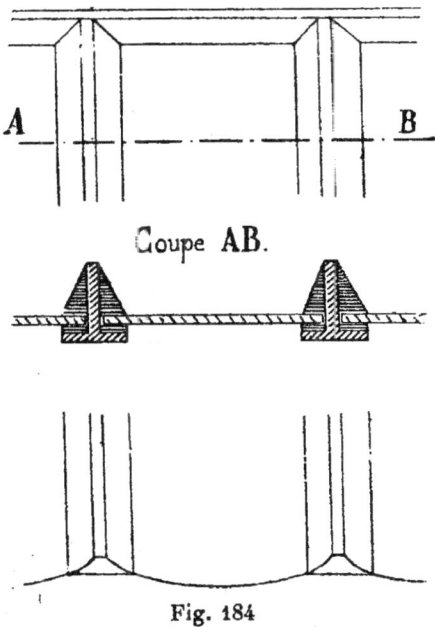

Fig. 184

retours d'onglet ; la rive basse est formée par le verre resté libre et taillé ordinairement suivant un arc de cercle, pour tendre à ramener au centre l'eau qui coule sur le verre et mieux assécher les solins.

Pour retenir le verre, malgré la pente des feuillures, l'extrémité inférieure des petits fers présente sa table relevée, de manière à arrêter la feuillure en même temps que le mastic.

Malgré la composition de ce dernier qui est formé de blanc de Meudon et d'huile de lin siccative, il a une tendance, quand il est frais, à se délayer facilement à l'eau. Aussi prend-on la précaution de peindre le parement extérieur des solins, à une couche de peinture à l'huile, de manière à le protéger; il est même bon que la peinture déborde le long du mastic de 0^m,002 à 0^m,003, pour le garantir plus complètement. La *fig.* 184 représente en élévation et en coupe la disposition du verre d'une travée et la manière dont il est maintenu par le mastic. En raison de son épaisseur, le mastic est très long à sécher; ce n'est souvent qu'au bout de plusieurs mois qu'il a acquis une dureté suffisante pour qu'on puisse compter sur une adhérence convenable. La bonne qualité du mastic est de toute importance en couverture; les mélanges contenant des mauvaises huiles ou des dégras peuvent même arriver à ne jamais sécher.

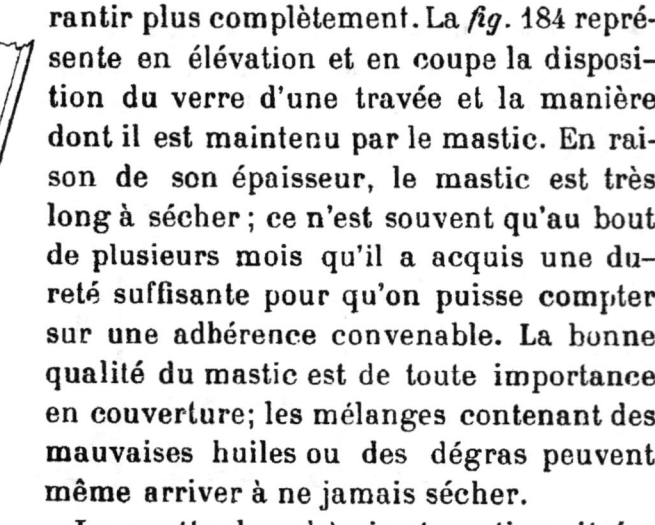

Fig. 185

La goutte des châssis et parties vitrées vient se déverser soit sur la couverture soit dans un chéneau.

Lorsque la direction du vitrage s'approche de la verticale, on perce dans l'âme des fers des trous de 0^m,001 environ de diamètre comme on le voit *fig.* 185 et, lorsque le verre est posé, on y passe des goupilles très courtes en fer, s'appuyant sur le verre au moyen de petits éclats de bois. Goupilles et cales sont noyées dans le solin de mastic et parfaitement invisibles. — Ce procédé retient parfaitement le verre que son poids ne suffirait pas toujours à retenir jusqu'à la prise complète du mortier.

On emploie presque toujours dans les toitures les

verres doubles, et on leur donne rarement plus de 0^m,40 de portée entre feuillures afin qu'ils puissent résister suffisamment aux chocs des grêlons. Pour des portées de 0,25 à 0,30, on emploie le verre demi-double; enfin, le verre simple n'est pour ainsi dire pas employé pour les couvertures, même pour les plus petites portées.

Lorsque la travée à couvrir n'est pas composée d'un seul volume, on imbrique les diverses feuilles les unes sur les autres avec un recouvrement de 0^m,02 environ. On commence par la feuille du bas, que l'on arrête comme il

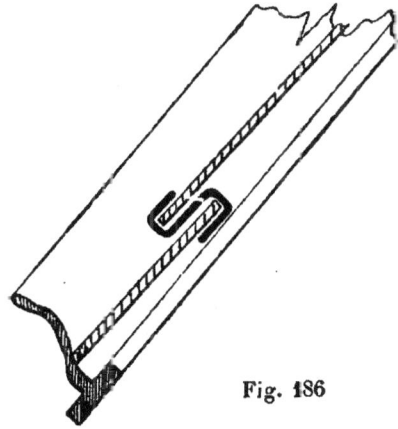

Fig. 186

a été dit, et on lui donne une hauteur en rapport avec les dimensions des verres que l'on a à sa disposition. Sa rive haute est taillée transversalement suivant une droite ou mieux suivant un léger cintre, à 0^m,02 de distance de la rive basse de la feuille précédente. Cette forme cintrée donne un ouvrage de meilleure apparence et, de plus, elle tend à ramener l'eau au milieu du verre, soit au-dessus, pour l'eau de pluie, ce qui tend à assécher les mastics, soit au-dessous, pour l'eau de condensation, ce qui permet de s'en débarrasser plus commodément.

Il faut empêcher les feuilles intermédiaires de couler suivant la pente, pour cela on les retient, l'une par l'autre, celle d'un rang après celle du rang immédiatement au-dessous, par une petite bande de zinc placée au milieu de la travée et que l'on replie à la main.

Cette bande a pour second avantage de maintenir un léger écartement entre les deux verres et d'empêcher l'eau de remonter par capillarité.

Souvent la capillarité s'exerce à l'endroit même de cette agrafe en zinc. On l'enlève alors dès que l'on suppose que le mastic est suffisamment pris.

L'air passe en petite quantité par le léger intervalle qui

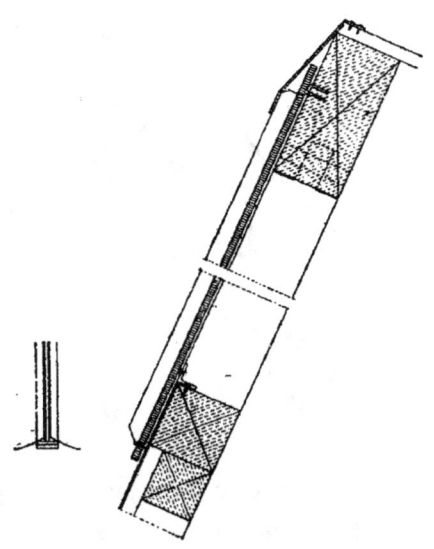

Fig. 187

existe entre les feuilles consécutives d'une même travée; mais au bout de peu de temps, les poussières qu'il entraîne se déposent dans le passage et interceptent la communication. Les recouvrements des verres sont toujours complètement noirs par suite de cette accumulation des poussières.

Le raccord des couvertures vitrées avec la charpente et les autres couvertures se fait de bien des manières.

La pose sur charpente en bois est très simple. On peut visser directement les petits fers à vitrages sur des pannes disposées à la demande ; pour cela, la tête du fer a son âme enlevée sur trois à quatre centimètres de long, et la table appuyée à plat sur le bois présente alors la surface nécessaire pour la pose des vis. La partie inférieure peut être directement vissée sur le bois si la saillie de la table sur l'âme est de largeur suffisante, sinon on fait l'assemblage comme l'indique la *fig.* 187 au moyen d'une équerre. Quant aux raccords avec la couverture, ils se font : en haut au moyen d'une bavette en plomb qui vient se rabattre sur le vitrage, et en bas en faisant remonter, sous le bas du vitrage, la rive supérieure de la couverture.

Lorsque la charpente est en fer, la partie vitrée fait elle-même partie de la charpente, avec laquelle elle est assemblée à vis ou à équerres, et les dispositions, très variables suivant les cas, sont du domaine de l'étude de la charpente.

Emploi de verres striés. Avantages. — L'emploi des verres à reliefs dont il a été fait mention plus haut, est véritablement avantageux dans bien des travaux de couverture. Son épaisseur, et par suite sa résistance, est beaucoup plus grande ; sa surface est bien plus considérable et limite le nombre des joints, en même temps qu'il permet d'écarter les petits fers. Enfin, dernier avantage très appréciable, le verre à relief et plus particulièrement le verre strié, a la propriété de diffuser la lumière d'une façon très égale et par suite de la régulariser, ce qui est très apprécié dans l'installation de nombreux ateliers industriels.

La face lisse de ces verres se place à l'extérieur, de telle sorte que les poussières ne sont pas retenues.

La pose des verres striés se fait, comme celle des verres ordinaires, à bain de mastic, en ayant soin de mettre le solin au dehors et de consolider la face interne au moyen d'un contre-mastiquage. Si le verre a une position voisine de la verticale, on noie dans le solin, quelques goupilles en fer s'appuyant sur le verre par l'intermédiaire de cales en bois.

Les verres striés sont particulièrement convenables pour garnir les pans d'éclairage des sheds. Comme la hauteur est limitée à 2 mètres au grand maximum dans la plupart des cas, on met les verres d'un seul morceau dans la hauteur, et on évite les joints intermédiaires ; la largeur des travées peut être double de ce qu'elle serait en verre ordinaire ; on peut la prendre égale de 0,60 à 0,80. La *fig.* 188 donne la vue de face d'une couverture

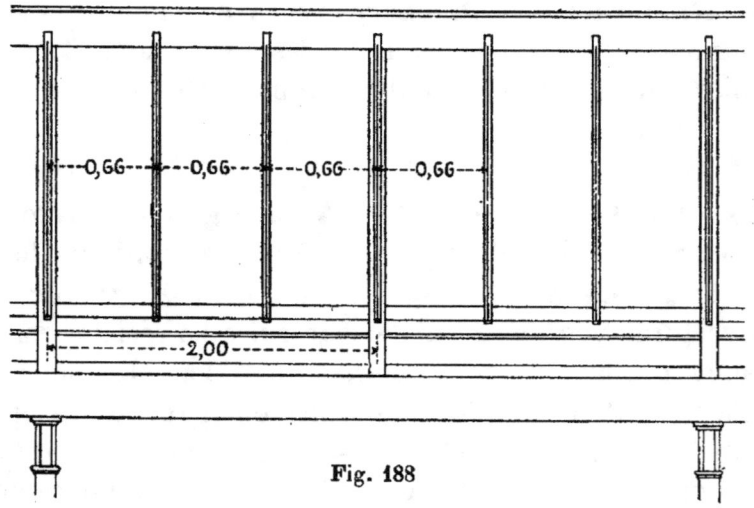

Fig. 188

en verre exécutée de la sorte dans un bâtiment de filature. Quant à la rive inférieure, elle vient en larmier dans le chéneau, ainsi que le montre la *fig.* 188, qui donne la coupe transversale de ce dernier. On voit également dans le même croquis la manière dont est recueillie l'eau de condensation qui se dépose sur la face intérieure des verres.

Le pan qui comprend le vitrage s'assemble sur une nervure venue de fonte en dedans du chéneau. On forme ainsi une rigole longitudinale recevant les buées recueillies par les vitres. Cette rigole communique de distance en distance avec le chéneau lui-même par des trous ménagés dans le fond de la rigole.

L'adoption des sheds ayant pour but la régularité dans l'éclairage des ateliers qu'ils recouvrent, le verre strié est tout indiqué aussi au point de vue de la diffusion et de la régularisation de la lumière.

La seule précaution à prendre est de supprimer le verre le long des maçonneries des pignons, car les vibrations les font souvent casser, sans qu'ils puissent résister. Dans le premier compartiment qui suit le mur, la feuille de verre est remplacée par une feuille de zinc de 0^m002 à 0,003 d'épaisseur.

Lorsqu'on doit établir une marquise ou une véranda

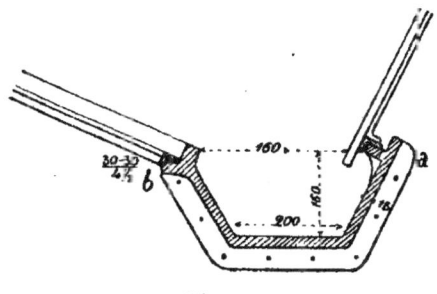

Fig. 189

d'une portée restreinte, $2^m,50$ à 2,70, et que l'on dispose d'une très faible hauteur, les verres striés rendent encore de très grands services en permettant de franchir sans joint cette largeur. Il en résulte que l'on peut se contenter de la plus faible pente, $0^m,10$ par mètre par exemple, comme dans la *fig.* 190. Il est bon dans ce cas de ménager au moyen d'un fer une feuillure le long de la façade du bâtiment pour arrêter convenablement le verre et le mastic, et de recouvrir le joint entre fer et mur par une bande en plomb doublée d'une bande de solin en zinc. — L'eau poussée par le vent ne risque plus alors de refluer sur le parement de maçonnerie.

Toutes les fois que des couvertures en verres sont dominées par des endroits habités, il est indispensable de les protéger des chocs au moyen de grillages. On dispose ceux-ci par panneaux mobiles, et ou les maintient

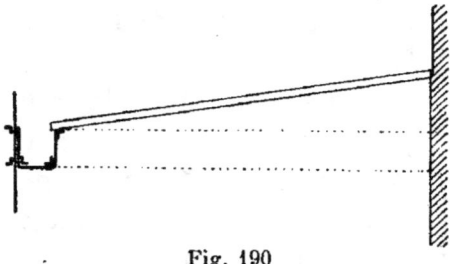

Fig. 190

soulevés, à environ 0^m,20 du verre, sur des pieds fixés sur le chevronnage et terminés par une fourchette appropriée.

Lorsqu'il s'agit de verres à reliefs, leur résistance étant plus grande, la protection du verre lui-même par un grillage peut dans certains cas être évitée ; mais il en est une autre indispensable à prendre pour le cas de marquises vé-

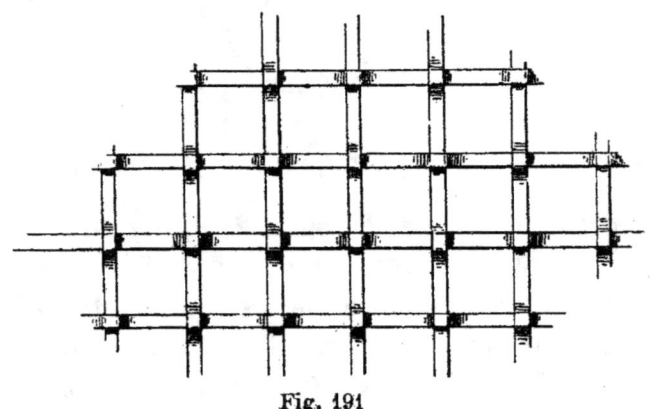

Fig. 191

randas, passages, etc., c'est celle de la circulation des personnes contre les éclats de ces gros verres en cas de bris.

On obtient une sécurité complète en posant en feuillure, avant le verre, un grillage solide pris dans le mastic et assez résistant pour supporter tous les éclats. On se sert ordinairement du grillage Rodes en cuivre, mailles de 0,03 à 0,04, fil carré ondulé sans torsion, représenté par la *fig.* 191.

125. Emploi des glaces brutes. — Les glaces brutes s'appliquent à la couverture dans les mêmes conditions que les verres striés, seulement la résistance est encore plus grande et les volumes plus importants. On pourra donc avec ce genre de matériaux avoir des pentes plus longues sans joints jusqu'à $3^m,50$ et $4^m,00$ et aussi avoir des largeurs plus grandes d'un fer à l'autre. Mais, sous ce rapport, on est obligé de limiter cette dimension par la difficulté d'établir un soutien de ces lourds morceaux en cas de bris. — Il est rare qu'en parties presque horizontales, on dépasse $0^m,80$ de largeur.

La résistance est telle que l'on supprime souvent le grillage supérieur et que l'on se contente d'un grillage inférieur syst. Rodes, approprié à la charge et à la portée.

La glace est flexible pour les grandes longueurs et a besoin d'être soutenue. Aussi, détermine-t-on les dimensions des fers en supposant qu'ils aient à porter la glace et la surcharge ; la glace est portée à raison de 25 kilogs par mètre carré, la surcharge peut être comptée à raison de 50 kilogs de neige par mètre carré avec en plus le poids d'un ouvrier pour les nettoyages.

Il est indispensable que les charpentes destinées à soutenir de grands volumes de glaces brutes ou de grandes longueurs soient parfaitement fixes et exemptes de vibrations, sans cela des ruptures auraient lieu et exigeraient le remplacement des vitrages.

Les glaces brutes se placent en feuillure sur une couche de mastic et, par-dessus, on les maintient par un fort solin en mastic. S'il peut y avoir une sous-pression, on s'oppose à son effet avec des goupilles en fer serrant sur cales en bois.

126. Condensation intérieure, précautions, vitrerie du système André. — Dans les locaux couverts en verre, le peu d'épaisseur de la matière détermine un fort refroidissement de la paroi par le contact de l'air et il en

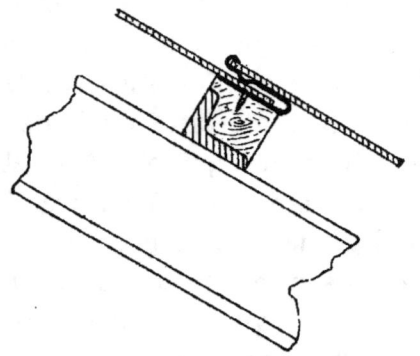

Fig. 192

résulte une condensation abondante surtout si le local couvert est naturellement humide. On a cherché à éviter que cette condensation puisse tomber dans les locaux couverts

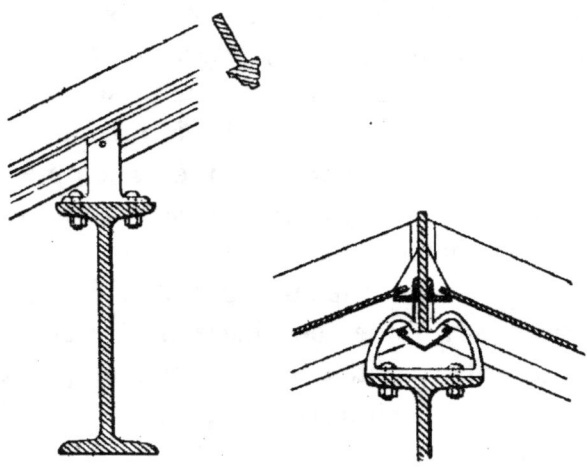

Fig. 193

on a voulu en même temps que l'eau du dehors ne puisse par capillarité traverser les poussières des joints transversaux et refluer à l'intérieur, on a déjà vu quelques dispositions étudiées dans ce but.

En voici quelques autres. Supposons que l'on écarte deux verres imbriqués à l'endroit de leur recouvrement et qu'on y introduise une tringle en zinc en forme d'agrafe qui ait toute la largeur du verre ; elle bouchera l'intervalle produit. Au moyen d'un léger relief, on écarte assez les deux verres pour que les poussières ne puissent remplir l'intervalle, enfin la buée qui coulera sous l'un des verres s'amassera au milieu en raison de sa forme cintrée, et pourra trouver un trou d'écoulement dans le zinc.

On a inventé bien des formes de tringles qui remplissent le même but, elles sont toutes basées sur le principe de la *fig*. 192.

Une disposition très ingénieuse est due à M. O. André constructeur à Neuilly ; elle a pour but de recueillir la buée et d'empêcher qu'elle ne goutte dans les locaux couverts.

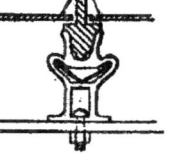

Fig. 194

Les travées de vitrage sont composées de verres striés ; seulement, les stries ne sont pas dirigées transversalement ou longitudinalement ; elles sont inclinées à 45°.

Les gouttes de buée les suivent et s'accumulent sur les fers à vitrage de deux en deux, où on les recueille. Les *fig*. 188 et 189 donnent la disposition que M. André donne aux fers à vitrage pour qu'ils puissent supporter par-dessous, longitudinalement et sans arrêt de petites gouttières en zinc ou en fer qui ramassent les condensations et les conduisent en dehors.

CHAPITRE VI

COUVERTURES MÉTALLIQUES

§ 1. — *Couvertures en feuilles de zinc.*
§ 2. — *Couvertures en zinc des bandeaux et corniches.*
§ 3. — *Feuilles réduites, ardoises et tuiles métalliques.*
§ 4. — *Couvertures en feuilles métalliques ondulées.*
§ 5. — *Couverture en cuivre.*
§ 6. — *Couverture en plomb.*

SOMMAIRE

§ 1. — *Couvertures en feuilles de zinc.* — 127. Propriétés physiques du zinc. — 128. Propriétés chimiques. — 129. Dimensions et poids des feuilles de zinc du commerce. — 130. Détermination pratique de l'épaisseur de feuilles de zinc. — 131. Des outils employés dans le travail du zinc. — 132. Coupement d'une feuille de zinc. Pli d'équerre. — 133. Bord plat — pince plate. — 134. Faire un ourlet sur zinc — border une rive. — 135. Manière de faire une soudure. — 136. Soudure au bain-Marie. — 137. Surfaces à recouvrir de zinc. Voligeage. — 138. Disposition des feuilles de zinc dans la couverture ordinaire. — 139. Disposition de faîtages. 140. Faîtages chemins. — 141. Faîtages moulurés. — 142. Faîtages avec ornements en zinc estampé. — 143. Disposition de la rive d'égout. — 144. Couverture système Fontaine. — 145. Disposition des arêtiers. — 146. Arêtiers ornés. — 147. Disposition des châssis d'éclairage et raccords avec la couverture en zinc. — 148. Couverture en zinc à ressauts pour faibles pentes. — 149. Rive latérale, couverture d'un pignon. Bande à cheval. — 150. Amortissement d'une couverture en zinc le long d'une paroi verticale. Bandes de solins. — 151. Couverutre des combles à la Mansard. Disposition du bris. Membrons à larmier. — 152. Membron à bourseau. — 153. Membrons ornés. — 154. Disposition des noues. — 155. Chattières en zinc. — 156. Pentes des couvertures en zinc. — 157. Couverture en zinc d'une souche de cheminées. — 158. Zinc plombaginé. — 159. Cours commercial des zincs laminés. — 160. Bases de la détermination du prix des ouvrages en zinc. — 161. Sous détail du prix de façon. — 162. Valeur de la fourniture en réglement et au cours d'un mètre superficiel de zinc. — 163. Prix moyens du mètre superficiel de couverture.

§ 2. — *Couverture en zinc des bandeaux et corniches.* — 164. Couverture des bandeaux et corniches. Cas où l'on doit les couvrir. — 165. Couverture d'un bandeau. Bande d'agrafe et bande de recouvrement. — 166. Joints par bout. Bandes agrafées — bandes à coulisseaux. — 167. Raccord avec la bavette d'appui d'une fenêtre. — 168. Angles saillants et rentrants. — 169. Bandeaux plus étroits que 0,16. — 170. Corniches et entablements plus larges que 0,16. — 171. Bandes de recouvrement. Tableaux.

§ 3. — *Feuilles réduites. Ardoises et tuiles métalliques.* — 173. — Ardoises métalliques. — 174. Ardoises losangées en zinc de la Vieille Montagne. — 175. Mode d'attache de ces ardoises. — 176. Pente de la couverture en ardoises losangées. — 177. Bandes de rives. — 178. Faîtages et arêtiers. — 170 Estampille. — 180. Ardoises estampées ornées. — 181. Ardoises métalliques systèmes Menant et Duprat. — 182. Ardoises de Montataire. Forme dimensions, mode d'attache. — 183. Pente nécessaire. — 184. Disposition des faîtages. — 185. Prix des ardoises de Montataire et de leurs accessoires. — 186. Tuiles en fonte.

§ 4. — *Couvertures en feuilles métalliques ondulées.* — 187. Emploi des feuilles métalliques ondulées. Tôle ondulée. — 188. Divers modèles de tôles ondulées. Grandes et petites ondes. — 189. Tôle nervée galvanisée. — 190. Tableau des poids des tôles ondulées galvanisées les plus employées en couverture. — 191. Emploi des tôles ondulées sur charpente en bois. — 192. Assemblages sur combles en fer. — 193. Disposition des faîtages. — 194. Prix des tôles ondulées. — 175. Zinc ondulé dit cannelé. Mode d'attache. — 196. Pente poids et prix. — 197. Feuilles de zinc à doubles nervures. Mode d'attache. — 198. Disposition du faîtage. — 199. Organisation de la rive d'égout. — 200. Disposition des ruellées. — 201. Raccord contre une paroi verticale ; bande de solin.

§ 5. — *Couverture en cuivre.* — 202. Propriétés physiques du cuivre. — 203. Propriétés chimiques. — 204. Emploi du cuivre dans la couverture — 205. Couverture de la cathédrale de Saint-Denis. — 206. Couverture en cuivre avec couvrejoints et tasseaux. 207. Couverture de l'Eglise Saint-Vincent de Paul à Paris.

§ 6. — *Couverture en plomb.* — 208. Propriétés physiques du plomb. — 209. Propriétés chimiques. — 210. Fusion du plomb, fabrication des tables. — 211. Comparaison du plomb et du zinc. — 212. Poids du plomb en feuilles. — 213. De la soudure sur plomb. — 214. Principes de la couverture en plomb. 215. Couverture de Notre-Dame de Paris. — 216. Couverture en plomb de la cathédrale de Clermont-Ferrand. — 217. Couverture du dôme des Invalides. 218. Couverture du dôme de la cathédrale de Marseille. — 219. Couverture d'une terrasse en plomb. — 220. Couverture en plomb d'un balcon en pierre tendre. — 221. Couverture en ardoises de plomb.

CHAPITRE VI

COUVERTURES MÉTALLIQUES

§ 1. — COUVERTURES EN FEUILLES DE ZINC

127. Propriétés physiques du zinc. — Le zinc est un métal d'une valeur commerciale relativement faible, qui jouit à température convenable, de 100 à 150°, d'une malléabilité assez grande pour se laisser facilement laminer à faible épaisseur.

Il possède, en outre, une seconde propriété importante, celle de ne s'oxyder qu'à la surface sous l'influence des agents atmosphériques ordinaires, et la première couche d'oxyde formée arrête l'action chimique et préserve le reste du métal.

Ces deux propriétés le rendent très convenable à la couverture des bâtiments. L'application du zinc aux toitures remonte d'une façon courante à une soixantaine d'années; jusque-là il n'y avait eu que des essais isolés. Son usage n'est devenu fréquent que lorsque la fabrication du zinc laminé, s'améliorant d'une façon remarquable, a pu donner au commerce un produit uniforme, exempt des premiers défauts, et sur la durée et la résistance duquel on pût compter. Aussi, de nos jours, toutes les fois que dans un bâtiment on n'a à redouter d'autre action chimique que celle des agents atmosphériques, peut-on sans crainte adopter la couverture en zinc.

En ménageant aux pans ainsi recouverts une pente convenable, en ne limitant pas trop l'épaisseur de la feuille métallique, en suivant les préceptes d'un emploi raisonné en rapport avec les propriétés du métal, on obtient une des couvertures les meilleures et les plus durables. Elle est facile à maintenir en état constant de propreté et elle permet au besoin, l'oxyde de zinc étant insoluble dans l'eau chimiquement pure, de recueillir sans aucun danger les eaux pluviales pour les usages domestiques.

Elle présente aussi l'avantage d'une grande légèreté et n'exige qu'un développement de charpente aussi réduit que possible en même temps que les dimensions de bois les plus restreintes.

Densité du zinc. — Ténacité. — Le zinc laminé a une densité d'environ 7,000. Le mètre cube de zinc simplement fondu ne pèse que 6860 kilogrammes ; le laminage a donc rapproché et serré les molécules. Avec cette densité il est plus léger que le plomb à épaisseur égale dans le rapport de 11 à 7.

Il est en même temps quatre fois plus tenace que ce dernier métal. Un fil de zinc de 1 millimètre carré de section ne se rompt que sous une charge de 4 kilogrammes.

Action de la chaleur. — Cassant facilement à la température ordinaire le zinc devient malléable de 100 à 150° ; sa malléabilité, s'affaiblit jusqu'à 200°, température au-delà de laquelle il redevient cassant. Ce métal ne peut supporter une température élevée ; il fond vers 450°. Chauffé au rouge et mis alors au contact de l'air, il s'enflamme et brûle avec une flamme très éclairante en répandant d'abondantes fumées blanches floconneuses d'oxyde de zinc.

Dilatabilité du zinc. — D'après Jamain (*Physique II*, page 13) :

Le coefficient de dilatation du fer est	. . . . .	0 000 012 5
—	— du cuivre	0 000 017 0
—	— du plomb . . , . . .	0 000 028 6
—	— du zinc	0 000 031 1

Le zinc est donc le plus dilatable de tous ces métaux ; c'est ce qui explique qu'une feuille de zinc fixée sur tout son périmètre, et exposée aux variations atmosphériques de température, se gondole irrégulièrement d'une façon remarquable, et d'autant plus que la surface de la feuille est plus considérable. C'est ce que l'on observe quand on veut couvrir une terrasse avec des feuilles de zinc soudées ensemble ; au bout de peu de temps, les dilatations contrariées produisent des godes et des flâches où l'eau stationne ; ou bien, par le froid, le métal se contracte au point de se déchirer par places et il en résulte des infiltrations d'eau à l'intérieur.

Dans l'étude des applications du zinc à la couverture, il y a constamment à se préoccuper de prévoir les effets de la dilatation, et à prendre les dispositions nécessaires pour éviter les inconvénients fâcheux qui peuvent en résulter. Le principe de l'emploi du zinc consiste à restreindre les surfaces des feuilles et à laisser pour chacune d'elles la dilatation facile et libre dans tous les sens.

128. Propriétés chimiques. — Les acides et les vapeurs acides attaquent facilement le zinc ; les alcalis eux-mêmes ont une action énergique sur lui ; il faut donc éviter son emploi dans les constructions industrielles où se rencontreraient des émanations ou des poussières acides ou basiques. Il y a à redouter également le contact du chlore soit gazeux soit en dissolution.

Le plâtre sec n'a pas d'action sur le zinc, mais lorsqu'il est humide il le corrode d'une façon sensible. Aussi prend-on la précaution, lorsqu'on doit étendre du zinc sur un enduit ou sur une pente en plâtre, d'interposer partout une feuille de papier goudron qui isole complètement les deux substances.

Le contact d'autres métaux et notamment du fer, sous l'influence de l'humidité, détermine une attaque plus complète du zinc par les agents atmosphériques. Peut-être est-elle due à l'influence d'un courant électrique provoqué par la liaison des deux métaux? Au sec, l'action est nulle, c'est ce qui explique le bon usage que donne l'emploi des pièces en fer galvanisé, tant qu'elles sont en bon état et que le fer est protégé. Mais dès que le fer peut commencer à se rouiller, l'oxydation est accélérée par la présence du zinc.

129. Dimensions et poids des feuilles de zinc du commerce. — Les diverses usines qui fabriquent le zinc laminé, et parmi lesquelles il faut citer en première ligne celles de la Société dite « *de la Vieille-Montagne* », ont adopté les mêmes épaisseurs, dénominations et dimensions des feuilles qu'elles livrent au commerce, et qui sont devenues usuelles dans tous les pays. Ces renseignements sont consignés dans le tableau suivant :

Numéro du zinc	Epaisseur approximative en millimètres		Poids moyen approximatif d'une feuille des dimensions suivantes					Poids moyen approximatif du mètre carré		Observations
			pour toitures et autres emplois			pour doublages de navires				
			2m × 0m80	2m × 0m65	2m × 0m50	1m30 × 0m40	1m15 × 0m35			
1	0,05		» »	» »	» »	» »	» »	0,350		
2	0,10		» »	» »	» »	» »	» »	0,700		
3	0,15		» »	» »	» »	» »	» »	1,050	Progression, 0 kil. 350	
4	0,20	Progression, 0 mill. 05	» »	» »	» »	» »	» »	1,400		
5	0,25		» »	» »	» »	» »	» »	1,750		
6	0,30		3k 350	2k 700	2k 100	» »	» »	2,100		
7	0,35		3 900	3 150	2 450	» »	» »	2,450	Progression, 0kil.560	
8	0,40		4 450	3 600	2 800	» »	» »	2,800		
9	0,45		5 000	4 100	3 150	» »	» »	3,150		
10	0,50		5 600	4 550	3 500	» »	» »	3,500		
11	0,58	Progr. 0 mill. 08	6 500	5 250	4 050	» »	» »	4,060		Numéros employés dans la couverture des bâtiments
12	0,66		7 400	6 000	4 600	» »	» »	4,620		
13	0,74		8 300	6 750	5 200	» »	» »	5,180		
14	0,82		9 200	7 450	5 750	3k 000	2k 300	5,740	Progr. 0kil.910	
15	0,95	Progr. 0 mill. 13	10 650	8 650	6 650	3 450	2 650	6,650		
16	1,08		12 100	9 800	7 550	3 950	3 000	7,560		
17	1,21		13 550	11 000	8 450	4 400	3 400	8,470		
18	1,34	Progr. 0 mill. 13	15 000	12 200	9 400	4 850	3 750	9,380		
19	1,47		16 450	13 350	10 300	5 350	4 150	10,290		
20	1,60		17 900	14 550	11 200	5 800	4 500	11,200		
21	1,78		19 900	16 200	12 450	6 450	5 000	12,460	Progr. 1kil. 260	
22	1,96	Progr. 0 mill. 18	21 900	17 800	13 700	7 150	5 500	13,720		
23	2,14		23 900	19 500	15 000	7 800	6 000	14,980		
24	2,32		26 000	21 100	16 250	8 450	6 550	16,240		
25	2,50		28 000	22 700	17 500	9 100	7 000	17,500		
26	2,68		30 000	24 400	18 750	9 750	7 550	18,760		
Surface de chaque feuille dans ses diverses dimensions			1m60	1m30	1m00	0m52	0m4020			

Ce tableau donne les numéros par lesquels on désigne chaque épaisseur commerciale, l'épaisseur approximative en millimètres du métal, le poids moyen approximatif d'une feuille et le poids moyen approximatif du mètre carré.

Du n° 1 au n° 8 les épaisseurs ne correspondent à aucune utilisation pratique ; on les obtient au laminoir, cependant, mais à titre de simple curiosité.

Les numéros 9, 10 et 11 ont leur principale application dans les papeteries où elles sont employées pour le satinage des feuilles de papier.

Les n°s 11 et 12 sont employés en couverture pour recouvrir les bâtiments provisoires ou économiques, construits sans esprit de durée, et aussi pour la confection des gouttières et des tuyaux de descente du commerce.

Les n°s 14 et 16 sont employés couramment en couverture ; ils donnent d'excellents résultats et forment des ouvrages d'un entretien presque nul et d'une durée très grande, le n° 16 ayant bien entendu une grande supériorité sur le n° 14.

Avec le zinc n° 16 on fait d'ordinaire les fonds de chéneaux, les noues, les chemins de faîtage et en général les parties de couverture qui ont à fatiguer sous la circulation des ouvriers.

Les n°s supérieurs au n° 16 ne servent plus d'ordinaire en couverture, ils ont diverses destinations qui sortent du cadre de cet ouvrage.

130. Détermination pratique de l'épaisseur des feuilles de zinc. — Chaque feuille de zinc porte à l'un de ses angles la marque de fabrique de l'usine qui l'a produite ainsi que le n° d'ordre correspondant au tableau qui précède.

La marque de fabrique représentée en grandeur naturelle par la *fig*. 195 est celle de la Société de la Vieille-

DÉTERMINATION PRATIQUE DE L'ÉPAISSEUR DES FEUILLES DE ZINC 215

Montagne. Elle est poinçonnée en creux à l'angle d'une feuille et donne le n° correspondant à l'épaisseur du zinc. La feuille portant l'estampille en question a donc été fabriquée à l'usine de Bray, appartenant à la société qui vient d'être citée, elle est du n° 14, ce qui indique que son épaisseur, d'après le tableau précédent, est de $0^m 000,82$, que son poids par mètre superficiel est de $5^k,75$, que la feuille de 0,80 pèse $9^k,200$, que celle de 0,65 pèse $7^k 450$ et enfin celle de 0,50, $5^k 750$.

Les autres sociétés et usines ont des marques semblables.

Fig. 195

La fabrication mathématiquement exacte étant impossible, on doit admettre une tolérance dans le poids de chaque feuille et cette tolérance va jusqu'à $0^k,250$ en dessous du poids indiqué pour chaque feuille.

Lorsque la feuille ou partie de feuille dont on veut avoir l'épaisseur ne porte pas l'estampille en évidence, ou bien lorsqu'on veut contrôler le numéro de l'estampille de l'usine, on se sert avec avantage du compas d'épaisseur

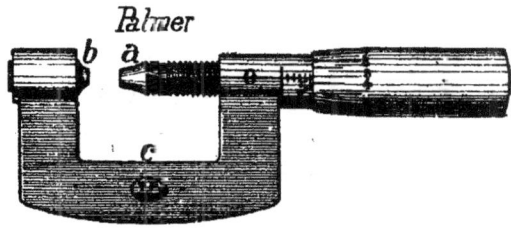

Fig. 196

bien connu sous le nom de *Palmer* et qui est représenté dans la *fig.* 196.

Il se compose :

1° d'une vis a dont le pas est exactement calibré à un

millimètre et qui est fixée à un manche en forme d'étui ou de fourreau.

2° d'un écrou *c*, en forme de U dont un appendice prolongé se continue d'environ 25 millimètres dans l'espace annulaire vide situé entre la vis et son manche.

L'extrémité *a* de la vis peut venir buter contre le taquet *b* de l'écrou. Si on tourne la vis on écarte les deux contacts *a* et *b* d'autant de millimètres que la vis a fait de tours, et le nombre de tours est indiqué par autant de divisions, découvertes par le manche, d'une échelle tracée sur l'appendice qu'il recouvre. Le manche lui-même, divisé en 20 parties, forme vernier et indique à un vingtième près les fractions de millimètre.

Les feuilles métalliques dont on veut mesurer l'épaisseur sont donc présentées entre les contacts *a* et *b* et on les y serre légèrement, en tournant la vis dans le sens convenable. On lit alors sur l'instrument le nombre cherché. Il faut avoir soin, dans cette opération, de prendre l'épaisseur en plusieurs points de la feuille pour ne pas se laisser tromper par un défaut local de laminage.

Un autre moyen de contrôler les feuilles de zinc est de prendre le poids d'une feuille par une moyenne en pesant ensemble de 6 à 10 feuilles semblables, et de comparer le résultat avec les chiffres du tableau.

Dans les travaux de bâtiment, il est bon de peser exactement tous les zincs reçus aux chantiers; on en déduit le chiffre exact moyen et par suite le poids exact du zinc employé, d'après la surface développée des ouvrages, et cela pour chaque numéro de zinc.

131. Des outils employés dans le travail du zinc. — L'ouvrier zingueur, pour façonner un ouvrage quelconque de *zingage*, doit avoir avec lui tout un matériel d'outils qui vont être sommairement passés en revue.

Etabli. — Le premier outil indispensable est l'*établi* qui lui permet de poser et d'étaler, à hauteur convenable pour le travail, les feuilles de zinc qu'il doit préparer. L'établi est une planche en chêne d'environ 0^m,28 de largeur, 2^m,20 de long et 0^m,05 d'épaisseur. Il est représenté sur toutes ses faces dans les croquis de la *fig.* 197.

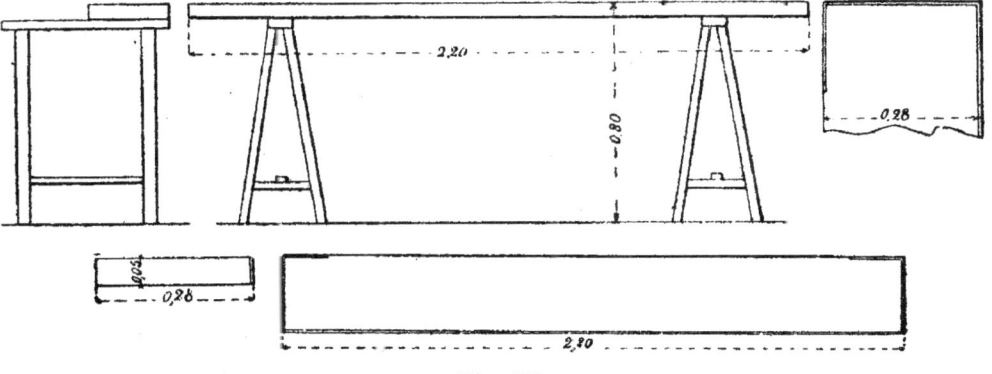

Fig. 197

La planche en question est armée sur ses deux rives et de 3 côtés par une bandelette de fer de 0,045 à 0,065 de largeur et de 0^m,011 d'épaisseur, à arêtes vives et fixée par de fortes vis. Cette planche est portée sur deux trétaux de 0^m,60 de longueur et d'une hauteur telle que la face supérieure de la planche se nivelle à 0^m,75 environ au-dessus du sol.

Lorsque l'ouvrier zingueur veut une table plus large que sa planche, l'excédent des trétaux permet de l'élargir au moyen de l'adjonction de quelques voliges.

Règle en fer. — Les règles de couvreur ont en général 2^m,20 de longueur, *fig.* 198. Elles sont faites d'une barre

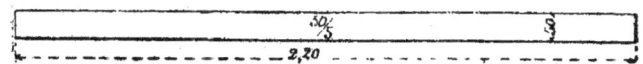

Fig. 198

de fer bien dressée de 0,050 sur 0,005. Ce sont les plus employées. Ils en ont souvent d'autres plus petites pour les ouvrages qui ne demandent pas l'emploi de feuilles entières.

Compas. — Un compas en fer, à branches mobiles et à pointes aciérées d'environ 0^m,30 de longueur, sert à prendre les mesures et à les reporter sur les feuilles de zinc pour y tracer les formes des coupes.

Griffe. — La griffe est un des outils les plus utiles au zingueur ; elle est représentée dans la *fig.* 199. C'est une pointe effilée et aciérée, recourbée d'équerre sur le manche, elle sert à tracer des lignes sur le zinc et surtout à le couper. On guide le mouvement de la griffe au moyen des règles toutes les fois que les lignes de tracés ou de coupes sont un peu longues.

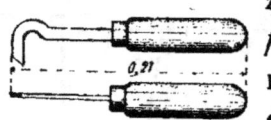

Fig. 199

Cisailles droites et courbes. — La *fig.* 200 montre à droite ce que l'on nomme une *cisaille droite* ; c'est une paire de

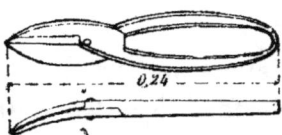 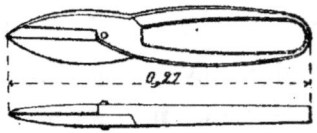

Fig. 200

ciseaux à fortes mâchoires destinée à couper de petites parties de zinc en ligne droite, à faire des entailles et des encoches de toutes formes.

A gauche la même *fig.* montre d'autres cisailles dont les mâchoires sont courbes en plan, ce qui est plus commode dans bien des circonstances, notamment lorsque les coupes ou entailles doivent elles-mêmes être courbes.

Tringles en fer. — Le zingueur a besoin de plusieurs tringles en fer, munies de poignées de 2^m,20 de longueur et

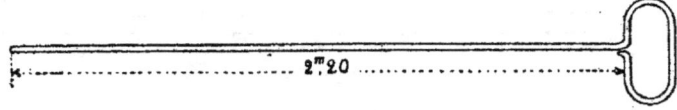

Fig. 201

de diamètres variant de 0,011 à 0,018. Elles lui servent à *border* le zinc et à produire les *ourlets* ou *bourrelets*.

Batte. — Pour le même usage il doit être muni d'une batte, outil représenté par la *fig.* 202; c'est une sorte de marteau en bois dur de 0^m,35 de longueur, fait d'un seul morceau. Il présente une panne plate de cinq à six centimètres de largeur et un manche rond bien en main.

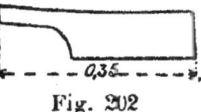

Fig. 202

Boursault. — La *fig.* 203 représente une batte d'un autre genre qui est d'un usage constant et qui se nomme un *boursault*; formée comme la précédente d'un seul morceau de bois très dur, elle n'en diffère que par la panne qui a diminué de largeur jusqu'à devenir une simple arête arrondie comme le montre en dessous la vue en bout.

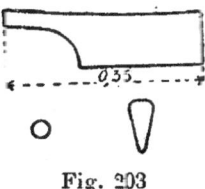

Fig. 203

Règle en feuillard. — Les zingueurs ont dans leur matériel une règle en feuillard de 30 millimètres de largeur, 2 millimètres d'épaisseur et d'une longueur en rapport avec les ouvrages à exécuter. Elle leur sert à faire des pinces plates.

Marteaux. — Les couvreurs se servent d'un grand et d'un petit marteau. Ces outils sont représentés *fig.* 204 et 205. Le grand marteau, de 0,32 de long, leur sert à vo-

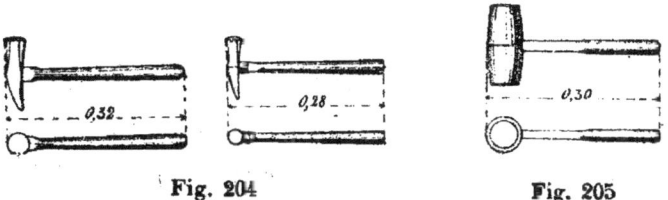

Fig. 204 Fig. 205

liger et à tasseauter; le petit est préférablement employé pour pistonner, pour enfoncer les clous à lattes, rabattre les collets et exécuter tous les menus ouvrages analogues.

Maillet. — Le maillet en bois dur est employé pour détirer les collets, relever les reliefs cintrés ou sur tuyaux pour faire les cintres difficultueux; c'est une petite masse de bois très dur, cylindrique, avec panne réduite de diamètre et reliée à un manche perpendiculaire. Sa longueur totale est de 0^m,30.

Equerres. — Pour les tracés des différentes coupes sur zinc ou des ouvrages sur lesquels on doit appliquer les feuilles, les ouvriers ont à leur disposition diverses équerres en fer, à angle vif à l'intérieur aussi bien qu'à l'extérieur. Entre autres ils en ont une grande de 0^m,80 de longueur de branches qui est exécutée, en fer plat de 0,050 sur 0,005.

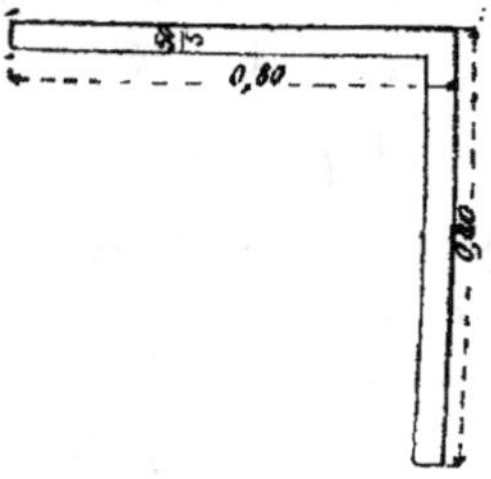

Fig. 206

Sciottes. — La sciotte est un morceau de lame de scie monté sur bois, servant à faire les entailles linéaires dans les enduits en plâtre ou dans la pierre tendre, pour y engraver les feuilles de zinc.

Décintroir. — Dans le plâtre on fait le plus souvent les engravures au décintroir; c'est une sorte de hachette de maçon à deux tranchants, l'un paralèle au manche, l'autre se présentant dans le sens perpendiculaire.

Autres outils de maçon. — Il faut encore au zingueur une *augette* et une *truelle* pour gâcher le mortier qui lui est nécessaire pour faire les scellements, calfeutrements, solins, etc., une *truelle brettelée* pour les raccords d'enduits, un *riflard* pour raccord de moulures et ouvrages divers.

Outils de serrurier. — Parmi les outils de serrurier qui sont indispensables au couvreur, il faut compter :

Un *villebrequin* et des *mèches* pour tamponner dans la pierre les bandes d'agrafe.

Un *burin* et un *ciseau* pour préparer dans les murs les scellements de colliers des tuyaux de descente.

Une *pointe carrée* et un *tournevis* pour visser les couvre-joints de faîtage et d'arêtier.

Un *chasse-clou*.

Une paire de *pinces plates* pour rabattre les onglets et tenir les petits morceaux, des *tenailles*, etc.

Grattcir. — Le grattoir est un outil représenté dans la *fig.* 207. Il est formé d'une lame arrondie en acier, coupante sur les deux tiers de sa circonférence. Elle est soudée à une tige perpendiculaire à son plan et est emmanchée en bois. Le grattoir sert pour

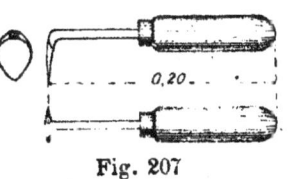
Fig. 207

préparer les soudures sur plomb et sur zinc, découper et amincir les surfaces.

Pesette. — La pesette est une petite pelle en bois représentée en élévation et en vue de côté dans la *fig.* 208; elle sert à appuyer les surfaces en contact pendant la prise des soudures.

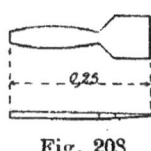
Fig. 208

Lime et rape. — Les limes et rapes des zingueurs ont la forme ordinaire que représente la *fig.* 209; elles ont $0^m,40$ à $0^m,45$ de long. Ils emploient la lime pour égaliser les soudures d'onglet; la rape pour le bois ou pour affleurer les grosses soudures. C'est avec la rape qu'on redresse les

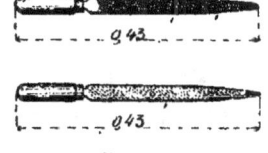
Fig. 209

boursaults déformés par l'usure; c'est avec la lime qu'on décape les fers trop chauffés.

Fer à souder le zinc. — Le fer à souder le zinc consiste en une masse de cuivre rouge de la forme indiquée par la *fig.* 210, amincie en arête à son extrémité fixée, d'équerre

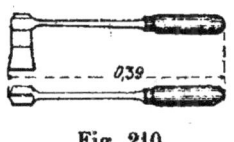

Fig. 210

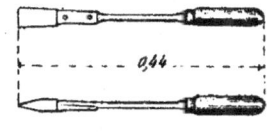
Fig. 211

à une longue tige de fer avec manche en bois. Il sert pour exécuter toutes les soudures aux points où l'on accède facilement. Dans les endroits d'un abord plus difficile, on emploie fréquemment les *fers droits fig.* 211, dont la masse de cuivre est placée en prolongement du manche. Les soudures des fonds de réservoirs, celles des angles rentrants sont plus facilement exécutées avec cet outil.

Pinceau, godet, esprit de sel. — Pour décaper les rives ou les surfaces métalliques que l'on doit souder, on se sert d'acide chlorhydrique, que les ouvriers nomment *esprit de sel* ; on le verse, au moment de s'en servir, dans un godet en plomb, de forme inversable, dont la coupe de la *fig.* 213 donne le profil ; c'est avec un petit pinceau qu'on prend l'acide pour l'étendre sur les surfaces à décaper. Son rôle est de dissoudre les oxydes qui se sont formés sur la paroi métallique.

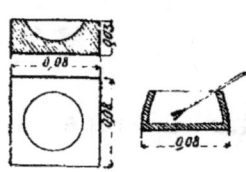

Fig. 212 et 213

Sel ammoniac. — Les fers en cuivre décrits précédemment, et qui servent à souder les feuilles de zinc, doivent d'être étamés à chaque chauffe ; on les décape d'abord fortement à la lime au commencement d'une mise en train et on recommence cette opération toutes les demi-heures environ, pendant la durée du travail, ou toutes les fois qu'on les aura trop chauffés. Dans l'intervalle de deux décapages à la lime ils subissent plusieurs chaudes : chaque fois qu'ils sortent du feu, on frotte leur extrémité utile sur du sel ammoniac fondu dans un bloc de soudure *fig.* 212 et immédiatement après sur la soudure du bloc. Le sel ammoniac décape et la soudure étame le cuivre.

Soudure. — L'alliage qui sert à souder le zinc et qui est connu sous le nom de *soudure* est composée de deux tiers de plomb et de un tiers d'étain. Indépendamment du bloc qui vient d'être décrit, le zingueur a des baguettes minces de soudure qu'il fond et étend avec son fer étamé.

Fourneau et soufflet. — Tout le monde a vu les fourneaux des couvreurs ; ce sont de simples marmites montées sur trois pieds et munies d'un couvercle hermétique. Le combustible qu'on y brûle est le charbon de bois.

On produit l'allumage et on y active la combustion au moyen d'un gros soufflet, les fers chauffent au milieu du feu.

Tels sont les principaux outils des ouvriers zingueurs, nous allons maintenant détailler les diverses opérations que peut subir une feuille de zinc.

132. Coupement d'une feuille de zinc. Pli d'équerre. Coupement. — Après avoir bien pris au compas les dimensions du morceau de zinc qu'il s'agit de découper dans la feuille posée sur l'établi, on les porte sur cette feuille et on trace les contours suivant lesquels elle doit être coupée. Ce tracé se fait soit au cordeau avec du rouge, soit à la règle et un crayon rouge, soit au trait gravé à la griffe. On pose ensuite la règle successivement le long des parties droites du contour, et, la maintenant avec fermeté, on fait glisser la griffe le long de son bord en appuyant et tirant à soi ; à chaque passage de l'outil, on enlève un copeau et en trois ou quatre traînées on a tracé un sillon creux de presque toute l'épaisseur du métal ; en pliant ce dernier une ou deux fois sur lui-même suivant le trait, on achève de le détacher.

Pour les petites parties droites ou courbes, on les tranche directement à la main au moyen des cisailles dont il a été parlé ci dessus et dont le maniement est facile à comprendre.

Plier d'équerre une feuille de zinc. — On commence par tracer sur la feuille le trait suivant lequel le pli doit être formé. On amène ce trait à coïncider avec l'arête vive en fer de l'établi ; puis au moyen de la batte, en frappant convenablement et successivement sur la partie qui dépasse l'arête, on la rabat progressivement et on arrive à l'appliquer contre la tranche verticale de l'établi. Avec un peu d'habitude on obtient facilement une arête d'une rectitude absolue.

Lorsqu'on doit faire l'opération sur des feuilles un peu aigres et qui tendent à se fissurer dans le pli, on facilite la façon et on évite les gerces en chauffant légèrement la feuille au-dessus du fourneau. En élevant la température, on augmente la malléabilité.

133. Bord plat, ou pince plate. — Les rives des feuilles de zinc qui restent abandonnées à elles-mêmes sont ordinairement repliées sur une largeur de $0^m \cdot 02$ à $0,04$. — Celles qui doivent se jonctionner sont agrafées de la même façon au moyen de deux plis semblables renversés. Un bord replié ainsi prend le nom de *bord plat* ou de *pince plate*. Pour produire ce pli, on commence par tracer au moyen d'un trait de cordeau la largeur de bande correspondant au bord plat, puis on amène cette ligne à coïncider avec l'arête vive de la table. On rabat la bande d'équerre comme il est dit ci-dessus et on retourne la feuille. On pose le long du pli la règle de feuillard et avec la batte on rabat le pli régulièrement sur le feuillard. Il faut éviter d'aplatir trop la pince plate, ce qui pourrait produire une cassure. C'est pour cette raison qu'en circulant sur les toitures en zinc il faut toujours éviter de marcher sur les plis. — Lorsqu'en formant la pince plate on sent que le zinc devient cassant, on le chauffe légèrement au-dessus du fourneau avant d'achever le travail.

Coupe d'une pince plate
Fig. 214

134. Faire un ourlet sur rive, autrement dit border la rive d'une feuille de zinc. — Dans la plupart des ouvrages en zinc on a besoin d'arrondir une rive comme l'indique la *fig*. 215. Cette forme a pour but soit de donner plus de raideur à un bord libre, soit pour éviter que le bord libre ne soit coupant, soit pour pouvoir l'agrafer avec une autre feuille.

Les diamètres extérieurs des ourlets ainsi formés varient suivant les cas de 0,013 à 0,020. Pour les façonner, on commence par tracer sur la feuille, parallèlement au bord, une ligne émargeant une bande dont la largeur correspond au développement de l'ourlet que l'on veut produire. On pose le trait ainsi obtenu sur l'arête de fer de l'établi et, en frappant convenablement avec la batte, on plie d'équerre la bande mesurée.

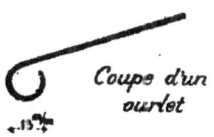

Coupe d'un ourlet

Fig. 215

On retourne ensuite la feuille sur l'établi; on met dans le pli la tringle de diamètre approprié, et on rabat grossièrement avec la batte ; on termine l'opération au boursault, la batte tenant coup ; enfin on retire la tringle par le bout.

135. Manière de faire une soudure. — Quoiqu'on ait pris comme principe d'agrafer les différentes feuilles de zinc qui forment les couvertures, on a néanmoins très souvent besoin de souder ensemble deux pièces différentes ou deux parties d'une même pièce. Pour faire cette soudure, on présente les deux surfaces à souder dans la position qu'elle doivent garder indéfiniment ; avec le pinceau, on passe l'esprit de sel en ayant bien soin qu'il attaque partout où doit prendre la soudure, on étame le fer et on fait fondre au bout du fer chaud une goutte de soudure qui y reste suspendue. On fixe un point d'abord, puis un second de la ligne à souder, c'est ce qui s'appelle *pointer la pièce*. En effet, ces attaches déterminent la position du second morceau sur le premier et l'empêchent de se déranger. On remet de l'esprit de sel, on fait fondre avec le fer une baguette de soudure en faisant tomber cette soudure le long de la ligne à souder, on promène le fer plusieurs fois dans la longueur pour l'étaler convenablement et on appuie avec la pesette, pour rapprocher les surfaces et empêcher le zinc de se déranger et de se gondoler.

On essuie avec un linge mouillé pour enlever l'excédent d'esprit de sel et on unit la soudure en râclant fortement au grattoir, ou bien à la râpe.

Lorsque la soudure est à faire sur vieux zinc, on opère de même ; mais il faut préalablement prendre la précaution de blanchir au grattoir les surfaces de toutes les parties qui doivent utilement recevoir la soudure.

136. Soudure au bain-marie. — Il peut arriver dans certains cas qu'on ait avantage à ne souder une pièce sur une autre que lorsque la pose est faite, que la pièce est en place, et de plus avec la condition que la soudure soit en dessous. Il faut alors faire la soudure à travers la pièce du dessus. Voici comment on opère.

On étame d'avance les surfaces qui doivent se superposer et se souder ; une fois refroidies, on les met en place, en interposant aux endroits convenables quelques grains de soudure et avec le fer on fond ces grains de soudure à travers l'épaisseur du zinc, en évitant prudemment de fondre ce dernier. C'est ce que l'on appelle improprement la soudure au bain-marie.

137. Surface à recouvrir en zinc. Voligeage. — Les surfaces que l'on veut recouvrir de zinc doivent présenter un soutien continu aux feuilles métalliques : elles sont *voligées*, c'est-à-dire formées par un plancher continu en frises de bois brut, mince, d'épaisseur aussi uniforme que possible. Les planches étroites ou frises sont appelées *voliges*; elles ont environ $0^m,11$ de largeur, 0,011 à 0,013 d'épaisseur et sont d'ordinaire débitées dans du bois de peuplier. — Elle sont posées *non jointives*, espacées d'environ un centimètre.

Pour les travaux plus soignés, on emploie le sapin du nord de 0,11 de largeur, d'une épaisseur de 0,013, 0,018, 0,025 suivant les cas, et on les espace de 0,01.

La volige est clouée sur les chevrons perpendiculairement à leur longueur. L'assemblage est fait à chaque point de croisement au moyen de deux clous posés en diagonale, qui s'opposent à ce que les voliges se coffinent. Pour porter le voligeage, les chevrons doivent être espacés de 0,50 d'axe en axe au maximum ; plus ordinairement on se contente de 0,40 pour les voliges épaisses ; cet écartement augmente en raison de la résistance de la planche.

Il y a un inconvénient à rapprocher les voliges davantage, c'est qu'avant la mise hors d'eau, si elles viennent

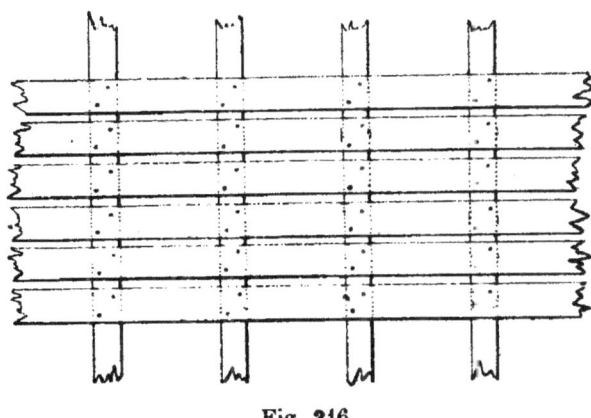

Fig. 216

à être mouillées par la pluie ou l'humidité extérieure, elles se gonflent, se poussent, se soulèvent irrégulièrement et l'ouvrage est à recommencer. Il en est de même, une fois la couverture faite, si une fuite vient à se produire.

Cependant, lorsqu'il s'agit de monuments ou de bâtiments construits avec soin, on trouve un grand avantage à établir convenablement le voligeage, au moyen de voliges dressées, rainées et qui présentent alors une surface continue bien plus unie. On doit seulement avoir la précaution de bâcher le voligeage dès qu'il est posé, pour éviter qu'il ne reçoive l'eau de la pluie, et on continue cette précaution jusqu'à ce que la couverture soit totalement achevée.

Lorsque le voligeage doit rester apparent en dessous, comme par exemple dans les grandes halles, on supprime souvent le chevronnage, on multiplie les pannes en les rapprochant d'environ 1^m,00 à 1^m,50 l'une de l'autre, et on établit comme voligeage un véritable parquet d'épaisseur en rapport avec la portée. Ce voligeage est rainé avec baguettes sur joints et disposé en point de Hongrie. Le croquis de la *fig.* 217 montre cette disposition. La partie supérieure forme un plancher bien arasé, bien uni, convenable en tous points pour recevoir les feuilles de zinc de la couverture.

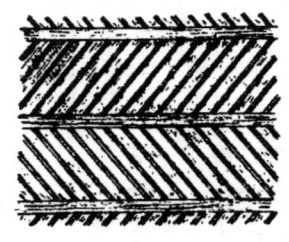

Fig. 217

Souvent on recouvre ce plancher d'un second voligeage dont les frises sont parallèles à la ligne de plus grande pente du toit, ce qui augmente beaucoup la résistance, et permet de franchir des entraxes de pannes plus considérables.

Il faut éviter complètement les voligeages rainés et tout à fait jointifs dans les bâtiments industriels où il se dégage beaucoup de vapeurs et d'humidité. Il se produit alors à la face inférieure des feuilles de zinc, surtout si le dessous n'est pas plafonné, une condensation abondante, due au froid extérieur et qui mouillant les voliges les gonfle et désorganise la couverture.

138. Disposition des feuilles de zinc dans la couverture ordinaire. — Les feuilles de zinc du commerce, que l'on emploie dans la couverture des bâtiments, ont trois largeurs 0,80, 0,65 et 0,50. On emploie l'une ou l'autre de ces trois dimensions suivant qu'on veut obtenir un ouvrage ou plus économique ou plus solide. La couverture en feuilles larges présente moins de joints, a par suite moins de développement de métal, elle demande aussi moins de façon ; elle est donc économique à ce double titre. Elle est employée de préférence pour les parties plus verticales et par conséquent moins sujettes à être soulevées par le vent. On l'adopte aussi pour les constructions plus légères, faites sans esprit de trop longue durée. La couverture en feuilles étroites, mieux tenues, sera réservée pour les couvertures plus exposées et les travaux mieux soignés.

Voici comment on dispose les feuilles de zinc dans une couverture ordinaire : Sur le voligeage on trace des lignes de plus grande pente du pan de toiture espacées de :

0^m,78 d'axe en axe si l'on emploie des feuilles de 0^m,80
0^m,63   »   »   0^m,65
0^m,48   »   »   0^m,50

On bat les traits au cordeau, et ils servent d'axes à des tasseaux en bois de section trapézoidale *abcd*, *fig*. 218. Ils s'étendent depuis le faîtage jusqu'à l'égout. — Quand on peut faire correspondre les axes des tasseaux avec ceux des chevrons, cela est d'une bonne construction et facile à prévoir dans certains cas avant la pose du chevronnage, mais cela arrive rarement.

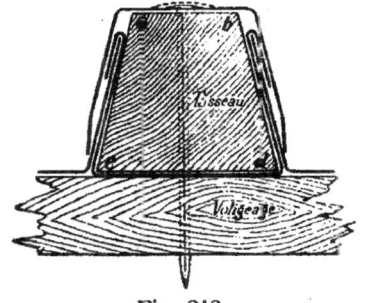

Fig. 218

Les clous qui fixent les tasseaux traversent des petites pattes d'agrafes en zinc de 0,06 de largeur et de 0,12 à 0,15 de longueur que l'on redresse le long de parois montantes des tasseaux. — On

Fig. 219

plie les bords de la feuille de zinc à environ 0,04 de la rive, et on les relève de telle sorte que la feuille emplisse complètement l'intervalle de deux tasseaux consécutifs, puis on replie les pattes sur la feuille pour la bien maintenir. La figure représente une coupe de la couverture par un plan perpendiculaire au pan de toiture et passant par une horizontale de ce pan; elle montre la manière dont les feuilles sont posées, ainsi que l'assemblage des joints montants. Il ne reste plus, pour mettre le bâtiment tout à fait hors d'eau, qu'à couvrir le relief du tasseau par un couvrejoint. Ce couvrejoint est en zinc et a une section en rapport avec le tasseau à recouvrir. La *fig.* 220 représente dans le croquis n° 1 la forme généralement adoptée, à l'échelle de demi grandeur. Le croquis n° 2 donne la section d'un couvrejoint mouluré, et enfin le n° 3 donne la disposition dite à doubles baguettes. Dans ces formes on s'est toujours attaché à avoir des surfaces de couvrejoints qui ne soient pas parallèles au zinc à recouvrir et qui donnent autant

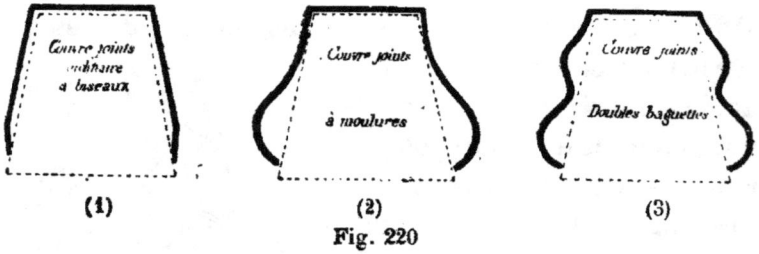

Fig. 220

que possible des joints serrés vers le dehors. On évite ainsi que ces joints ne s'emplissent à la longue de poussière et de suie, ce qui amènerait par capillarité des passages d'eau sous la couverture et détruirait promptement le zinc en ces endroits plus continuellement mouillés.

Il reste à indiquer comment sont fixées les feuilles de zinc en tête, à leur rive supérieure ainsi qu'à leur partie basse. A la partie haute, la feuille de zinc est fixée au voligeage et sa rive s'agrafe de plus avec le bas de la feuille supérieure. Pour obtenir ce résultat, on rabat une pince extérieure sur la rive haute transversale. On agrafe dans cette pince :

1° Deux pattes d'agrafe qui sont clouées en tête sur le voligeage et empêchent la feuille de glisser.

2° Le bas de la feuille supérieure, qui est munie à cet effet d'une pince rabattue en dedans cette fois, c'est-à-dire en sens inverse, ce qui permet l'agrafure des deux feuilles.

Ces pinces ne doivent pas être serrées, afin de permettre la dilatation, et, lorsqu'on circule sur les toitures pour les visites ou réparations, il faut avoir soin de ne jamais marcher sur les assemblages pour ne pas les aplatir, les serrer et de plus risquer de les casser.

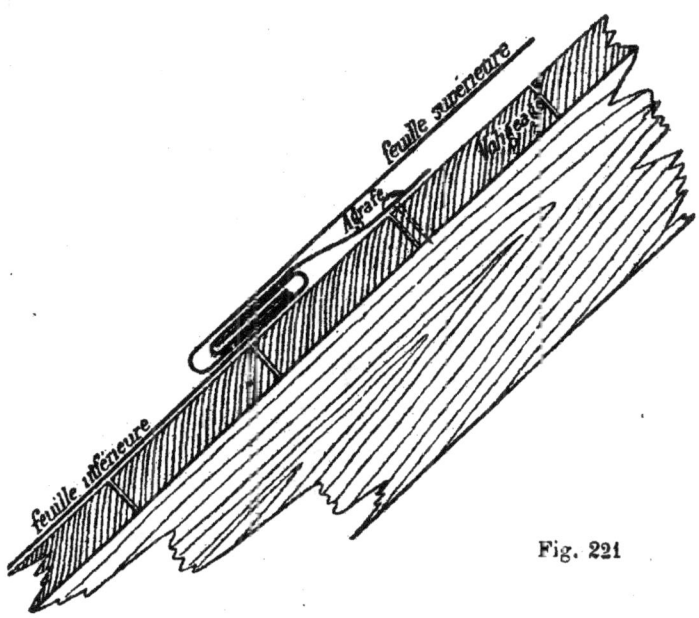

Fig. 221

L'agrafure du bas des feuilles a pour but de mieux maintenir les rives et de leur donner une résistance suffisante à l'action du vent.

Chaque feuille métallique vue en plan est donc fixée sur ses quatre rives comme l'indique la *fig.* 222, savoir :

Sur ses rives latérales par les pattes qui passent sous les tasseaux et qui sont au nombre de deux ou de trois de chaque côté.

Sur sa rive supérieure, par les deux agrafes clouées sur

le voligeage, sur la rive inférieure, par son agrafure avec le haut de la feuille qui lui fait suite.

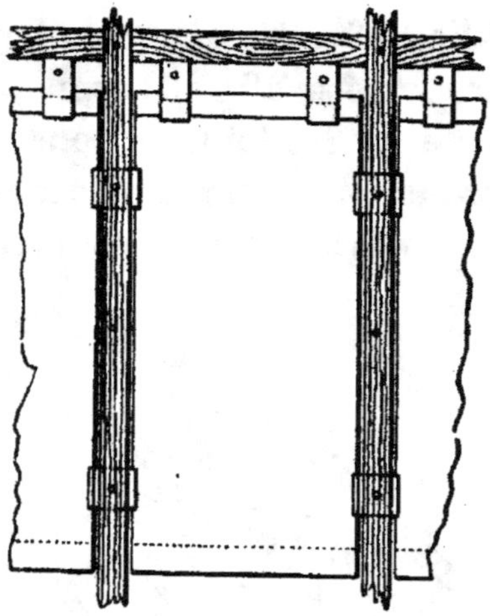

Et ces assemblages laissent tout le jeu nécessaire pour la dilation libre de la feuille en tous sens.

Fixation des couvrejoints. — Les couvrejoints qui viennent recouvrir les tasseaux se fixent de plusieurs manières :

Souvent, on les maintient à une petite distance de chaque extrémité par un clou qui les traverse et s'enfonce dans le tasseau, *fig.* 223, (1). Pour éviter que l'eau ne passe au-

Fig. 222

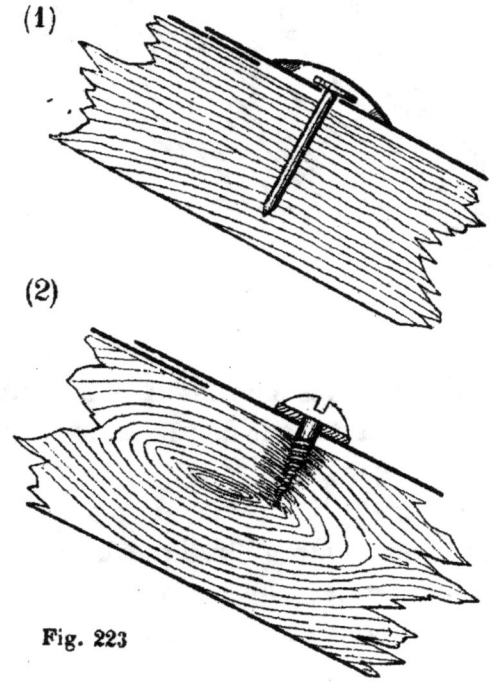

Fig. 223

tour de la tête du clou, on recouvre cette tête d'un petit

morceau de zinc bombé assez grand pour la loger et que l'on nomme *calotin*. On soude le calotin au pourtour sur la surface du couvrejoint, et on a un joint hermétique. D'autres fois, en remplace les clous par des vis qui font pression sur le couvrejoint par l'intermédiaire d'une petite rondelle en plomb qui s'écrase légèrement et fait joint.

Ce mode de fixation de chaque pièce de couvrejoint en deux points est défectueux, en ce sens qu'il ne permet pas la dilatation. On ne doit l'employer que si les couvrejoints sont employés par bouts d'au plus un mètre de longueur. Pour les couvrejoints de deux mètres, il est préférable d'employer des couvrejoints *engainés*, représentés en plan par la *fig.* 224. *ab* représente le couvrejoint inférieur, maintenu en haut par un clou ou une vis à tête plate *a*. Ce couvrejoint est dessiné vu de dessus ; *cd* représente en coupe horizontale le couvre-joint supérieur qui recouvre le haut du premier ainsi que son clou d'attache. Il porte de plus, soudées intérieurement, deux gaînes *ee*, sortes de pattes qui viennent s'engager sous le couvrejoint *a* entre le zinc et le bois du tasseau, et l'assemblage laisse le jeu nécessaire pour toute dilatation. Chaque pièce de couvrejoint n'est donc fixée qu'en haut par un clou ou une vis, et le bas est seulement maintenu par ses gaînes.

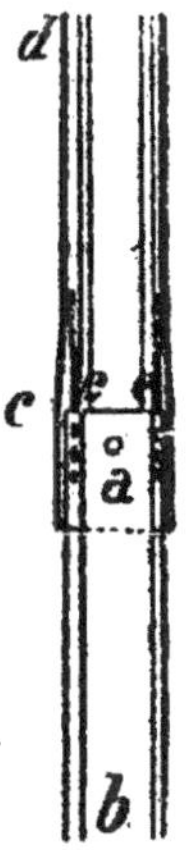

Fig. 224

Quelquefois, au lieu d'engaîner les coulisseaux par des pattes sur les deux côtés du couvrejoint, on ne met qu'une patte sur le dessus comme l'indique en (1) la *fig.* 225. C'est un peu moins solide que la disposition précédente, et plus difficultueux parce qu'il ne faut pas clouer ou visser à fond le haut du couvrejoint inférieur. — Il vaut mieux alors remplacer le clou ou la vis par un assemblage dessiné *fig.* 225 (2). Il consiste à faire une encoche dans le tasseau, à clouer au-dessus de cette encoche et transversalement une patte en zinc et à mettre en rapport avec cette traverse une gaîne soudée sous le couvrejoint. Cette gaîne est alors retenue par la traverse et maintient le couvrejoint. Tous les assemblages dans ce système sont alors très bien établis à dilatation, et de plus entièrement et facilement démontables.

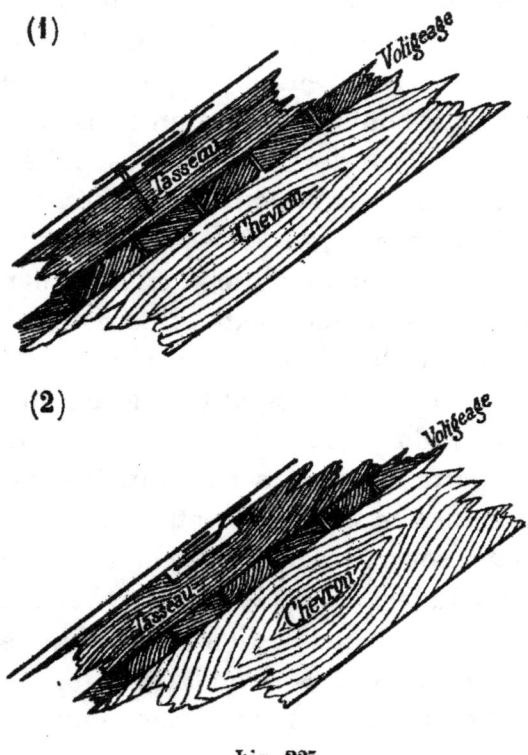

Fig. 225

139. Disposition des faîtages dans les couvertures en zinc. — Le faîtage, dans les couvertures en zinc, s'établit de bien des manières. La plus ordinaire consiste à séparer les deux pans de toiture par un tasseau de faîtage en bois de sapin, plus gros que ceux des couvrejoints. Il est creusé en-dessous suivant les pentes des deux pans adossés. La *fig.* 226 représente en (1) et en (2) deux tasseaux de grandeurs différentes, réduits de un tiers sur l'exécution, autrement dit dessinés à l'échelle de deux tiers.

Le tasseau de faîtage est cloué sur le voligeage et on

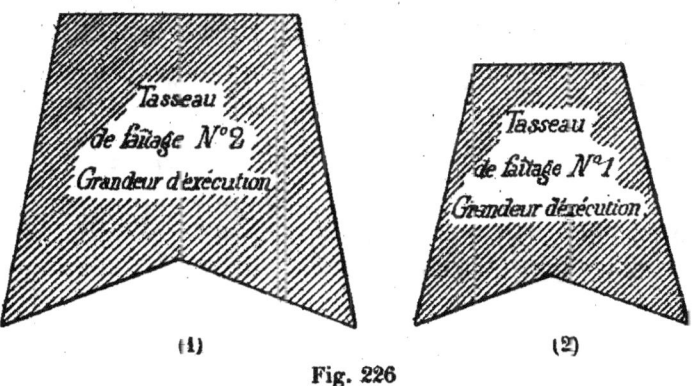

Fig. 226

fait en sorte, avec de grands clous, d'atteindre les chevrons.

C'est contre le tasseau de faîtage que viennent buter

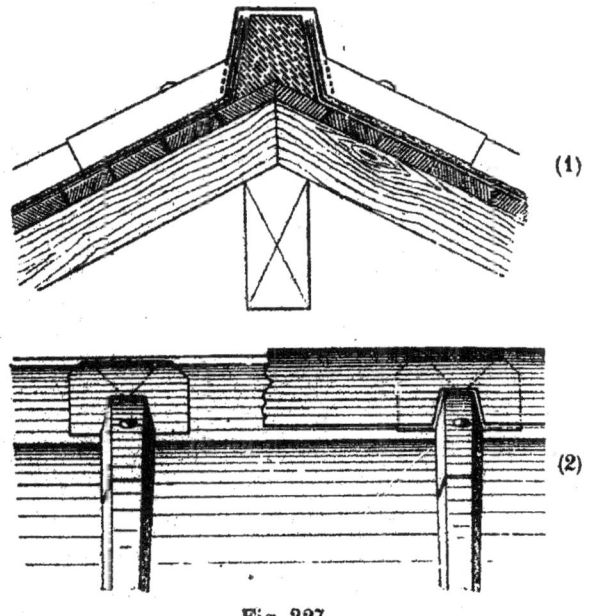

Fig. 227

les tasseaux de couvrejoints ; la dernière feuille supérieure de zinc se trouve pliée extérieurement sur sa rive haute pour s'appliquer contre le tasseau de faîtage, de même qu'elle était pliée sur ses deux rives latérales pour s'adosser aux tasseaux de couvrejoints.

Une fois les feuilles de la couverture posées, on place les couvrejoints de long pan. Le dernier morceau formant la tête de chaque rangée est élargi au moyen d'une plaque de zinc soudée appelée *talon* qui le déborde en haut et sur les côtés de quelques centimètres, et vient s'appliquer par-dessus les feuilles le long du tasseau de faîtage. Il ne reste plus qu'à poser le couvrejoint de faîtage qui diffère des autres en ce qu'il est plus grand, et aussi parce qu'il est échancré à la rencontre de tous les autres. Cette disposition du faîtage est représentée en élévation et en coupe dans les croquis (1) et (2) de la *fig.* 227.

140. Faîtage-chemin. — Pour permettre une circulation facile sur les couvertures, pour les visites de surveillance ou les réparations, on emploie souvent avec avantage un faîtage plat de largeur convenable pour permettre d'y marcher. La disposition de ce faîtage-chemin est représentée en coupe et en élévation dans le croquis (1) et (2) de la figure 228. On établit deux pièces de bois longitudinales, parallèles au faîtage, *m, m,* de section trapézoïdale appropriée à la pente, et on les dispose comme le montre le dessin de chaque côté de l'arête faîtière ; on les cloue sur les chevrons à travers le voligeage. Au-dessus, on cloue un chemin en planches *p* qui se trouve ainsi élevé à hauteur suffisante au-dessus du voligeage pour permettre de faire facilement les assemblages de la partie métallique de la couverture. On donne à ce chemin une largeur variant de 0,25 à 0,40, et sur chaque pan on relève suffisamment les hauts de feuilles pour couvrir la paroi verticale, et on les termine à leur rive supérieure, par une pince plate pour leur donner du raide et prévenir les déformations ; on dispose comme à l'ordinaire les tasseaux et les couvrejoints, en donnant une extension convenable aux talons de tête de ces derniers.

Cela fait, des deux côtés du chemin on dispose, en les espaçant de 0,25 à 0,33, des pattes r, de 0,10 à 0,12 de longueur, en cuivre de 0,01 d'épaisseur, ou en zinc n° 16; on les cloue sur le bois du chemin et on les replie sur la paroi verticale de sa saillie. On pose ensuite les feuilles des recouvrements que l'on façonne en zinc n° 16, et auxquelles on donne une forme appropriée. Ces feuilles

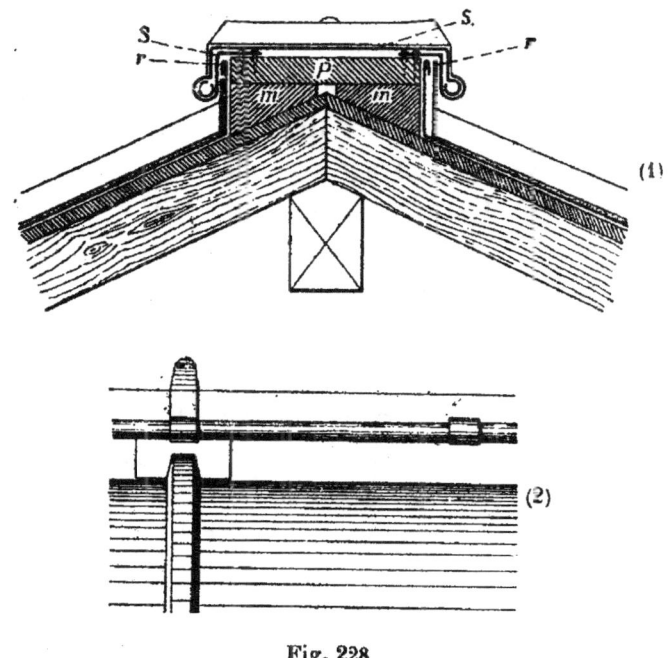

Fig. 228

sont établies par bouts de 1^m,00 de longueur pour que la dilatation soit plus facile. La figure montre la forme que doit avoir la feuille transversalement. Elle couvre d'abord la partie horizontale du chemin, puis se replie verticalement de chaque côté de 0^m,05 à 0,08, et se termine par un ourlet arrondi qui renforce sa rive. Dès qu'une feuille est placée, il ne reste plus pour l'assujétir qu'à recourber à la main, sur les ourlets, les pattes dont il vient d'être parlé. De cette façon, le zinc du chemin se trouve bien maintenu le long de ses rives longitudinales.

Quant à l'assemblage entre deux feuilles successives dans le sens du chemin, on le fait le plus souvent par l'intermédiaire d'un tasseau saillant, analogue à ceux du restant de la couverture, et le long duquel viennent se relever les extrémités des feuilles. On rapporte, à cheval sur ce tasseau, un couvrejoint ordinaire, et on le termine en bout par des talons soudés assez prolongés verticalement pour leur faire contourner l'ourlet du chemin. On fait coïncider la division des pattes avec la division des feuilles afin qu'il en existe toujours une pour consolider chaque assemblage longitudinal. Chaque couvrejoint est de plus maintenu en son milieu soit par un clou soit par une vis, et on empêche l'introduction de l'eau au moyen d'un calotin ou d'une rondelle en plomb.

141. Faîtages moulurés. — On remplace quelquefois les couvrejoints de faîtage unis par des couvrejoints moulurés identiques aux couvrejoints de couverture dont il a déjà été parlé. La *fig.* 229 donne dans les croquis (1) et (2),

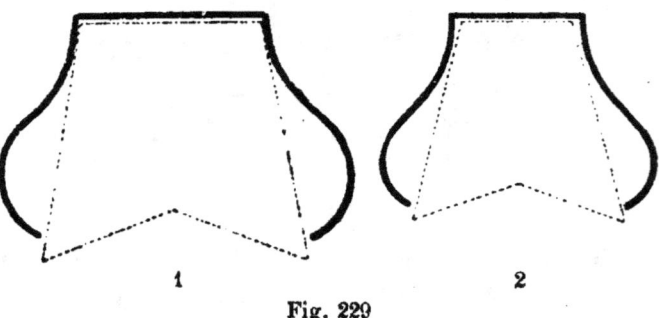

Fig. 229

à demi-grandeur d'exécution, la forme de ces couvrejoints.

On a vu les avantages qu'ils présentent au point de vue des poussières et de la capillarité. Mais il est plus difficile d'y faire les entailles latérales pour les pénétrations des couvrejoints de longs pans, surtout si ces derniers sont eux-mêmes moulurés.

142. Des faîtages avec ornements en zinc estampé. — Les faîtages qui terminent le haut des toitures comportent souvent une décoration spéciale au moyen d'ornements de genres très variables en zinc estampé. Ces ornements, qui se dressent verticalement et surmontent le couvrejoint de faîtage, se nomment des crêtes. Ils se composent de deux parties symétriques formant les deux faces du motif, soudées dans tout le contour du plan médian suivant lequel a lieu le contact.

Fig. 230

Lorsqu'on emploie ce genre de décoration, on donne beaucoup plus d'importance au tasseau de faîtage ainsi qu'au couvrejoint qui le surmonte, de manière à former un socle de dimension en rapport avec l'ornement qui doit le surmonter.

Lorsque cet ornement a une saillie faible, on se contente de souder la base des crêtes sur le couvrejoint qui leur sert de socle.

Fig 231

Lorsque les crêtes ont une forte saillie, on les consolide au moyen de tiges galvanisées fixées à pattes ou à pointes dans le bois du faîtage, on les fait passer dans des gaînes soudées sur le zinc du socle et on recouvre ces dernières par une collerette soudée à la tige, de manière que toute la dilatation puisse se faire sans que l'eau extérieure puisse pénétrer l'assemblage. Ces tiges montent dans les parties de l'ornement qui peuvent les recevoir et dans le creux produit par l'intervalle des deux faces. Quelques soudures dans l'intérieur des ornements suffisent pour maintenir ceux-ci.

Les poinçons qui terminent les faîtages, lorsqu'il y a des croupes dans la couverture, dépassent le toit et font

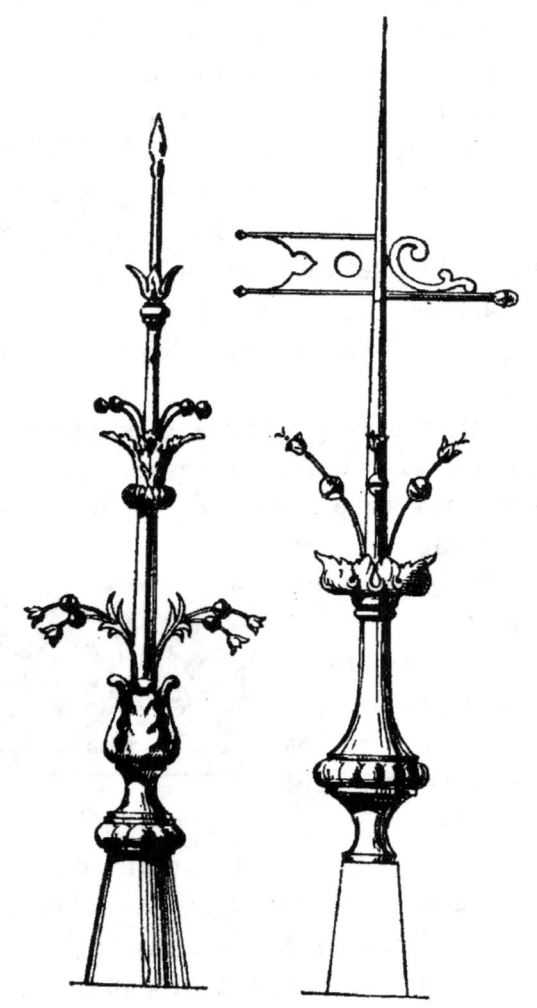

Fig. 232

saillie au dehors. On les arme d'ornements très saillants nommés *épis*. Les épis sont souvent accompagnés de girouettes ; quelquefois ils forment paratonnerres ; d'autres fois ils ne comportent que de simples ornements estampés.

Ils sont tout en zinc lorsque leur longueur est peu importante; autrement, ils sont formés d'une tige en fer galvanisée et les ornements qui entourent la base sont seuls en zinc.

La *fig.* 232 donne deux exemples de ces sortes d'épis.

Lorsqu'ils surmontent le poinçon unique d'un comble en pavillon ayant en plan la forme d'un polygone régulier, ils sont isolés; lorsqu'au contraire le poinçon accompagne une ligne de faîtage, on combine les ornements des épis avec ceux de la crête faîtière, pour former amortissement à cette dernière.

Les ornements en zinc n'ont pas une très grande durée, premièrement, parce qu'on les exécute par économie en métal très mince ; en second lieu, parce que les dilatations inégales provoquent la disjonction des soudures. On leur préfère, dans bien des cas, des ornements soit en fonte, soit en fer forgé, galvanisé. On les monte sur des bâtis en fer portés de loin en loin par des montants fixés à pattes sur le faîtage. Ces montants sont traités comme ceux dont il vient d'être question pour les crêtes, c'est-à-dire qu'on les fait passer dans un engainement un peu large soudé à la couverture, et ils portent une collerette saillante, qui recouvre la gaîne et empêche l'eau d'y pénétrer.

143. Disposition de la rive d'égout. — Pour établir la rive d'égout d'une couverture en zinc, on replie verticalement les feuilles qui terminent inférieurement la toiture, sur 0^m,06 environ de hauteur, en les doublant d'une pince plate pour augmenter la rigidité. Les tasseaux vont jusqu'à la rive du voligeage, et les couvre-joints qui les recouvrent sont munis chacun d'un talon qui se prolonge suffisamment pour pouvoir contourner la pince plate et par suite s'y agrafer solidement. La *fig.* 233 dans ses croquis (1) et (2) rend compte en coupe et en élévation de la disposition qui vient d'être décrite.

La couverture ne s'arrête pas toujours par une rive libre comme dans le cas précédent. Quelquefois les eaux doivent en quittant la toiture tomber dans un canal appelé

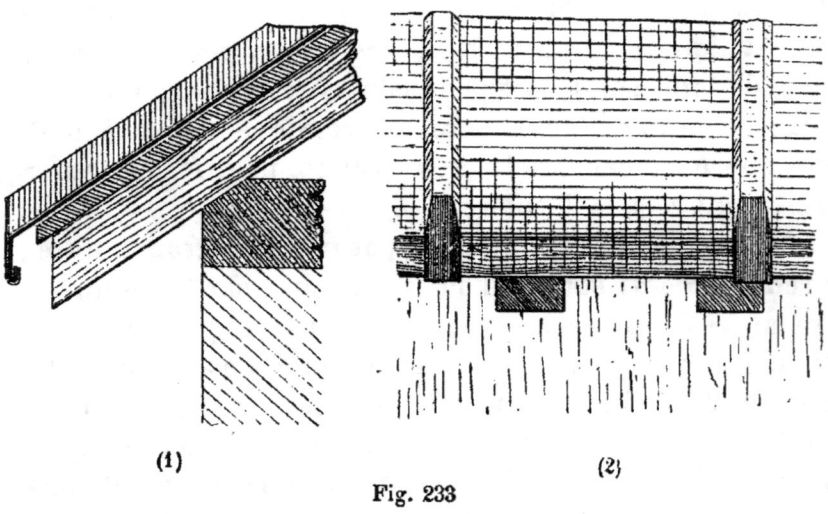

(1)   (2)
Fig. 233

chéneau; elles y sont conduites par une bande spéciale figurée en *b* dans la *fig*. 234 et appelée bande de *batellement*. Cette bande est formée d'une série de feuilles de

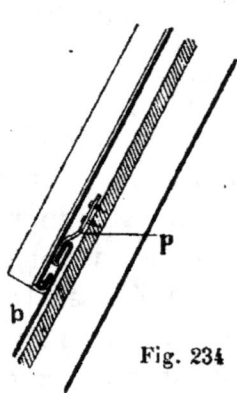

Fig. 234

zinc façonnées convenablement pour remplir leur rôle; elles sont terminées en tête par une pince plate rabattue extérieurement, et cette pince sert à les retenir et à les fixer par l'intermédiaire d'une série de pattes d'agrafe *p*. C'est au-dessus de cette bande de batellement que viennent se terminer les dernières feuilles basses de la couverture; elles sont munies de pièces plates rabattues en dedans et les couvrejoints qui recouvrent les tasseaux qu'ils séparent sont terminés par des talons recourbés et agrafés sous ces pinces.

144. Couverture en zinc, système Fontaine. — La couverture telle qu'elle vient d'être décrite est celle que l'on applique d'ordinaire aux toitures recouvertes en zinc. Lorsqu'il s'agit de travaux très soignés applicables à des monuments importants, on améliore le procédé par des précautions plus grandes dans les assemblages et l'ensemble de ces précautions porte le nom de système Fontaine, du nom du constructeur qui les a généralisées.

Dans ce système, on emploie du zinc d'une épaisseur suffisante, du n° 16 généralement; on limite la largeur des feuilles à $0^m,50$ ou $0^m,65$. On coupe les feuilles par la

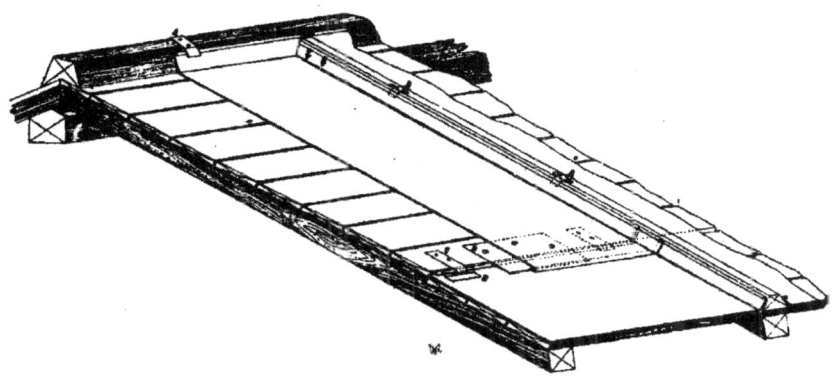

Fig. 235

moitié de leur longueur, ce qui donne une longueur utile de $0^m,90$ et on emploie une série d'assemblages permettant une dilatation facile, une pose très simple et une dépose en cas de réparations aussi commode que la pose, sans détérioration des matériaux.

Le voligeage est soigné et il comporte à la tête de chaque feuille un ressaut d'environ quinze millimètres. Ce ressaut s'obtient au moyen de coyaux taillés en sifflets très allongés, que l'on pose en place convenable sur les chevrons avant la pose des planches.

Le long des reliefs produits par ces ressauts, on pose les pinces des têtes de feuilles que l'on maintient ouvertes à 0^m,01 au moyen de pièces en cuivre *E*, appelées *œillets*, *fig*. 235, soudées aux deux branches de la pince et qui présentent une fente pour le passage des pattes d'agrafe.

L'une de ces pattes est figurée en C dans cette même figure. Elle est faite en fer étamé, d'épaisseur suffisante ; on l'entaille dans le voligeage et on la fixe par deux vis en cuivre à têtes fraisées.

La *fig*. 236 donne l'ensemble de l'attache d'une feuille et la position des pattes C, qui sont au nombre de deux pour chaque tête. Comme dans le système ordinaire, les feuilles métalliques sont posées entre tasseaux en bois.

Les feuilles du dernier rang près du faîtage viennent par un pli s'adosser à un fort tasseau de faîtage et le pli,

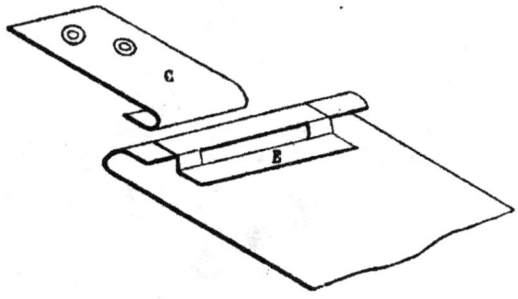

Fig. 236

qui a la hauteur de la saillie du bois, est raidi par une pince relevée. Des pattes A en fer étamé, entaillées et vissées dans le faîtage, se replient sur la tête des feuilles et servent à les maintenir.

Les bords longitudinaux des feuilles portent d'abord un pli redressé qui vient se poser le long de la paroi latérale du tasseau, puis une pince qui raidit la rive et l'empêche de se gondoler en plan. De plus, cette pince écarte le couvrejoint et empêche l'imbibition par l'eau.

Les plis ne sont plus retenus par des pattes en zinc pliées, passées sous les tasseaux, puis repliées par-dessus. Ils n'ont aucune attache sur le bois en saillie, sauf pour les feuilles de tête qui sont retenues par les vis V.

La rive basse de chaque feuille est terminée par une simple pince renversée qui lui donne du raide, mais ne s'agrafe pas avec la feuille supérieure. Elle est retenue par une patte d'agrafe D, en tôle étamée de forte épaisseur, entaillée dans le bois au-dessus du ressaut et fixée au moyen de vis.

Les couvrejoints employés dans le système Fontaine ont leur section de la forme générale ordinaire ; ils sont rendus plus raides et plus indéformables par une pince rabattue sur chaque rive. Cette pince écarte les plis superposés et s'oppose encore à l'imbibition.

Pour tenir ces couvrejoints, on se sert de pattes B en fer étamé, vissées sur le dessus des tasseaux et entaillées de manière à ne faire aucune saillie. Leurs bords sont rabattus et passent sous la feuille du zinc ; sur ces tasseaux on a fait dans le bois une mortaise assez longue et large de 0,02. Dans ces mortaises viennent s'engager des gaînes soudées sous les couvrejoints et qui servent à les maintenir.

Une ligne de couvrejoint est ainsi formée de bouts métalliques de 1^m,00 ordinairement de longueur ; le bout inférieur est maintenu par une vis en cuivre avec calotin et agrafure, les bouts suivants par deux agrafes seulement, ou même une seule agrafure près de son extrémité inférieure, chacun d'eux maintenant ainsi le couvrejoint qui vient immédiatement plus bas ; enfin, le dernier couvrejoint, près du faîtage, est muni d'une tête soudée qui est prise sous le couvrejoint de faîtage, et se trouve maintenue par une agrafure inférieure et une vis avec calotin pour le haut.

Quant au couvrejoint de faîtage, il se fixe sur son tasseau exactement comme les autres couvrejoints et les deux croquis de la *fig.* 237 donnent leur disposition.

Les pattes A de même que les pattes B recouvrent des mortaises où viennent se loger des engaînements soudés en-dessous des couvrejoints ; chaque bout se trouve fixé par son engaînement, tout en appuyant sur le bout suivant qu'il recouvre. Cet assemblage est représenté en coup elongitudinale et en coupe transversale.

On voit par cette courte description que la dépose d'une portion de couverture présente les plus grandes facilités ; toutes les vis étant en cuivre se défont au tournevis immédiatement ; chaque pièce démontée s'enlève sans la moindre détérioration et se repose de même, soit à son ancienne place, soit en place neuve, si la couverture doit servir ailleurs.

Ce système de couverture a été appliqué il y a trente

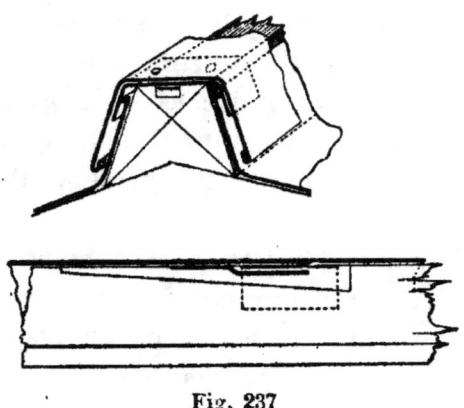

Fig. 237

ans, aux bâtiments du palais de l'Elysée et il n'a donné aucun mécompte ni présenté aucun inconvénient.

145. Disposition des arêtiers. — Dans les combles terminés par des croupes, on forme les arêtiers en employant la même disposition que pour les faîtages. On établit sur l'arête formée par les voligeages des deux pans un fort tasseau, analogue à celui de faîtage, plus gros par conséquent que les tasseaux courants de la couverture, et pour l'asseoir convenablement on le creuse en dessous suivant l'angle des surfaces des pans voisins.

On vient faire buter contre ce tasseau les tasseaux de couverture qui y aboutissent naturellement suivant la division des feuilles et on a ainsi à remplir des intervalles dont la tête est biaise.

Les différents tasseaux sont représentés, en plan, par la *fig.* 238, montrant la couverture vue de dessus.

Dans ce croquis *f* indique le tasseau de faîtage, *a* le tasseau d'arêtier, *ttt* les tasseaux courants ; *e* est un des espaces à couvrir; on prépare pour le remplir une feuille de zinc qui présente exactement un fond de cette forme, et ce fond est entouré de plis relevés sur trois côtés. Ces plis s'adossent aux différents tasseaux, le pli de tête s'or-

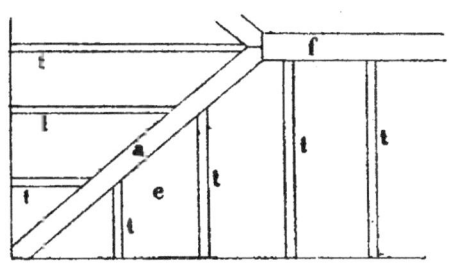

Fig. 238

ganise comme s'il s'agissait d'une rive de faîtage ; la seule différence est qu'il est biais par rapport aux rives latérales.

Les feuilles une fois mises, il reste à recouvrir les tasseaux de leurs couvrejoints. Le couvrejoint d'arêtier doit recevoir en pénétration biaise les extrémités des couvrejoints de croupe, qui sont munis de feuilles de tête soudées pour éviter le passage de l'eau. D'autres fois, le couvrejoint d'arêtier se trouve soudé à une série de moignons de $0^m,15$ de longueur et ces moignons sont faits de la partie haute de couvrejoints courants des deux rampants, qui rencontrent l'arête de croupe, des couvrejoints-empanons, comme on les nomme quelquefois. On leur donne ce nom parce qu'ils viennent rencontrer l'arêtier à la manière des empanons de charpente.

146. Arêtiers ornés. — Les arêtiers sont une des parties principales de la couverture sur lesquels se porte la décoration. On donne un certain aspect agréable à une toiture dans quelques circonstances spéciales, en formant les couvrejoints de bandes moulurées, comme on l'a vu déjà pour les faîtages, et même pour la couverture courante. D'autres fois on accentue l'ornementation en estampant ces couvrejoints de reliefs plus ou moins accentués représentant des motifs connus ou rationnels. La *fig.* 239

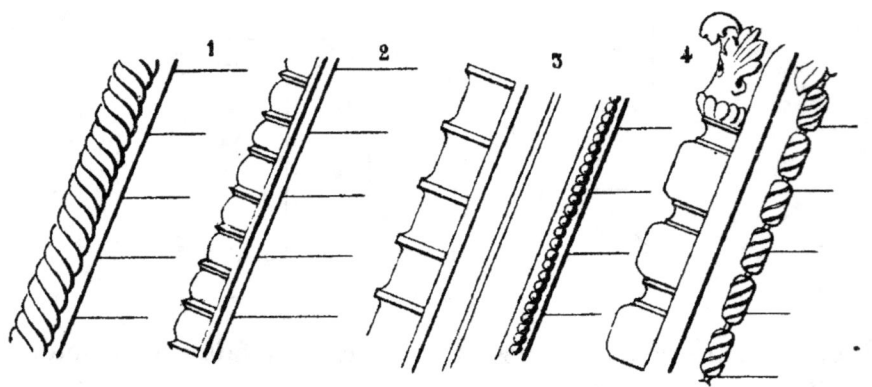

Fig. 239

donne quatre exemples de ce genre de couvrejoints à effet. Les nos 1 et 2 sont les plus simples, ils ne comportent qu'une assez faible largeur, et la partie estampée est suivie d'une partie unie qui produit bon effet et accompagne bien le motif principal. Dans les couvertures en ardoise, cette partie unie est chargée, de plus, de venir recouvrir les bords des pans unis. Les nos 3 et 4 ont cette partie unie plus large et bordée d'une fine moulure estampée de perles. L'effet décoratif en est plus accentué.

147. Disposition des châssis d'éclairage et raccord avec la couverture en zinc. — Les châssis que l'on

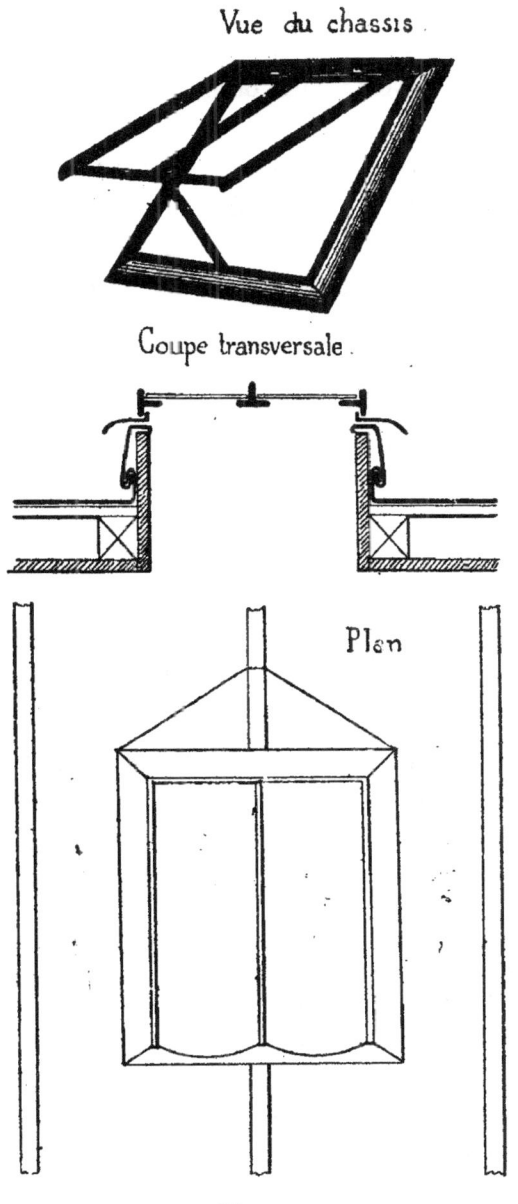

Fig. 240

trouve tout faits dans le commerce se composent, comme

on l'a déjà vu, de deux châssis, l'un fixe, l'autre mobile autour d'un axe horizontal et la *fig.* 240 en donne la forme. Le châssis fixe ou dormant est composé d'un rectangle formant une saillie verticale à son bord interne et un jet d'eau à son bord externe, et cela sur les 4 côtés.

Le châssis mobile est composé d'un rectangle débordant le chassis fixe, et formé de fer ou de fonte à section convenable pour les vitrages qui doivent y trouver feuillure sur 3 côtés; ils débordent sur le 4e côté, c'est-à-dire à la rive basse pour rejeter les eaux au dehors.

Lorsqu'on veut établir un pareil châssis sur une toiture en zinc, on forme un caisson en bois correspondant comme mesures intérieures à la baie du dormant; on fait déborder ce caisson en dehors du voligeage d'une quantité égale à environ 0^m,20 à 0^m,25, et d'ordinaire on augmente la pente en donnant plus de saillie en arrière qu'en avant.

Le caisson traverse l'épaisseur du chevronnage et ne s'arrête inférieurement qu'au niveau du plafond du lambris de la pièce couverte. Il est fixé par des broches ou des vis sur les chevrons, soit directement, soit par l'intermédiaire de cales; d'ordinaire, on établit une enchevêtrure à l'endroit du châssis et à la demande de ses dimensions.

Le voligeage vient s'adosser au caisson et, dans la division des travées de zinc, on s'arrange pour qu'il reste toujours au moins 0^m,25 entre l'extérieur du dit et le tasseau le plus voisin. Un tasseau intermédiaire peut être interrompu pour la circonstance.

On s'arrange pour qu'il ne tombe pas de joint transversal de feuilles de zinc dans la hauteur du châssis. Les feuilles correspondant à ce dernier présentent l'encoche nécessaire pour le passage du caisson; leurs bords sont relevés et leurs angles soudés. La *fig.* 240, dans son troisième croquis, donne le plan de la disposition.

Les côtés du caisson se traitent comme si la feuille se relevait le long d'un pignon ou d'une souche de cheminée, la rive basse comme la partie haute d'un appentis; la rive haute, enfin, a son voligeage relevé à contrepente pour former une partie triangulaire séparant les eaux à droite et à gauche du châssis, le couvrejoint milieu se relève pour s'appuyer sur cette partie du voligeage, une bande en zinc, clouée sur le haut du caisson par un pitonnage serré, vient recouvrir les feuilles de rive et au besoin s'agrafer avec elles.

Lorsque le caisson est ainsi garni, on pose le châssis sur son bord supérieur et on retient ce dernier en fixant sur les bois les pattes dont il est muni.

148. Couverture en zinc à ressauts pour faibles pentes. — Lorsque la pente dont on dispose pour une

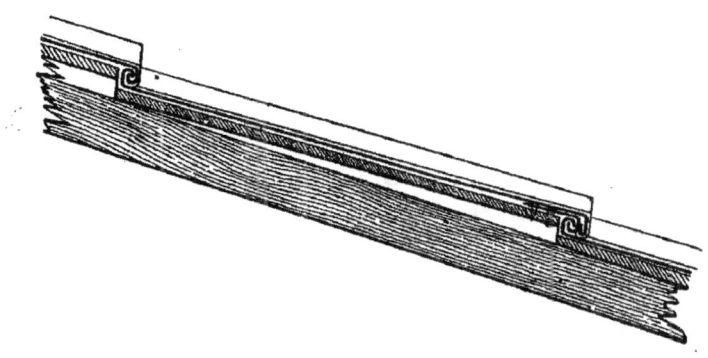

Fig. 241

couverture en zinc n'est que de $0^m,20$ à $0^m,25$ par mètre, la disposition ordinaire qui vient d'être décrite ne peut plus donner une absolue étanchéité. On assemble alors les feuilles de zinc d'une manière différente représentée par la *fig.* 241.

Le voligeage est établi par bandes horizontales d'une hauteur de 1^m,90 et faisant les unes sur, les autres, des ressauts successifs de 0^m,07 à 0^m,08 ; on place les tasseaux par bouts de 1^m,90 et en ligne suivant la pente du toit ; on vient ensuite mettre entre les tasseaux les différentes feuilles métalliques ; elles sont munies à la partie haute d'un pli avec pince relevée extérieurement, ce qui permet de les maintenir par deux pattes d'agrafe.

La feuille supérieure passe sur cette tête ainsi disposée et se replie un peu plus loin en larmier vertical. De cette façon, la dilatation de chaque feuille est parfaitement ménagée ; aucun joint n'existant sur la pente, on peut réduire celle-ci à sa plus faible valeur, soit 0, 160 par mètre, ce qui avec les 0,040 nécessaires pour le ressaut donne cette pente de 0,20 par mètre citée plus haut. On emploiera donc cette disposition toutes les fois qu'on ne disposera que d'une pente très faible. La façon qui en résulte est plus importante et d'un prix plus élevé que celle de la couverture agrafée ordinaire.

Lorsque la pente est plus faible que 0,20 par mètre, la couverture en zinc n'est plus applicable, même avec ressauts ; la toiture devient une terrasse, et c'est au plomb qu'il faut demander une couverture à la fois solide et étanche.

149. Rive latérale. Couverture d'un pignon. Bande à cheval. — Les rives latérales des pans de couverture se présentent de deux façons : ou bien le mur pignon s'arrête au niveau de la couverture et est recouvert par elle, ou bien il monte plus haut et la toiture vient s'amortir le long de sa paroi verticale. Il va être d'abord question du premier cas, celui où le pignon est recouvert. Il s'agit de recueillir toute l'eau de pluie jusqu'à la rive extérieure du mur et de l'empêcher de couler le long du parement du pignon.

Au moyen de deux chevrons qui forment les arêtes du mur, on prolonge et on fixe le voligeage au-dessus de son épaisseur, comme on le voit sur la *fig.* 242 dont le premier croquis montre la vue latérale de la rive exécutée et le second, une coupe suivant AB. On fait la division des tasseaux de la couverture, de telle sorte qu'il reste une travée convenable le long de la rive. Les feuilles de rive sont relevées verticalement avec un relief de 0^m,08 à 0,10 et

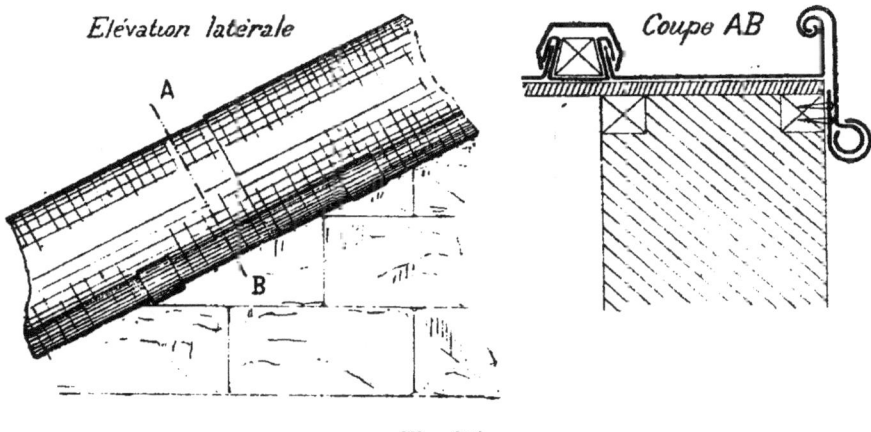

Fig. 242

ce relief est maintenu en haut par un ourlet. Sur cet ourlet vient s'agrafer une bande de zinc verticale, dite *bande à cheval*, terminée en bas par un second ourlet, et ce dernier est maintenu tous les 0,40 par des pattes d'agrafe clouées sur le dernier chevron. Les bandes à cheval sont d'ordinaire établies par bouts de 1^m,00, afin que la dilatation se fasse mieux. Elles se recouvrent les unes les autres d'environ 0,10 et un clou, placé dans le recouvrement de la feuille précédente, fixe la tête de chaque morceau au chevron.

Une autre disposition, employée très fréquemment aussi, consiste à établir sur la rive du pignon un dernier tasseau, contre lequel vient s'appuyer à la manière ordinaire chaque feuille de zinc du long pan ; de l'autre côté de ce

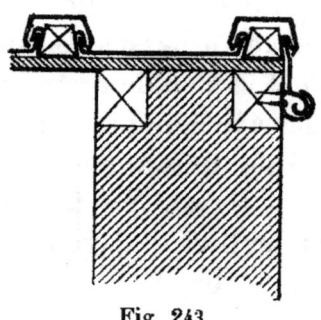
Fig. 243

tasseau on met la bande à cheval tenue par les pattes d'agrafe de la couverture à la partie haute, par les pattes d'agrafe qui entourent l'ourlet de sa rive basse et par des clous en tête dans les recouvrements. On termine l'ouvrage par un dernier couvrejoint posé à la manière ordinaire; la *fig.* 243 rend compte par une coupe de cette seconde disposition.

150. Amortissement d'une couverture en zinc le long d'une paroi verticale, bandes de solins. —

Lorsqu'une toiture vient buter contre le parement vertical d'un

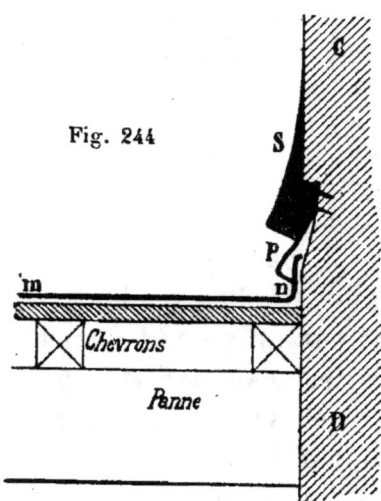
Fig. 244

mur plus élevé ou contre celui d'une souche de cheminée, on fait le joint de la façon suivante, pour empêcher l'eau de passer entre le mur et la couverture. Si on représente la coupe faite par un plan perpendiculaire au pan du toit et passant par une horizontale de ce pan, on obtient la *fig.* 244. La dernière feuille de zinc *mn* est repliée en *n* le long du mur sur $0^m,10$ environ de hauteur; puis par dessus, on vient mettre par bouts de $1^m,00$ au plus de longueur, une bande *p* recourbée, qui est la bande de solin. Elle s'engage en haut dans une engravure de $0^m,015$ à $0,^m02$ pratiquée dans la maçonnerie, et au fond de laquelle elle est fixée par des clous à bateau engagés dans les joints du mur CD ou, mieux, tamponnés dans ses matériaux. Ces bandes se recouvrent en bout, dans le sens convenable, d'environ 0,06 à 0,10, suivant la rapidité de la pente.

Enfin on termine l'ouvrage par un solin en mortier S, qui tient d'autant mieux qu'à l'endroit où on l'applique on a mieux dégradé les joints et mieux piqué le parement du mur. — Dans les pays à plâtre on a tendance à exécuter les solins en mortier de plâtre. Il en résulte un état constant de délabrement de la couverture. Quand les matériaux du mur sont convenables pour l'emploi et l'adhérence du ciment, on a un grand avatange à substituer ce dernier au plâtre pour la construction du solin. On lui assure encore une plus grande solidité en le reliant au mur par quelques clous à bateau incomplètement enfoncés et dont la tête se trouve noyée dans le mortier.

151. Couverture des combles à la Mansard, disposition du bris. Membron à larmiers. — Les com-

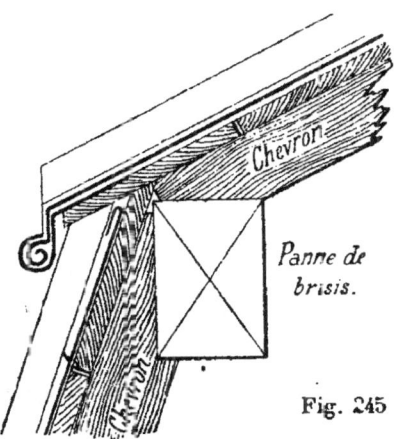

Fig. 245

bles dits *à la Mansard* sont composés d'une partie très inclinée, *le bris*, et d'une partie plate supérieure *le terrasson*. — Lorsque les deux parties sont couvertes en zinc, il y a à prendre une disposition spéciale pour que la brisure que l'on nomme *le membron* soit complètemeut étanche.

Le membron peut être fait de plusieurs façons différentes : la plus simple consiste à la disposer *en larmier*. Voici sa disposition :

Le voligeage du terrasson dépasse de quelques centimètres le voligeage du bris. Les feuilles de zinc de la partie plate se replient verticalement sur $0^m.05$ environ et se terminent par un ourlet. On dit qu'alors elles se terminent *en larmier*; on les retient quelquefois par une patte au milieu de la feuille. Les talons des couvrejoints se prolongent et se recourbent autour de l'ourlet.

La partie supérieure de la feuille haute du bris est renforcée par une pince plate rabattue extérieurement; elle monte jusqu'au terrasson et les tasseaux ainsi que les couvrejoints viennent s'engager jusque sous le larmier.

Il va sans dire, que pour la bonne harmonie du travail, on prend les mêmes largeurs de feuilles métalliques pour le terrasson et le bris, et que l'on fait bien exactement correspondre les divisions des tasseaux dans ces deux parties de la couverture.

152. Membrons à bourseau. — Dans les constructions plus importantes on garnit le membron d'une saillie produisant une ombre, ayant une forme moulurée présentant l'aspect d'une grosse astragale, et on le fait concourir à la décoration.

La *fig.* 246 donne la coupe de profil d'un membron de ce genre; le relief du membron est formé par une pièce de bois arrondie, posée en saillie et qui porte la lettre *b* dans la figure; on la nomme *bourseau*. Ce bourseau, étant bien protégé par son armature métallique, s'exécute toujours en sapin. Pour le garnir, on cintre un membron en zinc ayant la forme du bourseau et terminé inférieurement par un larmier ourlé. A la partie haute il porte une pince rabattue. On le maintient en tête par des pattes d'agrafe, qui d'autre part sont clouées sur le terrasson. En bas, il est retenu par d'autres pattes fixées soit sur le bourseau,

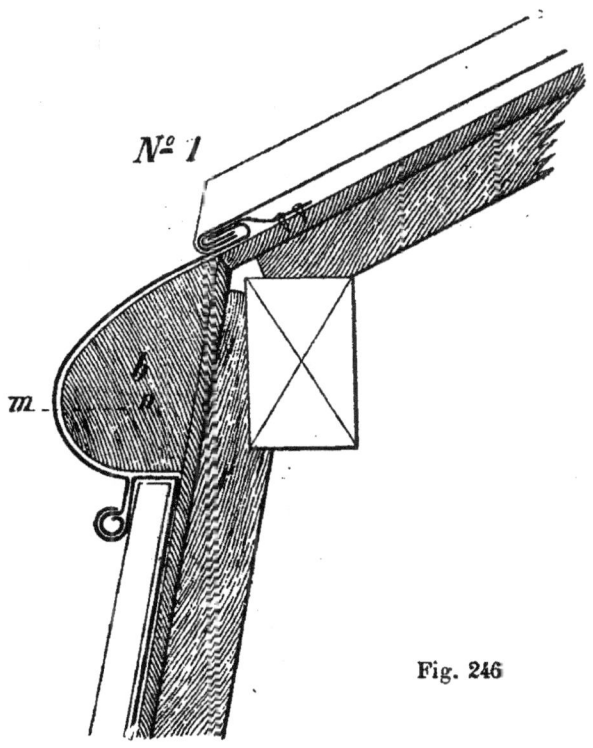

Fig. 246

soit sur les couvrejoints de bris, et qui sont repliées sur l'ourlet.

La pince supérieure des feuilles de membron reçoit également l'agrafure des rives du terrasson, ainsi que celle

Fig. 247

des talons de leurs couvrejoints. Quant aux feuilles hautes du bris, elles sont simplement repliées d'équerre et viennent s'appuyer sous la saillie du bourseau.

Cet assemblage est aussi simple que possible et tout à fait étanche.

Les membrons en zinc qui recouvrent les bourseaux se font par bouts d'au plus 1^m,00 de long ; ils s'assemblent par superposition. Quelquefois on accuse les joints par une petite gaîne à section rectangulaire établie suivant le profil du membron et soudée à l'une des pièces seulement ainsi que le montre, dans la *fig.* 247, une coupe horizontale du membron et du bourseau suivant la ligne *mn* de la figure précédente.

Le croquis de la *fig.* 248 donne une variante de la dis-

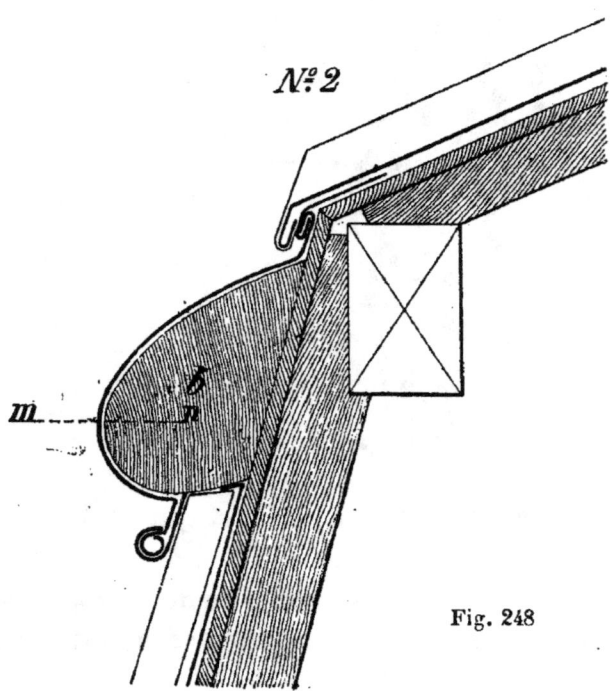

Fig. 248

position du membron à bourseau, qui est peut-être préférable à la disposition qui vient d'être décrite.

Elle n'en diffère qu'en ce que le bourseau est plus bas d'environ 0^m,08 ; la pince de la rive haute du membron en zinc qui le recouvre ne sert qu'à le fixer au moyen de pattes d'agrafe.

Les feuilles de zinc du terrasson viennent ensuite tomber en simple larmier au-dessus du haut du membron.

153. Membrons ornés. — Les membrons en zinc ne présentent pas toujours une forme aussi simple ; très souvent on multiplie leurs moulures, et on obtient, au moyen de l'estampage, la décoration de quelques-unes de

Fig. 249

ces moulures par la reproduction d'objets variés, formant motifs d'ornements.

La *fig.* 249 donne la représentation d'un membron orné de ce genre. La moulure principale y est ornée de feuillage, tandis que le listel supérieur, ainsi que le cavet du bas, sont entièrement unis.

L'ornementation du membron se relie par une agrafe imitant la sculpture avec le haut des arêtiers qui sont également en zinc orné. Le long du membron et au-dessous, comme aussi le long de l'arêtier, existe une bande en zinc assez large, unie, terminée par un ourlet saillant, qui vient recouvrir le bord des pans de la couverture courante, et, dans l'angle, une crossette, accompagnée d'une rosace, sert de liaison entre les deux alignements.

La *fig.* 250 donne un exemple d'un genre de décoration un peu différent. Non seulement la grosse moulure du membron y est creusée de canaux, tracés en hélice sur sa surface de même que le couvrejoint d'arêtier, mais encore la bande, qui vient recouvrir le haut de la couver-

Fig. 250

ture du bris, est estampée et produit des décorations festonnées qui se détachent du fond uni du long pan.

On comprend que ces ornementations varient à l'infini suivant le caractère que l'on veut donner à la toiture. Il est toujours nécessaire de prévoir ces pièces de zinc repoussé assez longtemps d'avance pour que la fabrication et la livraison puissent se faire à temps, sans arrêter ou ralentir le cours des travaux.

154. Disposition des noues. — Dans les noues de peu d'importance, on établit sur le voligeage, parallèlement à l'arête creuse, et s'étendant jusqu'à 0^m,20 à 0^m,30 de chaque coté, une série de feuilles de zinc, agrafées entre elles, soutenues par des pattes fixées au voligeage, et formant la garniture de la noue proprement dite.

Les feuilles des deux pans de couverture contigus sont elles-mêmes agrafées avec les feuilles de la noue, et leurs couvrejoints arrivent en biais jusqu'à la rive de celle-ci

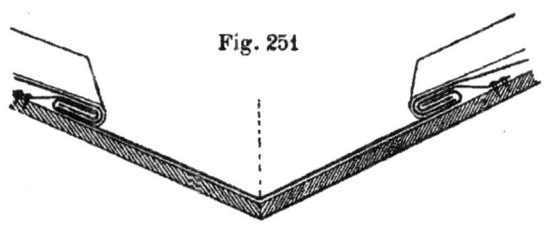

Fig. 251

et s'y arrêtent; les talons qui les terminent s'agrafent aussi avec la pince du bord de noue. La *fig*. 251, qui représente la coupe d'une noue par un plan perpendiculaire à son axe rend, compte de cette disposition.

Quelquefois, pour éviter de plier le zinc suivant une

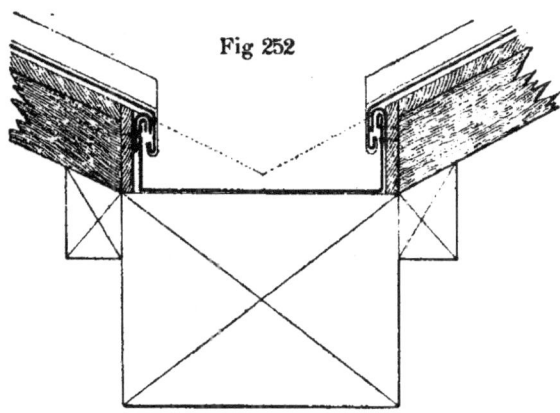

Fig 252

arête vive afin de former le fond de la noue, on arrondit en plâtre l'arête creuse formée par la rencontre des deux voligeages, et on donne au zinc la même forme arrondie; seulement, il est nécessaire de suivre très exactement un profil régulier si on veut obtenir un travail acceptable.

Lorsque les noues doivent recevoir de grandes quantités

d'eau, au lieu de les établir sur le voligeage même, on cherche à les construire dans un encaissement garni de zinc qui retient mieux l'eau. Cet encaissement s'établit dans la hauteur des chevrons ; la *fig.* 252 représente une coupe transversale d'une *noue encaissée*.

La garniture de la noue est faite d'une seule feuille de zinc dans sa largeur ; les bords sont relevés verticalement et munis d'une pince extérieure, maintenue au voligeage soit par des pattes d'agafe, soit par des pattes repliées. Par dessus, les feuilles de zinc des pans voisins, taillées en biais suivant la direction de la noue, viennent tomber en larmier, et leurs couvrejoints sont disposés comme on l'a déjà vu.

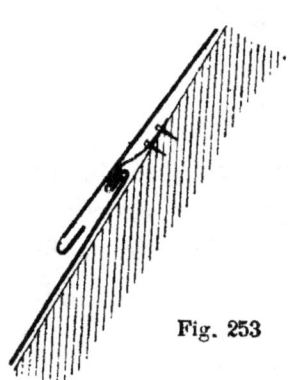

Fig. 253

Quand la pente de la noue est établie, on pose les feuilles successives et on les assemble de la manière indiquée par la *fig.* 253 ; la tête de chacune d'elle présente une pince relevée, qui permet d'agrafer des pattes clouées sur le fond en bois ; la rive inférieure est terminée par une pince rabattue, qui lui donne le raide nécessaire.

Le fond de la noue peut être, suivant les cas, formé soit par une pièce de charpente dont on peut profiter, soit par des planches soutenues par des tasseaux convenablement disposés et portés.

C'est cette dernière disposition qu'il faut adopter lorsque la pente est très faible ; on décroche le fond ainsi établi, tous les $1^m,88$, d'environ $0^m,04$ pour former des ressauts qui donnent une disposition plus étanche.

La garniture métallique à l'endroit du ressaut est assemblée dans ce cas comme le montre la *fig.* 254. Les têtes de feuilles sont repliées verticalement sur $0^m,04$ de hauteur et terminées par une pince qui sert à les agrafer au moyen de deux pattes. Le bas de la feuille supérieure vient dépasser de 0,06 en contrebas et se termine en larmier ; sa rive est renforcée par une pince.

Avec cette disposition dite à ressauts, il est impossible à l'eau de remonter le long de l'assemblage, même lors-

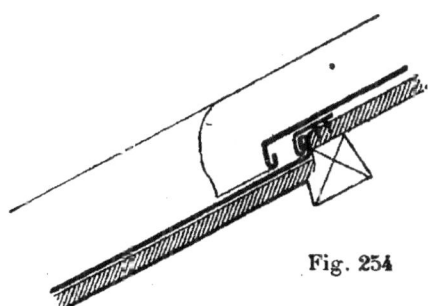

Fig. 254

qu'elle est poussée par les vents les plus violents, et il y a toute facilité pour la dilatation libre de chaque pièce.

Les faces latérales formant joues se prolongent de 0^m,10 à 0^m,15 au-delà de la pince et sont souvent arrondies comme l'indique la *fig.* 254, qui représente comme la précédente, la coupe verticale de la noue suivant sa longueur.

155. Chattières en zinc. — Les chattières destinées à l'aérage des greniers perdus, pour empêcher l'échauffement trop grand des locaux situés immédiatement sous le zinc, sont peut-être plus utiles ici que dans toute autre couverture ; les toitures en zinc chauffent en effet beaucoup en raison de leur couleur noire, qui absorde les rayons calorifiques, et aussi, à cause de leur imperméabilité à l'air. L'air, circulant moins que dans les ardoises ou les tuiles autour des dernières pièces, se trouve confiné et ne refroidit par les surfaces chauffées.

Les chattières se font au moyen d'une boîte en zinc légèrement conique, venant en pénétration sur la surface du toit au milieu d'une feuille et soudées avec soin au pourtour. Elles correspondent, par des trous ménagés dans le voligeage, avec les espaces à aérer; leur face avant est verticale et garnie d'une grille découpée à jour pour empêcher les animaux d'entrer dans le bâtiment. Elles se font suivant les pentes avec lesquelles il y a lieu de les raccorder et il ne faut pas craindre de les multiplier sur des faces opposées lorsqu'on veut obtenir une ventilation convenable. La *fig*. 255 donne la vue d'un chattière, telle qu'on les construit le plus communément.

Fig. 255

156. Pente des couvertures en zinc. — Les couvertures en zinc ne conviennent pas pour la garniture étanche des terrasses.

Pour des pentes faibles de $0^m,10$ à 0^m20 par mètre, on est obligé de souder les feuilles et on a l'inconvénient des godes et des arrachements produits par la dilatabilité du métal. Ce sont des pentes à rejeter, sauf pour des toitures peu importantes dont la hauteur de pan ne dépasse pas $3^m,90$, c'est-à-dire deux feuilles soudées bout à bout. Encore faut-il que les rives hautes et basses soient à dilatation libre. De 0^m20 à $0,25$ par mètre, on emploie la disposition par ressauts qui vient d'être décrite n° 148.

Au-dessus de 0,25 jusqu'aux surfaces entièrement verticales, l'emploi du zinc et très convenable, et les dispositions pour laisser la dilatation libre très faciles à prendre, comme on l'a vu dans les détails de construction donnés dans ce chapitre.

157. Couverture en zinc d'une souche de cheminée. — La couverture des souches de cheminée, établies soit en plâtre soit en pierre tendre, se fait d'une façon très simple représentée par la *fig*. 256. On commence par donner à la maçonnerie une forme supérieure bombée, ou à deux pentes planes, pour faciliter l'écoulement des eaux.

On vient ensuite établir sur chaque rive, au moyen de clous, enfoncés directement ou tamponnés suivant les cas, une bande de zinc de 0^m,10 environ de large et qui a toute la longueur de la souche. Cette bande, qui se nomme bande d'agrafe, servira à retenir la feuille de zinc qui formera le recouvrement.

La bande de recouvrement se fait d'ordinaire en zinc n° 12 ou 14; on lui donne la forme du profil de la maçonnerie, et on la termine sur les rives par un ourlet

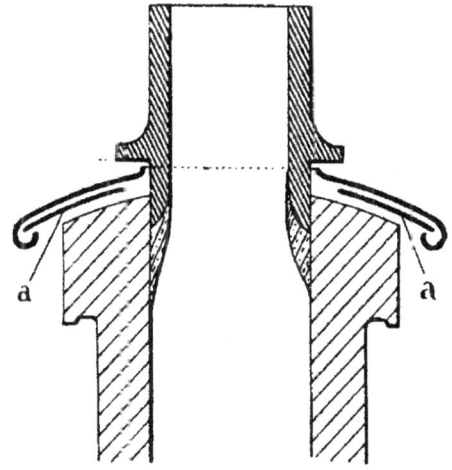

Fig. 256

rabattu. Cet ourlet vient s'agrafer avec les bandes précédemment posées. La feuille, étant engagée horizontalement par glissement, se pose très facilement.

Lorsque la souche de cheminée est rabattue en pente sur ses quatre faces, de manière à former des sortes de croupes, on opère de même, en préparant la couverture pour trois faces seulement et posant à part la quatrième que l'on vient souder sur place.

158. Zinc plombaginé. — Le zinc est très long à prendre une patine régulière comme aspect et qui soit acceptable comme teinte à l'extérieur; et encore garde-t-il une apparence mesquine et pauvre, à côté des ornements et des surfaces de plomb, d'un noir gras bien plus décoratif. On a cherché à donner au zinc l'aspect du plomb dans les couvertures soignées; on y est arrivé au moyen d'une peinture adhérente à base de plombagine, c'est ce que l'on appelle plombaginer le zinc.

L'huile est un mauvais fixatif sur le zinc; au bout d'un certain temps, relativement court, elle s'écaille et disparaît. On obtient un bien meilleur résultat en lavant d'abord le zinc avec une dilution étendue d'acide chlorhydrique, puis en le peignant à chaud avec un mélange d'eau, de plombagine, de chlorate de potasse et d'ammoniaque, ou bien avec ce même mélange dans lequel on remplace l'ammoniaque par un peu d'acide sulfurique.

On complète le résultat par un brossage énergique à sec.

On arrive ainsi à produire à distance l'illusion du plomb.

159. Cours commercial des zincs laminés. — Le cours du zinc laminé varier entre 55 fr. et 100 fr. les $^0/_0$ kgs. Le prix des ouvrages en zinc laminé variera donc suivant le cours au jour de la fourniture, duquel cours il faut être renseigné quand on commence un travail dont ce métal est l'élément.

Le vieux zinc provenant de couvertures hors de service, déduction faite de 4 $^0/_0$ de déchet, a encore une valeur sensiblement égale à la moitié de la valeur du zinc neuf, au cours.

160. Bases de la détermination du prix des ouvrages en zinc. — Le prix d'un ouvrage se compose :

    1° Du prix des fournitures ;
    2° Du prix de la façon.

1° Le zinc neuf fourni par un entrepreneur est compté

au poids réel du zinc employé (mesuré au moyen de la surface développée en œuvre augmentée de un quarantième de déchet) et est payé au prix du cours du jour, augmenté de un dixième pour tous faux frais, transports et bénéfices, et de 0fr.,75 % pour avances de fonds ;

2° Le prix de la façon d'un ouvrage en zinc est déterminé par le temps que l'ouvrier y passe, et par le prix de la journée de cet ouvrier.

L'ouvrier zingueur ne travaille jamais seul ; il est toujours accompagné d'un garçon servant, qui lui prépare et lui apporte les outils et matériaux dont il a besoin.

La journée d'été (15 février au 31 octobre) est à Paris de 10 heures de travail. Celle d'hiver (1 novembre au 14 février) est de 9 heures.

Le prix des journées est payé à l'ouvrier à Paris (déboursés de l'entrepreneur) :

Zingueur, été et hiver . . . . 5^f,50
Garçon zingueur, été et hiver. 3 75

Les prix de règlement de la façon des différents ouvrages accordent à l'entrepreneur le déboursé du temps passé par l'ouvrier, augmenté de 23 % de faux frais, et l'ensemble bonifié de 10 % de bénéfice et de 0,75 % d'avances de fonds. Telles sont les bases de la série de Paris.

161. Sous-détail du prix de façon. — Le sous-détail du prix du zinc façonné du n° 12 au n° 16 pour couverture, comprend la façon, le montage et la pose des feuilles, couvrejoints, arêtiers et noues, ainsi que toutes fournitures (hormis le zinc) telles que emploi de soudure, coupes biaises, clous, vis, tamponnages, et toutes mains d'œuvres accessoires des pattes, grains, agrafes, et calotins, qui ne seront comptés à part que comme fourniture de zinc développé (voir le tableau ci-après).

	En feuilles de 0,80	En feuilles de 0,65	En feuilles de 0,50
Fournitures diverses . .	» 200	» 200	» 200
Zingueur et aide . . .	» 613	» 700	» 788
Faux frais, 23 % sur .	» 141	» 161	» 181
Ensemble . . .	» 954	1 061	1 169
Bénéfice 10 % . . .	» 095	» 106	» 117
Avances de fonds, 0,75 %	» 007	» 108	» 009
Total	1 056	1 175	1 295
Prix de règlement . .	1 05	1 20	1 30

(Colonne 0,80 : 35 minutes, 0 fr. 613, 1 fr. 05 l'heure (moyenne))
(Colonne 0,65 : 40 minutes, 0 fr. 700, 1 fr. 05 l'heure (moyenne))
(Colonne 0,50 : 45 minutes, 0 fr. 788, 1 fr. 05 l'heure (moyenne))

Le réemploi de vieux zinc suppose un travail de 20 minutes de plus par m. sup. et correspond à une plus-value de . . . » 45

Les *angles* dans tout ouvrage en zinc sont payés à part, l'un . . . . » 25

Les *talons* en tête de couvrejoints, compris toute soudure et pose, l'un . . . . » 20

Les tasseaux, en sapin du Nord, sont réglés savoir :

Ceux de 0,027 de grosseur, le mètre linéaire . . . . . » 25
— 0,040 — — . . . . » 30
— 0,055 — — . . . . » 35

Le *voligeage* en voliges de peuplier, 0,011 d'épaisseur, non jointif, les voliges espacées de 0,02 est payé 1 50
jointif, les voliges espacées de 0,01 . . . . 1 65

de 0,013 d'épaisseur, jointif, les voliges espacées de 0,01 . 2 20
de 0,018 — — — — . . 2 40
de 0,025 — — — — . . 2 95

62. **Tableau de la valeur comme fourniture, et en règlement, de 1 m. superficiel de zinc développé, des numéros 12, 14, 16, pour les cours variant de deux en deux francs.**

Numéro du zinc	Prix du zinc (fourniture seulement) au cours de :																				
	56	58	60	62	64	66	68	70	72	74	76	78	80	82	84	86	88	90	92	94	96	98
2	2,95	3,05	3,15	3,25	3,35	3,45	3,57	3,67	3,78	3,88	4,00	4,10	4,20	4,30	4,40	4,50	4,61	4,72	4,83	4,93	5,03	5,15
4	3,65	3,80	3,90	4,05	4,15	4,30	4,45	4,55	4,70	4,80	4,95	5,10	5,20	5,35	5,45	5,60	5,75	5,85	6,00	6,15	6,25	6,40
6	4,80	5,00	5,15	5,30	5,50	5,65	5,85	6,00	6,20	6,35	6,50	6,70	6,85	7,05	7,20	7,40	7,55	7,70	7,90	8,05	8,25	8,40

Les prix ci-dessus, comprennent 1/40e pour déchet, 1/10e du tout pour tous faux frais, transport et bénéfice, et 0,75 0/0 pour avances de fonds.

163. Prix moyen du mètre superficiel de couverture en zinc. — On a souvent besoin, dans les évaluations de la dépense à faire pour couvrir en zinc les pans de comble des bâtiments, d'avoir un prix moyen approximatif du mètre superficiel de couverture du comble développé.

Si on prend le zinc n° 14, au cours de 70 fr., le prix moyen s'établit de la manière suivante pour 100 mètres superficiels : ($10^m,00 \times 10^m,00$).

Voligeage sapin, 0,013, 100 m. s. à 2 fr. 20		220^f,00
Tasseaux espacés de 0,65, 16 fois 10 m., 160 m. à 0 f. 35.		56 00
Zinc développé en largeur. . . .	$10^m,00$	
Par tasseau, 0,01 en plus	0, 16	
	$10^m,16$	$10^m,16$
Zinc développé en hauteur. . . .	$10^m,00$	
5 agrafures de 0,10	0, 50	
	$10^m,50$	10, 50
$10^m16 \times 10^m,50$, produit $106^m,68$ . . .		106, 68
Couvrejoints, 16 fois $10^m,50$ sur 0,10 . . .		16, 80
Pattes des feuilles, 16 fr. 10. . .	$160^m,00$	
Pattes à tasseaux, 3 par feuille, 16×15	240, 00	
Ensemble	$400^m,00$	
de 0,007 environ superficiels chaque, produit .		2, 80
32 talons, de 0,01.		0, 32
150 gaines ou calottins		0, 15
Ensemble.		$126^m,75$
$126^m,75$ zinc fourni, au cours de 70 fr., à 4,55		57^f,670
Façon de couverture $126^m,75$ à 1,20.		152 10
32 talons façonnés, soudés, à 0,20		6 40
Total		1011 20

Soit 10fr.,118 le prix moyen du mètre superficiel couvert en zinc n° 14, et en feuilles de $0^m,65$ de largeur.

§ 2. — COUVERTURE EN ZINC DES BANDEAUX ET CORNICHES

164. Couverture des bandeaux et corniches. Cas où on doit les couvrir. — Les bandeaux et corniches ont pour mission d'éloigner par leur saillie l'eau de pluie du parement des murs, de l'abriter, et d'empêcher ainsi l'humidité de pénétrer dans les habitations. Cette utilité se traduit extérieurement par un effet décoratif.

Ces saillies devraient toujours être exécutées en matériaux imperméables sur lesquels l'eau puisse glisser ; aussi, dans les édifices importants, les construit-on en pierre de taille dure, compacte, résistant à l'eau et à la gelée. Dans les constructions plus modestes, où la raison d'économie fait adopter des matériaux spongieux et absorbants comme la pierre tendre, ou même solubles dans l'eau comme le plâtre, il est nécessaire de les garantir eux-mêmes de l'action de l'eau et, pour cela, on garnit en feuilles de zinc les parements exposés.

165. Couverture d'un bandeau. Bande d'agrafe et bande de recouvrement. — Le problème de la couverture d'un bandeau ou d'une corniche revient donc à revêtir le dessus de cette saillie d'une bande de zinc engravée dans le parement du mur, présentant une pente vers le dehors, assez avancée pour déverser l'eau sans laisser mouiller ses moulures, et enfin établie de manière à permettre la libre dilatation du zinc. Cette bande se nomme une *bande de recouvrement*. Si cette bande de recouvrement n'était maintenue que par sa rive engravée le vent la soulèverait par le bord resté libre, la secouerait avec un bruit désagréable et finirait bientôt par l'enlever. On bat donc un ourlet sur la rive extérieure et cet ourlet s'agrafe sur une bande unie, clouée avec tampons sur la masse de la corniche ou du bandeau, saillante à l'extérieur, et qui s'appelle une *bande d'agrafe*.

La *fig.* 257 montre le profil d'un bandeau traîné en

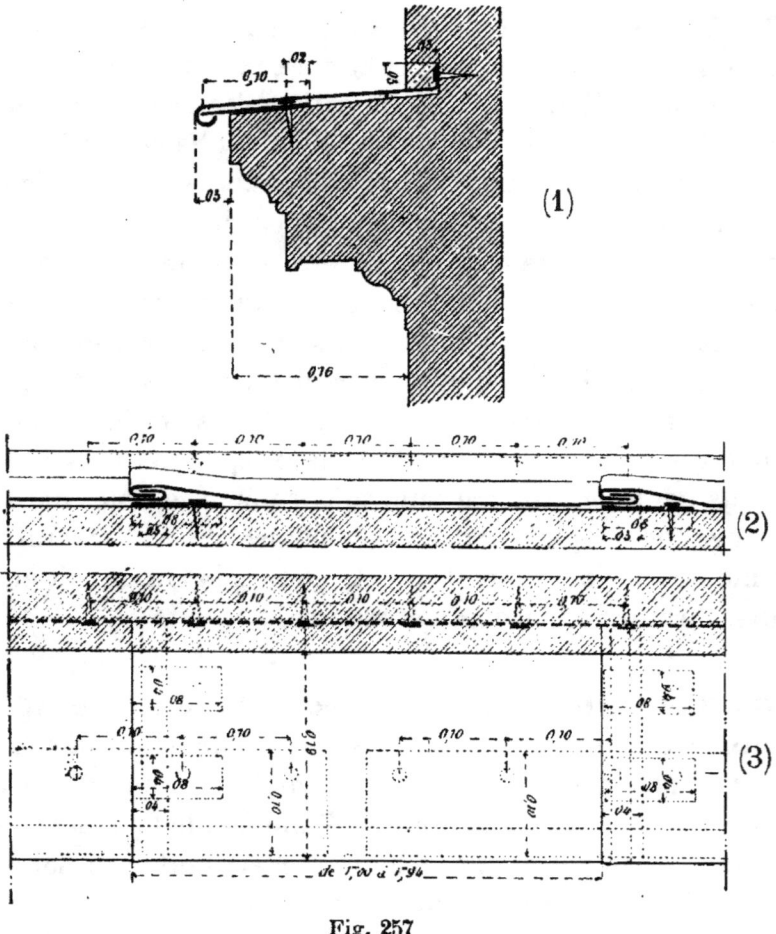

Fig. 257

plâtre sur le parement extérieur d'un mur en moellons. La saillie (réglementaire à Paris) est de $0^m,16$. La partie supérieure est inclinée avec une pente au dixième sur l'horizontale. En haut de la pente est indiquée une tranchée ou traînée de $0^m,03$ de profondeur et de $0^m,03$ de hauteur, faite au ciseau sur le parement du mur. Lorsque cette tranchée est faite dans le plâtre, le moellon ou la brique, on lui donne le nom d'*engravure*.

Dans la pierre tendre, on lui donne préférablement le nom de *sciottage* parce qu'on la produit plus régulièrement en donnant au parement de pierre un trait de scie, avec une *sciotte*, instrument formé d'un morceau de scie dentée emmanché en bois par le dos et que l'on manœuvre à la main. Avec un second trait de scie on continue la pente et l'on enlève au ciseau la matière comprise entre les deux traits.

Le parement de maçonnerie étant ainsi préparé, on commence par poser la bande d'agrafe. Cette bande a généralement une largeur uniforme de $0^m,10$, toutes les fois que le permet la largeur de la bande à recouvrir; elle est clouée sur le bandeau à $0^m,03$ ou $0^m,04$ de son arête de listel, par des clous mariniers espacés de $0^m,10$ en $0,10$. On a soin de toujours percer d'avance la feuille métallique pour faciliter le clouage. La bande d'agrafe fait au dehors du listel une saillie d'environ $0^m,03$.

On procède ensuite à la pose de la seconde bande, la plus importante, la bande de recouvrement. Son ourlet de rive vient s'agrafer sur la saillie de la première bande et sa rive parallèle de fond est relevée par un pli d'équerre, de $0,025$ environ de hauteur, exécuté à distance convenable pour pouvoir s'appuyer au fond de l'engravure. On cloue ce relief sur ce fond vertical, avec des clous mariniers espacés de $0^m,10$.

La bande de recouvrement se fait d'ordinaire en zinc n° 12; la bande d'agrafe, de laquelle dépend la résistance de l'ouvrage à l'effort du vent, ou à l'arrachement par un effort extérieur quelconque, se fait avantageusement en zinc n° 14.

Lorsque les bandes sont posées comme l'indique la

coupe transversale du bandeau *fig.* 257 (1), on remplit avec du plâtre l'engravure ou le sciottage, on l'arrose bien au parement extérieur de la maçonnerie du mur, et il est alors impossible à la pluie de pénétrer sous le bandeau.

166. Joints par bouts, bandes agrafées, bandes à coulisseaux. — Il y a maintenant à se rendre compte de l'assemblage des morceaux successifs de ces bandes dans le sens longitudinal :

La bande d'agrafe se compose de bouts successifs unis, rectangulaires, variant comme longueur de $0^m,80$ à $1^m,00$. Ils sont cloués sur le bandeau à la suite les uns des autres en laissant un intervalle de $0^m,01$ à $0,02$. Les bouts ne se touchent donc pas, il n'y a entre eux aucun assemblage.

La bande de recouvrement ne peut pas être discontinue comme la précédente et cependant elle ne peut pas être composée de bouts soudés dont la dilatation ne serait pas libre. On adopte alors le principe de faciliter la dilatation en la formant de bandes courtes, de 1 mètre de longueur au maximum, et de relier les extrémités de ces bandes par un joint agrafé qui permet toute dilatation.

Le croquis (2) de la *fig.* 257 donne la coupe du bandeau et de la garniture par un plan vertical parallèle à la façade du mur. Le croquis (3) montre le dessus du bandeau vu en plan.

L'une des extrémités de chaque feuille porte une pince relevée de 0,03 et est de plus munie de deux pattes soudées qui s'avancent sur le bandeau. Dans la pose, lorsque la bande est en plan, on fixe les pattes avec des clous mariniers enfoncés dans le bandeau.

L'extrémité de la feuille suivante présente une pince renversée de 0,03, de large qui vient s'agrafer avec la précédente, et l'on a soin de ne pas serrer l'assemblage pour ne pas gêner la dilatation du métal. Quant à la rive extérieure, on échancre les ourlets sur le côté et ils s'emboîtent l'un dans l'autre.

Les deux pattes clouées assurent la solidité du joint.

Le système qui vient d'être décrit, dit des *bandes agrafées*, s'emploie de préférence pour les bandeaux réguliers qui ne rencontrent pas d'appui de fenêtres ; le système des *coulisseaux* est plus communément adopté dans la prati-

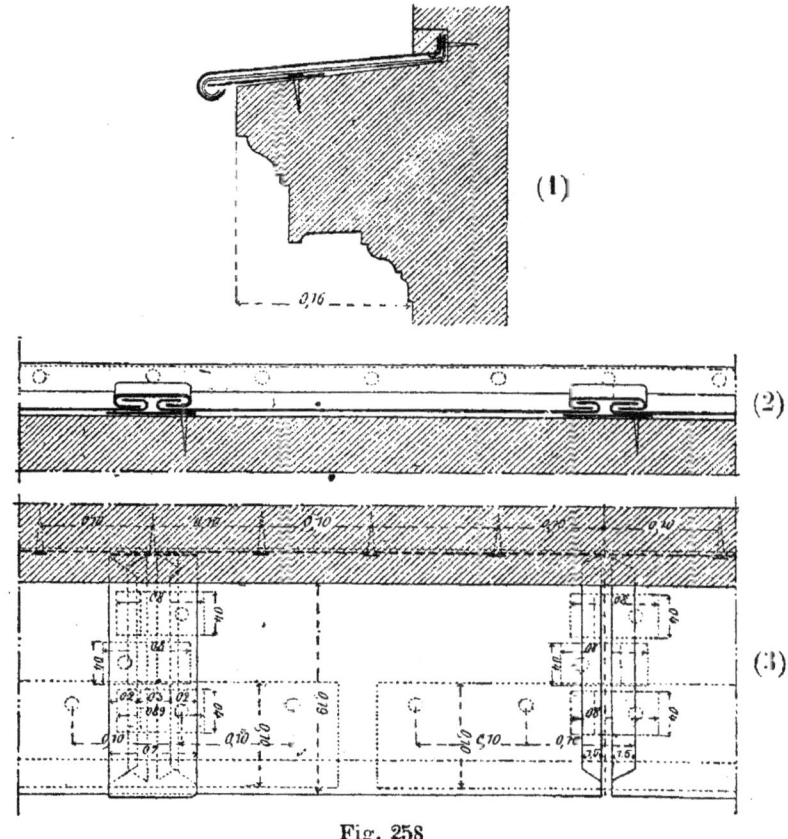

Fig. 258

que, surtout lorsque le bandeau règne et se raccorde avec les appuis des fenêtres également recouverts en zinc.

La *fig.* 258 montre cette disposition par les croquis (1), (2) et (3). Le croquis (1) montre la coupe transversale. La bande d'agrafe reste la même et la bande de recouvrement a la même section. La coupe verticale parallèle à la facade est représentée en (2); elle montre l'assemblage de deux feuilles consécutives. La feuille de gauche a une pince relevée et est tenue par deux pattes clouées. La feuille de droite a également une pince relevée et les deux pinces d'un même joint sont parallèles et écartées de 0^m,015.

Dans ces deux pinces voisines viennent s'engager les plis renversés d'une pièce mobile, appelée *coulisseau*, qui forme couvrejoint et que la *fig.* 259 montre vue du dessous. Ce coulisseau est terminé en dehors par une partie recourbée enveloppant les ourlets des deux feuilles. A l'autre bout il se relève en un relief que l'on cloue au fond de l'engravure.

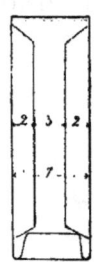

Fig. 259

La *fig.* 258 (3) montre le plan de cette disposition vue de dessus; l'un des deux joints est représenté sans le coulisseau qui le doit recouvrir, l'autre est muni de son coulisseau.

Le joint ne serait pas solide si la feuille de droite n'était pas reliée au bandeau. On y arrive au moyen d'une patte saillante soudée, que l'on vient glisser sous la feuille de gauche, entre les deux pattes qui retiennent cette dernière. Cette patte ainsi maintenue empêche la feuille de droite de pouvoir être soulevée et dérangée.

On a quelquefois objecté que cette patte non clouée ne présentait pas la solidité des deux autres et on est arrivé à la clouer de la manière suivante.

On prend une patte libre, on la cloue la première à la place qu'elle doit occuper entre les deux autres que l'on fixe à leur tour en posant la feuille de gauche. On met sur cette patte dans la partie découverte un peu d'esprit de sel, quelques grains de soudure, et on vient poser la feuille de droite préalablement passée à l'acide dans la partie qui vient recouvrir la patte. Enfin en appliquant avec ménagement un fer chaud sur la bande, on fait fondre la soudure à travers l'épaisseur du zinc et on détermine ainsi l'adhérence ; c'est une soudure au bainmarie. De la sorte, les deux barreaux de la bande de recouvrement sont également assujettis.

Dans les deux systèmes des *bandes agrafées* ou des *coulisseaux*, on a toujours soin que les joints des bandes d'agrafe ne correspondent pas avec les joints des bandes de recouvrement.

167. Raccord avec la bavette d'appui d'une fenêtre. — Lorsqu'on doit raccorder le zinc d'un bandeau avec celui qui doit garnir l'appui d'une fenêtre et qui

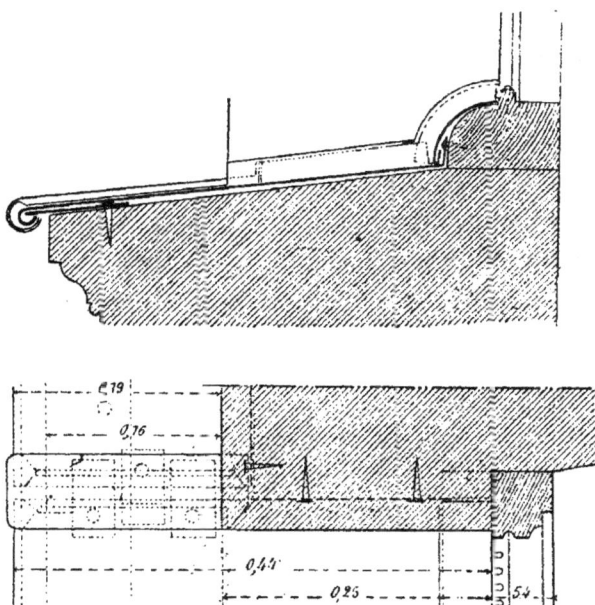

Fig. 260

porte le nom de *bavette d'appui*, on a soin de déterminer d'avance l'emplacement des coulisseaux, de telle sorte que le bord de ces derniers coïncide avec le tableau de la baie et en soit le prolongement. La bavette d'appui n'est alors qu'une bande de recouvrement plus large que les autres, et elle se pose de même. La *fig.* 260

dans ses croquis (1) et *(2)* représente, en coupe transversale et en plan, cette disposition. Le pli rabattu assemblé avec le coulisseau se relève au droit du tableau dans une engravure latérale, au fond de laquelle il est fixé par un ou deux clous.

La bavette est relevée tout le long de la pièce d'appui de la croisée, et clouée par des clous dits à piston, espacés de 0^m04 environ. Une seconde bande épouse la forme même de la pièce d'appui et vient recouvrir la première ; elle a sa rive inférieure renforcée d'une pince. A la partie haute cette bande se replie horizontalement sur le rebord saillant de la pièce de bois et s'y trouve fixée par une nouvelle ligne de clous à piston plus serrés ; ils sont ici espacés de 0,01 à 0,02 au plus.

Pour empêcher l'eau de couler dans le joint du coulisseau au pied de l'arête extérieure du tableau, il est bon de relier, par un gousset soudé, la pince de la bavette d'appui qui doit recevoir le coulisseau, et le relief vertical qui, lui faisant suite, doit se loger dans l'engravure du tableau.

168. Angles saillants et rentrants. —
Lorsqu'un bandeau se retourne d'une façade sur une autre, soit par un angle saillant, soit par un angle rentrant, les bandes se posent suivant les mêmes principes.

La bande d'agrafe, à l'angle, est coupée d'onglet et les deux coupes biaises sont laissées dans la pose à une distance de 0,01 à 0,02.

Les deux pièces de la bande de recouvrement sont coupées au droit de l'angle de telle façon qu'une fois pliées elles viennent se juxtaposer suivant tous les contours de l'angle, et elles sont soudées avant la pose depuis le relief d'engravure jusqu'à l'ourlet.

On pose ces angles d'une seule pièce et ils sont unis avec les bandes suivantes par les joints à dilatation qui ont été décrits.

169. Bandeaux plus étroits que 0ᵐ,16. — Dans le cas de bandeaux plus petits que 0ᵐ,16, les mêmes assemblages subsistent; les pattes seules diminuent de largeur, pour pouvoir tenir à trois dans la largeur du bandeau, puis à deux, lorsque la largeur aura encore diminué. La bande d'agrafe elle-même peut se rétrécir; enfin, pour des saillies faibles, pour lesquelles on a intérêt à rejeter les eaux plus loin de la façade, on porte à 0,04 la saillie des bandes de recouvrement au dehors du listel et alors, l'ourlet, au lieu d'être battu sur tringle de 0,11 est battu sur tringle de 0,013 pour augmenter sa raideur et sa résistance.

170. Corniches et entablements plus larges que 0ᵐ,16. — Les assemblages se font exactement de la même manière, lorsque la largeur vient à augmenter, avec la seule précaution de n'employer pour les bandes de recouvrement que des bouts de 0,80 de longeur au maximum de manière à rendre la dilation plus facile et à accroître la résistance en multipliant les joints; de plus, les reliefs d'engravure s'assemblent eux-mêmes par plis et coulisseaux. Ces derniers sont soudés, une fois en place, à ceux qui relient les bandes.

Au delà de 0ᵐ,50 de large, on commence à mettre plus difficilement en place les coulisseaux, lorsqu'ils ne sont pas parfaitement faits; aussi, dès cette dimension, leur susbtitue-t-on fréquemment des tasseaux de couverture qui permettent de mieux maintenir les feuilles sur leurs rives, et se combinent très bien avec les bandes d'agrafe et les engravures. Le seul inconvénient réside dans leur saillie, mais on le rend nul en les accusant et les rangeant suivant une division qui s'harmonise avec les axes et sous-axes de la façade.

171. Bandes de recouvrements à listels. — Lorsque la corniche ou le bandeau à recouvrir en zinc appartiennent à un établissement important et comportent un soin spécial dans l'exécution, on donne une meilleure apparence au recouvrement en terminant autrement qu'en ourlet la rive inférieure du zinc. — On la fait dépasser de 0^m,02 à 0^m,03 en avant de l'arête supérieure de la maçonnerie, on la replie verticalement de manière à lui donner la forme d'un listel bien régulier et bien droit, d'une largeur en rapport avec le profil à recouvrir, et on la termine par une pince, comme l'indique en a la figure 261.

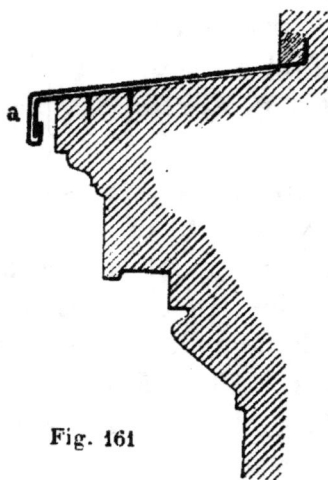

Fig. 161

La bande d'agrafe ordinaire ne conviendrait pas pour maintenir la bande de recouvrement ainsi disposée. On la remplace par une série de pattes, en tôle galvanisée ou en feuillard galvanisé et repliées à la demande, de manière à former agrafure avec la pince de rive. Ces pattes, espacées de 0^m,30 environ, sont maintenues sur la pierre par des vis tamponnées.

Le listel ainsi formé se confond avec celui de la pierre qu'il remplace, pourvu qu'un coup de peinture lui donne dès l'abord la teinte convenable. Il est bon de prendre du zinc fort pour faire ce recouvrement, du n° 14 ou préférablement du zinc n° 16 qui résistera mieux aux coups d'échelle et se maintiendra plus droit sous l'influence des alternatives de chaleur et de froid.

172. Prix des bandes de solin ou d'égoût et des bandes de recouvrement. — Le prix des différentes bandes en zinc dites bandes à cheval, bandes de solin ou d'égoût, et des bandes de recouvrement se compose du prix du métal et du prix de la façon. Le prix du métal dépend du poids et du cours du zinc ; le prix de la façon est variable suivant la main d'œuvre du pays où le travail s'exécute ; à Paris, ce prix de façon et pose est le suivant :

Bandes à cheval, de solin et d'égoûts.

Jusqu'à 0,30 de largeur.	0f,50
Au-dessus l'excédent compté en surface le m³ . .	1 00

Ce prix comprend un ourlet par le bas, un angle arrondi et relevé avec pince rabattue, engravure ou clouage, trois pattes, et les trous et tempons nécessaires ainsi que la soudure de jonction.
Bandes d'agrafe, moitié des prix ci-dessus.

Pattes d'agrafe, première façon, sont réduites en linéaire et évaluées à fois et demi en bandes d'agrafe.
Pattes d'agrafe en cuivre rouge étamé de 0,07 à 0,08 de longueur sur 0,04 à 0,05 de largeur sont payées, compris façon pose et soudure, la pièce. 0,30

Bandes de recouvrement, d'appui, de bandeau, d'attique d'entablement :

Jusqu'à 0,15 de largeur le mètre linéaire . . .	1f,10
de 0,16 à 0,25	1 30
de 0,26 à 0,50	1 50
de 0,51 et au-dessus, le mètre linéaire . .	1 25

Ce prix comprend : un ourlet sur la rive, au fond, un angle arrondi et relevé avec pince rabattue ; l'engravure remplie en plâtre ou en ciment, ou bien le clouage avec clous à piston ; trois pattes ou *mains d'agrafure* en zinc soudées ; gâches ou gaînes, avec clous ou vis, tamponnés au besoin ; enfin, la soudure à chaque extrémité des feuilles, en l'absence de coulisseaux.

Lorsque les bandes de recouvrement sont coupées toutes de 1m,00 de longueur, ou de toutes autres longueurs fixes similaires entre elles, pour correspondre à une décoration architecturale, il est ajouté aux prix de façon une plus value de un dixième.

Plus value par coupes circulaires sur bandes de recouvrements et bavettes, le mètre linéaire. 0f,38
Ourlet rapporté circulaire pour façon compris soudure, le mètre linéaire. 0 60

Toutes les façons en plus de celles prévues sont payées comme il suit :

Angle, le mètre linéaire 0f,05
Ourlet 0 10
Pince rabattue 0 06
Moulure courbe en plus des arêtes 0 16

Coulisseaux. Il est ajouté à la longueur des bandes de recouvrement :

Pour chaque coulisseau plat 0m,25
Pour chaque coulisseau à développement carré . . 0m,75

Ces évaluations comprennent les agrafures et soudures nécessaires, les pattes, talons, contretalons, têtes et calotins soudés.
Soudures. Les soudures qu'on est obligé de faire en raccord dans les réparations sont réglées au mètre linéaire :

Sur zinc neuf 0f,60
Sur zinc vieux 0 70

Les calculs du prix des bandes en zinc étant longs à faire, on a réuni dans les trois tableaux suivants leurs prix de réglement tout calculés, et dans les premières colonnes de chacun d'eux les prix de façon.

On trouve immédiatement le prix de la fourniture d'une bande de largeur donnée suivant le cours du métal. On ajoute le prix de façon, trouvé sur la même ligne, et afférent à la nature de la bande dont on cherche le prix.

Prix de règlement des bandes en zinc n° 12.

largeur	Prix de pose et façon B à cheval de solin d'égout	Bande de recouvrement	\multicolumn{22}{c}{Prix du zinc (fourniture seulement) au cours de :}
			56	58	60	62	64	66	68	70	72	74	76	78	80	82	84	86	88	90	92	94	96	98
4	0,50	1,10	0,12	0,13	0,13	0,13	0,14	0,14	0,14	0,15	0,15	0,16	0,16	0,16	0,17	0,17	0,18	0,18	0,19	0,19	0,19	0,20	0,20	0,21
6	0,50	1,10	0,18	0,19	0,19	0,20	0,20	0,21	0,22	0,22	0,23	0,23	0,24	0,25	0,25	0,26	0,27	0,27	0,28	0,29	0,29	0,30	0,30	0,31
8	0,50	1,10	0,24	0,25	0,25	0,26	0,27	0,28	0,29	0,30	0,30	0,31	0,32	0,33	0,34	0,35	0,35	0,36	0,36	0,37	0,38	0,39	0,40	0,41
10	0,50	1,10	0,30	0,31	0,32	0,33	0,34	0,35	0,36	0,37	0,38	0,39	0,40	0,41	0,42	0,43	0,44	0,45	0,46	0,48	0,49	0,50	0,52	0,52
12	0,50	1,10	0,36	0,37	0,38	0,39	0,41	0,42	0,43	0,44	0,46	0,47	0,48	0,49	0,51	0,52	0,53	0,54	0,56	0,57	0,58	0,60	0,61	0,62
14	0,50	1,10	0,41	0,42	0,44	0,46	0,47	0,49	0,50	0,52	0,53	0,55	0,56	0,58	0,59	0,61	0,62	0,64	0,65	0,67	0,68	0,70	0,71	0,72
16	0,50	1,10	0,47	0,49	0,51	0,52	0,54	0,56	0,57	0,59	0,61	0,63	0,64	0,67	0,68	0,69	0,71	0,73	0,74	0,76	0,78	0,79	0,81	0,83
18	0,50	1,30	0,53	0,55	0,57	0,59	0,61	0,63	0,65	0,67	0,68	0,70	0,72	0,76	0,77	0,78	0,80	0,82	0,84	0,86	0,87	0,89	0,91	0,93
20	0,50	1,30	0,59	0,61	0,63	0,66	0,68	0,70	0,72	0,74	0,76	0,78	0,80	0,82	0,85	0,87	0,89	0,91	0,93	0,95	0,97	0,99	1,01	1,04
22	0,50	1,30	0,65	0,68	0,70	0,72	0,74	0,77	0,79	0,81	0,84	0,86	0,88	0,91	0,94	0,95	0,98	1,00	1,02	1,05	1,07	1,09	1,12	1,14
24	0,50	1,30	0,70	0,73	0,76	0,79	0,81	0,84	0,86	0,89	0,91	0,94	0,96	0,99	1,02	1,04	1,07	1,09	1,11	1,14	1,17	1,19	1,22	1,24
26	0,50	1,30	0,76	0,79	0,82	0,85	0,88	0,91	0,93	0,96	0,99	1,02	1,04	1,07	1,11	1,13	1,15	1,18	1,21	1,24	1,26	1,29	1,32	1,35
28	0,50	1,30	0,82	0,86	0,89	0,92	0,95	0,98	1,01	1,04	1,06	1,09	1,12	1,15	1,19	1,21	1,24	1,27	1,30	1,33	1,36	1,39	1,42	1,45
30	0,50	1,50	0,88	0,92	0,95	0,98	1,01	1,05	1,08	1,11	1,14	1,17	1,21	1,24	1,28	1,30	1,33	1,36	1,39	1,43	1,46	1,49	1,52	1,55
32	0,52	1,50	0,94	0,98	1,01	1,05	1,08	1,12	1,15	1,18	1,22	1,25	1,29	1,32	1,36	1,39	1,42	1,45	1,49	1,52	1,56	1,59	1,62	1,65
34	0,54	1,50	1,00	1,04	1,08	1,11	1,15	1,19	1,22	1,26	1,29	1,33	1,37	1,40	1,44	1,47	1,51	1,54	1,58	1,62	1,65	1,69	1,72	1,76
36	0,56	1,50	1,06	1,10	1,14	1,18	1,22	1,25	1,29	1,33	1,37	1,41	1,45	1,48	1,53	1,56	1,60	1,63	1,67	1,71	1,75	1,79	1,82	1,86
38	0,58	1,50	1,12	1,16	1,20	1,24	1,28	1,32	1,36	1,41	1,44	1,49	1,53	1,57	1,61	1,65	1,69	1,73	1,77	1,81	1,85	1,89	1,93	1,97
40	0,60	1,50	1,17	1,22	1,27	1,31	1,35	1,39	1,44	1,48	1,52	1,56	1,61	1,65	1,70	1,73	1,78	1,82	1,86	1,90	1,94	1,99	2,03	2,07
42	0,62	1,50	1,23	1,28	1,33	1,38	1,42	1,46	1,51	1,55	1,60	1,64	1,69	1,73	1,78	1,82	1,86	1,91	1,95	2,00	2,04	2,09	2,13	2,17
44	0,64	1,50	1,30	1,35	1,40	1,44	1,49	1,53	1,58	1,63	1,67	1,72	1,77	1,81	1,87	1,91	1,95	2,00	2,04	2,09	2,14	2,18	2,23	2,28
46	0,66	1,50	1,36	1,41	1,46	1,51	1,55	1,60	1,65	1,70	1,75	1,80	1,85	1,90	1,95	1,99	2,04	2,09	2,14	2,19	2,24	2,28	2,33	2,38
48	0,68	1,50	1,41	1,47	1,52	1,57	1,61	1,67	1,72	1,78	1,82	1,88	1,93	1,98	2,04	2,08	2,13	2,18	2,23	2,28	2,33	2,38	2,43	2,48
50	0,70	1,50	1,47	1,53	1,59	1,64	1,68	1,74	1,81	1,85	1,90	1,95	2,01	2,06	2,12	2,17	2,22	2,27	2,32	2,37	2,43	2,48	2,54	2,59
au dessus	l'ex dt le m,s. 1,00	le m,s. 1,75	\multicolumn{22}{l}{ajouter deux bandes faisant ensemble la largeur totale cherchée.}

Zinc n° 12. Epaisseur : 0,00066.
Poids par mètre : 4,62.

Pour avoir le prix total, il faut ajouter le prix de façon et pose afférent à la bande dont il s'agit, au prix des fournitures correspondant à la largeur.

Les bandes d'agrafes sont réglées à la moitié de la façon des bandes à cheval, de solin et d'égout.

Prix de règlement des bandes en zinc n° 14.

Centimètres de largeur	Prix de pose et façon B à cheval de solin d'égout	Prix de pose et façon Bande de recouvrement	Prix du zinc (fourniture seulement) au cours de :																			
			56	58	60	62	64	66	68	70	72	74	76	78	80	82	84	86	88	90	92	94	96
4	0,50	1,10	0,15	0,16	0,16	0,17	0,17	0,18	0,18	0,19	0,19	0,20	0,21	0,21	0,22	0,22	0,23	0,23	0,24	0,24	0,25	0,25	0,26
6	0,50	1,10	0,22	0,23	0,24	0,25	0,26	0,27	0,28	0,28	0,29	0,30	0,31	0,32	0,32	0,33	0,34	0,35	0,36	0,37	0,37	0,38	0,39
8	0,50	1,10	0,29	0,31	0,32	0,33	0,35	0,36	0,37	0,38	0,39	0,40	0,41	0,42	0,43	0,44	0,45	0,46	0,48	0,49	0,50	0,51	0,52
10	0,50	1,10	0,37	0,39	0,41	0,42	0,43	0,45	0,46	0,47	0,49	0,50	0,51	0,53	0,54	0,55	0,57	0,58	0,59	0,61	0,62	0,64	0,65
12	0,50	1,10	0,44	0,47	0,49	0,50	0,52	0,54	0,55	0,57	0,58	0,60	0,62	0,63	0,65	0,66	0,68	0,70	0,71	0,73	0,75	0,76	0,78
14	0,50	1,10	0,51	0,54	0,57	0,59	0,61	0,62	0,64	0,66	0,68	0,70	0,72	0,74	0,76	0,78	0,79	0,81	0,83	0,85	0,89	0,89	0,91
16	0,50	1,30	0,59	0,62	0,65	0,67	0,69	0,71	0,74	0,76	0,78	0,80	0,82	0,84	0,87	0,89	0,91	0,93	0,95	0,97	0,99	1,02	1,04
18	0,50	1,30	0,66	0,70	0,73	0,75	0,78	0,80	0,83	0,85	0,88	0,90	0,92	0,95	0,97	1,00	1,02	1,05	1,07	1,10	1,12	1,14	1,17
20	0,50	1,30	0,73	0,77	0,81	0,84	0,87	0,89	0,92	0,95	0,97	1,00	1,03	1,05	1,08	1,11	1,14	1,16	1,19	1,22	1,24	1,27	1,30
22	0,50	1,30	0,81	0,85	0,89	0,92	0,95	0,98	1,01	1,04	1,07	1,10	1,13	1,16	1,19	1,22	1,25	1,28	1,31	1,34	1,37	1,40	1,43
24	0,50	1,30	0,88	0,93	0,97	1,01	1,04	1,07	1,10	1,14	1,17	1,20	1,23	1,27	1,30	1,33	1,36	1,39	1,43	1,46	1,49	1,53	1,56
26	0,50	1,50	0,95	1,00	1,05	1,09	1,12	1,16	1,20	1,23	1,27	1,30	1,34	1,37	1,41	1,44	1,48	1,51	1,55	1,58	1,62	1,65	1,69
28	0,50	1,50	1,05	1,10	1,14	1,17	1,21	1,25	1,29	1,32	1,36	1,40	1,44	1,48	1,51	1,55	1,59	1,63	1,67	1,70	1,74	1,78	1,82
30	0,50	1,50	1,10	1,16	1,22	1,26	1,30	1,34	1,38	1,42	1,46	1,50	1,54	1,58	1,62	1,66	1,70	1,74	1,79	1,83	1,87	1,91	1,95
32	0,52	1,50	1,17	1,23	1,29	1,34	1,38	1,43	1,47	1,51	1,55	1,60	1,64	1,68	1,72	1,77	1,81	1,85	1,89	1,94	1,98	2,02	2,06
34	0,54	1,50	1,24	1,31	1,38	1,42	1,47	1,52	1,56	1,61	1,65	1,70	1,75	1,79	1,84	1,88	1,93	1,98	2,02	2,07	2,11	2,16	2,21
36	0,56	1,50	1,32	1,39	1,46	1,51	1,56	1,61	1,66	1,70	1,75	1,80	1,85	1,90	1,95	2,00	2,04	2,09	2,14	2,19	2,24	2,29	2,34
38	0,58	1,50	1,39	1,46	1,54	1,59	1,64	1,70	1,75	1,80	1,85	1,90	1,95	2,00	2,06	2,11	2,16	2,21	2,26	2,31	2,36	2,42	2,47
40	0,60	1,50	1,46	1,54	1,62	1,68	1,73	1,78	1,84	1,89	1,95	2,00	2,06	2,11	2,16	2,22	2,27	2,33	2,38	2,43	2,49	2,54	2,60
42	0,62	1,50	1,55	1,63	1,70	1,76	1,82	1,87	1,93	1,99	2,04	2,10	2,16	2,21	2,27	2,33	2,38	2,44	2,50	2,56	2,61	2,67	2,73
44	0,64	1,50	1,61	1,70	1,78	1,84	1,90	1,96	2,02	2,08	2,14	2,20	2,26	2,32	2,38	2,44	2,50	2,56	2,62	2,68	2,74	2,80	2,86
46	0,66	1,50	1,70	1,79	1,87	1,93	1,99	2,05	2,11	2,18	2,24	2,30	2,36	2,43	2,49	2,55	2,61	2,67	2,74	2,80	2,86	2,92	2,99
48	0,68	1,50	1,75	1,85	1,95	2,01	2,08	2,14	2,21	2,27	2,34	2,40	2,47	2,53	2,60	2,66	2,73	2,79	2,86	2,92	2,99	3,05	3,12
50	0,70	1,50	1,86	1,95	2,03	2,10	2,16	2,23	2,30	2,37	2,43	2,50	2,57	2,64	2,70	2,77	2,84	2,91	2,97	3,04	3,11	3,18	3,24
au-dessus	l'exd¹ 1em s. 1,00	1em s. 1,75	ajouter deux bandes faisant ensemble la largeur totale cherchée.																				

Zinc n° 14. Épaisseur : 0.00082.
Poids par mètre : 5,740.

Pour avoir le prix total, il faut ajouter le prix de façon et pose afférent à la bande dont il s'agit au prix des fournitures correspondant à la largeur.

Les bandes d'agrafe sont réglées à la moitié de la façon des bandes à cheval, de solin et d'égout.

Prix de règlement des bandes en zinc n° 16.

Prix de pose et façon		Prix du zinc (fourniture seulement) au cours de :																				
Bande de solin et d'égout	Bande de recouvrement	56	58	60	62	64	66	68	70	72	74	76	78	80	82	84	86	88	90	92	94	96	98
0,50	1,10	0,19	0,20	0,20	0,21	0,22	0,22	0,23	0,24	0,25	0,25	0,26	0,27	0,27	0,28	0,29	0,29	0,30	0,31	0,31	0,32	0,33	0,33
0,50	1,10	0,29	0,30	0,31	0,32	0,33	0,34	0,35	0,36	0,37	0,38	0,39	0,40	0,41	0,42	0,43	0,44	0,45	0,46	0,47	0,48	0,49	0,50
0,50	1,10	0,39	0,40	0,41	0,42	0,44	0,45	0,46	0,48	0,49	0,50	0,52	0,53	0,55	0,56	0,57	0,59	0,60	0,61	0,63	0,64	0,65	0,67
0,50	1,10	0,48	0,50	0,51	0,53	0,55	0,56	0,58	0,60	0,61	0,63	0,65	0,66	0,68	0,70	0,72	0,73	0,75	0,77	0,78	0,80	0,82	0,83
0,50	1,10	0,58	0,60	0,61	0,63	0,65	0,67	0,70	0,72	0,74	0,76	0,78	0,80	0,82	0,84	0,86	0,88	0,90	0,92	0,94	0,96	0,98	1,00
0,50	1,10	0,67	0,69	0,71	0,74	0,76	0,79	0,81	0,83	0,86	0,88	0,91	0,93	0,95	0,98	1,00	1,03	1,05	1,07	1,10	1,12	1,15	1,17
0,50	1,30	0,77	0,80	0,82	0,85	0,87	0,90	0,93	0,95	0,98	1,01	1,04	1,06	1,09	1,12	1,15	1,17	1,20	1,23	1,25	1,28	1,31	1,34
0,50	1,30	0,87	0,90	0,92	0,95	0,98	1,01	1,04	1,07	1,10	1,13	1,17	1,20	1,23	1,26	1,29	1,32	1,35	1,38	1,41	1,44	1,47	1,50
0,50	1,30	0,96	0,99	1,02	1,06	1,09	1,12	1,16	1,19	1,23	1,26	1,30	1,33	1,36	1,40	1,43	1,47	1,50	1,53	1,57	1,60	1,64	1,67
0,50	1,30	1,06	1,09	1,12	1,16	1,20	1,24	1,27	1,31	1,35	1,39	1,42	1,46	1,50	1,54	1,57	1,61	1,65	1,69	1,72	1,76	1,80	1,84
0,50	1,30	1,16	1,19	1,23	1,27	1,31	1,35	1,39	1,43	1,47	1,51	1,55	1,59	1,64	1,68	1,72	1,76	1,80	1,84	1,88	1,92	1,96	2,00
0,50	1,50	1,25	1,29	1,33	1,37	1,42	1,46	1,51	1,55	1,59	1,64	1,68	1,73	1,77	1,82	1,86	1,91	1,95	1,99	2,04	2,08	2,13	2,17
0,50	1,50	1,35	1,39	1,43	1,48	1,53	1,57	1,62	1,67	1,72	1,77	1,81	1,86	1,91	1,95	2,00	2,05	2,10	2,15	2,19	2,24	2,29	2,34
0,50	1,50	1,44	1,49	1,53	1,58	1,64	1,69	1,74	1,79	1,84	1,89	1,94	1,99	2,04	2,10	2,15	2,20	2,25	2,30	2,35	2,40	2,45	2,50
0,52	1,50	1,54	1,59	1,63	1,69	1,74	1,80	1,85	1,91	1,96	2,02	2,07	2,13	2,18	2,24	2,29	2,34	2,40	2,45	2,51	2,56	2,62	2,67
0,54	1,50	1,64	1,68	1,73	1,81	1,85	1,91	1,97	2,03	2,09	2,14	2,20	2,26	2,32	2,38	2,43	2,49	2,55	2,61	2,67	2,72	2,78	2,84
0,56	1,50	1,73	1,78	1,84	1,91	1,93	2,02	2,09	2,15	2,21	2,27	2,33	2,39	2,45	2,52	2,58	2,64	2,70	2,76	2,82	2,88	2,94	3,01
0,58	1,50	1,83	1,88	1,94	2,02	2,07	2,14	2,20	2,27	2,33	2,40	2,46	2,53	2,59	2,65	2,72	2,78	2,85	2,91	2,98	3,04	3,11	3,17
0,60	1,50	1,92	1,98	2,04	2,12	2,18	2,25	2,32	2,39	2,45	2,52	2,59	2,66	2,73	2,79	2,86	2,93	3,00	3,07	3,14	3,20	3,27	3,34
0,62	1,50	2,02	2,08	2,14	2,23	2,29	2,36	2,43	2,50	2,58	2,65	2,72	2,79	2,86	2,93	3,01	3,08	3,15	3,22	3,29	3,36	3,44	3,51
0,64	1,50	2,12	2,18	2,24	2,33	2,40	2,47	2,55	2,62	2,70	2,77	2,85	2,92	3,00	3,07	3,15	3,22	3,30	3,37	3,45	3,52	3,60	3,67
0,66	1,50	2,21	2,28	2,35	2,44	2,51	2,59	2,67	2,74	2,82	2,90	2,98	3,06	3,14	3,21	3,29	3,37	3,45	3,53	3,61	3,68	3,76	3,84
0,68	1,50	2,31	2,38	2,45	2,55	2,62	2,70	2,78	2,86	2,94	3,03	3,11	3,19	3,27	3,35	3,44	3,52	3,60	3,68	3,76	3,84	3,93	4,01
0,70	1,50	2,41	2,48	2,55	2,65	2,73	2,81	2,90	2,98	3,06	3,15	3,24	3,32	3,41	3,49	3,58	3,66	3,75	3,83	3,92	4,00	4,09	4,17
l'exc. le m.p. 1,00	le m.p. 1,75	ajouter deux bandes faisant ensemble la largeur totale cherchée.																					

ne n° 16. Epaisseur : 0,00108, Poids par mètre : 7,560.

Pour avoir le prix total il faut ajouter le prix de façon et pose afférent à la bande dont il s'agit, au prix des fournitures correspondant à la largeur.

Les bandes d'agrafe sont réglées à la moitié de la façon des bandes à cheval du solin et d'égout.

Dans ces tableaux, les largeurs de zinc sont échelonnées de $0^m,02$ en $0^m,02$, depuis $0^m,04$ jusqu'à $0,50$.

Les deux premières colonnes de prix indiquent les prix de façon des bandes à cheval de solin et d'égout d'une part, ceux des bandes de recouvrement, d'autre part.

Au delà de 0,50 les premières sont comptées pour l'excédent au mètre superficiel à raison de $1^f,00$ l'unité : Pour les secondes, le prix de $1^f,75$ s'applique encore, quelle que soit la largeur.

Les colonnes suivantes donnent les prix du zinc au mètre linéaire, suivant les cours, depuis celui de 56 francs jusqu'à celui de 98 francs.

Au-dessus de la largeur de 0,50, on ajoute les prix de deux bandes faisant ensemble la largeur cherchée.

On remarquera que l'engravure prend $0^m,05$, l'ourlet saillant $0^m,05$, soit ensemble $0^m,10$ à ajouter à la largeur de la partie à recouvrir, pour avoir la largeur réelle développée de la bande de recouvrement.

§ 3. — ARDOISES ET TUILES MÉTALLIQUES

173. Ardoises métalliques. — On a eu l'idée de reproduire, au moyen de feuilles de métal de dimensions restreintes, les heureux effets d'appareil de la couverture en ardoises. On y gagne en solidité, et la dilatation du métal peut se faire très commodément. Pour diminuer la surface inutile, on assemble ces feuilles, auxquelles par analogie on a conservé le nom d'ardoises, par des joints à agrafures qui emploient le moins possible de métal.

Si on compare les couvertures ainsi composées avec les ouvrages de zinc en grande feuilles, on trouve que la surface nécessaire est plus considérable, mais on gagne sur l'épaisseur qui peut être plus faible, par suite sur le poids, et en somme on arrive à des toitures économiques.

174. Ardoises losangées en zinc de la Vieille Montagne. — La *fig.* 262 montre une portion de couverture exécutée avec des ardoises en zinc fabriquées et préparées prêtes à la pose par la société de la Vieille Montagne. Chacune des feuilles forme un carré parfait, et elle est posée de telle sorte qu'une des diagonales soit dirigée suivant la ligne de plus grande pente du pan de toiture.

Dans cette position, les deux bords supérieurs sont munis de pinces relevées en dehors, tandis que les rives inférieures sont également garnies de pinces, mais rabat-

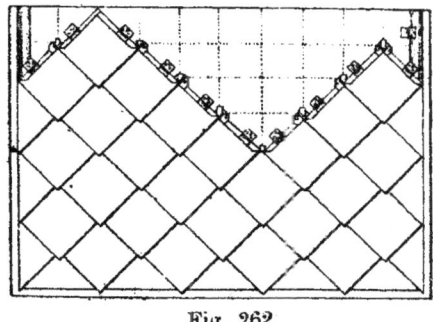

Fig. 262

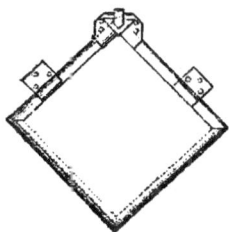

Fig. 263

tues en dessous. Si on représente l'une de ces ardoises séparément, on obtient la *fig.* 263. Chaque ardoise d'un rang vient s'agrafer avec les ardoises déjà posées plus bas et on la maintient par des pattes recourbées, l'une au sommet, et deux autres latérales.

Pour faire une pose régulière, on trace sur le voligeage du long pan une série de carrés indiqués en ponctué dans l'ensemble de la *fig.* 263, et qui donnent la position exacte de tous les sommets.

La société de la Vieille Montagne exécute ces ardoises de plusieurs dimensions, pour s'adapter aux différentes toitures que l'on peut avoir à couvrir. Le tableau suivant donne les renseignements complets sur ces ardoises.

Dimension des côtés des ardoises	Surface développée des ardoises	Nombre des ardoises et des pattes de côté par mètre carré de couverture			Poids du zinc, pattes comprises, par mètre carré de couverture					Longueur de la diagonale pour calcul des demi-ardoises
		Nombre des ardoises	Nombre des pattes de côté		N° 9	N° 10	N° 11	N° 12	N° 13	
			par ardoise	par mètre carré						
m²	m²	pièces	pièce	pièce	k	k	k	k		m
0 28	0 1063	14 88	0	0	5 47	6 03	6 91	7 80	---	0 39
0 35	0 1574	9 22	2	18	5 31	5 80	6 63	7 44	---	0 49
0 45	0 2474	5 42	2	11	---	5 33	6 08	6 83	7ᵏ38	0 63
0 60	0 4199	2 98	2	6	---	4 71	5 64	6 35	7 05	0 85
0 75	0 6374	1 88	2	4	---	4 70	5 07	5 74	6 41	1 05

Si ces ardoises prises isolément ont la forme d'un carré, mises en place, elles paraissent être des losanges, parce leur surface se trouve légèrement réduite sur le côté par le recouvrement résultant des agrafures.

Les deux côtés supérieurs des ardoises sont rabattus extérieurement pour former des agrafures plates, tandis que les deux côtés inférieurs sont pliés en sens contraire pour former également agrafures, mais celles-ci, au lieu d'être plates, portent un boudin ou ourlet, pour empêcher l'eau de remonter entre elles par capillarité, comme l'indique la *fig.* 264.

Fig. 264

Pour former les diverses rives de ce genre de toitures il est nécessaire d'avoir des demi-ardoises ; la forme de ces pièces de raccord est donnée dans les quatre croquis de la figure 265 : en (1) la demi ardoise de faîtage ; en (2) la demi ardoise de rive gauche ; en (3) la demi ardoise de rive droite ; en (4) la demi ardoise de larmier.

Ces pièces se trouvent toutes faites d'avance et peuvent se poser de suite du moment que les rives sont d'équerre. Pour celles qui seraient biaises, il est indispensable ou de les commander spécialement d'après le tracé du biais, ou bien de faire le raccord par une travée pleine en zinc, qui rachète le biais.

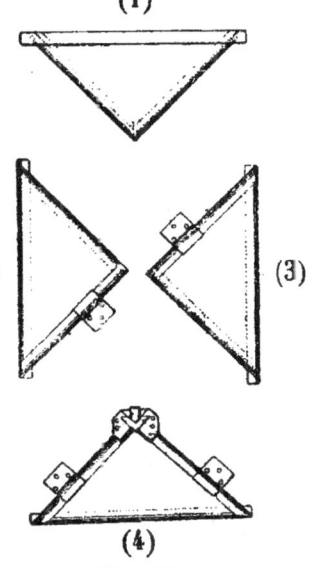

Fig. 265

Les ardoises présentant peu de surface et pouvant se dilater très librement en tous sens fatiguent peu. Aussi peut-on les fabriquer avec du zinc de faible épaisseur. On prend d'ordinaire le zinc n° 10 pour les ardoises de 0,28 et de 0,35 de côté, le n° 11 pour celles de 0,45, les n° 11 et 12 pour celles de 0,60 et enfin le n° 13 pour celles de 0,75.

175. Mode d'attache de ces ardoises. — Chaque ardoise est maintenue sur le voligeage par une patte, dite à obturateur, représentée dans la *fig.* 266 (1). On l'agrafe avec les plis plats des côtés, à leur rencontre à l'angle supérieur, et on la fixe avec deux clous pour les ardoises de 0,28 à 0,35 de côté et avec quatre clous pour les ardoises de 0,45 et au-dessus.

Deux autres pattes dites de côté, qu'on voit fixées à l'ardoise dans la *fig.* 265 et qui sont représentées isolément dans le croquis (2) de la *fig.* 266, appuient sur les agrafures plates, et empêchent ainsi le soulèvement des ardoises, sans faire obstacle à leur dilatation.

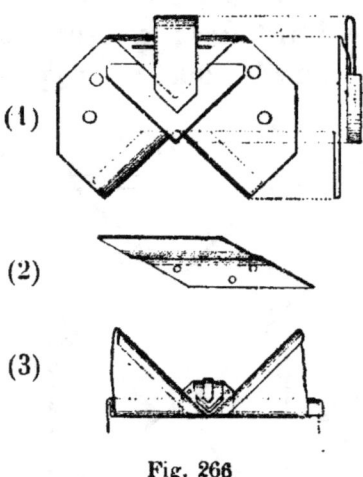

Fig. 266

Enfin, le croquis (3) montre une patte, agrafe de larmier, également à obturateur.

Le dernier perfectionnement apporté à ce système de couverture consiste dans le remplacement de la patte qui dans l'ancienne disposition était soudée à l'angle supérieur de la feuille, par la patte d'agrafe mobile, dite à obturateur. — L'obturateur *fig.* 266 (1) est une petite pièce qui fait partie de la patte, et qui, pouvant se déplacer dans une certaine limite, ne gêne en rien la pose des ardoises ; elle bouche complètement le petit vide qui existait autrefois à la pointe inférieure des ardoises en place, et rend tout à fait impossible le passage de l'eau et de la neige, mêmes lorsqu'elles sont poussées par des vents violents.

176. Pente de la couverture en ardoises losangées. — La pente minimum pour l'emploi de ces ardoises est de 0,36 à 0,40 par mètre soit 20° à 22°. Cette pente peut aller jusqu'à la verticale.

177. Bandes de rives. — Les rives biaises des toits recouverts en ardoises de zinc doivent être garnies de bandes avec lesquelles viennent s'agrafer les pièces de la couverture, ardoises et demi-ardoises. Ces bandes peuvent être avantageusement disposées comme l'indique la *fig.* 267. Elles présentent un ourlet au dehors permettant de les agrafer soit au moyen de pattes, soit par des bandes d'agrafe ; elles portent à leur rive opposée une pince relevée, avec laquelle s'agrafent des pattes clouées sur le voligeage. Enfin, elles portent soudées dans leur partie médiane un relief saillant qui permet d'accrocher les

Fig. 267

pièces de couverture la position de cette saillie peut être déterminée de manière à avoir dans la longueur de la couverture un nombre entier d'ardoises, ce qui facilite singulièrement la pose et évite bien des raccords.

Pour les noues ou les cheneaux, la même disposition s'emploie ; le cheneau, ou la bande de batellement qui y mène est muni d'une pince relevée avec laquelle viennent s'agrafer les ardoises de larmier. Il est indispensable encore, pour éviter les raccords, de préciser d'avance la position exacte

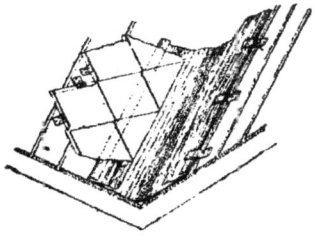

Fig. 268

de cette pince pour qu'on ait un nombre entier d'ardoises dans la hauteur du pan de toiture. La *fig.* 268 montre le raccord d'un cheneau avec les premiers rangs d'ardoises.

Il en est de même pour les châssis. Il est bon de les établir dans un encadrement en zinc qui correspond à un multiple de la largeur et de la hauteur d'une ardoise, et

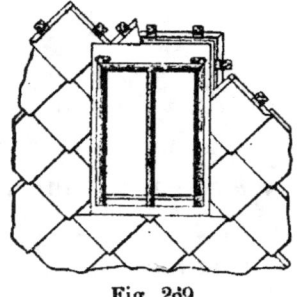

Fig. 269

présente les pinces nécessaires pour l'agrafure des pièces courantes du commerce.

D'autres fois, on coupe et on relève à la demande les ardoises qui viennent s'adosser aux rives du châssis, ainsi que l'indique la *fig.* 269. Mais alors les raccords sont plus difficultueux.

178. Faîtages et arêtiers. — Les faîtages et arêtiers s'exécutent dans ce genre de couvertures sans la moindre

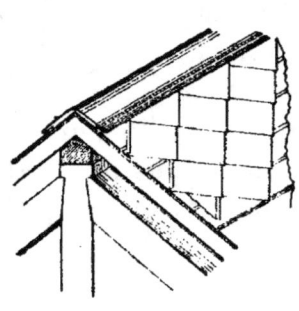
Fig. 270

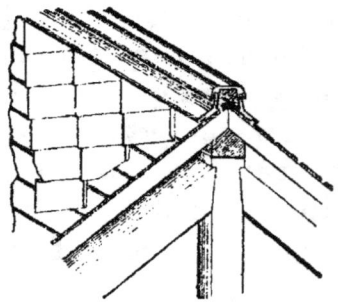
Fig. 271

difficulté. La *fig.* 270 indique le système le plus simple de faîtage qui puisse être employé; il est formé d'une bande à cheval munie de pinces venant simplement recouvrir les pans d'ardoises; on peut la fixer par des clous ou vis avec calotins sur l'arête supérieure, et sur les rives au moyen de pattes recourbées.

Lorsqu'on veut avoir une meilleure construction, et en même temps que donner à ces raccords plus d'élégance, on peut adopter le tracé de la *fig.* 271. Le faîtage qui y est senté est formé de deux bandes distinctes. Chacune d'elles est terminée en bas par une pince, et en haut elle se relève le long d'un tasseau de faîtage. Le relief du haut est terminé par une pince relevée extérieurement et est retenue par des pattes d'agrafe; des pattes retournées maintiennent la rive basse. Il ne reste plus, pour terminer le faîtage, qu'à recouvrir le tasseau par un couvrejoint convenablement disposé. On a vu dans la couverture ordinaire en zinc le profil de ce couvrejoint, et la manière dont il est maintenu définitivement à sa place.

179. Estampille. — Toutes les ardoises de la « Vieille-Montagne » portent à l'angle inférieur, très apparente, la même estampille que les feuilles laminées. Le numéro marqué est celui qui correspond à l'épaisseur du zinc employé.

180. Ardoises estampées ornées. — M. Coutelier a fait des modèles d'ardoises imbriquées et assemblées

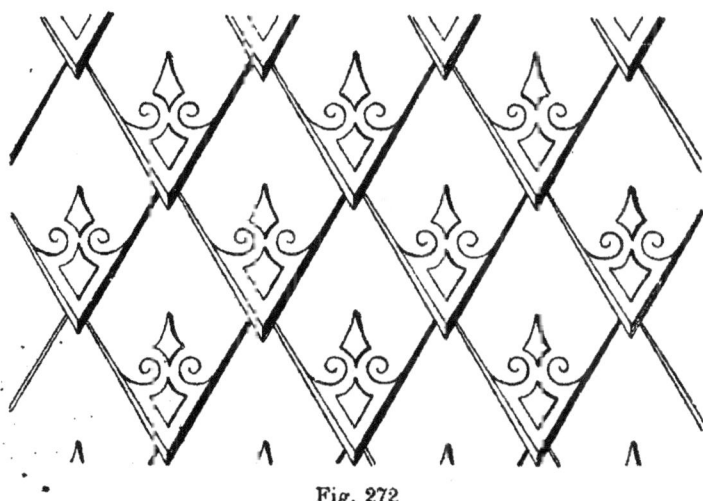

Fig. 272

comme celles de la Société de la Vieille-Montagne, mais qui de plus ont leur surface vue estampée, de manière à produire deux effets différents. Le premier est une décoration par suite d'un dessin produit par l'estampage; le second est un relief qui donne de l'épaisseur aux bords de l'ardoise et dans le pan produit une ombre qui accuse l'appareil et donne du corps à la couverture.

La *fig.* 272 donne l'ensemble d'une portion de couverture exécutée avec ces sortes d'ardoises.

181. Ardoises métalliques systèmes Menant et Duprat. — Une autre forme a été donnée aux ardoises métalliques par divers inventeurs, c'est la forme rectangulaire. Plus simple d'aspect elle se prête mieux aux assemblages et la surface doublée en est réduite. Chaque pièce se fixe au moyen de deux pattes sur la rive haute, et s'agrafe par le bas avec la pièce inférieure déjà posée. Les rives de côté sont formées par une forte ondulation ou ner-

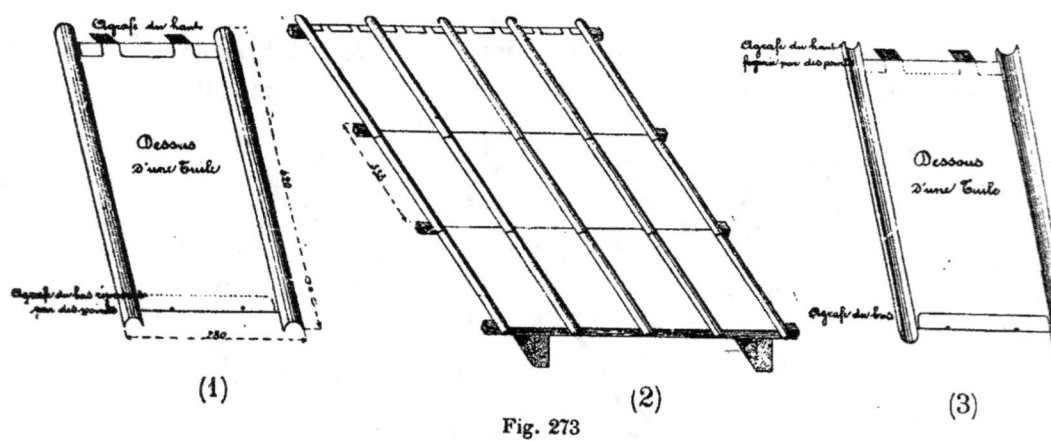

Fig. 273

vure et les saillies de deux pièces voisines se recouvrent l'une l'autre. Elles ont une certaine ressemblance avec les tuiles mécaniques, aussi leur donne-t-on assez souvent aussi le nom de tuiles.

La *fig.* 273 représente en (2) l'ensemble d'une partie de couverture exécutées avec des ardoises de ce genre système *Menant.* Le croquis (1) donne la vue par dessus d'une de ces pièces il montre les deux nervures latérales ; la rive supérieure est munie d'une pince relevée de laquelle on a distrait les deux pattes d'attache qui font ainsi corps avec l'ardoise. La rive inférieure est bordée d'une pince rabattue. Le croquis (3) montre le dessous de cette même ardoise.

Les ardoises d'un rang étant posées, on vient, pour mettre en place le rang suivant, présenter chaque pièce en l'agrafant par sa pince basse dans la pince relevée de l'ardoise inférieure ; on l'emboîte dans l'ardoise de même rang précédemment placée, et on cloue les pattes sur le voligeage.

L'attache ainsi faite est très solide.

On peut, avec ce genre d'ardoises métalliques, faire une notable économie dans nombre de bâtiments industriels, en remplaçant le voligeage par un simple lattis correspondant aux pattes de chaque rang. Ce lattis est établi en liteaux de sciage de 0,027 ou mieux de 0,034 de largeur.

Ces ardoises se font en zinc n° 10, de 0,0005 environ, ou bien en cuivre, ou encore en tôle galvanisée suivant les cas.

Le mètre carré de couverture mesurée suivant la pente pèse environ $4^{ks},50$. Pour les réparations, on peut sans difficulté les démonter de l'intérieur.

La tuile ou ardoise, système Duprat est basée sur le même principe : ses rives latérales sont ondulées d'une façon plus accentuée, et se prolongent plus loin que l'agrafure basse.

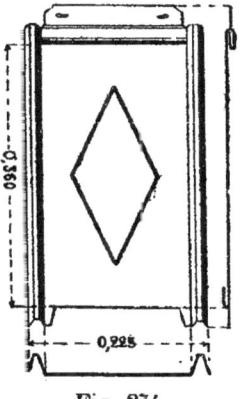

Fig. 274

Quant à la rive supérieure, elle est repliée sur elle-même de manière à former à la fois pince et patte d'agrafe. Cette dernière est alors de toute la largeur de la pièce et percée de deux trous pour l'attache. La *fig.* 274 donne la vue par-dessus, la coupe longitudinale et la coupe transversale de cette ardoise. Elle montre que la partie milieu est estampée d'un losange qui augmente sa résistance et agrémente son aspect.

Comme la précédente, elle s'agrafe en haut et en bas, et ses rives latérales forment des ondulations qui se recouvrent. On peut la fixer sur voligeage plein, ou économiquement sur un simple lattis, comme on l'a vu dans le système précédent.

A ces ardoises s'appliquent les détails de construction qui vont être donnés plus amplement pour les revêtements en ardoises de Montataire qui sont construites suivant le même principe.

182. Ardoises de Montataire. Forme, dimensions, mode d'attache. — Partant de ce principe que plus les dimensions d'une feuille métallique ondulée sont restreintes, plus la dilatation est facile, et plus minces peuvent être ces feuilles, la Société des forges et fonderies de Montataire a établi des ardoises métalliques de 0,215 sur 0,415. Ces ardoises sont faites en tôle galvanisée et l'épaisseur du métal a pu être réduite à 0,0005 ce qui correspond à un poids au mètre superficiel couvert mesuré suivant la pente, de $4^{kg},500$, recouvrements ordinaires compris. C'est donc une couverture très légère qui convient pour des remises, hangars et autres bâtiments légers qui ne doivent avoir qu'une durée limitée : la durée des tôles galvanisées.

Ces tôles se comportent très bien pendant un certain nombre d'années, tant que le zinc protège la tôle, mais elles se corrodent très vite dès que la tôle commence à se rouiller au contact de l'air.

Ici, en raison de la mince épaisseur, la tôle découverte se perce avec la plus grande rapidité. La surface de l'ardoise de Montataire est ondulée dans le sens de sa longueur ; les nervures qui en résultent augmentent sa résistance à la flexion, les nervures des rives latérales sont plus importantes pour former joint.

La *fig*. 275 représente en (2) l'ensemble d'une portion de

couverture exécutée avec ces sortes d'ardoises; le croquis (1) montre en vue de dessus, en place l'une de ces pièces. Il n'y a aucune pince pour les agrafures, la section est constante en tous les points.

Les ardoises de Montataire se posent soit sur un voligeage jointif, soit sur un voligeage espacé présentant une volige sous les lignes de recouvrement d'ardoises. On peut remplacer cette volige par un liteau un peu large, de 0,041 par exemple.

La pose des ardoises métalliques se fait au moyen d'agrafes ou bandelettes en même matière ou en zinc, de

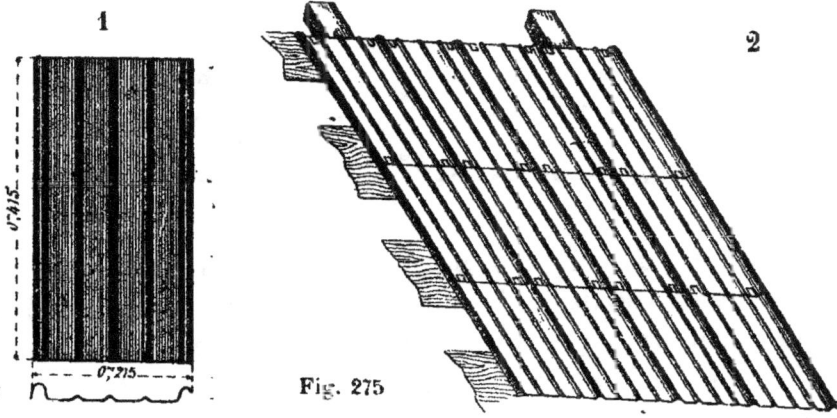

Fig. 275

0^m, 10 de longueur et 0,02 de largeur. On les fixe avec des clous galvanisés munis de rondelles en plomb; les agrafes sont pliées d'avance régulièrement.

Le clou enfilé d'abord dans l'agrafe, percée d'un trou à la demande, puis dans la rondelle, est chassé, ainsi garni, à travers l'ardoise dans la volige. La rondelle en plomb est écrasée entre l'agrafe et l'ardoise et elle bouche parfaitement le joint entre cette dernière et le clou.

Lorsqu'une rangée d'ardoises est posée et qu'on vient à placer le rang qui se trouve immédiatement au-dessus, on engage, dans les pattes précédentes, la rive basse de chaque nouvelle ardoise posée, et cette rive se trouve ainsi parfaitement maintenue. D'un autre côté, les dimensions sont déterminées pour que la clouure de tête d'un rang soit recouverte par la rive basse du rang suivant.

Chaque ardoise est donc fixée par deux clous en haut, par deux pattes en bas, et les recouvrements des rangs successifs, en même temps que les emboîtements latéraux garantissent de toute infiltration.

Pour la première rangée du bas, les agrafes, qui doivent retenir la rive inférieure, sont directement clouées sur le voligeage. Ce premier rang peut former goutte saillante au bas d'un pan de toiture, ou bien venir en recouvrement sur une bande de batellement menant l'eau à un chéneau.

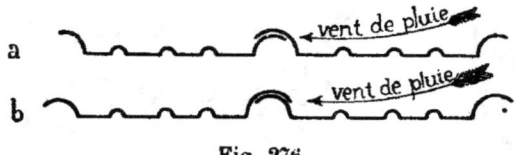

Fig. 276

On doit pour la pose tenir compte de l'orientation des ardoises en vue de la direction habituelle du vent de pluie. Les recouvrements d'une ardoise à l'autre doivent être disposés ainsi que le montre le croquis *a* de la *fig.* 276 et non comme le montrerait le croquis *b*.

La pose peut se faire de deux manières : soit par *files* du

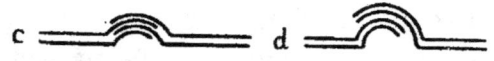

Fig. 277

bas au faîte, soit par *rangées* d'une rive de pignon à l'autre, mais toujours en partant du bas du toit. Dans l'une et l'autre manière, il faut avoir soin de faire chevaucher les ardoises de droite à gauche ou réciproquement pour qu'au joint, la superposition des quatre épaisseurs se fasse suivant la façon, *c fig.* 277 et non suivant l'indication *d*.

Dans la disposition du croquis *c* les ardoises sont mieux

assujetties au voligeage et la solidité en même temps que l'étanchéité sont mieux assurées.

Dans tous les cas, il est important de faire, préalablement à la pose, un tracé à coups de cordeau sur le voligeage, de manière à bien tenir parallèles et les lignes de recouvrements et les nervures des ardoises. Les gros boudins des deux versants doivent se montrer deux à deux aux mêmes points du faîtage, afin de s'emboîter facilement dans les échancrures des couvrejoints de faîte, lesquelles sont découpées d'avance.

La partie recourbée des agrafes doit être la plus courte possible ; il faut éviter de frapper sur la pliure ce qui cas-

Fig. 278   Fig. 279

serait l'agrafe. La forme de la pliure est celle représentée ci-contre par la *fig.* 278 qui montre une patte en élévation vue de dessus et en vue latérale.

La *fig.* 279 donne la section transversale d'une ardoise de Montataire et cette section indique, en plus, la position des deux clous qui maintiennent la tête de cette

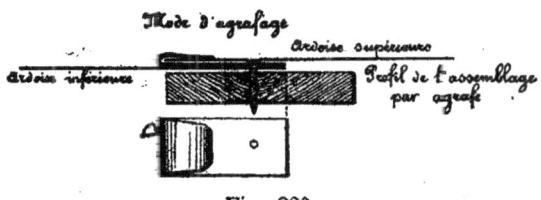

Fig. 280

pièce sur le voligeage du toit ; les trous préparés d'avance dans l'ardoise pour le passage de ces clous sont régulièrement disposés à $0^m,02$ de l'arête supérieure de la pièce métallique.

183. Pente des couvertures en ardoises de Montataire. — Les pentes des couvertures en ardoises de Montataire sont variables, suivant le degré d'étanchéité que l'on veut obtenir. Pour des bâtiments industriels, dont la destination n'exige pas une étanchéité absolue, on peut descendre de 15 à 20°, soit $0^m,28$ à 0,36 par mètre, mais ces pentes sont à éviter; dans des couvertures ordinaires, il ne faut pas descendre au-dessous de 20°, soit 0,36 par mètre et on peut aller jusqu'à des revêtements verticaux.

Les recouvrements des rangs d'ardoises dépendent de l'inclinaison adoptée.

Pour les pentes de 45°, $1^m,00$ par m. et au-dessus, le recouvrement est de 0,04
Pour la pente de 40°, 0,84 par m., on prend pour valeur du recouvrement 0,05
Pour la pente de 35°, 0,70 par m., on prend pour valeur du recouvrement 0,06
Pour la pente de 30°, 0,58 par m., on prend pour valeur du recouvrement 0,07
Pour la pente de 25°, 0,48 par m., on prend pour valeur du recouvrement 0,08
Pour la pente de 20°, 0,36 par m., on prend pour valeur du recouvrement 0,09
En dessous, il faut au moins 0,10.

184. Disposition des faîtages. — La Société des forges et fonderies de Montataire fournit des faîtages façon-

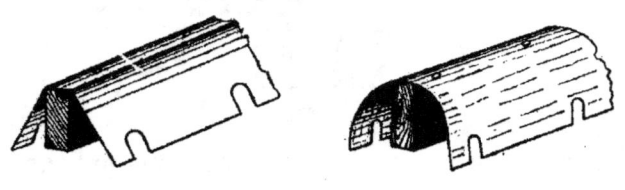

1   Fig. 281   2

nés prêts à poser. Ils sont de deux sortes à échancrures ou à coulisse.

La *fig.* 281 donne dans ses deux croquis (1) et (2), deux dispositions de couvrejoints de faîtage du premier système.

Ils sont, comme on le voit, ou prismatiques ou cylindriques ; ils se fixent par des vis sur une pièce de bois longitudinale faisant office de tasseau de faîtage.

Ils ne sont tenus que par la pièce de bois ; aussi cette dernière doit elle être très solidement fixée sur la charpente. Le revêtement métallique ne se tenant que par son raide, il est nécessaire également qu'il soit parfaitement maintenu.

Le système à coulisse a même forme, mais sans échancrures et les rives sont munies d'ourlets. Ils sont représentés par le croquis (1) de la *fig.* 282.

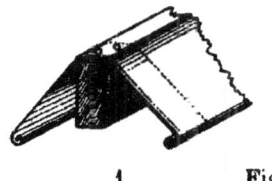 

1   Fig. 282   2

Ils se trouvent maintenus par des pattes représentées par le croquis (2) vissées sur la pièce de bois qui forme le tasseau de faîtage ; les dernières s'engaînent dans l'ourlet de la rive correspondante. Ces pattes de faîtage sont établies en feuillard galvanisé.

La présence de ces pattes rend ce procédé peut-être plus solide que le précédent ; dans les deux cas le faîtage en bois doit présenter la même stabilité.

Enfin, on peut faire exécuter avec avantage des faîtages-chemins établi de même façon sur une forme en bois assez large, disposée pour les recevoir.

185. Prix des ardoises et de leurs accessoires. — Le tableau suivant indique pour les diverses valeurs ci-dessus du recouvrement les quantités poids et prix des ardoises, accessoires compris, par mètre superficiel de couverture, ces fournitures faites en gare de Creil (Oise).

Tableau indiquant les quantités, les poids et les prix d'ardoises (accessoires compris) et les recouvrements nécessaires pour les inclinaisons usuelles.

Inclinaison en degrés ou pentes	Recouvrements	Nombre d'ardoises	Poids accessoires compris	Prix accessoires compris	Observations
45° ou 100/100	0m04	14,04	4k142	4 17	Pour une ardoise pesant . . . 270 grammes Il faut :
40° ou 84/100	0 05	14,43	4 256	4 27	2 agrafes à 10 gr. l'une . . . 20 — 2 clous à 1,40 gr. l'un . . . 2,80 —
35° ou 70/100	0 06	14,83	4 374	4 47	2 rondelles à un gr. l'une . . . 2 —
30° ou 58/100	0 07	15,27	4 504	4 57	Soit environ . . . . 294,80 grammes pour une ardoise garnie.
25° ou 48/100	0 08	15,72	4 637	4 67	Ces prix sont établis sur la base de : les 100 kil.
30° ou 36/100	0 09	16,22	4 784	4 82	100 fr. pour les ardoises et les agrafes et 130 fr. pour les clous et rondelles.
15° à 10° ou 17 à 28/100	0 10	16,74	4 937	4 97	*Franco* d'emballage en caisses de 200 ardoises fournies pour 54 kilog.

Autres accessoires de couvertures et prix. — La Société de Montataire fournit en outre des tuyaux de descente, crochets, gouttières, châssis, etc., ainsi que des tôles galvanisées planes, pour faire des couvertures agrafées analogues à celles en zinc. Les prix de ces différentes fournitures sont les suivants :

Ardoises métalliques de Montataire.	les 100 kil.	100 »
Agrafes ou bandelettes de tôle galvanisée. .	—	100 »
Clous inoxydables	—	130 »
Rivets en zinc (pour application sur fer) . .	—	200 »
Rondelles en plomb.	—	130 »
Bandes de tôle plane galvanisée, pour tuyaux, gouttières, faîtages, noues, arêtiers, chéneaux, etc., de 0^{m}25 à 0^{m}50 de largeur sur 2 mètres de longueur	—	75 »
Faîtages façonnés en tôle galvanisée (système à coulisse).	le mètre c^t	1 70
Faîtages façonnés en tôle galvanisée (système à échancrures).	—	1 90
Feuillard galvanisé façonné pour pattes du faîtage (système à coulisse).	la pièce	» 10
Tuyaux de descente, soudés et rivés (en tôle galvanisée), en bouts de 2 mètres, diamètre 8 cent.	le mètre c^t	1 25
Tuyaux de descente, soudés et rivés (en tôle galvanisée), en bouts de 2 mètres, diamètre 11 cent. . , ...	—	1 50
Crochets en fer galvanisé pour tuyaux, de 8 cent.	la pièce	» 25
Crochets en fer galvanisé pour tuyaux, de 11 cent..	—	» 30
Gouttières en tôle galvanisée, en bouts de 2 mètres, développement de 250 millim. . .	le mètre c^t	1 25
Gouttières en tôle galvanisée, en bouts de 2 mètres, développement de 330 millim. . .	—	1 50
Crochets en fer galvanisé pour gouttières, de 250 millim.	la pièce	» 30
Crochets en fer galvanisé pour gouttières, de 330 millimètres	—	» 35

Crochets de service en fer galvanisé. . . .	—	1 50
Coudes cintrés au quart, d'un seul morceau (en tôle galvanisée), diamètre 8 cent. . . .	—	95 »
Coudes cintrés au quart, d'un seul morceau (en tôle galvanisée), diamètre 11 cent. . .	—	1 35
Chattière grillée spéciale en tôle galvanisée. $0^m12 \times 0^m14$ . . . . . . de jour.	—	7 »
Chattière grillée spéciale en tôle galvanisée. $0^m15 \times 0^m30$ . . . . . . de jour.	—	11 »
Châssis spéciaux à tabatières en fer galvanisé. n° 1 : $0^m50 \times 0^m57$ . . . . de jour.	—	15 »
Châssis spéciaux à tabatières en fer galvanisé. n° 2 : $0^m69 \times 0^m92$ . . . . de jour.	—	22 »
Châssis spéciaux à tabatières en fer galvanisé. n° 3 : $0^m87 \times 1^m29$ . . . . de jour.	—	27 »
Tôles galvanisées, pouvant s'agrafer, dimensions du zinc laminé. . . . . de $0^m50 \times 2$ mètres de $0^m65 \times 2$ mètres de $0^m80 \times 2$ mètres (Épaisseur 5/10 correspondant à la résistance du zinc n° 14.) les 100 kil.		90 »
Couvre joints en tôle galvanisée, en bouts de 2 mètres. . . . . le mètre c^t		35 »

Tous ces prix s'entendent des marchandises chargées sur wagon à Montataire.

La tôle galvanisée se soude comme le zinc et a une dilatation moindre.

186. Tuiles en fonte. — La couverture en fonte ne s'est pas répandue à cause de sa forte épaisseur, de son poids et de son prix. Cependant, on a fait des essais de tuiles en fonte et nous avons vu en parlant des pièces spéciales à raccorder avec les tuiles, le grand avantage qu'on obtenait à les exécuter en fonte, pourvu qu'on ait un certain nombre de pièces semblables à fournir.

Aujourd'hui, on fabrique des tuiles en fonte mince qui ne pèsent que 1^{kg} à $1^{kg},500$. Il en faut 20 environ au mètre carré. La couverture est donc moins lourde que la couverture en tuiles, et, si on prend la précaution de les goudronner, on évite les taches de rouille et on obtient une couverture très solide. Ces sortes de couvertures tendent à se généraliser dans quelques parties de l'Allemagne.

§ 4. — FEUILLES MÉTALLIQUES ONDULÉES

187. Emploi de couvertures en feuilles métalliques ondulées. Tôle ondulée. — On emploie les feuilles métalliques, zinc, ou tôle de fer, dans la couverture des bâtiments, par surfaces relativement grandes, en leur donnant une section transversale régulièrement ondulée à la machine.

Les ondulations ainsi obtenues leur donnent une grande rigidité et permettent dans bien des cas de supprimer le

Fig. 283

voligeage et le lattis, en même temps que les chevrons. Pour peu que les pannes soient rapprochées à 1^m,00, 1^m.50, ou 2^m,00 suivant les modèles, elles suffisent pour soutenir les feuilles ondulées et leur permettre, de plus, de porter le poids d'un homme.

Ces feuilles métalliques ondulées peuvent même être

cintrées dans le sens de la longueur; elles présentent alors une rigidité telle, lorsqu'elles sont assemblées convenablement, qu'on en fait de véritable combles, en les posant sur des sablières parallèles réunies par quelques fers ronds formant tirants. Cette disposition est applicable à des portées restreintes, jusqu'à 10 et 12 mètres.

Les feuilles non cintrées peuvent aussi servir de clôture à des bâtiments légers ; le croquis de la *fig.* 283 donne un exemple de cette double application.

Le métal le plus généralement employé sous forme ondulée est la tôle de fer. La tôle ondulée peut s'employer peinte, mais la peinture exposée aux intempéries dure peu et demande à être souvent renouvelée; on préfère employer la tôle galvanisée, c'est-à-dire recouverte d'une couche mince de zinc. La tôle galvanisée convient pour la couverture de hangars, des bâtiments légers ou provisoires, des constructions industrielles, à condition qu'il ne se dégagera dans ces bâtiments aucune odeur ou fumée acide, basique ou autre, capable d'attaquer le zinc. Tant que le zinc préserve la surface de la tôle de l'oxydation due aux agents atmosphériques, les couvertures sont durables ; dès que la tôle commence à se rouiller, par suite d'une insuffisante préservation, il faut y parer soit par une peinture souvent renouvelée, soit par une nouvelle galvanisation. Sans cette précaution, la présence des deux métaux en contact, sous l'influence de l'humidité, détermine, par des phénomènes électriques, une oxydation encore plus rapide que si la tôle était seule dans les mêmes conditions.

188. Divers modèles de tôles ondulées. Grandes et petites ondes. — Voici les principaux types de tôles ondulées que l'on trouve dans le commerce en France. On les obtient soit noires, soit galvanisées.

N° 1. *Tôle ondulée* 332^{mm}. *Type Compagnie de l'Ouest.*

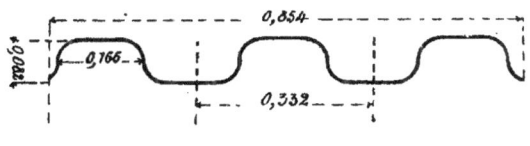

Fig. 284

— Cette tôle est figurée comme section dans la *fig.* 284. La plus grande longueur possible est 3^m,00 ; on peut produire les largeurs inférieures à 0,854.

Le cintre en longueur peut être nul ou porté à 0^m,06 par mètre, ce qui correspond à un rayon minimum de 5^m,00.

L'épaisseur peut varier de 0^m,001 à 0^m,003.

La largeur développée pour 0^m,854 est 1^m,12.

Le poids du m. s. non développé, en 1^{mm} 1/2 d'épaisseur, est de 15^k,750 ; l'épaisseur généralement employée varie de 0,0015 à 0,002 ; plus rarement on va jusqu'à 0,003.

N° 2. *Tôle ondulée de* 135^{mm},5. — La section de cette tôle est donnée par la *fig.* 285. Cette disposition est prise dans les feuilles de tôle du commerce de 1^m,65 × 0,65, ou 2^m,00 × 1,00, coupées à 0,96. Ce qui donne les deux sections suivantes :

1er type, *fig.* 285

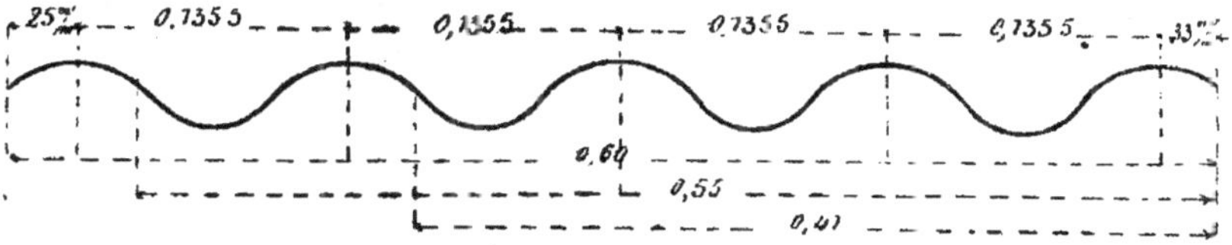

Fig. 285

Longueur utile de la feuille		1 55
Largeur utile { avec simple recouvrement		0 55
{ avec double recouvrement		0 41

Surface réelle, mesurée suivant la pente, couverte par

Une feuille { avec simple recouvrement, 1,55 × 0,55 . .		0 8525
{ avec double recouvrement, 1,55 × 0,41 . .		0 6355
Longueur utile de la feuille		1 90

2me type *fig.* 286

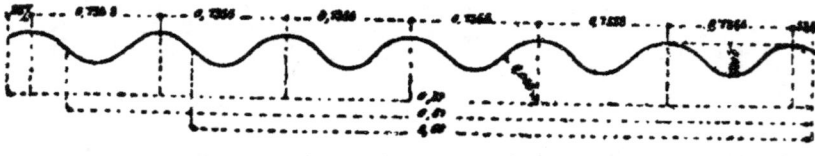

Fig. 286

Largeur utile { avec simple recouvrement 0 81
                avec double recouvrement 0 68

Surface réelle, mesurée suivant la pente, couverte par

Une feuille { avec simple recouvrement, 1,90 × 0,81. . 1 540
              avec double recouvrement, 1,90 × 0,68. . 1 292

La longueur maxima des feuilles est de $3^m,00$.

N° 3. *Tôle ondulée de* 109^{mm}. — Cette tôle est prise dans les feuilles du commerce de 1,65 × 0,65 et 2,00 × 1,00, ce qui donne les deux types suivants ·

Le 1er type est représenté comme section par la *fig.* 287. il correspond aux feuilles 1,65 × 0,65.

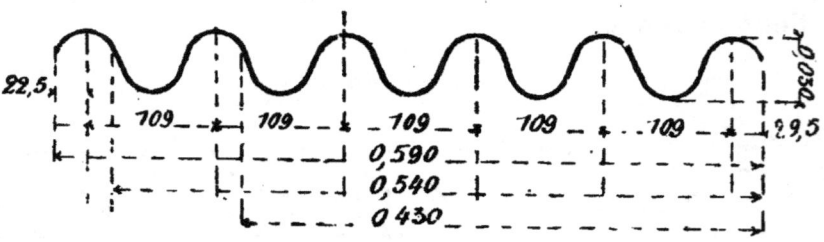

Fig. 287

Longueur utile de la feuille 1 55
Largeur utile { avec simple recouvrement 0 540
                avec double recouvrement 0 430

Surface réelle, mesurée suivant la pente, couverte par

Une feuille { avec simple recouvrement, 1,55 × 0,54. . 0 837
              avec double recouvrement, 1,55 × 0,43. . 0 666

la longueur maxima des feuilles est de $3^m,20$.

2me type correspondant aux feuilles 2,00 × 1,00. Sa section est indiquée par la *fig.* 288.

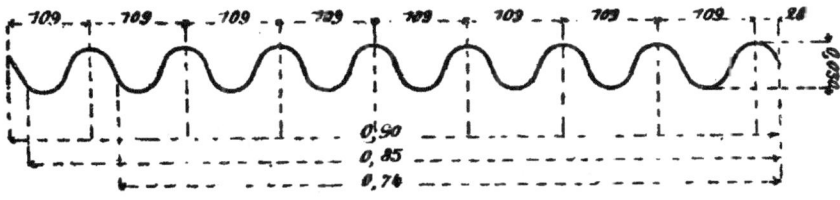

Fig. 288

Longueur utile de la feuille		1 90
Largeur utile de la feuille { en simple recouvrement . .		0 85
{ en double recouvrement . .		0 74

Surface réelle couverte par une feuille et mesurée suivant la pente :

avec simple recouvrement, 1,90 × 0,85 . . . 1 620
avec double recouvrement, 1,90 × 0,74 . . . 1 406

Cette ondulation est celle qui se prête le mieux au cintrage qui peut s'effectuer sans limite.

La longueur maxima des feuilles est de $3^m,20$.

N° 4. *Tôle ondulée de* 100^{mm}. — Les feuilles courantes sont obtenues comme dans les types qui précèdent avec les tôles du commerce de 1,65 × 0,65 et de 2,00 × 1,00. La longueur maxima des feuilles est de 3,20.

Avec la tôle de 1,65 × 0,65 on obtient la section représentée par la *fig.* 289.

1er type

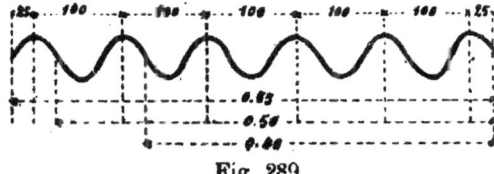

Fig. 289

Longueur utile de la feuille		1 55
Largeur utile { avec simple recouvrement		0 50
{ avec double recouvrement		0 40

Surface réelle couverte par une feuille et mesurée suivant la pente :

avec simple recouvr., 1,55 × 0,50. . 0 770
avec double recouvr., 1,55 × 0,40. . 0 620

Avec la tôle de 2,00 × 1,00, on obtient la section représentée par la *fig.* 290.

2me type

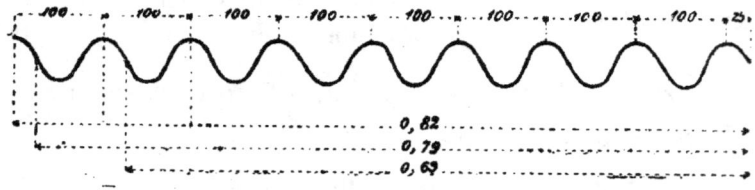

Fig. 290

Longueur utile de la feuille 1 90
Largeur utile { avec simple recouvrement 0 79
{ avec double recouvrement 0 69

Surface réelle, mesurée suivant la pente, couverte par

Une feuille { avec simple recouvrement, 1,90 × 0,79. . 1 500
{ avec double recouvrement, 1,90 × 0,69. . 1 311

Les tôles ondulées n° 1 sont dites à *grandes ondes*, les autres, par opposition, à *petites ondes*.

189. — N° 5. *Tôle nervée, galvanisée.* — La tôle nervée galvanisée constitue une couverture très économique, en raison du minimum de tôle employée. On peut la poser sur pannes espacées de 0,75, sans chevrons ni voliges, et elle supporte encore le poids d'un homme. Elle convient pour les couvertures de bâtiments légers et pour ceux destinés à être envoyés au loin démontés.

La section est représentée par la *fig.* 291.

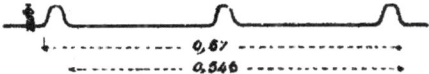

Fig. 291

La longueur utile de la feuille est de	1 55
La largeur utile avec recouvrement.	0 545
La surface réelle, mesurée suivant la pente, et couverte par une feuille est de 1,55 × 0,545	0 845
Longueur maxima des feuilles	1 65

Tous ces types et renseignements sont tirés de l'album de la maison A. Carpentier.

Dans les tôles de 1ᵐ,65 × 0,65, la plus faible épaisseur qu'on puisse donner est celle correspondant à 4ᵏ,500, soit environ 0,0004 ; mais cette épaisseur s'emploie rarement. Pour les feuilles de 2ᵐ,00 × 1,00, la plus faible épaisseur possible est de 0ᵐ,001, donnant un poids de 17 kilog. la feuille.

Le tableau suivant est extrait de l'album de la maison Carpentier, il donne les dimensions des feuilles galvanisées avant l'ondulation, les épaisseurs les plus usuelles, les poids correspondants, les dimensions des feuilles après l'ondulation, les poids m. q. de surface couverte, et cela pour les ondes les plus usitées dans la couverture des bâtiments, c'est-à-dire pour celles de 100, 109 et 135 millimètres.

Tableau des poids des tôles ondulées galvanisées les plus employées en couverture

Dimensions des feuilles avant ondulation	Épaisseurs en 10es de millimètres avant la galvanisation	Poids approximatif des feuilles galvanisées avant ondulation	Ondes de 0,100		Ondes de 0,109		Ondes de 0,135		Prix des 100 kilos
			Les dimensions des feuilles deviennent après cette ondulation	Poids approximatif du mètre carré couvert, recouvrements compris 0,10 × 0,05	Les dimensions des feuilles deviennent après cette ondulation	Poids approximatif du mètre carré couvert, recouvrements compris 0,10 × 0,05	Les dimensions des feuilles deviennent après cette ondulation	Poids approximatif du mètre carré couvert, recouvrements compris 0,10 × 0,05	
1,65 × 0,65	4/10	4ᵏ 50	1,65 × 0,55	5ᵏ 80	1,65 × 0,59	5ᵏ 40	1,65 × 0,60	5ᵏ 30	80 fr. à 50 fr. suivant l'épaisseur
	5/10	5 30		6 85		6 35		6 25	
	6/10	6 30		8 15		7 55		7 40	
	7/10	7 00		9 05		8 40		8 30	
	8/10	7 70		10 00		9 25		9 05	
	9/10	8 30		10 75		10 00		9 75	
	1 m/m	9 30		12 05		11 20		10 95	
2,00 × 1,00 =	1 m/m	18 50	2,00 × 0,82	12 35	2,00 × 0,90	11 45	2,00 × 0,87	12 00	

190. Emploi des tôles ondulées sur charpentes en bois. — Sur les combles à pannes en bois, l'emploi des tôles galvanisées est des plus simples. Il faut en premier lieu que les pannes soient établies sous les lignes de joints ; elles seront donc espacées de 1m,55 pour les feuilles de 1m,65 et de 1m90 pour les feuilles de 2m,00 de longueur. Il faut de plus préciser le point de départ de la division.

L'assemblage est très facile à faire ; on l'obtient par des

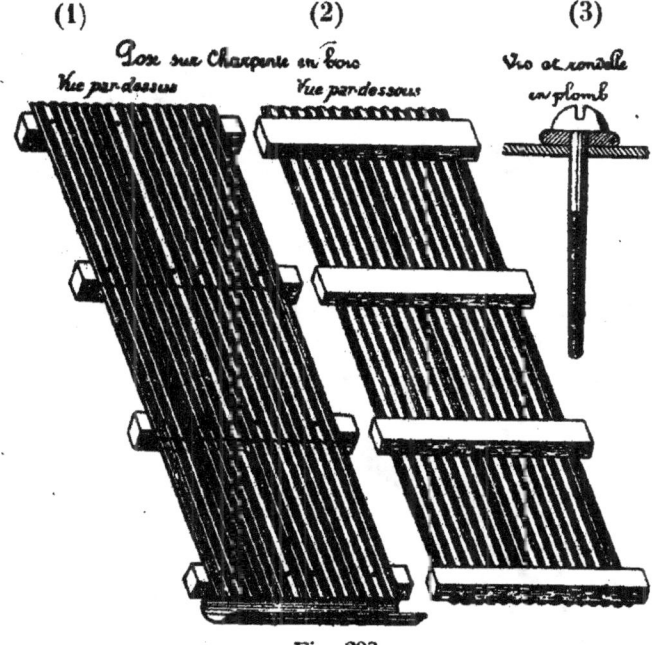

Fig. 292

vis s'engageant dans le bois après avoir traversé la tôle supérieure seulement ; on obtient l'étanchéité au pourtour de la vis par l'intermédiaire d'une rondelle en plomb, qui se mate sous la pression et empêche toute infiltration d'eau.

Les trois croquis de la *fig.* 292 donnent la représentation de cette couverture. Le croquis (1) montre l'ensemble d'une portion de toiture vue par dessus ; il indique la correspondance des pannes de la charpente et des joints à soutenir.

Le croquis n° 2 montre cette même couverture vue par dessous. Enfin, le croquis (3) représente la vis d'assemblage avec sa rondelle en plomb.

La *fig.* 293 donne le détail de cet assemblage : le croquis

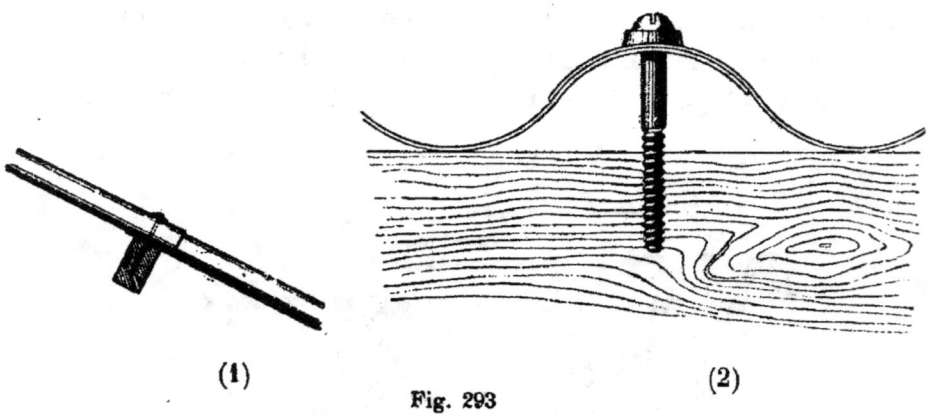

Fig. 293

(1) est une coupe de profil suivant la plus grande pente du pan ; le croquis (2) donne une coupe transversale et montre la position de la vis au sommet d'une onde, là où

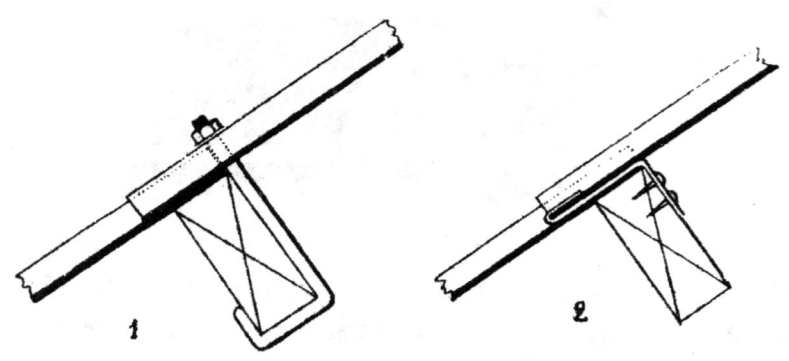

Fig. 294

il n'y a pas une accumulation d'eau qui pourrait menacer le joint.

Lorsque l'on se trouve dans des pays sujets aux ouragans, on peut craindre que les tôles ne soient soulevées par l'effort du vent agissant par dessous. On remplace alors l'assemblage à vis par un autre plus solide, au moyen de boulons à crochets. Cette disposition est représentée *fig.* 294 (1). Il va sans dire que les pannes à leur tour ont alors besoin d'être bien reliées au restant de la charpente. Sous l'écrou du boulon on doit interposer une rondelle en plomb, pour assurer l'étanchéité. Le second croquis de cette même figure, s'applique au cas où les tôles doivent être déplacées et où on veut éviter de les percer. On les fixe alors au moyen de pattes coudées, en fer galvanisé, clouées sur la face latérale des pannes. La même patte maintient la feuille du haut par son agrafure, tout en appuyant sur la tête de la feuille inférieure.

192. Assemblage des tôles ondulées sur combles en fer. — La pose sur comble en fer des feuilles en tôle

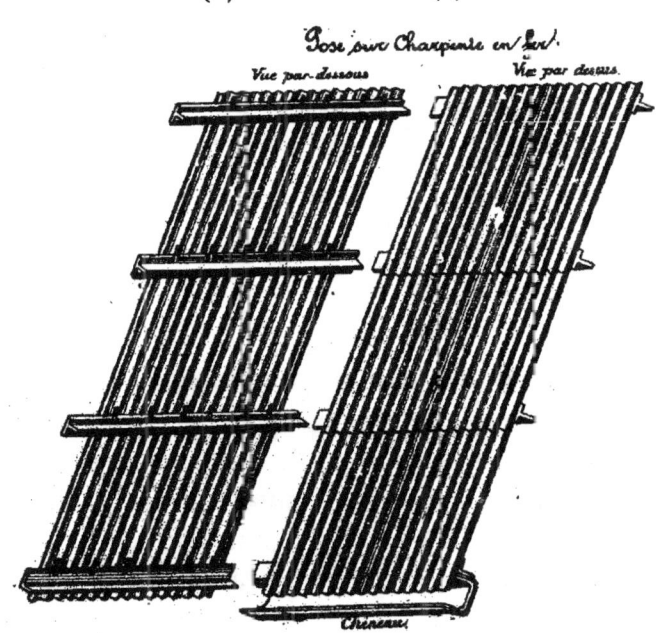

Fig. 295

ondulée suit les mêmes principes que celles sur comble en bois. Lorsque l'on profite de ce genre de couverture pour simplifier la charpente et supprimer lattis et chevrons, il faut que les pannes soient disposées convenablement pour recevoir les assemblages. Chaque ligne de pannes doit venir soutenir un joint horizontal. La première panne ayant son emplacement déterminé, les autres s'espacent successivement de la longueur utile des feuilles, soit de 1^m,55 pour les feuilles de 1^m,65 et de 1^m,90 pour les feuilles de 2^m,00 de longueur. — La *fig.* 295, dans ses croquis (1) et (2), donne l'aspect d'une portion de couverture en tôles ondulées, vue par dessus et par dessous.

L'assemblage de chaque feuille avec les pannes se fait par l'intermédiaire de pattes en tôle galvanisées a, *fig.* 296 (1),

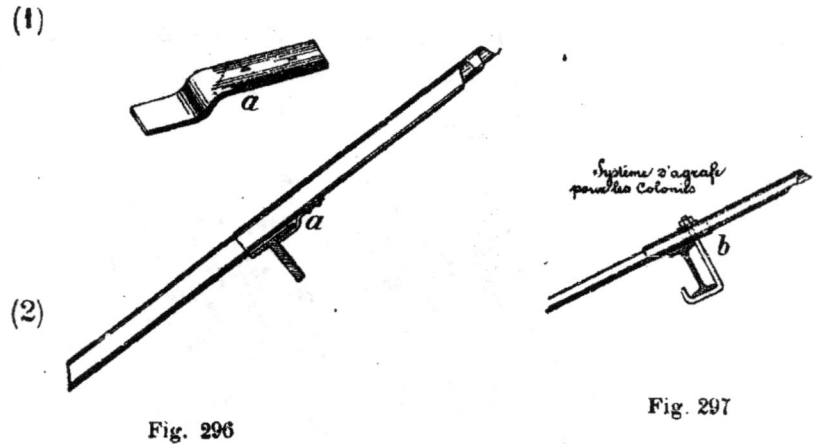

Fig. 296   Fig. 297

rivées sur les feuilles au fond d'une onde ; la partie relevée de la patte vient s'engager sous la table de la panne comme le montre le croquis (2) de cette même figure. La feuille de dessus, ainsi maintenue, appuie à son tour, pour la bien fixer, sur la tête de la feuille qui se trouve immédiatement en contrebas, dans le rang inférieur.

Dans les pays à ouragans, où l'on pourrait craindre un soulèvement des feuilles, on s'y oppose en remplaçant les simples pattes de tout à l'heure par des boulons étriers b, *fig.* 297, entourant les pannes, qui elles mêmes sont consolidées.

Pour les installations provisoires, faites avec des tôles qui doivent servir ailleurs et qu'on ne veut pas percer, on emploie les assemblages par pattes agrafées.

Ces pattes, analogues à celles dont il a déjà été parlé pour le bois, viennent embrasser la table supérieure de la panne, cornière, fer à T ou fer à I ; elles appuient sur la tête de la tôle inférieure et se recourbent pour agrafer et retenir la rive basse des tôles du rang immédiatement au-dessus. La *fig*. 298 donne la représentation des pattes de ce genre et leur application à l'assemblage des tôles ondulées montées sur pannes en fer ; en (1) la panne est faite d'un fer cornière; en (2) elle est faite d'un fer à I ; la forme de la patte dépend de la panne, et on l'exécute en tôle galvanisée.

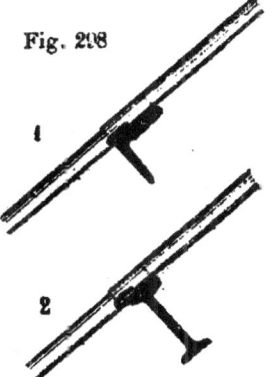
Fig. 298

La pose des tôles galanisées, soit sur pannes en bois soit sur pannes en fer, doit toujours se commencer par le rang inférieur qui garnit la goutte du pan à recouvrir ; puis, on continue par les tôles immédiatement au-dessus, en procédant par rangs horizontaux, jusqu'à ce qu'on arrive à la dernière rangée, celle qui s'appuie sur la panne de faîtage ; c'est ce dernier rang de tôles qui comporte une dimension spéciale, pour compléter la hauteur du long pan suivant la pente. Il faut fixer d'avance cette dimension, assez à temps pour la commander spécialement et n'avoir pas à attendre la fabrication.

193. Disposition des faîtages. — Si la charpente est en bois, la panne faîtière, additionnée s'il est nécessaire d'un tasseau à la demande, recevra directement le couvre-joint de faîtage. Si la charpente est en fer, la panne de faîtage sera doublée d'un large morceau de bois, dont les côtés recevront les rives supérieures des feuilles des deux pans. Au milieu, on fixera un tasseau de faîtage et sur le tout on posera le couvrejoint.

Ce couvrejoint s'établit soit en tôle galvanisée, soit en feuilles de plomb.

Les faîtages en tôle se fixent d'ordinaire sur le bois au moyen de vis, qui traversent leur épaisseur, et dont la tête appuie sur la surface métallique par l'intermédiaire de rondelles en plomb. Quelquefois on les maintient en dessous par des pattes engaînées. La *fig.* 299 montre dans le croquis

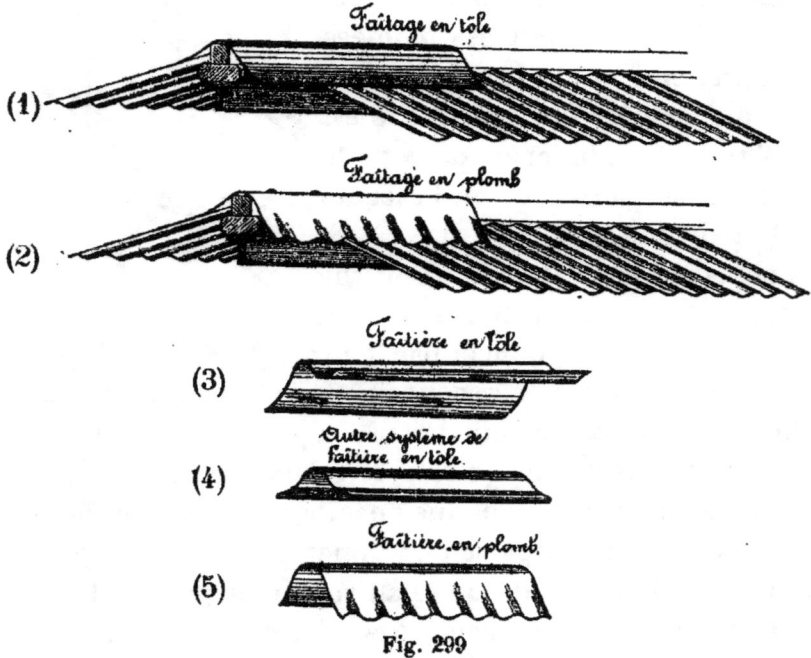

Fig. 299

(1) l'ensemble d'un faîtage ainsi exécuté et les croquis (3) et (4) montrent la forme des faîtages.

Les faîtages en plomb sont formés d'une feuille de plomb de 0,0025 à 0,0030 d'épaisseur, fixée par vis à la panne médiane, qu'on vient rabattre sur les deux pans en les battant convenablement pour leur faire épouser la forme des ondulations des feuilles de couverture, *fig.* 299, (2) et (5).

On peut encore fixer les faîtages en tôle directement sur pannes en fer. La *fig.* 300 montre deux assemblages de ce genre employés par la maison Carpentier. Dans le premier, le faîtage est fixé directement aux tôles de couverture par des boulons traversant des rondelles en plomb.

Dans le second, plutôt applicable aux pays à ouragans, une série de boulons à crochets, placés alternativement dans un sens et dans l'autre, retiennent à la fois et les

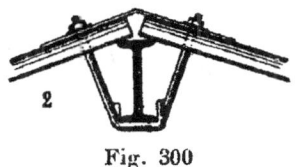

Fig. 300

feuilles de couverture à leur partie haute et le faîtage qui les surmonte ; les écrous pressent toujours le métal par l'intermédiaire d'une rondelle en plomb.

194. Prix des tôles ondulées. — Le prix des tôles galvanisées varie avec le cours du fer ; on les obtient aux cent kilogrammes à 50 ou 60 fr. lorsque l'épaisseur est de 1 millimètre au moins ; plus l'épaisseur diminue, plus le prix au kilogramme s'élève et il peut y avoir par kilogramme un écart de 20 centimes entre les tôles de 1 millimètre et celles de 0,0004 d'épaisseur. Les pattes, rivets, rondelles en tôle galvanisés, valent environ 1,50 le kilogramme ; les vis galvanisées, les rondelles en plomb valent 3 francs le kilogramme.

La façon et la pose des feuilles, de leurs rivets et agrafes revient à 2 francs ou 2,50 le mètre superficiel couvert, mesuré suivant la pente.

Le cintrage augmente le prix d'une quantité variable, suivant l'épaisseur, le rayon et la qualité de la tôle.

195. Zinc ondulé dit cannelé. Mode d'attache. — L'application des feuilles ondulées aux toitures se fait également avec le zinc. La Société de la Vieille-Montagne, entre autres, livre des feuilles de zinc dites *cannelées* dont les cannelures ont $0^m,03$ de hauteur et $0^m,10$ d'axe en axe. La *fig.* 301 donne la section d'une de ces feuilles, toutes de 2,25 de longueur. Les ondulations ou cannelures donnent au zinc, comme à la tôle, une grande résistance à la flexion. Ce qui permet, comme avec la tôle ondulée,

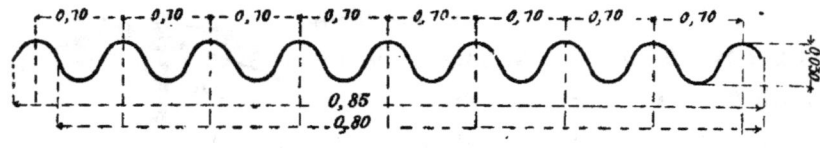

Fig. 301

de se passer de chevronnage et de lattis et de porter directement les feuilles cannelées sur les pannes.

Un espacement de $1^m,07$ environ entre les pannes suffit dans les conditions ordinaires pour tenir le zinc cannelé sans autre intermédiaire, et lui faire porter la charge courante des toitures.

Assemblage avec les pannes. — L'assemblage des feuilles cannelées avec les pannes se fait d'une manière analogue à celle de la tôle ondulée.

Fig. 302

L'assemblage avec une panne en bois est le plus simple et le plus solide; il peut se faire, comme le montre la *fig.* 302 au moyen de pattes d'équerre, soudées aux feuilles supérieures, et clouées sur la paroi latérale des pannes. La rive basse d'une feuille retient ainsi très solidement la tête de la feuille qui se trouve immédiatement en contrebas.

On multiplie d'autant plus ces pattes que l'on a besoin d'une solidité plus grande et que la couverture est plus exposée à être soulevée par le vent.

La dilatation du métal dans le sens latéral s'effectue

toujours facilement par les cannelures; elle n'est à prévoir que dans le sens de la longueur, aussi la tête des feuilles ne doit-elle pas buter contre l'équerre. On emploie fréquemment, pour rendre cette dilatation plus facile, des pattes à gaînes, comme celles que montre la *fig.* 303 dans la vue par dessous d'une portion de couverture.

Les autres assemblages, déjà vus pour les tôles ondulées, s'appliquent également aux couvertures en zinc cannelé,

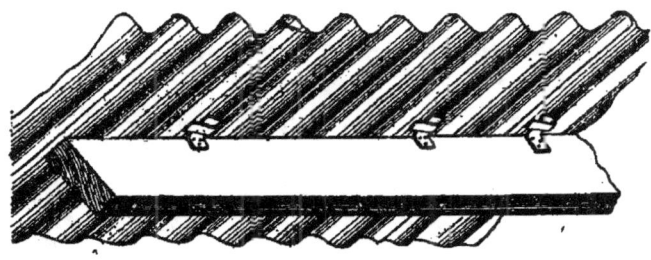

Fig. 303

avec la seule différence que les rondelles en plomb sont généralement supprimées et remplacées par des calotins soudés.

Les assemblages avec les pannes en fer se font également comme ceux déjà décrits pour les tôles; les pattes sont d'ordinaire en feuillard étamé et elles sont soudées à la partie inférieure des feuilles.

196. Pente, poids et prix. Pente de la couverture en zinc cannelé. — La pente convenable, pour un recouvrement de feuilles de 0,10, est de 20 à 25°, soit 0,36 à 0,46 par mètre. Si la pente était moins forte, il faudrait augmenter le recouvrement, de telle sorte que sa projection verticale fût au moins de 0,05.

Poids du mètre carré de couverture. — Chaque feuille mise en place ne couvre qu'une surface de $1^m,72$; elle perd

0,19 sur son développement réel, soit un peu plus du dixième de sa surface.

Le poids du mètre carré de couverture en zinc cannelé n° 14 mesuré sans développement est d'environ 7^k,500, compris tous recouvrements.

Prix du zinc cannelé. — Le prix de vente du zinc cannelé, en numéros et dimensions ordinaires, suit le cours du zinc laminé, sans aucune plus value.

197. Feuilles de zinc à doubles nervures. Mode d'attache. — La Société « la Vieille Montagne » livre aussi des feuilles cannelées, dites à double nervure, système

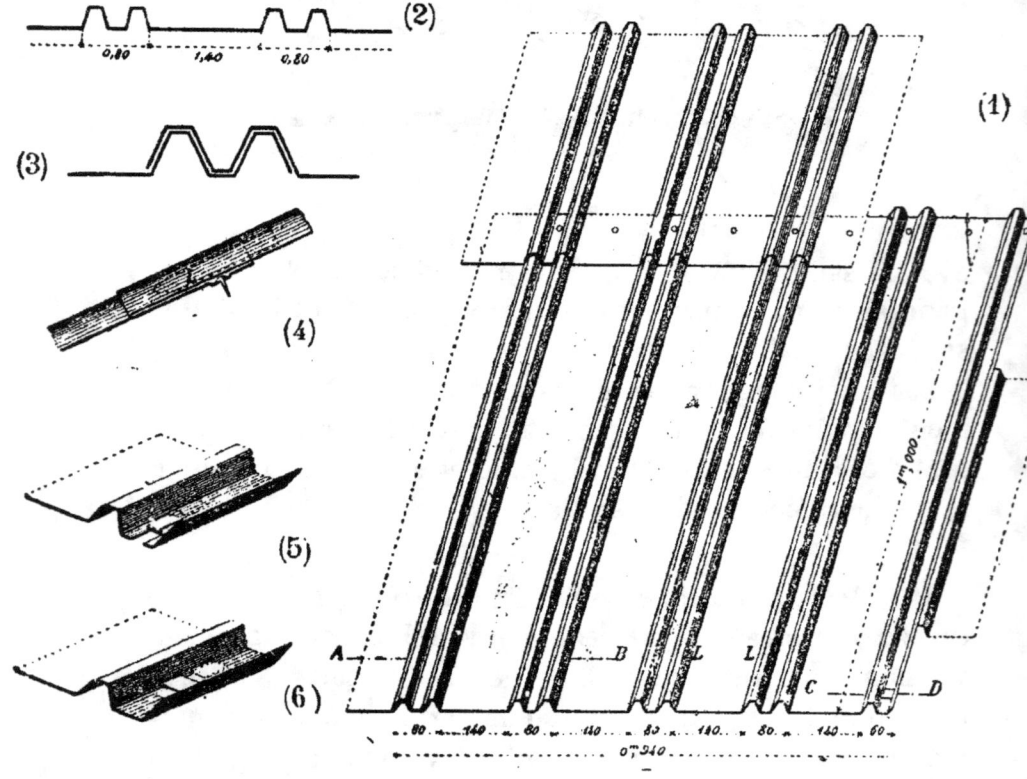

Fig. 304

Baillot, qui se recommandent pour toitures, revêtements

de murs, lambris. La forme de ces feuilles, en coupe transversale suivant AB, est représentée dans la *fig.* 304 (2). Le croquis (1) de la même figure montre une portion d'ensemble de couverture exécutée avec ce système. L'assemblage des rives latérales de deux feuilles se fait par un double recouvrement, comme le montre le croquis n° 3, ce qui assure une étanchéité absolue; les deux nervures jumelles ont ensemble 0,08 et l'intervalle plat qui les sépare a $0^m,14$ de largeur ; les feuilles ont $0^m,94$ de largeur non développée, et une longueur de $1^m,00$.

Les feuilles à doubles nervures, lorsqu'elles sont employées en couverture, se posent sur voligeage plein, sur voligeage à claire-voie, ou sur lattis. Le clouage a lieu en haut de chaque feuille et les trous de clous sont préparés à l'avance. La feuille supérieure se tient après le haut de la feuille précédente, au moyen de pattes engaînées placées verticalement dans les nervures (4).

Les feuilles d'un même rang sont retenues entre elles au moyen de pattes engaînées figurées dans le croquis (4) d'ensemble, et, si on représente en perspective la coupe suivant CD de cet assemblage, on obtient le croquis (6) que l'on simplifie encore en le remplaçant par l'assemblage du croquis (5).

Les différents raccords, que l'on peut avoir à exécuter dans les couvertures avec ce système de feuilles, sont très faciles à combiner, en raison même de la forme de ces feuilles qui se prête très bien aux assemblages.

198. Disposition du faîtage. — Ainsi, le faîtage s'exécute de la manière indiquée en perspective dans la *fig.* 305. Les feuilles montent jusqu'à l'arête qui sépare les deux pans contigus et reçoivent par dessus un couvrejoint de faîtage, creux, soutenu sur les nervures et qui se rabat verticalement dans la hauteur de ces

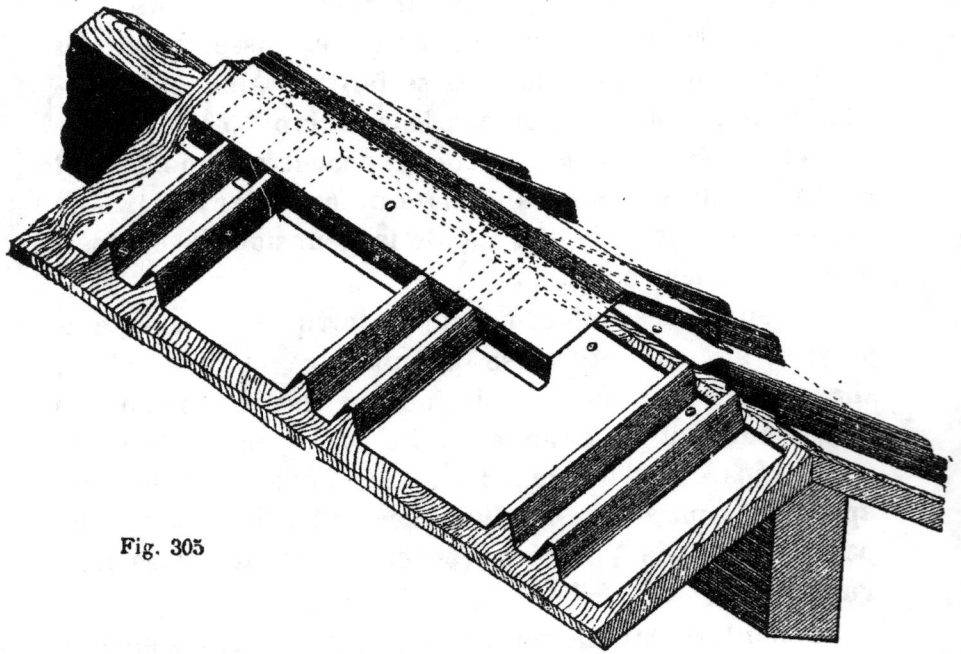

Fig. 305

dernières pour se fixer par un pli soudé sur la partie haute des feuilles.

Ce faîtage avance assez sur les feuilles pour assurer d'une complète étanchéité et le rapprochement des points d'appui le rend assez raide malgré le vide inférieur.

199. Organisation de la rive d'égout. — L'égout inférieur du pan de toiture doit être préparé par une bande de batellement venant déverser l'eau dans un chéneau, comme le montre le croquis (1) de la *fig.* 306, ou par une bande d'égout, terminée par un ourlet, croquis (2), si l'égout n'est pas muni de chéneau. Ces bandes sont tenues à la manière ordinaire ; elles portent une bande d'agrafe qui sert à fixer et retenir la partie inférieure des feuilles du dernier rang de la couverture. Les deux croquis montrent le mode de pliage des bandes de batellement et d'égout, et la manière dont s'agrafe la pince de la rive basse des feuilles. — Les nervures ont leur zinc coupé et rabattu en bout, pour former leur extré-

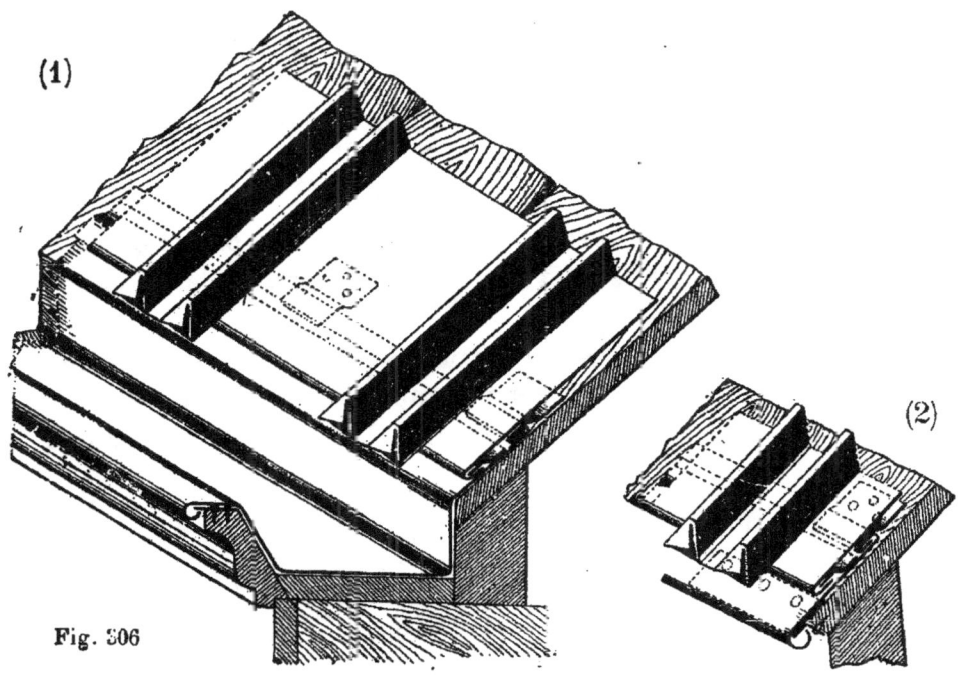

Fig. 306

mité et produire l'apparence des tasseaux de couvrejoints des couvertures ordinaires.

200. Des ruellées. — La *fig.* 307 donne dans ses croquis

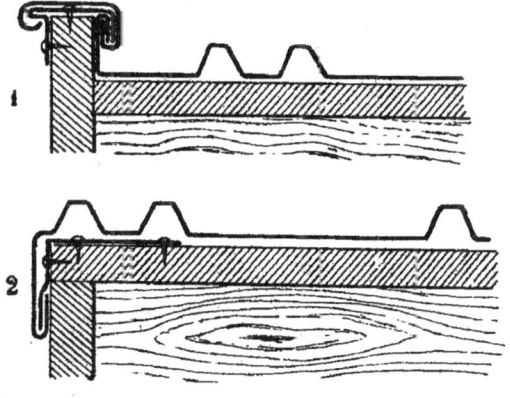

Fig. 307

(1) et (2) deux dispositions simples de bandes de ruellées,

dans le croquis n° 1, la feuille de zinc est relevée verticalement et se termine par une pince plate le long d'une planche verticale qui suit le voligeage. Elle est maintenue par une bande d'agrafe à deux fins présentant un pli saillant au dehors. — Cette même bande sert à agrafer la bande à cheval, qui doit servir de couvrejoint de rive et que l'on met en place par engaînement.

Dans le croquis (2) la disposition est inverse ; la feuille de zinc est replié verticalement et terminée par une pince qui s'assemble avec des pattes ou une bande d'agrafe.

201. Raccord contre une paroi verticale, bande de solin. — Enfin un dernier raccord est représenté dans la *fig*. 308 ; il représente la rive haute de la couverture

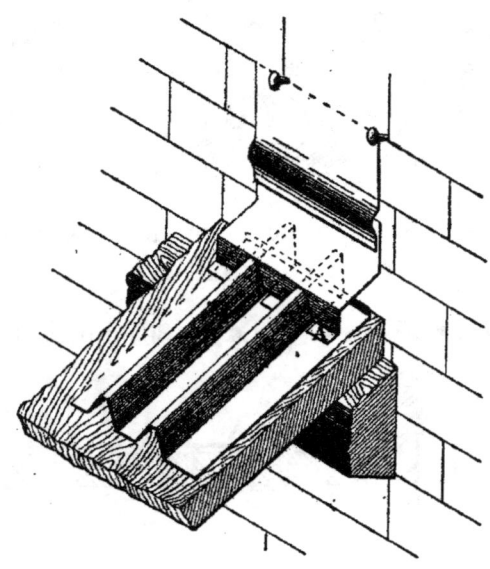

Fig. 308

d'un appentis dont le pan vient s'amortir contre un mur plus élevé. Les têtes des feuilles se terminent par un relief vertical qui se redresse le long du mur du fond. Au dessus, on vient mettre une bande libre à sa partie supérieure, appliquée le long du mur. Cette bande, d'abord verticale, se replie pour s'appuyer sur les nervures dans un espace d'environ 0^m,10, puis retombe verticalement sur la couverture et s'y soude par un pli A. La retombée verticale porte les entailles nécessaires pour les passages de nervures. Enfin, au-dessus de cette bande, on vient fixer à la manière ordinaire une bande de solin, qui recouvre le tout et fait joint étanche avec le mur.

§ 5. — COUVERTURE EN CUIVRE

202. Propriétés physiques du cuivre. — Le cuivre est couleur d'un brun rougeâtre clair, avec éclat métallique très net, lorsqu'il vient d'être cassé ou décapé Il prend un beau poli.

Il est très malléable ; il se réduit facilement en feuilles minces ou en fils très tenus.

Sa résistance est bien plus considérable que celle du plomb ; il se rompt sous un effort de traction de 34 k^{gs}, par millimètre carré.

Sa densité varie de 8,85 pour le cuivre fondu, à 8,95 lorsqu'il est forgé et laminé.

Une feuille de cuivre d'un mètre carré de surface et d'un millimètre d'épaisseur pèse donc 8^{kg},95. Et, pour les épaisseurs variables par dixième de millimètre, on a :

Epaisseurs..	0,1	0,2	0,3	0,4	0,5	0,6	0,7	0,8
Poids au m. q.	0,895	1,790	2,685	3,580	4,475	5,370	6,265	7,160
Epaisseurs..	0,9	1,0	1,1	1,2	1,3	1,4	1,5	
Poids au m. q.	8,055	8,950	9,845	10,740	11,635	12,530	13,425	

Le coefficient de dilatation du cuivre est 0,000017, près

de moitié moindre que celui de la dilatation du plomb qui, comme on l'a vu, est de 0,0000285.

Le cuivre fond à température très élevée, vers 1100°.

Il est très peu volatil ; malgré cela, il colore les flammes en vert.

203. Propriétés chimiques. — Soumis à l'action de l'air sec à la température ordinaire, le cuivre n'éprouve aucun changement et il reste brillant à sa surface. Chauffé, il s'oxyde, prend des teintes rouges d'un ton très intense, et finit par se recouvrir d'une couche d'oxyde noir.

L'air humide modifie sa surface et la recouvre d'une matière d'un noir verdâtre, qui est un hydrocarbonate de cuivre, et qui forme une sorte de patine préservant le reste du métal de l'oxydation.

Il est attaqué d'une façon plus vive par l'air humide en présence de vapeurs ammoniacales.

Il est inattaquable à froid par l'acide chlorhydrique et l'acide sulfurique, qui le dissolvent à chaud, avec un dégagement soit d'hydrogène soit d'acide sulfureux.

L'acide azotique, même étendu, l'attaque à froid.

Les acides organiques l'attaquent lentement à froid en présence de l'air humide ; il en est de même des corps gras.

L'alliage de cuivre et de zinc est le laiton. Il est ordinairement composé d'un tiers de zinc et deux tiers de cuivre, on y ajoute, pour le travailler plus facilement, une faible quantité d'étain et de plomb.

L'alliage de cuivre et d'étain est le bronze.

204. Emploi du cuivre dans la couverture. — Le bronze a été employé par les Romains pour la couverture de leurs édifices, sous forme de grandes lames épaisses de plus de un centimètre ; d'autres fois, ces plaques étaient plus restreintes et affectaient la forme de tuiles.

Le Panthéon d'Agrippa était ainsi recouvert et cette couverture a été plus tard enlevée pour sa valeur intrinsèque. Il en fut de même d'autres monuments de l'antiquité, qui furent dévastés pour la valeur du métal.

De nos jours, le cuivre, réduit en feuilles minces par le laminage, a été appliqué à la couverture de quelques édifices.

Lorsque le laminage a été bien fait et que l'épaisseur est suffisante (0,0007 à 0,001), le cuivre donne une excellente couverture. La patine qui le recouvre le garantit d'une oxydation plus profonde sous l'influence des agents atmosphériques, et il dure pour ainsi dire indéfiniment.

Lorsqu'on cherche à l'obtenir sous trop mince épaisseur, le laminage produit quelquefois des criques, d'abord presque invisibles, mais qui s'ouvrent à la longue et laissent filtrer l'humidité. On peut y obvier en étamant le métal soit des deux côtés, soit sur la face inférieure seulement ; mais il est préférable d'employer cette dépense à augmenter convenablement l'épaisseur du métal.

Les dimensions les plus ordinaires des feuilles de cuivre sont :

1^m40 sur 1^m15, de 4 à 8 kilos la feuille,
3 30 sur 1 20, de 10 à 30 kilos la feuille,
4 00 sur 1 20, de 36 à 40 kilos la feuille.

Autrefois les épaisseurs étaient indiquées par des numéros, qui correspondaient au poids en livres d'une feuille dont les dimensions étaient 42 pouces sur 52, soit $1{,}157 \times 1.407$.

La Bourse de Paris est couverte en cuivre n° 25, ce qui correspondait à 25 livres la feuille soit $7^{ks}{,}625$ le mètre carré, (environ $0^m{,}00084$ d'épaisseur. La Chambre des députés est couverte en cuivre n° 20, qui pèse $6^{ks}{,}100$ le mètre carré. (Léonce Reynaud I. 496) (environ $0^m{,}0007$ d'épaisseur).

C'est encore cette épaisseur de 0,0007 à 0,001 que l'on adopte aujourd'hui.

Les plus anciennes couvertures en cuivre ont été établies par feuilles de surfaces réduites, imbriquées les unes sur les autres, avec un recouvrement d'environ 0^m,10 à 0^m.20 suivant la pente. Elles sont disposées de manière à pouvoir se dilater convenablement et sont posées sur un voligeage jointif chargé de les soutenir en tous leurs points.

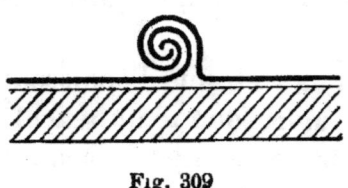

Fig. 309

Chaque feuille est attachée sur le voligeage par sa rive haute au moyen de vis, de clous ou de pattes; elle vient recouvrir la feuille du dessous, en s'agrafant par un certain nombre de pattes soudées par dessous. Les joints latéraux sont enroulés sur eux-mêmes, pour former un bourrelet imperméable à l'eau, tout en permettant une dilatation facile.

Mais ce mode de procéder est d'une exécution difficile.

204. Couverture de la cathédrale de Saint-Denis. — Léonce Reynaud, dans son traité d'architecture, donne quelques renseignements sur l'exécution de la couverture en cuivre de la cathédrale de Saint-Denis.

La charpente est en fer et elle supporte des chevrons en fer méplat de 0,065 sur 0,024, espacés de 0^m,50 l'un de l'autre.

Pour les maintenir bien parallèles, ils sont reliés par des files de boulons, disposées suivant les horizontales du pan.

Les feuilles ont 1^m,00 de largeur utile, mesurée suivant les horizontales; elles s'imbriquent avec un recouvrement de 0^m,10 et s'enroulent latéralement, comme il a été dit plus haut; enfin, elles ne sont soutenues par aucun voligeage.

Au milieu de chaque boulon vient s'enrouler une patte, fixée par soudure à la feuille, et servant à la maintenir et à la soutenir.

La *fig.* 309 rend compte, par une vue en dessous et par une coupe, de cette disposition ingénieuse.

Les enroulements de côté sont exécutés toujours dans

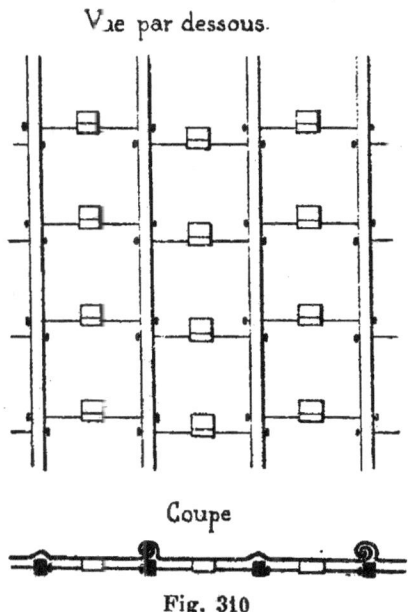

Fig. 310

le même sens. De plus, chaque feuille a une nervure au milieu, correspondant au chevron intermédiaire entre les joints ; ce dernier dépassant les boulons de la moitié de sa hauteur, doit se loger dans la nervure.

205. Couverture en cuivre avec couvrejoints et tasseaux. — Le mode d'attache le plus rationnel des feuilles de cuivre sur les surfaces des toitures est celui qui est adopté pour les couvertures en zinc, et qui comporte l'emploi des tasseaux et des couvrejoints. La surface préparée pour recevoir les feuilles métalliques peut être un hourdis ou un voligeage. Sur cette surface, le cuivre est posé à dilatation libre, avec reliefs par le haut et au droit des couvrejoints. Des agrafures aux jonctions des feuilles servent à maintenir à la fois et la tête de l'une d'elles et la pince de la rive inférieure de celle qui lui est superposée.

Comme exemple de couverture en cuivre sur hourdis, voici la disposition qui a été employée pour une toiture exécutée pour le comble tronc-conique d'un pavillon circulaire en plan, chez M. le comte de Chambrun à Nice.

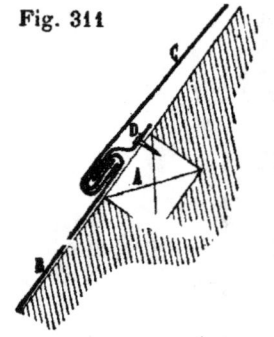

Fig. 311

Le cuivre employé a une épaisseur de $0^m,0007$ pour les feuilles, et celui des couvrejoints a $0^m,001$ d'épaisseur.

Les tasseaux employés sous les couvrejoints ont $0^m,054$ de grosseur.

Les couvrejoints développent $0^m,12$.

La plus grande distance des tasseaux est de 0,20 et les feuilles sont réduites dans le sens de la largeur à la demande des rayons du cintre.

La hauteur des feuilles est de 1,30.

A chaque jonction horizontale, on a établi, en scellement dans le hourdis, et retenues par les pattes convenables, des lisses en bois de 0,07/0,07 destinées à recevoir les pattes d'agrafures.

La *fig.* 311 représente la coupe de l'assemblage de deux feuilles superposées : A est la cerce en bois scellée suivant la circonférence du comble. B est la feuille inférieure, dont la rive haute est terminée par une pince relevée, largement ouverte. Elle est retenue par la patte d'agrafe D, en cuivre, vissée dans le bois, et il y a ainsi deux pattes d'agrafe pour chaque tête de feuille.

C est la feuille supérieure, qui est terminée à sa rive basse par une large pince rabattue agrafée avec la feuille du dessous. Il est nécessaire pour la dilatation que cette jonction d'agrafures ne soit pas serrée.

La *fig*. 312 donne la coupe horizontale d'un joint le long d'un tasseau, à son intersection avec une lisse.

A représente la lisse; B est le tasseau à section trapézoidale, et la position de ce dernier est fixée par une broche ou une longue vis; C et D sont les deux feuilles voisines dont les reliefs relevés viennent s'adosser aux parois latérales du tasseau. Ces reliefs sont maintenus par des pattes en cuivre passant sous le tasseau, relevées le long de ses bords et rabattues sur la rive des feuilles; enfin F est le couvrejoint.

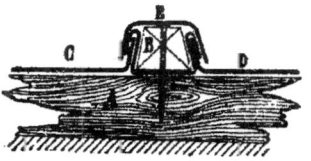

Fig. 312

On remarquera que, du moment où on fait la dépense du cuivre, il faut mettre la façon en rapport avec la valeur du métal, et qu'il y a lieu d'adopter les perfectionnements et soins du système Fontaine, décrit pour le zinc, et dont l'exemple suivant donne une application au cuivre.

207. Couverture en cuivre de l'église Saint-Vincent de Paul à Paris. — La couverture en cuivre de l'église Saint-Vincent de Paul, à Paris, a été exécutée en feuilles de $0,0007^{mm}$ d'épaisseur. Ces feuilles forment, comme dans les couvertures en zinc, des travées dirigées suivant la plus grande pente du toit; elle sont séparées par des tasseaux en bois de la forme ordinaire. Ces travées ont une largeur de 0,65. Le cuivre est relevé le long de la face latérale du tasseau et retenu par des pattes analogues à celles du système Fontaine, entaillées, fixées avec vis en cuivre. Les pattes servent aussi, par le moyen d'entailles ménagées par dessous, à retenir les engaînements des couvrejoints. Ces derniers sont analogues à ceux exécutés en zinc.

Les mêmes assemblages des feuilles par leurs rives hautes et basse, que l'on a vu dans la couverture système Fontaine, sont appliquées ici au cuivre, et la *fig*. 313 donne le détail de l'assemblage des diverses feuilles. Il se fait par l'intermédiaire de pattes en cuivre fort A, d'une épaisseur d'environ 0,001, et qui servent à la fois d'agrafes, pour retenir la tête de la feuille inférieure, et de bande d'agrafe droite, pour s'engager dans la pince rabattue de la rive basse de la feuille du haut.

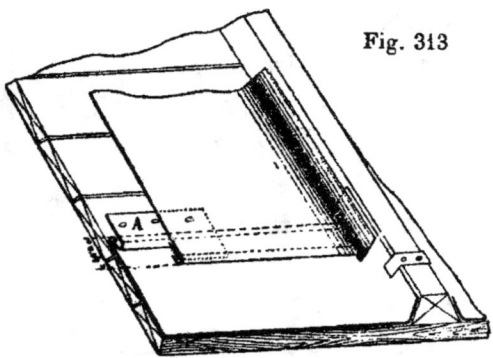

Fig. 313

Dans chacune des travées formées par les intervalles des tasseaux, les diverses feuilles successives ont une longueur de $2^m,00$; on voit, par le détail ci-dessus de leur disposition, que la dilatation a été partout parfaitement ménagée, condition indispensable au bon emploi du cuivre, aussi bien qu'à celui du zinc.

§ 6. — COUVERTURE EN PLOMB

208. Propriétés physiques du plomb. — Le plomb est un métal d'un gris bleu, d'un vif éclat métallique quand il est fraîchement coupé, mais qui se ternit rapidement surtout à l'air humide. La pellicule de carbonate et de sous-oxyde, qui se forme spontanément à sa surface sous l'influence atmosphérique, n'a qu'une très faible épaisseur, et une fois cette légère couche fermée, l'oxydation s'arrête et le reste du métal est préservé.

Ce plomb est d'une grande ductilité, il se raye facilement même avec l'ongle ; il laisse une trace sur des corps même très mous comme le papier.

Il est très malléable, même à froid ; on le réduit très facilement en feuilles très minces ou en fils de très petit diamètre.

Le laminage change la manière d'être du plomb. Il augmente notablement sa ductilité, et le rend moins cassant, mais aussi moins résistant à l'usure.

La densité du plomb du commerce est d'environ 11k,360. L'écrouissage et le laminage sont sans action sur cette densité, ils tendraient plutôt à la diminuer. Le plomb n'a qu'une ténacité extrêmement faible. Il se rompt sous une traction de 1 kg., par millimètre carré. De plus, il se déforme sous une faible action maintenue constante. Dans l'emploi qu'on en fait dans les bâtiments, il faut toujours le considérer comme un liquide, qui coulerait très lentement dès qu'il n'est plus soutenu.

Le point de fusion du plomb est de 325°.

Le coefficient de dilatation du plomb est presque égal à celui du zinc : 0,0000311. Cette dilatabilité, en raison de la mollesse du plomb, se traduit par des rides qui se produisent sur la surface, et qui, soit par leurs alternatives propres de plissement, soit par les frottements extérieurs, se coupent et donnent des fuites. On ne les évite qu'en réduisant la surface des feuilles et en les maintenant parfaitement libres au pourtour.

209. Propriétés chimiques. — Au contact de l'eau et en présence de l'air, le plomb s'oxyde et on voit paraître à sa surface une matière pulvérulente blanche. Ce n'est autre chose qu'un mélange de sous oxyde et de carbonate. En même temps, l'eau en contact contient en dissolution une petite quantité d'hydrate, lorsqu'elle est exempte de sels comme l'eau pluviale ; la présence de certains sels, notamment de sels calcaires en dissolution, arrête l'action sur le plomb.

Il en résulte que des tuyaux en plomb peuvent conduire sans inconvénient de l'eau légèrement calcaire, tandis qu'on ne saurait sans danger employer de l'eau de pluie qui aurait séjourné dans un réservoir en plomb. Il est également dangereux, pour la même raison, de recueillir dans les citernes de l'eau de pluie récoltée sur des toitures recouvertes en plomb.

L'acide sulfurique ne l'attaque qu'à chaud ; l'acide azotique l'attaque à froid ; l'acide acétique l'attaque aussi, mais plus lentement.

Chauffé au contact de l'air à température élevée, le plomb en fusion se recouvre d'une couche d'oxyde soit jaune soit rouge, suivant le degré d'oxydation. Cet oxyde se réduit facilement au rouge au contact du charbon et le plomb se trouve régénéré. Pour empêcher l'oxydation des bains de plomb fondu, on les recouvre souvent d'une couche de charbons incandescents.

Le plomb et ses composés noircissent et se sulfurent au contact des émanations sulfhydriques.

Le salpêtre, les azotates en général, en présence de l'humidité, attaquent assez rapidement le plomb. C'est ainsi que se trouve détruit celui qui se trouve employé près du sol à la partie basse des édifices.

Le plâtre humide a également sur lui une action chimique, il y a formation de sulfate de plomb.

Le bois de chêne encore vert attaque vivement le plomb ; on a eu des exemples de fortes épaisseurs de ce métal rongées complètement par places au contact de ce bois. Certains insectes qui percent le bois percent aussi le plomb, et dans certains cas peuvent déterminer des dégâts sur les couvertures.

210. Fusion du Plomb. Fabrication de tables. — Lorsque l'on veut obtenir du plomb fondu, il faut éviter tout mélange avec d'autres métaux pouvant s'allier avec lui en lui communiquant des propriétés cassantes. C'est ainsi qu'on évite l'introduction de l'étain provenant des soudures des objets en vieux plomb.

Le plomb extrait du minerai est livré dans le commerce sous forme de saumons. Ces saumons servent de matière première pour la fabrication des feuilles. On obtient ces dernières par la fonte ou le laminage.

Les feuilles de plomb prennent aussi le nom de nappes ou de tables. Pour produire les feuilles fondues, ou coulées, on verse le métal en fusion sur de grandes tables inclinées dont la surface est en sable, en pierre, ou simplement en toile, en ayant soin de prévoir le retrait qu'amènera le refroidissement et qui est d'environ $0^m,006$ par mètre.

La dimension des feuilles coulées peut atteindre $4^m,00$ sur $1^m,80$.

Lorsque l'on veut laminer le plomb, on commence à le couler en tables préalables, de $1^m,30$ à $1,60$ de largeur, de 2 mètres à 2,50 de long et de $0^m,04$ à $0,05$ d'épaisseur.

On les passe ensuite au laminoir le nombre de fois qu'il est nécessaire pour laminer à l'épaisseur voulue.

La dimension des feuilles laminées peut atteindre près de dix mètres de longueur.

Le plomb coulé est plus raide, plus résistant, plus cassant aussi que le plomb laminé. On le préfère pour les couvertures à pentes raides, dans lesquelles le plomb se trouve suspendu en grandes masses.

Dans les autres cas, on préfère le zinc laminé parce qu'il est plus ductile et plus régulier d'épaisseur et qu'il présente une surface moins poreuse et plus unie.

211. Comparaison du plomb et du zinc. — Le plomb est quatre fois moins tenace que le zinc; si la couverture tendait les métaux de recouvrement à leur maximum, il faudrait que le plomb fût quatre fois plus épais que le zinc pour présenter une même résistance. Mais il n'en est rien, la tension longitudinale, même due au poids du métal étendu sur une pente très raide, est très faible par millimètre carré et bien éloignée de la limite d'élasticité du métal.

Aussi est-ce la pratique seule qui détermine les épaisseurs à donner au plomb; les couvertures faites avec ce métal doivent avoir 2^{mm} 1/2 à 3^{mm} 1/2 ; avec ces dimensions le plomb est suffisamment protégé par sa patine ; il peut recevoir les chocs accidentels possibles, porter les échafaudages de réparation, subir les circulations d'ouvriers ; enfin son poids propre le fait appuyer sur le voligeage d'une quantité telle que le vent a peu de prise possible et que quelques agrafes de rives suffisent à le maintenir. Avec ces épaisseurs, il est cinq à six fois plus cher que le zinc. D'autre part, si l'on considère la valeur de la matière en cas de dépose ou de démolition, le zinc perd moitié de sa valeur propre, tandis que le plomb en perd beaucoup moins, environ 15 °/.

Enfin, l'aspect du plomb est bien supérieur à celui du zinc. Sa patine est d'un noir gras et comme velouté ; elle forme des toitures bien plus décoratives que l'apparence crue, sèche, pauvre et irrégulière des couvertures en zinc.

Lorsqu'il s'agit de couvrir des combles à très faible pente, des terrasses par exemple, le plomb est préférable au zinc ; il s'applique mieux sur la surface, s'y maintient d'une façon plus stable ; de plus, la circulation y est bien meilleure ; on y a bien pied et la marche n'y produit pas la résonnance désagréable du piétinement sur le zinc.

212. Poids du plomb en feuilles. — Voici approximativement les poids au mètre carré des nappes de plomb pour des épaisseurs variables.

Epaisseur.	1 $^m/_m$	1 $^m/_m$ 1/2	2 $^m/_m$	2 $^m/_m$ 1/2	3 $^m/_m$
Poids au m. q.	11^k35	17^k	22^k70	28^k40	34^k05
Epaisseur.	3 $^m/_m$ 1/2	4 $^m/_m$	5 $^m/_m$	6 $^m/_m$	7 $^m/_m$
Poids au m. q.	40^k	45^k50	56^k70	68^k10	80^k

Les épaisseurs la plus fréquemment employées en couverture sont celles de 2^{mm}, 2^{mm} 1/2, 3^{mm} et 3^{mm} 1/2.

La largeur la plus grande qu'on puisse obtenir, est de 3,00 dans la pratique courante. Quelques usines sont outillées pour fabriquer jusqu'à 5 mètres de largeur. La longueur peut atteindre 18 à 20 mètres.

Les feuilles sont livrées en rouleaux, ce qui rend le métal plus transportable.

213. De la soudure sur plomb. — Le plomb peut être soudé à lui-même par l'intermédiaire d'un alliage métallique nommé *soudure*. La soudure convenable pour le plomb est composée le plus ordinairement, de 1/3 d'étain et 2/3 de plomb; elle fond à 227°, c'est-à-dire au-dessous du point de fusion du plomb lui-même.

Pour souder le plomb, il faut le décaper avec grand soin à l'endroit où l'on veut obtenir l'adhérence, et le meilleur moyen de le décaper consiste à racler la surface avec une lame tranchante, au moment même de l'opération. On peut encore se servir d'acides énergiques tels que l'acide chlorhydrique ou esprit de sel.

Pour aider la soudure à s'étendre sur les surfaces métalliques, on ajoute un peu de résine, qui se décompose en même temps par la chaleur et sert encore d'agent réducteur pendant l'application de la chaleur.

Le plombier doit, si la masse de plomb est considérable, commencer par la chauffer au moyen de combustibles légers, de telle sorte que des fers ne soient pas immédiatement refroidis dès leur application. D'autres, fois il échauffe les surfaces à souder en versant dessus de la soudure chaude, qu'il prend avec une cuiller et qui n'adhère pas aux endroits non décapés.

Avec les fers chauds il fait fondre la soudure par petites portions, la pétrit au contact du plomb décapé, enlève l'excédent par pression, ou par frottement avec un chiffon gras et laisse refroidir ; il passe ensuite au point voisin. De proche en proche, il produit ainsi une ligne de soudure.

Ces lignes de soudure entre les feuilles de plomb se font sur une largeur uniforme de $0^m,03$, $0,04$ ou $0,05$. On limite la portion qui doit prendre la soudure par un peu de colle teintée par du noir de fumée, de telle sorte que l'on obtient un ouvrage très propre sans être obligé d'enlever irrégulièrement au grattoir les excédents inutiles.

On peut encore obtenir les soudures par les lampes de plombier et les chalumeaux. Dans les revêtements des parois intérieures des chambres de plomb, on se sert de chalumeaux puissants, donnant un dard d'une température très élevée, et on fait les soudures de jonction en fondant les bords contigus du métal lui-même, sans interposition d'aucun alliage. C'est ce qu'on appelle la *soudure autogène*. Mais on ne soude le plomb, dans les travaux de couverture, que dans les circonstances où cette soudure ne s'oppose pas aux effets de dilatation, et, toutes les fois qu'une feuille de toiture a une dimension un peu grande, on s'arrange pour la laisser libre sur tout son périmètre, en se contentant de la fixer par des agrafes lui laisssant le jeu nécessaire.

214. Principes de la couverture en plomb. — La couverture en nappes de plomb s'exécute par feuilles de surfaces réduites, de manière à rendre la pose commode et la dilatation facile. On ne dépasse pas en général une dimension de $1^m,25$ à $1^m,50$ dans le plus grand sens, et, presque toujours, ce dernier est mis dans le sens de la largeur.

Les feuilles se débitent au moyen de la griffe et bien souvent cette dernière est remplacée par une simple lame de couteau recourbée en serpette. On prend préalablement les *patrons* ou *gabarits*, en ayant soin de tenir compte des surfaces de recouvrement.

On étend le plomb sur une surface de voligeage jointif préparée à cet effet, et on l'applique immédiatement sur cette surface au moyen de battes, soit en bois, soit en plomb, plates ou arrondies, suivant les cas.

Les feuilles sont mises sur les pentes à recouvrir, en les imbriquant avec un recouvrement suffisant : une douzaine de centimètres.

Il y a deux sortes de joints, les joints horizontaux et les joints montants.

Les joints horizontaux se font par simple superposition. Pour empêcher chaque feuille de glisser, on la pince à la partie haute sur toute sa largeur ; un clouage de distance en distance ne suffirait pas ; au bout d'un certain temps, en raison de la ductilité du métal, la feuille s'arracherait. A la rive basse, on la maintient au moyen de crochets en cuivre, rabattus par-dessus. Ces derniers ont deux effets : ils soutiennent d'abord le plomb et concourent à la stabilité de la feuille ; en second lieu, ils maintiennent la feuille appliquée sur le voligeage et empêchent le vent de la soulever en la pressant par-dessous.

Les joints verticaux doivent relier deux feuilles tout en permettant leur dilatation. Ordinairement, on relève les deux feuilles, on les juxtapose et on les roule ensemble sans les serrer beaucoup.

Le plomb ne peut s'employer dans les couvertures que sous des épaisseurs assez fortes, 2 millimètres, 2 millimètres 1/2 et même 3 millimètres. Il en résulte un poids considérable qui charge les charpentes, et en même temps une forte dépense. Aussi, d'ordinaire, réserve-t-on le plomb pour la couverture des monuments les plus importants ou pour les surfaces non développables, ou pour lesquelles l'emploi des matériaux les plus ordinaires serait difficile.

Le plomb présente encore un inconvénient très sérieux dans la pratique, il se découpe et s'enlève facilement, de telle sorte qu'il excite la convoitise des ouvriers peu scrupuleux.

Un certain nombre de monuments ont été couverts en plomb. Parmi ces derniers, on peut citer la cathédrale de Paris, la cathédrale de Clermont-Ferrand, les Invalides.

Voici les détails de construction relatifs à chacune de ces couvertures.

215. Couverture de Notre-Dame de Paris. —

La couverture des pans de toiture de la cathédrale de Paris est faite en plomb coulé, de près de 3 millimètres d'épaisseur ($2^{mm},82 = 5/4$ de ligne). Le voligeage préa-

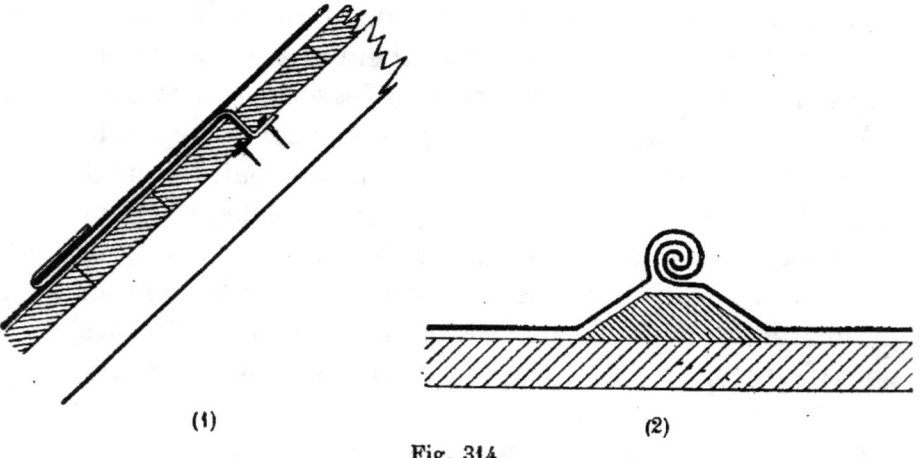

Fig. 314

lable a été exécuté jointif en bois de chêne, frises de 0,08 sur 0,03 d'épaisseur.

Le métal est posé en feuilles de 0,60 de largeur, et d'une hauteur de pureau de $1^m,50$, mesurée suivant la ligne de plus grande pente.

Les nappes se recouvrent d'environ $0^m,20$.

La tête de la nappe est clouée sur la face de la volige correspondante par des clous à large tête espacés de 0,10 ; pour que le métal ne s'arrache pas à l'endroit du clouage, la feuille se retourne en épaisseur sur le champ de cette volige et s'applique sur le plat des chevrons où elle se trouve de nouveau clouée. La volige supérieure n'est posée qu'après cette opération.

La rive basse de chaque nappe est maintenue par deux pattes en fer fixées à vis et recourbées, le plomb ne

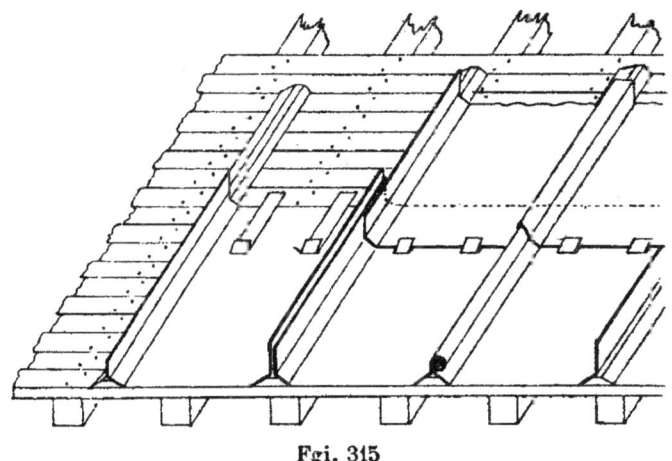

Fgi. 315

descend pas à fond des agrafes qui ne servent qu'à le maintenir contre le vent.

Les joints montants sont relevés sur un tasseau triangulaire de 0,03 de saillie et les feuilles d'abord juxtaposées sont enroulées ensemble de manière à former un boudin de $0^m,03$ de diamètre. La *fig.* 315 représente l'ensemble, et la *fig.* 314 les coupes de détail de cette couverture qui a été exécutée par MM. Monduit et Bechet, sous les ordres et la direction de l'architecte Viollet-le-Duc.

216. Couverture en plomb de la cathédrale de Clermont-Ferrand. — Cette couverture est faite en table de plomb coulé de $0^m,003$ d'épaisseur et, pour la recevoir, on a préalablement établi un voligeage épais en planches de sapin de $0^m,040$ d'épaisseur, posé par frises de $0^m,11$ de largeur.

Le plomb est posé par feuilles de $1^m,75$ de hauteur et de

0ᵐ,80 de largeur. En raison de la malléabilité du plomb et de sa facilité à s'allonger, on fait, comme on l'a vu plus haut, une attache de tête qui le fixe dans toute la largeur de la rive haute; le principe de l'assemblage est le même.

La *fig.* 316 donne une coupe par un plan de profil passant par une ligne de plus grande pente du rampant. Dans cette coupe, A est le chevronnage, B les frises de voligeage.

A l'emplacement de la tête d'une feuille E, on remplace la frise de 0,40 d'épaisseur par deux autres plus minces superposées; l'une C a une section de 0ᵐ,08 sur 0ᵐ,02. La

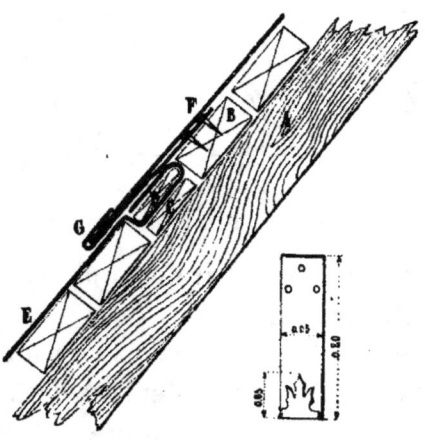

Fig. 316

feuille de plomb E est rabattue sur cette planche C. Par dessus, on ajoute une seconde pièce de bois D, formée d'un champ en sapin de 0ᵐ,08 de largeur sur 0ᵐ,017 d'épaisseur, avec angles arrondis; ce champ est serré au moyen de vis sur le précédent, de manière à pincer bien solidement et bien régulièrement la feuille de plomb.

Enfin le haut de celle-ci est rabattu sur le bois D.

Quant à la rive basse de la feuille du haut, elle est retenue par des pattes en cuivre G, fixées au voligeage par trois vis et relevées sur le plomb à l'extérieur. Il y a deux pattes par feuille, et la partie vue est découpée suivant un dessin régulier, comme le montre le croquis annexe de la même figure.

Ces pattes en cuivre ont $0^m,25$ de hauteur totale, $0^m,20$ de branche droite, $0^m,03$ d'épaisseur et, enfin, $0^m,05$ de largeur.

La jonction des feuilles sur leur bord longitudinal se fait par l'intermédiaire d'un champ saillant en sapin, de $0^m,027$ sur $0^m,14$, muni de deux chanfreins, et qui permet de relever les bords. On éloigne ainsi l'eau de la ligne de joint et on marque bien la division des feuilles. La *fig.* 317

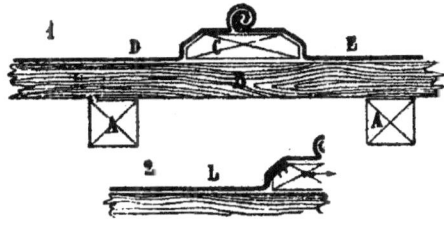

Fig. 317

montre en (1) la coupe du joint par un plan perpendiculaire à la ligne de plus grande pente.

Les chevrons marqués en AB représentent le voligeage ; C est le champ qui relève le joint ; enfin, les deux tables adjacentes D et E sont jonctionnées par un boudin roulé régulièrement et posé au milieu du champ.

Il est utile de bien maintenir les feuilles de plomb sur leurs rives longitudinales ; on le fait au moyen de pattes en cuivre étamé, soudées sous les feuilles et vissées dans le bois sur la paroi chanfreinée.

Le détail (2) de la *fig.* 317 montre cette disposition. Chaque feuille est maintenue de même et les pattes sont vissées avant le rabattement des rives et l'enroulement du joint.

217. Couverture en plomb du dôme des Invalides. — Le dôme des Invalides a été recouvert en plomb vers 1866. Le métal employé a été du plomb coulé, de trois millimètres un tiers d'épaisseur. Il est porté par un voligeage en chêne de 0^m,03 d'épaisseur et on a pris la précaution de peindre au minium la face en contact avec le plomb. Les nappes sont de grande largeur et de un mètre de hauteur de pureau ; le recouvrement est de 0^m,15.

L'attache de la rive supérieure présente une disposition analogue à celle que nous venons d'indiquer pour la cathédrale de Clermont-Ferrand. A l'endroit de l'attache, la volige se dédouble en deux feuillets et la tête de feuille supérieure, prise entre les deux, est maintenue par des broches qui traversent le tout ; de cette manière on est sûr que la rive haute est parfaitement pincée par l'assemblage sur toute la largeur de la feuille. Cette disposition est représentée en coupe verticale par le croquis *a* de la *fig*. 318.

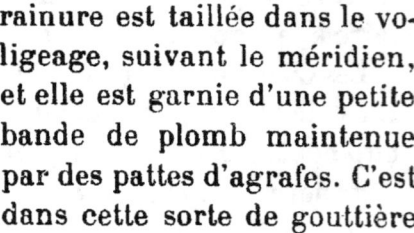

Quant aux joints verticaux, ils sont disposés non plus en saillie mais en creux ; une forte rainure est taillée dans le voligeage, suivant le méridien, et elle est garnie d'une petite bande de plomb maintenue par des pattes d'agrafes. C'est dans cette sorte de gouttière que les deux feuilles sont repliées ensemble et maintenues également par des pattes. Cet assemblage est dessiné dans le croquis *b* de la même figure.

Fig. 318

218. Couverture en plomb du dôme de la cathédrale de Marseille. — Le dôme de la cathédrale de Marseille est hourdé en briques, avec enduit régularisant la paroi extérieure ; il reçoit la couverture en plomb, directement, sans intermédiaire de voligeage. Le plomb employé a une épaisseur de 0^m,0035. Il est posé par tables d'environ 0^m,70 de hauteur et de 1^m,05 de largeur maxima.

Le principe de pincement du plomb sur toute la longueur de la rive haute de chaque feuille est toujours appliqué ; pour cela on a noyé dans la maçonnerie, et suivant les parallèles correspondant aux joints, des tringles en cuivre de forme convenable.

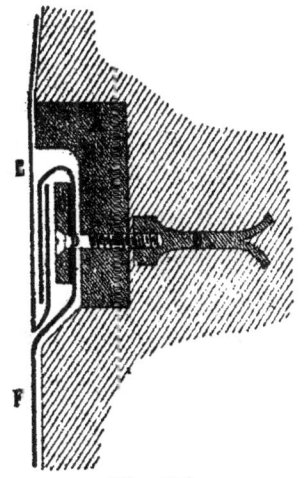

Fig. 319

Ces tringles sont représentées par le profil A dans la coupe verticale de la *fig* 319. Chacune d'elles se complète d'une seconde pièce C, et les deux ensemble sont maintenues par des vis D, espacées de 0^m,28 environ, sur des goujons en cuivre à scellement B. La tête de la feuille inférieure F est pincée sur toute sa largeur entre les pièces A et C ; elle se replie de nouveau par dessus la pièce C, et, tout en la recouvrant, elle s'agrafe avec la rive inférieure de la feuille du haut E.

Quant à la jonction des feuilles suivant les méridiens, elle se fait d'une manière toute spéciale. Des caniveaux en plomb de 0^m,16 de développement, représentés en A dans la *fig*. 320, sont établis dans une rainure ménagée dans la maçonnerie, et fixés par des pattes en cuivre B et C scellées, espacées d'environ 0^m,25 l'une de l'autre ; les bords de ces caniveaux sont repliés et forment agrafure avec les rives latérales des feuilles D et E disposées en pinces rabattues.

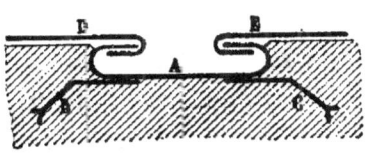

Fig. 320

Avec ces assemblages, la surface de la couverture du dôme ne présente aucune saillie extérieure.

219. Couverture d'une terrasse en plomb. — Lorsque l'on doit couvrir une terrasse en plomb, on commence par régler convenablement les pentes de sa surface au moyen d'un enduit généralement en plâtre ; c'est sur cet enduit qu'on étend les feuilles de plomb.

La pente par mètre doit être, dans les parties sans joins d'au moins 0^m,05 par mètre et on dispose les feuilles de telle sorte que leur longueur soit dirigée suivant la pente. Jusqu'à 4 mètres, on peut mettre les feuilles d'une seule pièce sans joint suivant la pente. On divise la largeur en travées qui ne dépassent pas 2 mètres. Lorsqu'il y a plus de 4 mètres de hauteur de pente on divise la terrasse en banquettes successives séparées par des ressauts, et chacune de ces dernières prend au moins 0^m,06, de relief vertical ; la coupe d'un ressaut est représentée par la *fig.* 321 ;

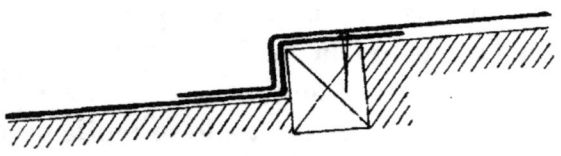

Fig. 321

la feuille du bas garnit sa pente, se relève le long du ressaut, qui est ordinairement ménagé par un chevron, et recouvre un peu plus que la face supérieure de ce dernier ; elle y est clouée tous les 0^m,10 ; la feuille du haut passe sur la première, descend le long du ressaut et se rabat horizontalement sur la pente du bas, environ sur 0^m,10.

Les joints de côté peuvent se faire de deux façons :

Quand une légère saillie ne gêne pas, on établit sur la

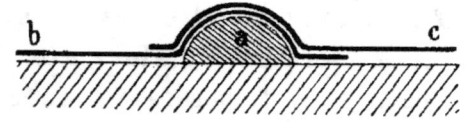

Fig. 322

pente un tasseau demi-rond *a*, *fig.* 322, et on le fixe avec des broches. La rive de droite de la feuille *b* recouvre le tasseau et le dépasse légèrement ; elle est recouverte à son tour de la même manière par le bord de la feuille c. On a ainsi un joint très solide et parfaitement étanche.

Quand la saillie peut gêner, on prend une disposition un peu différente : on creuse dans l'aire, et suivant les lignes de plus grande pente, les gouttières qui doivent recevoir les assemblages ; on les garnit de bois dur de chaque côté, et on arrondit legèrement les arêtes. Il est bon de surélever un peu leurs bords pour que les eaux de pluie soient éloignées du joint. On les garnit en plomb, et c'est dans cette gouttière, à laquelle on donne en bout un écoulement convenable, que l'on vient loger l'enroulement des deux feuilles opéré par dessous. Il n'y a aucune saillie supérieure, mais, s'il y a une circulation importante

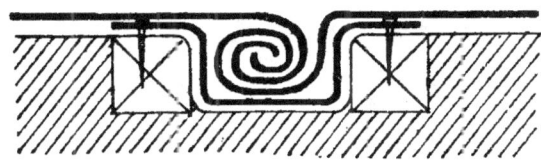

Fig. 323

sur la terrasse, il se forme une dépression à l'endroit du joint, puisqu'il n'est pas soutenu ; les poussières se logent dans l'enroulement et agglomèrent les deux feuilles. le précédent assemblage est presque toujours préférable.

En raison des empreintes et des chocs que le plomb des terrasses est susceptible de recevoir, on a tout avantage, au point de vue de la durée, à employer des feuilles aussi épaisses que possible ; l'épaisseur de 3 millimètres, et même 3 millimètres 1/2, est celle qu'il convient d'employer si, l'on veut avoir un ouvrage d'une durée et d'une résistance convenables.

220. Couverture en plomb d'un balcon en pierre tendre. — A la partie haute des maisons élevées à toute hauteur, et surtout à Paris, en raison du gabarit imposé par les règlements, on établit en retrait sur le balcon du quatrième étage un étage supplémentaire d'attique. — Le balcon recouvre alors directement des pièces d'habitation; au lieu de l'établir en pierre dure, dont les joints laisseraient passer au moins des traces d'humidité, on a tout avantage à le construire économiquement en pierre tendre et à le recouvrir en plomb. On donne à la partie supérieure du balcon une pente d'au moins 0^m,05 par mètre; lorsquelle n'est pas prévue dans la pierre on l'ajoute en plâtre. Cette pente se continue dans les ta-

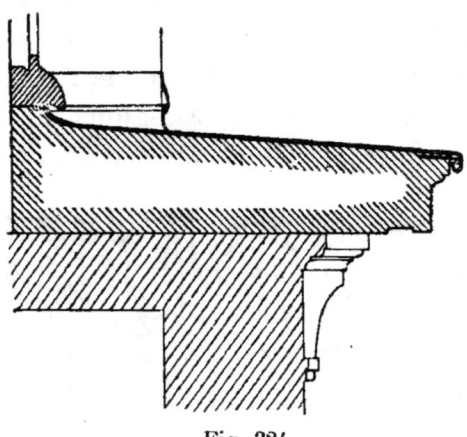

Fig. 324

bleaux des baies jusqu'à la feuillure et se relève sous la pièce d'appui du dormant de la croisée.

Sur cette pente on étale le plomb, en le retenant le long du listel soit par une bande d'agrafe en fort zinc, soit, mieux, par une série de pattes d'agrafe en feuillard galvanisé et qu'on rapproche à 0^m,25 l'une de l'autre en les tamponnant solidement. Le plomb est battu sur l'aire jusqu'en tête; il est relevé soit le long des murs sur 0^m,10 de hauteur soit sous la pièce d'appui du dormant : on le fixe au moyen d'une série de clous à large tête tamponnés dans la pierre; par dessus, on vient poser une bande de solin en zinc bien régulièrement disposée, et engravée dans le parement vertical du mur d'environ 0^m,03.

Il est bon de multiplier les joints dans la longueur du balcon. Quelquefois on les soude, mais c'est une mauvaise méthode; il vaut mieux employer le tasseau demi-circulaire représenté par la *fig*. 322. Il est très commode de repartir les joints de telle sorte qu'ils correspondent à tous les tableaux des baies; cela simplifie le travail et donne une grande régularité à l'ensemble de cette couverture.

221. Couverture en ardoises de plomb. — On remplace souvent les ardoises ordinaires dans les couvertures difficiles comme celles des clochetons, des dômes de petites dimensions, des flèches aiguës, par des pièces en plomb que l'on découpe de la même manière que les ardoises. La main d'œuvre constituant la principale dépense de ces sortes de travaux, il faut choisir les matériaux les plus durables et les plus avantageux. Le plomb dans ce cas est bien préférable à l'ardoise; il est plus lourd, s'applique mieux sur la surface en raison de sa ductilité et s'attache bien plus solidement; la taille elle-même est très facile. En fin de compte, avec ce métal, on a un travail de toute résistance et de toute durée. Les pièces diverses, gironnées à la demande, sont tenues sur le voligeage chacune par deux clous à larges têtes.

L'apparence de ces sortes de travaux est très décorative lorsqu'ils sont bien entendus et bien exécutés.

CHAPITRE VII

COUVERTURE
EN MATÉRIAUX LIGNEUX

SOMMAIRE :

222. Couverture en ételles de merrain. — 223. Couverture en planches. — 224. Système Cubett. — 225. Toitures en cartons et feutres goudronnés ou bitumés. — 226. Couverture en chaume. — 227. Couverture en roseaux.

CHAPITRE VII

COUVERTURE EN MATÉRIAUX LIGNEUX

222. Couverture en bardeaux de merrain. — La première manière dont on a employé le bois, pour en obtenir des couvertures étanches, a consisté à le débiter par la refente en sortes de tuiles, qui portent ordinairement le nom de *bardeaux*; dans quelques pays on les appelle *ételles*.

Le bardeau a une forme rectangulaire et quelquefois sa partie inférieure est taillée en demi-cercle; son épais-

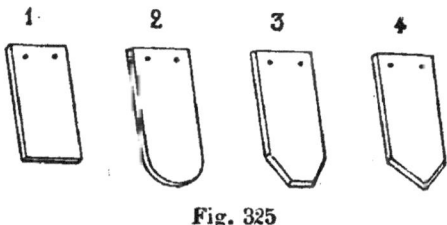

Fig. 325

seur varie de 0^m,01 à 0^m,02 et la fibre du bois est disposée suivant la ligne de plus grande pente du pan à couvrir.

D'autres fois, il a sa rive basse abattue de deux chanfreins, séparés par une partie droite. D'autres fois enfin les 2 chanfreins se touchent; toutes ces formes sont indiquées dans les croquis (1) (2) (3) (4) de la *fig.* 325.

La longueur varie suivant les pays de $0^m,25$ à $0,30$ et la largeur de $0^m,12$ à $0^m,20$. L'inclinaison nécessaire est de $1^m,50$ à $1^m,70$ pour mètre. Ce genre de couverture demande en effet une grande pente pour être absolument étanche, et sécher ses matériaux.

La couverture en bardeaux s'exécute comme la couverture en tuiles; les pièces sont imbriquées en rangs successifs avec joints croisés et fort recouvrement. Le pureau n'a comme valeur que le tiers de la hauteur du bardeau.

La pose se fait comme celle de la tuile; chaque bardeau est fixé après un fort lattis ou un voligeage au moyen de deux pointes, et, pour éviter de déterminer la fente du bois et un déchet considérable, on fait d'avance à la mèche les trous nécessaires.

Le meilleur bardeau est celui que l'on obtient par la refente du merrain, il dure un temps très considérable. On augmente en cas beaucoup sa durée en trempant chaque pièce, avant la pose, dans du goudron préalablement chauffé. On peut encore avec avantage employer des bois injectés de sulfate de cuivre ou de créosote.

Dans certains pays on emploie d'autres bois que le chêne, par exemple le châtaignier, le hêtre et même le sapin. Souvent aussi on se contente de planchettes débitées au sciage, mais il est évident que ces bardeaux sont moins résistants et d'une durée plus limitée. On garnit souvent avec ces matériaux les facades des murs ou des pans de bois exposés au vent de pluie pendant de longues périodes. Le grand inconvénient des couvertures en bardeau est leur combustibilité.

223. Couverture en planches. — Dans les bâtiments provisoires ou économiques construits sans esprit de durée, on exécute souvent des couvertures en planches. Elles ne sont pas d'une étanchéité absolue, mais peuvent rendre des services dans des installations industrielles temporaires. Leurs inconvénients sont de deux sortes dans notre pays ; le prix élevé de la planche et sa combustibilité ; mais, dans les pays où le bois est abondant et à bas prix, on trouve souvent avantageux d'employer ce genre de couverture.

La première disposition qui se présente à l'esprit consiste à clouer les planches transversalement aux chevrons ; seulement, on les emploie de la plus grande longueur possible, pour diminuer le nombre des joints montants ; de plus, on les imbrique les unes sur les autres soit en les clouant sans soutien, soit en les soutenant à chaque chevron par une sorte de coyau délardé, formant cale, qui empêche le bois de se coffiner sous l'influence de la sécheresse. Le recouvrement n'est que de 3 à 4 centimètres.

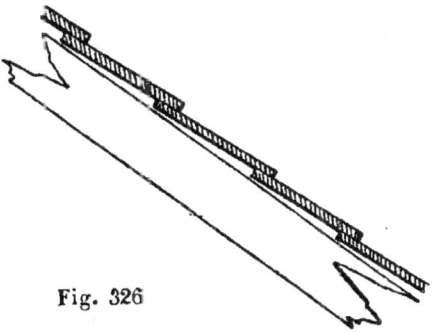

Fig. 326

Tant que la planche ne fend pas, la couverture est à peu près étanche autant que le permet son faible recouvrement. Mais lorsque le soleil et la sécheresse fendent quelques-unes des planches, l'eau pénètre facilement à l'intérieur du bâtiment.

On rend la couverture un peu meilleure en goudronnant à chaud, une fois le travail terminé, la paroi extérieure des planches.

Lorsque les chevrons sont rapprochés à 0,50, on emploie du feuillet ; à 0,70, on prend de la planche de $0^m,020$ d'épaisseur ; enfin, à l'écartement de $1^m,00$, on prend de la planche de 0,027.

Dans la construction des chalets, on garantit souvent

les parois extérieures des murs au moyen de revêtements en planches disposées comme il vient d'être dit, avec cette seule différence que le revêtement est vertical. L'étanchéité est cette fois absolue, en raison de la verticalité de la paroi, ainsi que de la protection que lui offre la toiture.

Une disposition plus économique, et qui donne en même temps une plus grande garantie d'étanchéité, consiste à supprimer le chevronnage et à mettre les planches dans le sens perpendiculaire, c'est-à-dire leur longueur dirigée suivant la plus grande pente du pan. Un premier arrangement consiste à prendre des planches d'égale largeur, à les clouer directement sur les pannes convenablement

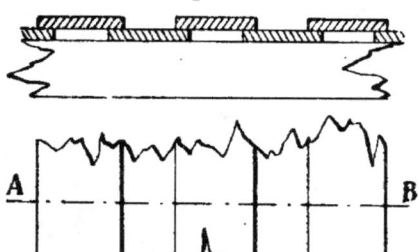

Fig. 327

rapprochées, en les séparant par un intervalle égal à la largeur de la planche diminuée de 0,4 à 0,5, pour former recouvrement avec d'autres planches à cheval sur les intervalles. La *fig.* 327 montre cet arrangement en vue de dessus et en coupe transversale.

On peut encore employer des planches larges et des planches étroites ; les larges ont $0^m,22$ à $0^m,33$ de largeur, les étroites ont $0^m,05$ de largeur.

On cloue les planches larges sur les pannes, en les espaçant de $0^m,01$, et par dessus, on fixe les planches étroites en guise de couvrejoints ; on a bien soin de ne clouer les couvrejoints qu'après l'une des planches seulement, pour qu'en cas de retrait le couvrejoint ne se fende pas. Cette disposition s'applique également aux revêtements

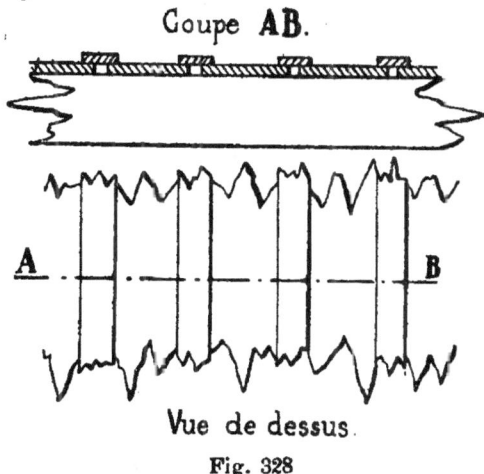

Fig. 328

verticaux que l'on établit en planches sur les parois des pans de bois ou des clôtures.

224. Système Cubett. — Dans le système proposé par M. Cubett, architecte, les planches sont établies dans le sens de la pente du toit, mais de plus elles sont disposées de manière à présenter une série de rigoles pour l'écoulement de l'eau. Un sciage spécial donne aux planches une forme particulière et une épaisseur variable. On prend des planches d'épaisseur suffisante ; on les refend en deux suivant deux plans qui se rencontrent sous un angle très obtus ; il en résulte que l'une des planches est creusée en canal, tandis que l'autre est en forme de dos d'âne. En alternant et les superposant, on obtient une toiture agréable à l'œil et favorable à l'écoulement de l'eau. La *fig.* 329 représente, en coupe transversale et en vue par dessus, la forme de cette couverture ingénieuse. Les surépaisseurs des planches leur donnent de la résistance à la flexion et permettent d'espacer les pannes plus qu'avec la forme plane des planches ordinaires de sciage, à égalité de cube employé.

Mais l'inconvénient du retrait subsiste toujours parce qu'on est obligé de clouer les deux rives de chaque planche supérieure, ce qui tend à l'arracher lors de la dessiccation.

On peut avec cette forme de planches diminuer un peu la

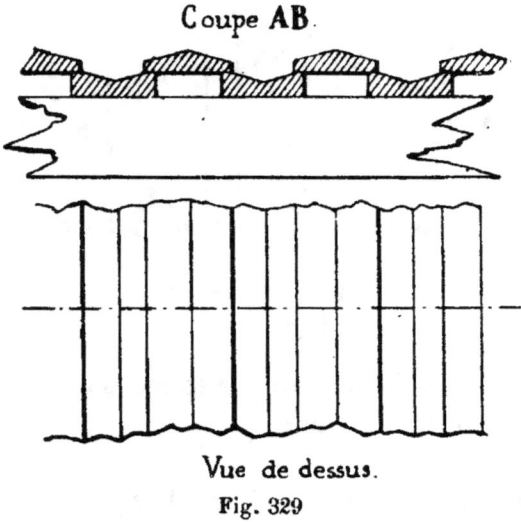

Fig. 329

pente et admettre une inclinaison de 45°, $1^m,00$ pour $1^m,00$.

Il est toujours bon de les goudronner à leur paroi extérieure.

225. Toitures en papiers, cartons et feutres bitumés ou goudronnés. — Les toitures en planches sont loin d'être absolument imperméables, et la couche de goudron, dont on recouvre le bois à l'extérieur, le rend moins pénétrable à l'eau et moins susceptible de se coffiner; mais elle ne s'oppose pas aux fentes et gerces de toutes sortes. On a eu l'idée de recouvrir ces toitures avec du gros papier épais, chargé de recevoir la couche de goudron et de la maintenir d'une façon continue et sans solution de continuité sur la surface de la toiture. On a eu ainsi des toitures excessivement économiques, tout en présentant de meilleures garanties d'étanchéité.

Les couvertures en papier s'établissent de la manière suivante :

Sur le voligeage, préparé comme pour une couverture ordinaire, on étend suivant la ligne d'égout une première bande de papier de 1^m,00 environ de hauteur, et d'une longueur égale à la longueur du bâtiment ; on la maintient par des pointes fixant sa rive supérieure. Sur cette bande on en étend une seconde, imbriquée venant en recouvrement d'une dizaine de centimètres ; on en ajoute ainsi jusqu'à ce qu'on arrive au faîtage. Le pan une fois garni, on maintient toutes ces bandes par des liteaux légers en bois, dirigés suivant la ligne de plus grande pente, et on les cloue sur le voligeage à travers le papier. Ces liteaux sont espacés d'environ 0,70 à 0,80.

Cela fait on vient avec une brosse étendre une ou deux couches de goudron chaud assez fluide, qui imbibe le papier et le rend imperméable à l'eau. Cette toiture peut durer assez longtemps, à condition de ne pas établir de circulation sur sa surface et de renouveler le goudron tous les deux ans.

Le papier doit être de très bonne qualité, très fibreux et très nerveux. Il se trouve dans le commerce en gros rouleaux sans fin de 50 à 100 mètres.

On trouve maintenant tout préparés dans le commerce des cartons imprégnés d'avance de bitume et sablés, ils sont bien plus solides que le papier dont il vient d'être question. Ils se vendent en rouleaux et se posent exactement de la même façon que le papier, sauf qu'il n'y a plus à goudronner sur place après la pose. La *fig.* 330 donne une idée de la manière de poser soit le papier, soit le carton sur une toiture dont le voligeage est posé. On fait dépasser le revêtement de quelques centimètres, en dehors de la rive d'égout et d'autant plus que la rigidité de la couverture est plus grande. Enfin on a remplacé le carton par des feutres, des toiles, des matières ayant de la ténacité, tout en présentant un tissu assez fin pour recevoir et garder le bitume qu'on lui incorpore. Toutes ces matières doivent être très filamenteuses, très solides et peu cassantes. On les emploie beaucoup pour des bâtiments légers et provisoires. Elles sont peu accessibles par elles-mêmes à l'in-

Fig. 330.

cendie, en raison des matières étrangères inertes avec lesquelles elles sont mélangées dans de très fortes proportions, mais elles protègent peu efficacement la charpente qu'elles recouvrent. Ce qui empêche leur grand développement en France, ce sont les augmentations de primes d'assurances qu'elles exigent.

226. Couverture en chaume. — Les couvertures en chaume ont été employées pendant longtemps dans tous les bâtiments ruraux. Les dangers d'incendie auxquels ils exposent, en même temps que la diffusion des tuiles mécaniques, les ont fait peu à peu abandonner. Aujourd'hui, elles sont presque exclusivement réservées à quelques kiosques de plaisance.

On prend de la paille peignée ordinairement de la paille longue de seigle ; on la réunit par poignées ou *javelles* ; enfin on attache les javelles, parallèlement les unes aux autres, suivant la pente du rampant, sur des planchettes placées en guise de lattis et à la demande, en travers des chevrons. On s'arrange de manière que les brins soient bien imbriqués les uns sur les autres, le gros bout en bas et on en met une épaisseur suffisante, pour qu'avec une pente de 1 de base pour 1,50 à 2 de hauteur, il ne puisse y avoir infiltration. Le faîtage est obtenu par de la terre glaise délayée, avec laquelle on empâte les dernières javelles et qui forme comme une tuile de faîtage agissant par sa plasticité en même temps que par son poids.

La couverture une fois faite, on la peigne au rateau pour lui donner l'uniformité nécessaire, en redressant en même temps le parallélisme de brins.

La couverture en chaume convient également pour couvrir dans les campagnes les meules de paille et de récoltes diverses, qui ne demandent qu'une protection de quelques mois.

Lorsque la couverture doit durer on l'exécute en paille de seigle de tout premier choix, et non brisée par le battage. Lorsqu'il ne s'agit que d'un travail provisoire, on prend de la paille de blé et à la rigueur, par économie, de la paille d'avoine.

Un autre inconvénient que présente souvent le chaume, c'est de donner asile aux animaux rongeurs qui y établissent des galeries et la désorganisent.

227. Couverture en roseaux. — Dans les pays marécageux, on a à sa disposition des joncs des roseaux en quantité considérable et on s'en sert pour faire une couverture analogue à celle de chaume. Le roseau à balai, (*Arundo Phragmites*), convient particulièrement bien à la confection de ce genre de couverture, toutes les fois qu'il est abondant; il présente une solidité remarquable.

La couverture en roseaux s'exécute en tous points comme la couverture en chaume; le mode d'attache des javelles est le même.

CHAPITRE VIII

GOUTTIÈRES, CHÉNEAUX
ET ACCESSOIRES DE COUVERTURE

§ 1. — *Gouttières et chéneaux.*

§ 2. — *Tuyaux de descente et accessoires de couverture.*

SOMMAIRE

§ 1. — *Gouttières et chéneaux.* — 228. Captation des eaux des toitures, gouttières et chéneaux. — 229. Gouttières et chéneaux en pierre. — 230. Gouttières en zinc. — 231. Longueur de pentes, Points bas et hauts. — 232. Prix des gouttières en zinc. — 233. Gouttières à l'anglaise, ou sur entablement couvert. — 234. Des ressauts dans les gouttières. — 235. Des chéneaux. Chéneaux en plomb encaissé. — 236. Des ressauts dans les chéneaux en plomb. — 237. Des chéneaux en zinc. — 238. Du ressaut dans les chéneaux en zinc. — 239. Exemple d'un chéneau entre toit et mur. — 240. Chéneau de façade avec devant en terre cuite.— 241. Autre disposition des trop pleins dans les ressauts de chéneaux. — 242. Des chéneaux sur entablement couvert. — 243. Chéneaux en terre cuite. — 244. Gouttières en fonte et chéneaux système Bigot-Renaux. — 245. Modèles divers des chéneaux système Bigot-Renaux. 246. Détermination des dimensions des chéneaux. — 247. Quelques exemples d'applications de gouttières en fonte. — 248. Applications de chéneaux. — 249. Chéneaux entre deux toits à pentes égales. — 250. Garniture en fonte d'un chèneau en tôle. — 251. Application aux sheds de chéneaux Bigot-Renaux. — 252. Chéneau avec larmier. — 253. Chéneau paraneige. — 254. Chéneaux avec devants de socle en fonte. — 255. Chéneaux en tôle noire. Divers exemples. — 256. Chéneaux étanches — non étanches. — 257. Garniture en plomb d'un chéneau non étanche en tôle. — 258. Chéneaux en fonte formant poutres.

§ 2. — *Tuyaux de descente et accessoires de couverture.* — 259. Tuyaux de descente en zinc. — 260. Prix des tuyaux en zinc. — 261. Tuyaux de descente en fonte et leurs raccords. — 262. Tuyaux en fonte ornée. — 263. Tuyaux système Bigot-Renaux. — 264. Détermination des dimensions des tuyaux de descente. — 265. Cuillers et gargouilles. — 266. Circulation sur les combles, marches en zinc. — 267. Echelles en fer avec montants — Paliers. — 268. Marches en fer et fonte articulées.

CHAPITRE VIII

GOUTTIÈRES, CHÉNEAUX ET ACCESSOIRES DE COUVERTURES

§ 1. — GOUTTIÈRES ET CHÉNEAUX

228. Captation des eaux des toitures. Gouttières et chéneaux. — Les eaux receuillies par les pans inclinés des toitures, et qui arrivent à l'égout de leur rive inférieure, tombent quelquefois directement sur le sol, mais cela n'arrive, que pour les bâtiments peu importants. Les inconvénients de l'écoulement direct sont les éclaboussures sur les facades, le ravinement du sol et la gêne au passage des baies.

On recueille d'ordinaire les eaux dans un canal spécial qui suit la rive d'égout avec une faible pente, recueille les eaux de tout le pan et les déverse dans un tuyau vertical chargé de les mener au sol.

Ce canal presque horizontal se nomme soit *gouttière*, soit *chéneau*, suivant sa disposition, et le canal vertical qui lui fait suite porte le nom de *tuyau de descente*.

229. Gouttières et chéneaux en pierre. — Au Moyen âge on se servait de chéneaux en pierre. Pour les chéneaux, on les obtenait en creusant un canal sur la partie supérieure de la corniche du bâtiment; le croquis (1) de la *fig.* 331 en donne un exemple; mais a on vu bien vite qu'il fallait une précaution spéciale pour empêcher l'eau de filtrer par les joints verticaux des pierres. On y parait presque toujours en ménageant dans chaque joint vertical un canal, creusé de moitié dans chaque morceau, et qui entourait le chèneau; dans ce canal on coulait du plomb; d'autres fois on le remplissait de ciment.

Ces sortes de constructions n'étaient admissibles que parce que les murs étaient très épais, que le chéneau ne correspondait qu'à la partie extérieure et que les infiltrations

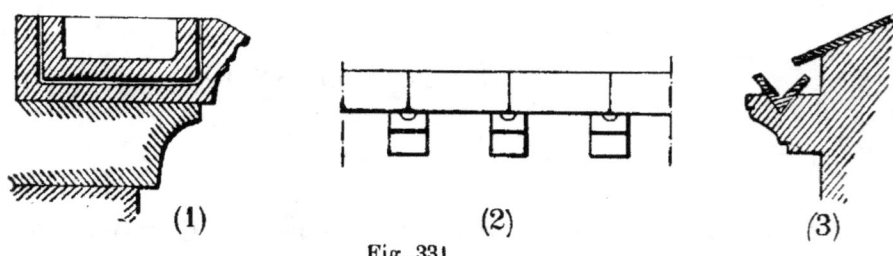

Fig. 331

séchaient à mesure, en raison de leur proximité du parement extérieur.

Une forme meilleure est représentée dans la même figure par les croquis (2) et (3); elle correspond plutôt à une forme de gouttière qu'à celle d'un chéneau. En saillie sur le parement extérieur du mur étaient établies une série de consoles, écartées d'une manière uniforme et leur profil extérieur était celui de corbeaux moulurés. Sur ces consoles reposaient des pierres successives creusées en forme de V, et débitées à longueur telles que leurs joints successifs venaient correspondre au milieu des corbeaux. De plus, ces derniers étaient garnis de gargouilles creuses perpendiculaires à la façade et qui reportaient au dehors les gouttes qui pouvaient filtrer par les joints,

Les chéneaux et gouttières ne sont réellement devenus pratiques et protecteurs que du jour où l'on a pu les exécuter en métal.

230. Des gouttières en zinc. — On donne le nom de *gouttière* à un canal demi-cylindrique en métal, suspendu au-dessous de l'égout dans le vide. Ce canal se construit généralement en zinc. Cependant, on emploie quelquefois aussi pour l'établir le fer-blanc, le cuivre, la tôle galvanisée et même la fonte.

Le fer-banc ne convient pas pour des usages durables ; au bout de peu de temps les parties de tôle incomplètement protégées par l'étain se rouillent, et cette oxydation, se trouvant accélérée par le contact des deux métaux, amène promptement des trous et des fuites. Le cuivre est d'un prix plus élevé que le zinc. La tôle galvanisée est d'un bon emploi ainsi que la tôle plombée et la fonte.

On trouve, dans le commerce, des gouttières toutes préparées, faites avec des feuilles de zinc des numéros 11 à 14. Leur forme est celle d'un demi-cylindre, cintré régulièrement et terminé sur la rive extérieure par un ourlet. Leurs dimensions sont au nombre de trois et le développement de ces divers types correspond à une largeur de métal de $0^m,16$, $0^m,25$ et $0^m,33$.

Les gouttières exécutées en zinc n° 11 et 12 sont très faibles ; elles durent peu et résistent mal aux chocs extérieurs ; elles se déforment également davantage par suite des variations de la température extérieure. L'emploi pour cet usage du zinc n° 14 est préférable, même dans les constructions très ordinaires ; lorsqu'il s'agit de constructions de durée et convenablement établies, il est bon de prendre pour les gouttières du zinc n° 16. Ces dimensions développées de 0,16, 0,25 et 0,33, consacrées par l'usage pour les combles ordinaires, correspondent aux dimensions de feuilles de 0,50 ou de 0,65 coupées en deux ou trois bandes dans le sens de leur largeur.

L'ourlet un peu fort, qui les renforce sur l'avant, leur donne de la résistance et permet d'appuyer légèrement une échelle sur leur rive pour nettoyage ou réparation. Il est bon également de munir d'une pince leur rive arrière ; cela les maintient et empêche les déformations en plan de cette rive.

Les gouttières sont supportées par des crochets cintrés, que l'on fixe à l'extrémité des chevrons ou sur les sablières au moyen de clous ou de vis, ou dans la masse de la corniche au moyen de scellements suffisamment renvoyés et coudés à la demande. Ces crochets se posent encore dans bien des cas à la distance de $0^m,81$ d'axe en axe, mais cette distance est beaucoup trop grande. Pour avoir un

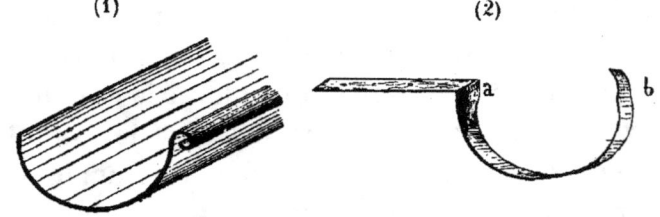

Fig. 332

soutien convenable, il est bon de les rapprocher de $0^m,40$ à $0^m,50$ au plus ; dans les travaux soignés, on abaisse cette distance à $0^m,30$ à $0,35$.

La *fig*. 332 représente en (1) une portion de gouttière avec son profil, et en (2) un crochet de support à patte horizontale destiné à être fixé sur une sablière, au moyen de vis passant dans des trous fraisés.

Ceux qui prennent appui sur les chevrons ont leur patte dirigée suivant la pente ; enfin, ceux qui doivent être scellés dans la maçonnerie de la corniche ont leur patte terminée par un scellement (voir *fig*. 333). Ils s'exécutent en fer et se trouvent tout faits dans le commerce. Rarement, on se contente de les peindre ; il est préférable de les faire galvaniser avant la pose.

Chaque crochet porte du côté intérieur un arrêt *a* formé d'une paillette en cuivre rivée, destinée à être rabattue sur la rive de la gouttière pour la maintenir. Du côté extérieur son extrémité *b*, amincie, permet de la replier à la main sur l'ourlet de la rive extérieure. Quelquefois, on remplace ce bout aminci par une extrémité affranchie par une coupe nette, à côté de laquelle on rive une paillette identique à la première.

Les crochets de gouttière doivent porter la pente, par l'allongement plus ou moins ménagé de la partie comprise entre l'arrêt ou paillette *a* et le coude de jonction avec la patte d'attache.

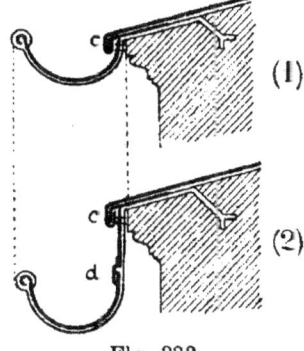

Fig. 333

La pente ordinaire des gouttières est de 0^m,01 pour mètre.

Les feuilles formant gouttières ayant une largeur uniforme, la section est constante, et les bords sont en pente, comme le fond.

On a fait des gouttières de section irrégulière présentant le fond en pente et les bords horizontaux. Cette disposition est d'une fabrication difficile, coûteuse et d'un effet disgracieux; aussi, n'a-t-elle pas été adoptée dans la pratique.

On accuse donc la pente par une section régulière, et les bords de la gouttière suivent cette pente. La gouttière présente des sommets ou points hauts et des parties abaissées, points bas, d'où partent les descentes d'eau.

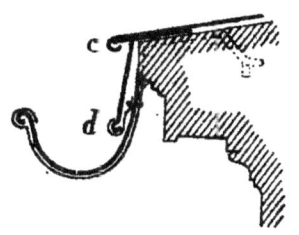

Fig. 334

La *fig.* 333 montre les deux positions extrêmes de la gouttière: en (1) la section au point haut; la gouttière s'y présente placée immédiatement sous l'ourlet de l'égout s'il est en zinc, ou sous le doublis d'égout si la couverture est en tuiles ou en ardoises.

La même figure montre dans son croquis (2) la disposition de cette gouttière dans la basse pente. Le bord intérieur s'est écarté de l'égout de la distance verticale cd. Lorsque les pentes sont un peu longues, cette distance cd devient grande et le vent peut rejeter les eaux entre le bâtiment et la gouttière.

En ce cas, on prend, pour parer à cet inconvénient l'un des moyens suivants : ou bien on rapproche les tuyaux de descente, pour diminuer la hauteur totale des pentes ; ou, si l'égout est en zinc, on place une bande de zinc entre l'égout et la gouttière, comme le montre la *fig*. 334. Cette bande de zinc vient remplir le vide de hauteur variable cd, existant entre l'égout et le bord interne de la gouttière. Cette bande peut être tenue dans le haut par des pattes clouées sur le dessus de la corniche : elle est terminée en ourlet dans le bas et se trouve accrochée soit par les paillette mêmes de la gouttière, soit par des pattes spéciales, fixées par rivures aux crochets et repliées à la main sur l'ourlet.

Une précaution indispensable à prendre, lorsqu'on pose une gouttière, consiste à maintenir le bord interne d'au moins $0^m,01$ plus élevé que l'ourlet extérieur. De cette façon, en cas d'engorgement, le débord a lieu sur le devant, le plus loin possible de la façade.

231. Des longueurs de pentes. Points bas, points hauts. — Les bouts de gouttières du commerce ont, comme les feuilles de zinc qui les produisent, une longueur de $2^m,00$. On les pose les uns au bout des autres avec un recouvrement d'environ $0^m,03$ à $0^m,04$, et on les soude à chaque jonction pour obtenir un canal étanche continu.

Les crochets ne doivent pas être trop serrés sur la gouttière, pour permettre à celle-ci un glissement sur les supports lors des dilatations et contractions successives produites par les variations de température. Malgré cette précaution la dilatation est toujours plus ou moins entravée et on est obligé de restreindre la longueur des pentes et par conséquent de multiplier les descentes.

Si la ligne *ab fig.* 335 représente l'égout d'un long bâtiment et *cd* le sol au pied de sa façade, les gouttières doivent être disposées par bouts indépendants MN, OP, QR, ST, d'environ $8^m,10$ ou $12^m,00$, ce dernier chiffre étant un grand maximum ; chacun de ces bouts va d'un haut de pente au point d'écoulement et est fermé par des fonds en

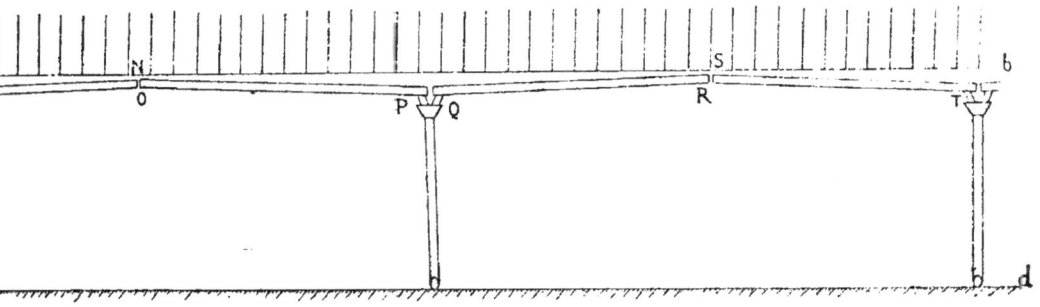

Fig. 335

zinc soudés à ses deux extrémités ; il peut donc se dilater séparément.

Lorsqu'on ne prend pas cette précaution de fractionner les longues gouttières en portions séparées et dilatables, on ne tarde pas à éprouver des mécomptes désagréables. En été les gouttières se gondolent en place et se plissent ; en hiver elles se contractent et s'arrachent ; dans les deux cas des fuites se produisent au bout de peu de temps de service.

A chaque haut de pente, les bouts comme N et O sont voisins sans se toucher et une petite bande à cheval, soudée sur l'un d'eux seulement, vient recouvrir l'espace de quelques centimètres qui les sépare, et déverse à droite et à gauche l'eau qu'elle reçoit.

A chaque bas de pente, les deux fonds sont voisins et espacés seulement de quelques centimètres, et l'espace qui les sépare est également recouvert par une petite bande à cheval. Ils portent des tubulures courtes pour le déversement des eaux et ces tubulures portent le nom de *moignons*. Elles conduisent les eaux dans une cuvette formant la tête du tuyau de descente. Les deux moignons voisins déversent leurs eaux dans la même cuvette.

Pour éviter que les grosses impuretés, telles que les feuilles d'arbres, ne viennent engorger les descentes, on les arrête au départ des moignons par des grilles en fil de fer galvanisé ou en fil de zinc, que l'on soude au point bas des gouttières au-dessus de l'orifice d'écoulement.

La *fig.* 336 représente une de ces grilles, qui en couverture portent le nom de *crapaudines*.

Fig. 335

Le peu de section que présentent les gouttières à l'écoulement de l'eau et la réduction que viennent opérer dans cette section les corps étrangers que l'eau entraîne forcément et qui s'y arrêtent amènent fréquemment des debords, si l'on n'a soin de les visiter et de les nettoyer souvent.

232. Prix des gouttières en zinc. — Le prix des gouttières en zinc se compose du prix du métal et du prix de la façon. — Le prix du métal dépend de son épaisseur et du cours au jour de la fourniture. Le prix de façon dépend du prix de la journée d'ouvrier. Les prix suivants sont déterminés d'après les prix de la série de la Ville de Paris.

Prix des gouttières en zinc

Prix de façon (1)		Numéro du zinc	Prix du zinc (fourniture seulement) Ces prix comprennent 1/40e pour déchet, 1/10e du tout pour tous transports, faux frais, bénéfices et 0,75 0/0 pour avance de fonds. Au cours de :																		
ment gouttières	Prix		60	62	64	66	68	70	72	74	76	78	80	82	84	86	88	90	92	94	96	98
16	1,60	12	0,51	0,52	0,54	0,56	0,57	0,59	0,61	0,63	0,64	0,67	0,68	0,69	0,71	0,73	0,74	0,76	0,78	0,79	0,81	0,83
		14	0,65	0,67	0,69	0,71	0,74	0,76	0,78	0,80	0,82	0,84	0,87	0,89	0,91	0,93	0,95	0,97	0,99	1,02	1,04	1,06
		16	0,82	0,85	0,87	0,90	0,93	0,95	0,98	1,01	1,04	1,06	1,09	1,12	1,15	1,17	1,20	1,23	1,25	1,28	1,31	1,34
25	1,70	12	0,80	0,82	0,85	0,88	0,90	0,93	0,95	0,98	1,00	1,03	1,07	1,09	1,11	1,14	1,16	1,19	1,21	1,24	1,27	1,30
		14	1,01	1,05	1,08	1,12	1,15	1,19	1,22	1,25	1,29	1,32	1,36	1,39	1,42	1,45	1,49	1,52	1,56	1,59	1,63	1,66
		16	1,28	1,32	1,36	1,40	1,45	1,49	1,53	1,57	1,62	1,66	1,71	1,75	1,79	1,84	1,88	1,92	1,96	2,00	2,04	2,08
33	1,75	12	1,05	1,08	1,12	1,15	1,18	1,22	1,25	1,29	1,33	1,36	1,40	1,43	1,46	1,50	1,54	1,57	1,61	1,64	1,67	1,70
		14	1,33	1,38	1,43	1,48	1,52	1,56	1,60	1,65	1,70	1,74	1,78	1,82	1,87	1,92	1,96	2,01	2,05	2,09	2,14	2,18
		16	1,68	1,75	1,80	1,86	1,91	1,97	2,03	2,08	2,14	2,20	2,25	2,31	2,36	2,42	2,48	2,53	2,59	2,64	2,70	2,75

(1) Le prix de façon comprend la pose de la gouttière et les fournitures et pose des crochets espacés de 0m81, d'axe en axe; il comprend également les soudures de réunion.

Pour avoir le prix d'une gouttière, on cherche sa valeur suivant son développement, le numéro et le cours du zinc dans les colonnes de droite du tableau ; on y ajoute le prix de la façon indiqué à la deuxième colonne de gauche.

Les fonds sont comptés $0^m,15$ de longueur en plus.

Les équerres sont comptées pour $0^m,20$ de longueur en plus.

Les crochets en plus de ceux prévus sont payés savoir :

Pour gouttière de 0,16. . . . . $0^r,20$
Pour gouttière de 0,25. . . . . 0 25
Pour gouttière de 0,40. . . . . 0 40

233. Des gouttières dites à l'anglaise ou encore sur entablement couvert. — Les gouttières qui viennent d'être décrites sont dites *gouttières pendantes* ; elles ont pour inconvénients de cacher la corniche, et même quelquefois d'ôter du jour aux fenêtres au-dessus desquelles elles surplombent. Elles ne présentent pas une grande stabilité surtout si les crochets sont faibles et espacés ; enfin, les débords peuvent être gênants lorsqu'ils se produisent.

Pour éviter ces diverses incommodités, on donne une autre disposition aux gouttières et on les établit *à l'anglaise*, comme l'on dit souvent, ou autrement dit *sur entablement couvert*. Cette disposition est représentée par la *fig.* 337. Le croquis donne le profil de la corniche qui surmonte le mur de face du bâtiment. Cette corniche est surmontée d'un léger mur d'attique, relevant la sablière d'environ 0^m30, au-dessus du listel, de manière à produire un encaissement *e f* assez haut pour loger la gouttière. La partie supérieure de la corniche est disposée en pente légère et cette pente, ainsi que la paroi verticale de l'encaissement et la partie basse du voligeage, sont recouvertes en zinc n° 14 pour être mis à l'abri de l'eau.

La corniche étant ainsi protégée, on vient établir, tous les $0^m,40$ à $0^m,50$ environ, des crochets B, en fer plat, de $0^m,03$ de largeur et $0^m,005$ d'épaisseur, disposés de manière à recevoir la gouttière ; ils sont fixés à clous, ou mieux à vis, sur le chevronnage et reposent de l'autre bout par un pied plat sur le zinc recouvrant la corniche. Ils retiennent la gouttière au moyen de paillettes convenablement placées. Dans la gouttière vient donner une bande en zinc D terminant la couverture, dont elle amène l'eau ; cette bande porte le nom de bande de batellement. La gouttière qui reçoit ainsi les eaux de la couverture déborde impunément au cas où elle se trouve engorgée ; le débord tombe sur la couverture de la corniche qui le conduit à l'extérieur, sans le laisser pénétrer dans le mur de face et de là dans les pièces hautes de la maison.

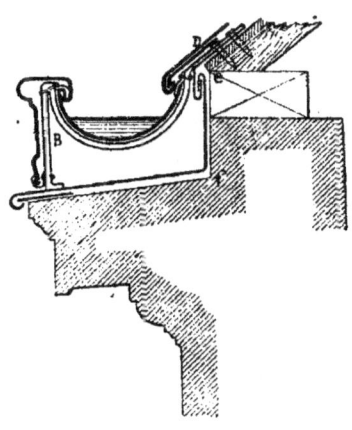

Fig. 337

Dans les bâtiments peu importants la gouttière est établie en pente, et cette pente se trouve réglée par la longueur ménagée des pieds des crochets de support. Dans ce cas, les crochets ainsi que le vide sous la gouttière sont apparents au dehors.

Dans les constructions plus soignées, la gouttière a sa rive supérieure de niveau ; sa profondeur et par suite son développement sont variables. L'ourlet de face est alors remplacé par une pince plate retenue par des pattes d'agrafe, et une feuille de zinc moulurée, formant devant de gouttière et appelée souvent *devant de socle*, vient cacher les supports et le vide du dessous. Ce devant de socle s'agrafe en haut avec la pince de la gouttière ; il est pris et maintenu à son ourlet du bas par une série de paillettes rivées aux pieds des supports. La rive basse de cette bande reste distante d'environ $0^m,01$ de la couverture de la corniche pour permettre l'écoulement de l'eau des débords. Mais on limite à cette dimension de 0,01 l'espace libre afin que les oiseaux ne puissent aller établir leurs nids dans les vides du dessous de la gouttière.

Le départ de l'eau, à la partie basse de ces gouttières anglaises, se fait comme dans les gouttières pendantes par des moignons soudés dont l'orifice est garni d'une crapaudine. Seulement ici les moignons, prolongés à la demande par un bout de tuyau, doivent pour conduire les eaux à la descente traverser l'entablement.

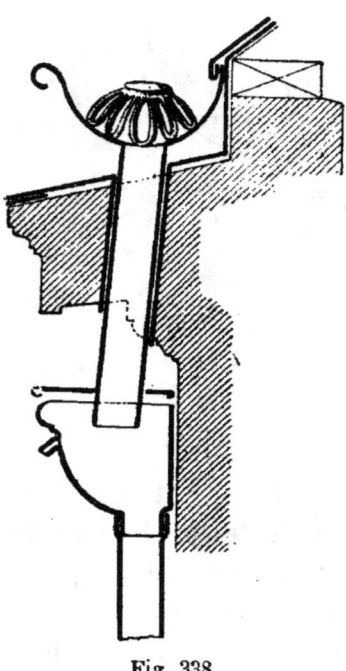

Fig. 338

Le trou ménagé dans l'entablement doit être notablement plus grand que le moignon qui doit le traverser. Il est garni d'un manchon métallique, en plomb ou en zinc, formant fourreau, dépassant en dessous les moulures de la corniche, arasant à sa partie haute le zinc de la couverture, et soudé au recouvrement autour du trou de jonction. Avec cette disposition, si une fuite se déclare soit dans la gouttière, soit par suite de débord, soit à la jonction du moignon, en aucun cas l'eau déversée ne peut mouiller la maçonnerie de la corniche.

Le plomb du fourreau a ordinairement $0^m,002$ d'épaisseur; ce métal est préférable au zinc qui, scellé dans la masse de maçonnerie, serait altéré par le plâtre ou le mortier du scellement.

Le fourreau a encore le grand avantage de laisser le moignon libre et de rendre facile toute dilatation.

Le ou les moignons doivent se prolonger suffisamment pour gagner la partie haute du tuyau de descente. On se donne bien de la facilité, pour la pose comme pour les dégorgements en cas d'obstruction en prenant la précaution de terminer les tuyaux de descente à leur partie haute par une cuvette élargie. Cette cuvette sert d'entonnoir pour recevoir l'eau facilement ; elle doit être munie d'un trop plein, à environ 0^m,05 du bord supérieur, pour prévoir le cas où cet engorgement se produit et rejeter les eaux de débord au plus loin du parement de façade. La cuvette doit être munie d'un couvercle supérieur pour empêcher les moineaux d'y établir leurs nids.

Toute cette disposition de départ d'eau et de traversée d'entablement est figurée, en coupe transversale perpendiculaire à la corniche, dans le croquis de la *fig*. 338.

Lorsque les gouttières à l'anglaise sont établies sur supports solides rapprochés de 0,35 à 0,40 d'axe en axe, et que de plus elles sont exécutées en zinc n° 16, elle présentent assez de rigidité pour permettre d'y circuler pour les nettoyages ou les réparations.

234. Des ressauts dans les gouttières. — Les gouttières à l'anglaise se dilatent moins facilement que les gouttières pendantes ; elles sont supportées par des crochets plus rigides et maintenues par les bavettes qui les relient à la couverture. Aussi est-il prudent de limiter la longueur des bouts soudés à 6 à 8 mètres au plus.

Pour ne pas multiplier les tuyaux de descente, on éta-

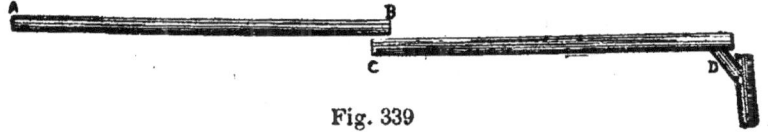

Fig. 339

blit dans le cours d'une pente ce qu'on appelle un *ressaut*. C'est un décrochement de gouttière permettant, au milieu d'une pente, la libre dilatation du métal.

Si l'on avait beaucoup de hauteur disponible, on pourrait composer une pente de 14 mètres, par exemple, de deux bouts de 7 mètres AB et CD *fig*. 339 superposés l'un à l'autre ; mais cette disposition, qui aurait pour avantage de faciliter la dilatation de chaque tronçon, prendrait beaucoup de hauteur et de plus serait disgracieuse. On arrive au même résultat en prenant la disposition indiquée en coupe longitudinale par la *fig.* 340 donnant le point de jonction des deux tronçons. Ces derniers sont rapprochés le plus possible et leurs fonds ne sont espacés verticalement que d'environ 5 à 6 centimètres.

Le tronçon inférieur est muni d'un fond, et ce fond porte l'encoche nécessaire pour laisser passer, à cette distance de 5 à 6 centimètres, le tronçon supérieur; ce dernier s'élargit pour regagner les parois du bout CD environ $0^m,10$ après le fond. De la sorte, l'eau passe facilement

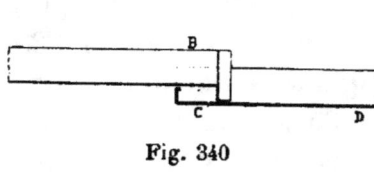

Fig. 340

d'un tronçon à l'autre, la libre dilatation de chaque bout est parfaitement ménagée, on n'a perdu que $0^m,05$ à $0^m,06$ de hauteur ; si, en temps de neige, il passe de l'eau par le ressaut, ce qui arrive toutes les fois qu'un barrage retient les eaux et les fait monter de la hauteur du décrochement, cela n'a qu'une importance toute secondaire, car cette eau tombe sur la couverture de l'entablement, qui la rejette au dehors sans la laisser pénétrer dans l'édifice.

Dans les couvertures soignées, on réduit encore la distance des ressauts ; au lieu de 6 à 8 mètres d'écartement, on ne dépasse pas $4^m,00$. Cela prend plus de hauteur pour la gouttière, et exige que l'emplacement de cette dernière soit prévu dans les plans avant l'exécution.

235. Des chéneaux. Chéneau en plomb encaissé. — On nomme *chéneau* un canal en bois, pierre, terre cuite, métal, plus important qu'une gouttière, établi soit dans un encaissement solide préparé à cet effet, soit sur la partie supérieure même des murs de face des bâtiments.

Le chéneau est en même temps plus large qu'une gouttière, et il forme un chemin tout naturel pour les visites ou les réparations des toitures.

La *fig.* 341 donne, par une coupe verticale perpendiculaire à la façade d'un bâtiment, la disposition d'un chéneau en plomb, tel qu'on le construisait encore souvent il y a une quinzaine d'années.

La sablière portant les chevrons était relevée de 0,40 au dessus de l'assise en pierre formant corniche, et laissait

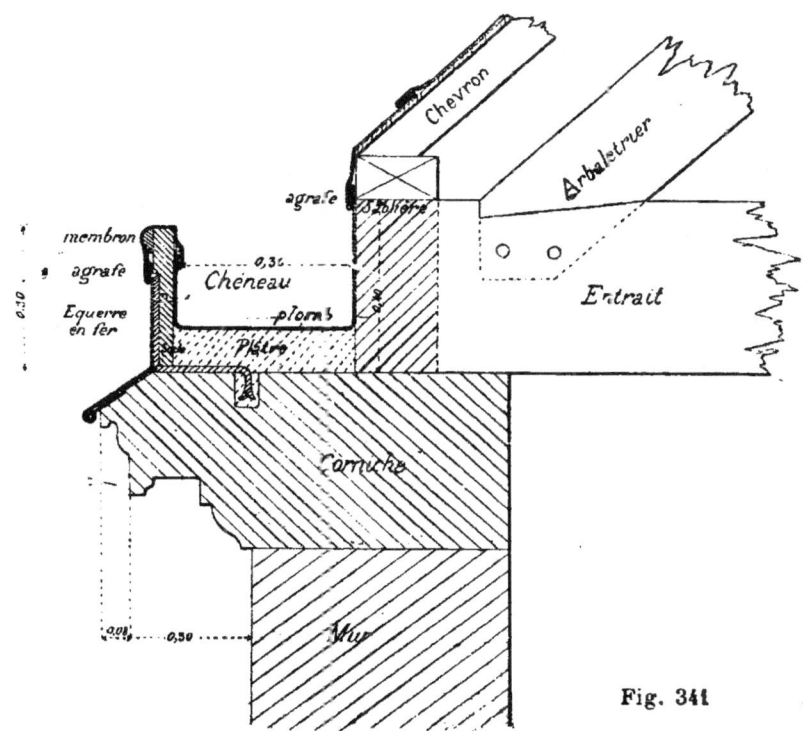

Fig. 341

en avant un espace horizontal d'également $0^m,40$ pour la construction du chéneau.

Des équerres en fer à scellement, espacées d'environ $0^m,50$ d'axe en axe, alignaient leurs branches verticales, et servaient à maintenir une cloison verticale en planches formant le devant de l'encaissement. La paroi du muret de la sablière en faisait la partie arrière, et le fond était formé par une pente en plâtre. On avait soin d'arrondir les angles pour éviter de plier le plomb sous un angle vif.

Le bois employé pour le devant de ces sortes d'ouvrages, pour le socle comme on l'appelle souvent, est le sapin ou le chêne, et on lui donne $0^m,034$ ou mieux $0,041$ d'épaisseur. Les branches des équerres sont entaillées dans la planche et maintiennent cette dernière par des vis. Lorsqu'on emploie le chêne, il faut prendre du bois flotté et bien purgé de sève. Sans cette précaution, le bois humide attaque le plomb, et le perce au bout d'un certain temps.

L'encaissement une fois fait de cette manière, on procède au garnissage en feuilles de plomb. On prend ce métal sous l'épaisseur de $0,003$ à $0,004$; on le découpe dans une table, sur la largeur nécessaire pour former d'un seul morceau le revêtement des 3 côtés de l'encaissement, et on le bat avec force pour le bien appliquer sur les parois qu'il est chargé de garnir. Les parois de plomb, qui forment les parties verticales du chéneau, sont terminées par une pince supérieure, dans laquelle s'agrafent des pattes fixées à l'encaissement.

Du côté de la couverture, le plomb du chéneau reçoit de plus l'agrafure de la bande de batellement qui termine la rive basse du rampant.

Du côté extérieur, le socle en bois est garni extérieurement d'une autre bande de plomb, qui forme en même temps le recouvrement de la saillie de corniche; la partie haute du socle est ornée de moulures saillantes ayant la forme et la moulure d'un *membron* et la bande métallique qui le recouvre se trouve maintenue par des pattes convenablement disposées.

236. Des ressauts dans les chéneaux en plomb. — Dans les chéneaux en plomb, on se contente quelquefois de donner partout la même section et de souder les feuilles les unes au bout des autres dans toute la longueur des pentes. Mais alors, les dilatations et contractions successives étant impossibles, il se forme, en été, des godes qui empêchent l'écoulement des eaux, tandis qu'en hiver, les contractions produisent des arrachements du métal et des fuites. On a donc été conduit à établir, de distance en distance, des joints de dilatation ; on les ménage tous les 4 mètres, tous les 6 mètres au plus. La *fig.* 342 représente en coupe longitudinale la forme de l'un de ces assemblages qui portent le nom de *ressauts* et sont établis sur le même principe que ceux qu'on a déjà vus pour les gouttières.

En travers de la pente en plâtre, on met une lambourde de $0^m,04$ à $0^m,06$ de hauteur avec un de ses angles arrondi. Cette lambourde arrête le plâtre du bief supérieur à un niveau plus élevé que celui du bas, de 0,04 à 0,06, la pente allant dans le sens de la flèche.

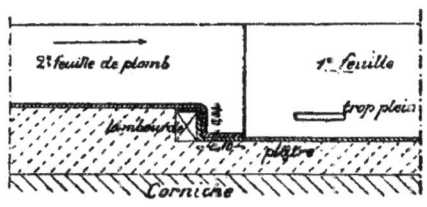

Fig. 342

L'encaissement ainsi préparé, on étend la première feuille de plomb, celle qui garnit le bief du bas, et on lui fait contourner la lambourde qu'elle recouvre sur sa face supérieure ; puis, on vient mettre la seconde feuille, celle du bief d'amont ; on la rabat autour de la lambourde, et on la prolonge jusqu'à $0^m,10$ après le ressaut.

Comme pour les gouttières, si un barrage quelconque de matières étrangères ou de neige vient à se produire, soit dans le cours du canal, soit à la crapaudine du moignon, l'eau va s'accumuler, et dès qu'elle atteindra en profondeur la hauteur du ressaut, elle passera entre les feuilles de plomb, donnera lieu à une fuite, et pénétrera dans le bâtiment. De sorte qu'un chéneau, établi de cette manière et en bon état d'entretien, ne sera pas étanche dans ces circonstances spéciales.

On y remédie en partie en disposant latéralement, près de chaque ressaut, un orifice allongé, de $0^m,03$ de hauteur garni en plomb, formant trop plein et placé assez bas pour donner écoulement à l'eau, en la déversant directement en dehors avant qu'elle n'arrive à la hauteur du ressaut.

237. Des chéneaux en zinc. — Le plomb était autrefois exclusivement employé pour les chéneaux des édifices. Lorsque le zinc s'est répandu dans le commerce et a été appliqué à la couverture des bâtiments, on l'a également pris pour la construction des chéneaux, et cela avec une notable économie sur le plomb. Comme

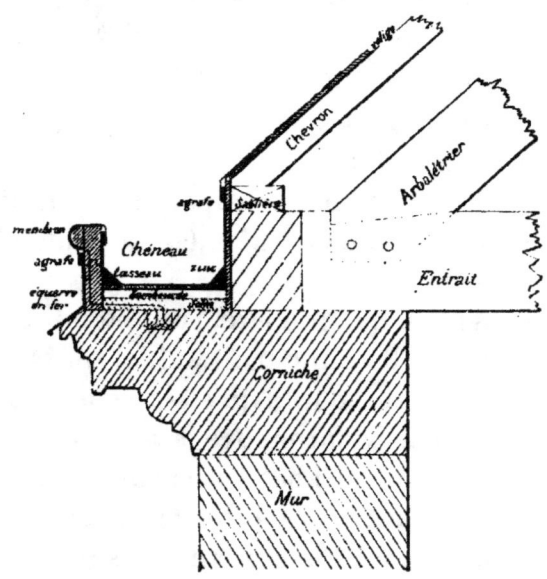

Fig. 343

pour les chéneaux en plomb, on a commencé à lui faire garnir des encaissements fixes. Ces encaissements étaient établis suivant le même principe que pour le plomb, sauf qu'ici on évitait au zinc le contact immédiat du mortier ou du plâtre, et que les parois à garnir étaient partout revêtues de bois.

La *fig.* 343 donne la coupe transversale d'un chéneau

de ce genre. On y voit la corniche couronnant le mur de face d'un bâtiment, ainsi que le mur d'attique, qui remonte la sablière de toute la hauteur nécessaire pour la construction du chéneau. Le socle de devant est formé par une cloison en planches de 0,034 ou de 0,041 d'épaisseur, maintenue par des équerres en fer à scellement espacées de $0^m,50$ environ ; les branches verticales sont entaillées et vissées dans le bois. La paroi verticale opposée est garnie d'un revêtement en planches maintenues par des clous enfoncés dans la maçonnerie ou dans des taquets en bois qui y sont scellés. Le fond lui-même est fait de planches clouées sur lambourdes ; ces dernières, fixées à scellement, comme les lambourdes d'un plancher, comportent la pente nécessaire pour l'écoulement.

Enfin, deux tasseaux triangulaires en bois garnissent les angles et permettent d'éviter de plier le zinc sous des angles trop aigus.

L'encaissement ainsi formé, on procède à la pose du zinc ; le revêtement se fait en feuilles n° 14 et mieux n° 16. La garniture des trois parois de l'encaissement se prépare avec un même morceau de zinc que l'on plie à la demande ; il a les bords supérieurs garnis de pinces rabattues, servant à la fixation au moyen d'agrafes. La rive intérieure, celle qui est du côté de la couverture, se relie à la bande de batellement du rampant, ou bien reçoit l'égout pendant qui amène les eaux. La rive extérieure se relie par un membron mouluré en zinc, soutenu par un noyau en bois de même forme, avec le devant de socle en zinc qui fait en même temps recouvrement de la partie extérieure de la corniche. Les garnitures de socle et le membron peuvent sans inconvénient être exécutées en zinc n° 14.

238. Du ressaut dans les chéneaux en zinc. — Le ressaut dans les chéneaux en zinc est bien plus efficace que dans les chéneaux en plomb. A l'inverse de ces derniers, il se prête aussi bien à la contraction qu'à la dilatation. La *fig.* 344 donne la coupe longitudinale d'un ressaut. applicable à un chéneau en zinc. L'encaissement en bois présente un ressaut fait par le relèvement du fond au moyen d'un morceau de bois transversal, de $0^m,05$ à $0^m,06$ d'épaisseur. L'encaissement du bief inférieur

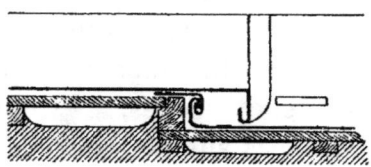

Fig. 344

est garni le premier d'un revêtement en zinc, qui se relève verticalement le long du gradin, et se replie en pince plate à sa partie supérieure. Deux pattes d'agrafe s'engagent dans la pince, se replient et se fixent à clous ou à vis sur le dessus de la pièce de bois transversale.

La feuille de garniture du bief supérieur passe sur le ressaut, le dépasse d'environ 0,10, puis se replie verticalement jusqu'au zinc du bief du bas ; une pince rabattue renforce l'assemblage. Cette feuille supérieure n'étant pas bridée par le ressaut peut se contracter aussi bien que se dilater.

Un orifice de trop plein, établi en tête du bief bas, garantit un peu le ressaut contre les infiltrations, en cas d'engorgement.

Ces ressauts en zinc ne sont pas susceptibles d'infiltrations par capillarité comme ceux en plomb. L'écartement variable des feuilles de métal ne permet pas aux poussières de s'y accumuler jusqu'à remplir l'intervalle.

Ces ressauts dans les chéneaux en zinc doivent s'établir tous les $4^m,00$, au moins, en raison de la grande dilatabilité du métal.

239. Exemple d'un chéneau entre toit et mur. — La *fig*. 345 donne la section transversale d'un chéneau compris entre une toiture recouverte en tuiles et un mur plus élevé.

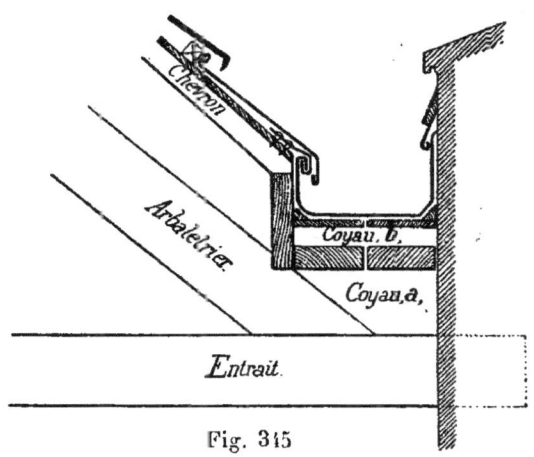

Fig. 345

A chaque ferme, un coyau a, fixé à l'arbalétrier et à l'entrait, soutient un plancher horizontal formé de deux madriers à plat; un madrier vertical fait office de dernière panne ou de sablière, et reçoit les extrémités des chevrons. Il forme, avec le plancher dont il vient d'être question et la paroi verticale du mur, l'encaissement dans lequel devra se loger le chéneau.

Une seconde série de coyaux, représentés en b, de hauteurs réglées convenablement, et espacés d'environ 0,80 à $1^m,00$, porte sur le fond en madriers et reçoit un second plancher, fait cette fois en planches de Lorraine de $0^m,027$ d'épaisseur. Ce plancher est établi suivant la pente à donner au chéneau. Deux petits tasseaux triangulaires effacent la vivacité des angles.

Dans le canal ainsi préparé, on vient étendre des feuilles de zinc n° 16 relevées le long du madrier vertical, où elles sont maintenues par des pattes d'agrafe et le long du mur, où elles sont agrafées par des pattes clouées ; enfin, elles sont surmontées d'une bande de solin et d'un solin en mortier.

388 CHAP. VIII. — GOUTTIÈRES, CHÉNEAUX ET ACCESSOIRES

Pour amener l'eau de la couverture en tuiles, on arrête cette dernière à un tasseau distant de 0,40 à 0,50 de la rive inférieure du pan ; à partir de ce tasseau qui forme chanlatte, elle se termine par une bande de batellement en zinc retombant en égout dans le chéneau.

La coupe longitudinale d'un pareil chéneau est représentée par la *fig.* 346. En A,B,C,D sont les axes de

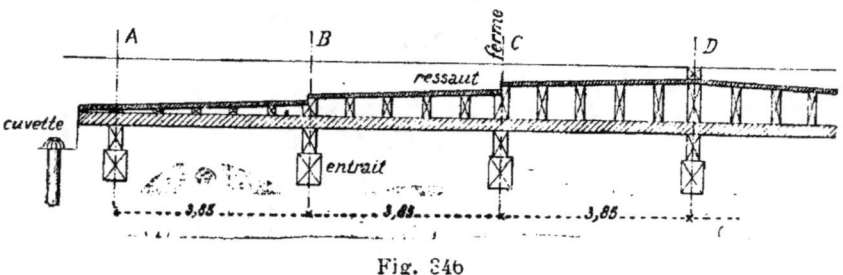

Fig. 346

quatre fermes successives, dont on voit les entraits coupés, ainsi que les coyaux qui, placés au-dessus, soutiennent le plancher en madriers.

A l'axe de la ferme D, correspond un haut de pente ; à côté de la ferme A est une cuvette établie en contre-bas et formant le point le plus bas de la pente. C'est de cette cuvette que part le tuyau d'écoulement des eaux.

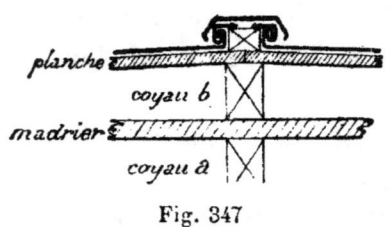

Fig. 347

Aux fermes intermédiaires B et C correspondent des ressauts. Les coyaux *b* doivent être organisés pour satisfaire aux exigences de ces points spéciaux et en même temps donner la pente courante nécessaire à l'écoulement.

La *fig.* 347 donne la forme de la partie la plus haute de la pente ; ce point de partage entre deux chéneaux successifs à pentes opposées prend souvent le nom de *besace*. Le croquis en donne la coupe verticale suivant l'axe du chéneau ; il montre successivement le coyau *a*, le plancher horizontal en madriers qui le surmonte, l'un des coyaux b, (celui qui correspond au point de partage), les deux fonds en planches qui en partent avec leurs pentes opposées et enfin un tasseau transversal qui va séparer les deux biefs et qui a une hauteur de $0^m,05$ à $0^m,06$.

Les feuilles de zinc qui garnissent les deux biefs adjacents se replient le long des parois du tasseau ; elles sont raidies par une pince plate relevée. Cette pince sert en même temps à les fixer au moyen de pattes d'agrafe.

Enfin, le tasseau est recouvert par un couvrejoint en zinc, analogue aux couvrejoints de couverture en métal.

La *fig.* 348 représente l'un des ressauts qui correspondent aux fermes B et C. Ce ressaut présente une variante de l'agrafure de tête de la feuille de zinc du bief d'aval. — La coupe est faite par un plan vertical passant par l'axe du chéneau. Cette coupe montre le coyau a qui est posé sur l'entrait de cette ferme, l'un des coyaux b qui reçoit sur sa surface supérieure l'extrémité du fond en planche du bief du haut, et, dans une encoche de profondeur convenable, la tête du fond du bief bas, en formant le ressaut demandé par la dilatation du métal.

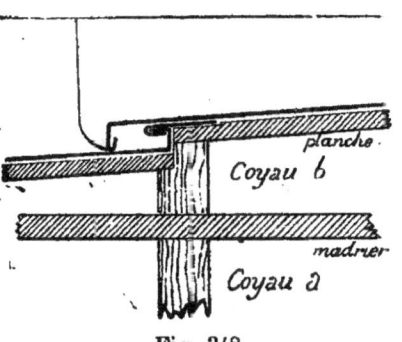

Fig. 348

La feuille de revêtement de ce dernier bief se relève le long de la paroi du ressaut et se coude horizontalement ; elle est retenue par deux pattes d'agrafe horizontales. La feuille supérieure se pose comme il a été dit précédemment.

La disposition de la cuvette ménagée au point bas de la pente, à côté de la ferme A, pour recevoir les eaux et les transmettre au tuyau de descente, est donnée en coupe longitudinale par la *fig.* 349.

Les bords de la cuvette sont formés : 1° par la sablière et le mur qui lui fait face, et 2° par deux coyaux a entre lesquels elle est comprise et enfin par un fond horizontal. L'un des coyaux est porté par la ferme, l'autre scellé dans le mur est cloué sur la sablière, et sous ces pièces de bois on vient brocher un fond de 0,04 à 0,05 d'épaisseur.

Cet encaissement est garni au fond, et verticalement sur tout son pourtour, de feuilles de zinc soudées et repliées dans la partie haute, soit horizontalement pour recevoir les pattes d'agrafe du fond des chéneaux adjacents, soit en pinces plates sur les deux autres côtés. Les zincs des chéneaux s'y déversent de la même manière que pour les ressauts.

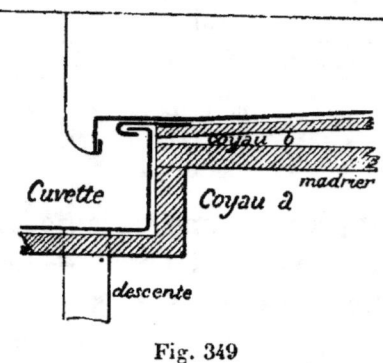

Fig. 349

Le fond est percé d'un trou et garni d'un moignon soudé pour l'écoulement de l'eau, et ce moignon vient s'emboiter dans la tête du tuyau de descente; l'orifice de départ de la cuvette est garni d'une crapaudine afin de retenir les corps étrangers.

Il est nécessaire de surveiller la propreté de ces genres de chéneaux, et de les maintenir parfaitement libres en temps de neige pour éviter les barrages, les obstructions et les infiltrations.

Ces chéneaux encaissés sont à éviter dans les habitations où les fuites d'eau peuvent faire des dégâts considérables. Dans les constructions industrielles, on y a recours souvent, par suite de la disposition même des bâtiments, les fuites dans ces cas étant moins à redouter. Les chéneaux placés entre 2 versants de bâtiments contigus se disposent de la même manière.

240. Chéneau de façade avec devant en terre cuite. — On a remplacé, souvent avec avantage au point de vue ornemental, les devants de socle en planches des chèneaux précédemment décrits par des façades en terre cuite ornée. La *fig.* 350 donne la coupe transversale d'un chéneau de ce genre.

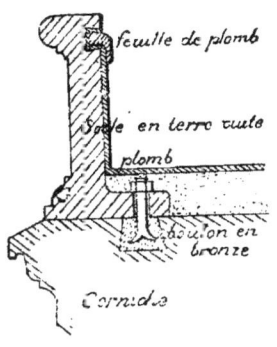

Fig. 350

La terre cuite porte à sa base une nervure qui lui sert de pied et qui vient s'appliquer sur la face supérieure de la pierre de corniche; des boulons en bronze à scellement servent à maintenir le socle. D'autres fois, on maintient les socles successifs par des équerres à scellement dont les branches verticales viennent se loger dans les joints montants.

La pente du fond est en plâtre et la garniture est en plomb. Cette garniture vient se loger dans une encoche à queue d'aronde ménagée dans le haut du socle et une bavette en plomb, logée dans la même rainure, se rabat sur le revêtement. Il est impossible à l'eau de s'insinuer entre celui-ci et la terre cuite. Le joint montant entre deux morceaux successifs de socle se fait facilement au moyen de bou-

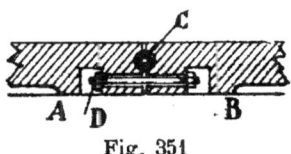

Fig. 351

lons et d'une matière compressible interposée. Il est donné en coupe horizontale dans le détail de la *fig.* 351. A et B sont les 2 socles successifs. Ils portent deux rainures demi circulaires qui se correspondent, et dans lesquelles se loge un bout de tube épais C en caoutchouc. Enfin, deux boulons à 2 écrous D viennent former serrage ; leurs écroux se logent dans deux rainures que l'on ménage dans l'ornementation de la façade. On complète le joint par l'application d'un peu de mortier de ciment sur la face interne.

241. Autre disposition du trop plein dans les ressauts de chéneaux. — Le peu d'efficacité des trop pleins décrits plus haut, pour empêcher les ressauts de chéneaux de laisser passer les infiltrations dans le cas d'obstruction, a fait rechercher d'autres dispositions.

Une forme très ingénieuse a été adoptée par la maison Barbas, Tassart et Balas ; elle est représentée par les trois

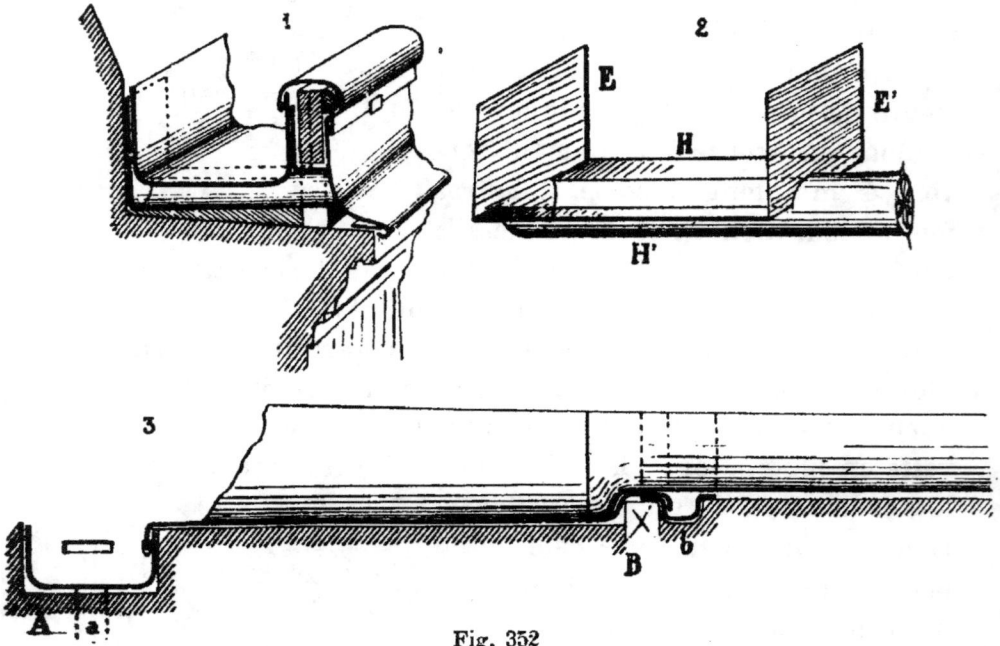

Fig. 352

croquis de la *fig.* 352 ; ceux-ci supposent une garniture en plomb, mais la disposition se ferait identique pour un revêtement en zinc.

Le croquis (3) donne la coupe longitudinale du chéneau. En A est la cuvette du point bas ; cette cuvette est garnie d'un trop plein, et elle porte un moignon *a* qui forme la tête d'un tuyau de descente.

En B, est le premier ressaut. Il ne diffère des ressauts ordinaires qu'en ce que, derrière la lambourde qui forme la dénivellation se trouve, dans la pente en plâtre, un sillon transversal *b* ; dans ce sillon, vient se loger une pièce en plomb figurée en perspective dans le croquis (2). C'est un bout de tuyau de plomb de 0,08 environ de diamètre, terminé en avant par un orifice garni d'une grille, et dont le pourtour se trouve soudé au passage après la feuille de devant de socle.

Son extrémité arrière est fermée par une feuille de plomb développée en aile E, tandis qu'un peu en avant, à une distance égale à la largeur du chéneau, se trouve une feuille de plomb parallèle E'. Entre ces deux feuilles, le tuyau a sa moitié supérieure enlevée et forme caniveau ; ce caniveau est élargi par deux berges H et H', légèrement en pente vers le tuyau.

Le croquis (1) montre une coupe transversale du chéneau à l'endroit du sillon et de sa garniture. Il indique la manière dont cette garniture est posée par rapport aux pièces métalliques du chéneau.

Le croquis (3) montre que la feuille de revêtement du bief inférieur, après s'être relevée au-dessus du ressaut, se poursuit jusqu'à se rabattre dans le caniveau transversal b.

Si, par suite d'engorgement, le niveau de l'eau s'élève, l'eau passera entre les feuilles de plomb des deux biefs, et se déversera dans le caniveau transversal dont la pente est dirigée vers le dehors ; elle y sera rejetée et ne pourra point pénétrer dans l'intérieur du bâtiment.

Il est évident que ce genre de trop plein dispense des orifices de trop pleins précédemment décrits et que l'on perce dans les devants de socles. Il est beaucoup plus rationnel et est employé avec succès, toutes les fois qu'il n'est pas possible d'établir des chéneaux sur entablements couverts dont il va être question.

Cette disposition est très avantageuse pour la réparation d'anciens chéneaux en plomb que l'on tient à conserver.

242. Des chéneaux sur entablements couverts. — La véritable disposition à adopter pour éviter tous les inconvénients des chéneaux est celle dite des chéneaux sur entablements couverts. Lorsqu'on établit le tracé d'un bâtiment neuf on peut prévoir la place nécessaire à ce genre de chéneaux et la réserver.

Le principe de leur construction est celui-ci. On commence par procéder au recouvrement en zinc du dessus de la corniche, et on fait monter le recouvrement le long du mur d'attique jusqu'à la sablière qui reçoit le bas des che-

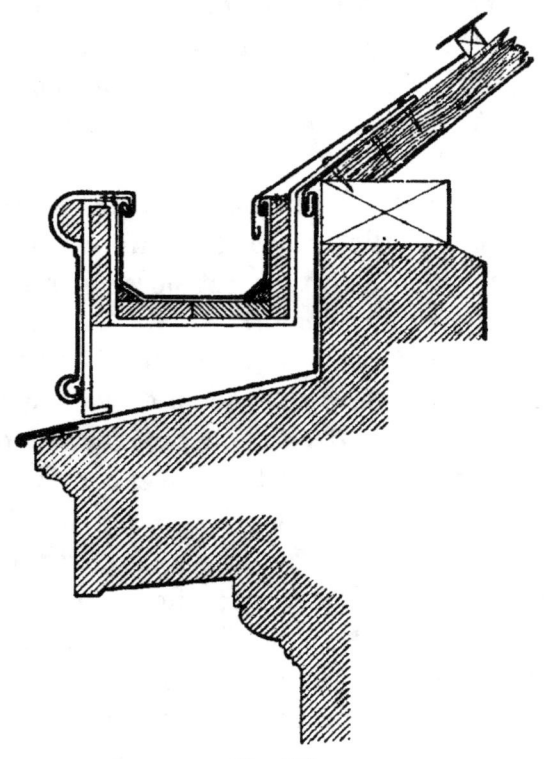

Fig. 353

vrons. On a vu en détail comment on pouvait exécuter ce recouvrement d'une façon absolument étanche. Puis, au-dessus de cette couverture, on vient suspendre le chéneau avec son encaissement et tous ses détails de construction. Il en résulte que si une partie quelconque de ce chéneau vient à fuir par suite d'engorgement, barrage ou de quelque cause que ce soit, l'eau provenant de la fuite tomberait sur la couverture de la corniche et serait rejetée au dehors sans pouvoir pénétrer dans l'intérieur. On voit que le principe est le même que celui de la gouttière à l'anglaise précédemment décrite.

La *fig.* 353 donne en coupe transversale le détail de cette disposition; on voit le profil de la corniche, son dessus en pente, le mur d'attique relevant suffisamment la sablière, et tout cet ensemble recouvert en zinc à la manière ordinaire. On vient ensuite placer, tous les $0^m,40$ à $0^m,50$, des supports en fer ayant soit la forme (1) soit la forme (2) de la *fig.* 354 ; ces supports sont portés en deux points : 1° une patte faite à la demande, percée de trous fraisés et vissée soit sur la sablière, soit sur les chevrons, et 2° un pied coudé à plat qui ne fait que porter sur le zinc du recouvrement, sans empêcher sa dilatation. Ces supports sont en fer galvanisé, et ont la section voulue pour porter sans flexion le chéneau et son encaissement. Ce dernier est en bois sur les trois côtés; il est assez épais pour recevoir les entailles nécessaires au logement de tous les fers ; ces derniers sont percés des trous fraisés que réclament les vis d'assemblage.

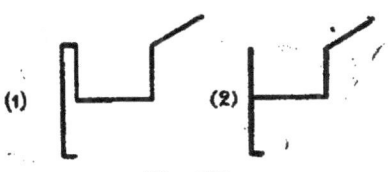
Fig. 354

Lorsqu'on emploie la disposition (1) la planche de devant de socle se met entre les deux branches verticales du support.

Ces crochets sont disposés suivant la pente du fond ; aux points bas, il faut qu'il y ait encore au moins $0^m,05$ d'intervalle libre entre le support et la couverture de l'entablement.

La planche de devant de socle ne dépasse pas le fond à sa partie basse ; l'encaissement est donc absolument suspendu. On le termine par un boursault en bois mouluré destiné à former le noyau du membron.

La garniture en plomb ou en zinc s'établit comme on l'a vu pour les chéneaux posés directement sur la maçonnerie. La seule différence, mais essentielle, est que la feuille de devant de socle part du boursault et vient s'arrêter à $0^m,01$ ou $0^m,015$ du revêtement de la corniche. Plus près, il empêcherait l'eau des fuites de s'écouler; plus éloigné, il laisserait passer les oiseaux qui, pour établir leur nid dans le vide du dessous de chéneau, y apporteraient des ordures et pailles. Cette feuille de devant de socle est fixée en haut par des pattes d'agrafe au moyen d'une pince relevée, et, en bas, elle est terminée par un ourlet, sur lequel se rabattent une série de paillettes en cuivre rivées à la base des supports de chéneau.

Ces sortes de chéneaux sont maintenant généralement employés dans les constructions neuves, en raison de leur étanchéité absolue et de toutes les garanties qu'ils présentent même en temps de neige. La coupe longitudinale qu'on en ferait serait la même que celle des chéneaux fixes; ils doivent être munis des ressauts de dilatation et avoir leur rive extérieure plus basse que leur rive arrière, pour qu'en cas d'engorgements et de pluie torrentielle, le débord ait lieu en avant, sur l'entablement couvert.

243. Chéneaux en terre cuite. — La maison Muller d'Ivry construit des chéneaux en terre cuite de différents modèles, et la terre employée est toute de première qualité, de telle sorte qu'ils reçoivent l'eau directement et n'ont pas besoin d'être garnis en métal. Lorsque la distance entre les descentes d'eau n'est pas trop considérable, ne dépasse pas une quinzaine de mètres, on les établit directement sans aucune pente, et le peu d'eau qui peut rester dans quelques endroits du canal ne présente aucun inconvénient.

Le premier modèle à signaler est celui représenté par la *fig.* 355. Il est destiné à être posé sur l'extrémité en saillie des chevrons d'une toiture en *queue de vache*. Le fond est dirigé parallèlement aux chevrons, le côté du dedans est droit, celui du devant est cintré et porte un parement extérieur orné.

Le chéneau est formé par bouts successifs d'environ 0^m,50 à 0^m,60 de longueur, et chaque bout se termine par une bride qui sert à faire un assemblage étanche avec le bout suivant. Les deux brides qui se regardent portent des rainures qui se correspondent, et dans ces rainures on pose un corps élastique et compressible, un tuyau en caoutchouc épais par exemple. Il ne reste plus qu'à serrer les deux brides contiguës au moyen de boulons convenablement disposés. Ces chéneaux ont une hauteur d'environ 0^m,20 et une largeur de 0^m,16 à 0^m,20. Ceux qui correspondent aux descentes portent un moignon de départ pour les eaux.

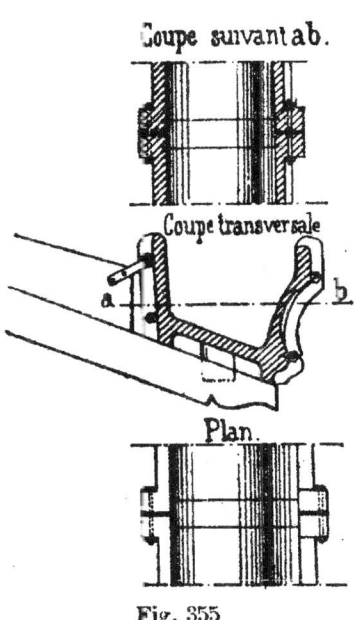

Fig. 355

Pour empêcher les chéneaux de glisser le long des chevrons, on se sert de l'un des boulons de chaque joint pour attacher une patte qui d'autre

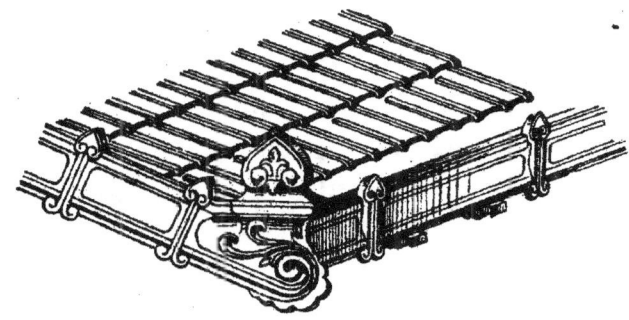

Fig. 356

part se visse sur le coyau voisin. Chaque joint est ainsi maintenu.

Le joint en caoutchouc dure très longtemps, abrité qu'il

est de la lumière, et le restant du joint s'emplit à la longue d'une poussière très fine qui vient à l'obturer complètement.

L'apparence de ces sortes de chéneaux vus en élévation est représentée par la *fig.* 356.

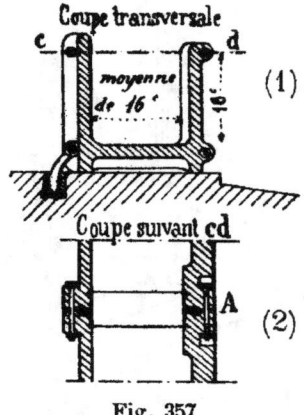

Fig. 357

Lorsqu'il s'agit d'un chéneau à établir au-dessus d'une corniche de bâtiment, la forme est un peu différente : le fond est droit et le bord du devant formant façade se redresse d'équerre, ainsi que le montrent les deux croquis de la *fig.* 357.

Le joint se fait comme précédemment, au moyen de brides ménagées aux extrémités des bouts successifs, et serrées par des boulons, avec interposition de tuyau de caoutchouc. Ces brides peuvent être entièrement saillantes ou bien rentrées pour diminuer la saillie comme en (2) *fig.* 357. Pour que les bouts ne se dérangent pas, on les arrête de distance en distance, en serrant, par le boulon d'un joint, une patte d'arrêt à scellement qui s'engage sur le dessus de la corniche.

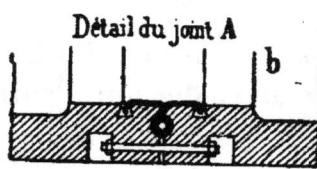

Fig. 358

Ce chéneau peut s'établir sur un entablement déjà couvert en zinc, ce qui donne toute assurance contre les infiltrations.

Lorsque l'on veut prendre des précautions spéciales d'étanchéité pour les joints de ces chéneaux appliqués à des bâtiments importants, on peut établir le point A, comme le montre la *fig.* 358, en mettant à l'intérieur du canal, en plus du tuyau en caoutchouc, une bande de plomb, engravée et scellée au ciment dans chacun des morceaux ; les bouts portent, à cet effet, des rainures dont la section est en queue d'aronde.

244. Des gouttières et chéneaux en fonte, système Bigot-Renaux. — M. Bigot-Renaux, constructeur à Rouen a construit et vulgarisé des gouttières et chéneaux en fonte mince, de formes très variées et qui, depuis une vingtaine d'années, se répandent de plus en plus dans les applications.

La fonte est peu oxydable, et on peut la protéger facilement par des goudronnages économiques. On peut maintenant l'obtenir, pour cette application à la couverture, sous des épaisseurs réduites de 0,004 à 0,005. Enfin, un joint en caoutchouc, que la pratique a sanctionné, permet à chaque bout de se dilater séparément sans entraîner ses voisins, ce qui supprime les inconvénients des ressauts, et permet de réduire la pente.

Ces canaux n'ont pas de résistance par eux-mêmes ; ils ont besoin d'être soutenus soit sur une surface solide, soit sur des crochets suffisamment rapprochés et cintrés à la

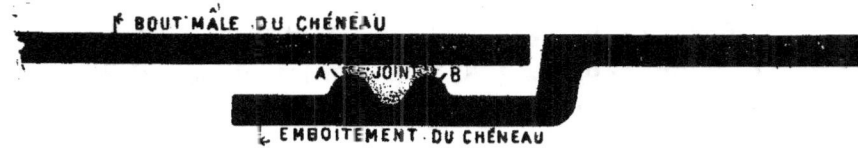

Fig. 359

demande. En raison de la matière qui forme le joint, ils présentent une certaine élasticité qui est avantageuse dans bien des cas, et empêche toute rupture due aux tassements légers que peuvent subir les bâtiments.

Ils s'établissent par bouts de $1^m,00$ d'ordinaire et il existe des raccords de toutes les longueurs plus petites espacées de $0^m,05$ en $0^m,05$. On fait aussi des coudes d'extrémités, des bouts avec fonds, des tubulures à la demande.

Pour établir le joint entre deux pièces bout à bout, on fait venir à l'une d'elles un emboîtement muni de deux cordons saillants A et B *fig.* 359. Il en résulte une rainure dans laquelle on place un cordon en caoutchouc ; puis on applique l'extrémité de l'autre bout qui vient appuyer sur le caoutchouc. Il ne s'agit plus que de déterminer un serrage énergique de deux pièces de fonte sur la matière élastique interposée.

Ce serrage s'obtient au moyen de crochets, ayant la forme de bagues ouvertes, qui appuient sur le bord intérieur du bout mâle d'une part, et, de l'autre, s'accrochent sur des saillies ou oreilles de formes appropriées venues de fonte aux extrémités de l'emboîtement.

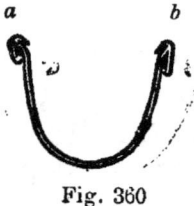

Fig. 360

La *fig.* 360 montre les deux épaisseurs de fonte superposées, les saillies de l'emboîtement en *a* et en *b* et les bagues qui en ces mêmes points relient les deux pièces.

Pour obtenir ce joint parfaitement serré et étanche, on commence par mettre le caoutchouc dans la rainure de l'emboîtement, on rapproche le bout mâle et on commence par faire le joint *b* du côté de la couverture. Pour les petits chéneaux ainsi que pour les gouttières, les doigts suffisent; pour les pièces plus importantes, on se sert d'une clef spéciale qui, s'appuyant sur l'oreille extérieure de l'emboîtement, vient presser fortement par rabattement sur le bout mâle, et le force à s'approcher en comprimant le caoutchouc; à ce moment, on passe la bague à la main de ce côté *b*.

La première partie étant ainsi attachée, on passe au côté exterieur *a*; toujours avec la même clef, on approche les bords des deux pièces, et, par rabattement, on les serre avec force et on passe la bague; le joint est alors terminé. Si l'on a bien opéré, le caoutchouc est serré partout uniformément; la jonction est parfaitement étanche tout en se prêtant dans de larges limites aux dilatations et et aux tassements.

La *fig.* 361 montre l'emploi de la clef et sa forme. Dans le croquis (1) elle est posée simplement sans serrage et épaulée sur l'oreille de l'emboîtement ; dans le croquis (2) elle est rabattue de force et serre les deux pièces du chéneau pour permettre de mettre la bague.

Pour défaire le joint lors de la dépose d'un chéneau, il suffit d'enlever les deux bagues ; pour cela on opère encore avec la même clef que pour la pose ; on serre les fontes de chaque joint, ce qui dégage les bagues et permet de les enlever ; on opère d'abord sur le côté extérieur a, puis sur le côté intérieur b.

Lorsque le joint est ancien, le caoutchouc est adhérent ; il s'est formé une combinaison entre le soufre qu'il contient et la paroi de la fonte ; mais le milieu du brin en caoutchouc est intact. Dans tous les cas, le joint même ancien reste parfaitement étanche.

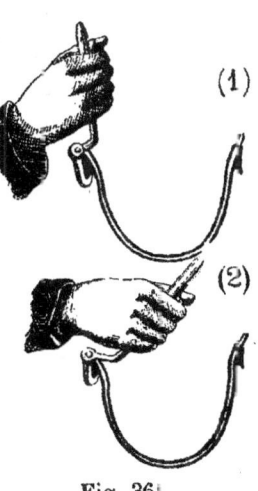

Fig. 361.

Il résulte de l'élasticité du joint que, chaque pièce pouvant se dilater isolément, il n'y a pas à s'inquiéter des effets d'ensemble de cette dilatation. Il n'y a pas à établir de ressauts et il n'est pas nécessaire de prévoir des supports assez élastiques pour se prêter aux mouvements longitudinaux.

Une pente de deux millimètres par mètre est très suffisante ; bien souvent même on les établit sans aucune pente.

245. Des modèles divers des chéneaux, système Bigot-Renaux. — Voici les principaux modèles de la maison Bigot-Renaux. Le n⁰ˢ de croquis des figures ci-après sont ceux des dénominations du constructeur ; en dessous de chaque figure, sont indiqués les renseignements particuliers à chaque chéneau et qui permettent de faire un choix pour chaque application.

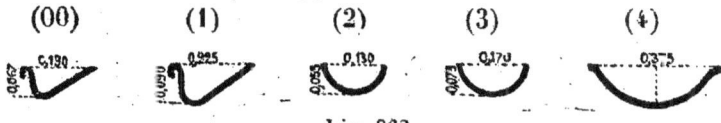

Fig. 362

402 CHAP. VIII. — GOUTTIÈRES, CHÉNEAUX ET ACCESSOIRES

Gouttière n° 00.
- Développement 0^m, 290
- Section 0^{m2},0076
- Poids du m. c^t 8^k, 070
- Prix au m. c^t 5^f, 15   compris crochets et vis d'attache.

Gouttière n° 1.
- Développement 0^m, 330
- Section 0^{m2},0102
- Poids du m. c^t 9^k, 000
- Prix au m. c^t 3^f, 75   compris crochets et vis d'attache.

Gouttière n° 2.
- Développement 0^m, 200
- Section 0^{m2},0054
- Poids du m. c^t 5^k, 540
- Prix au m. c^t 3^f, 45   compris crochets et vis d'attache.

Gouttière n° 3.
- Développement 0^m, 260
- Section 0^{m2},0093
- Poids du m. c^t 8^k, 000
- Prix au m. c^t 4^f, 60   compris crochets et vis d'attache.

Chéneau n° 4
(Profondeur 0,09)
- Développement 0^m, 440
- Section 0^{m2},0234
- Poids du m. c^t 17^k, 420
- Prix au m. c^t 9^f, 15

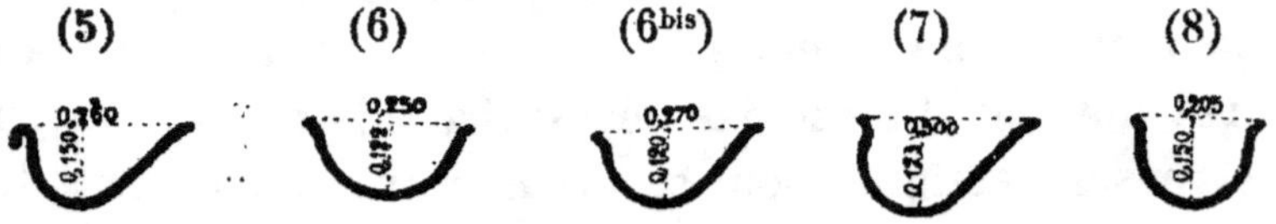

(5)   (6)   (6bis)   (7)   (8)

Fig. 363

Chéneau n° 5.
- Développement 0^m, 480
- Section 0^{m2},0227
- Poids du m. c^t 19^k, 000
- Prix au m. c^t 9^f, 50

Chéneau n° 6.
- Développement 0^m, 400
- Section 0^{m2},0214
- Poids du m. c^t 15^k, 840
- Prix au m. c^t 7^f, 55

Chéneau n° 6 ^{bis}
- Développement 0^m, 430
- Section 0^{m2},0177
- Poids du m. c^t 17^k, 020
- Prix au m. c^t 8^f, 90

GOUTTIÈRES ET CHÉNEAUX EN FONTE   403

Chéneau n° 7. { Développement 0ᵐ, 430
Section   0ᵐ², 0248
Poids du m. cᵗ 17ᵏ, 020
Prix au m. cᵗ   8ᶠ, 90 }

Chéneau n° 8. { Développement 0ᵐ, 425
Section   0ᵐ², 0236
Poids du m. cᵗ 16ᵏ, 830
Prix au m. cᵗ   8ᶠ, 85 }

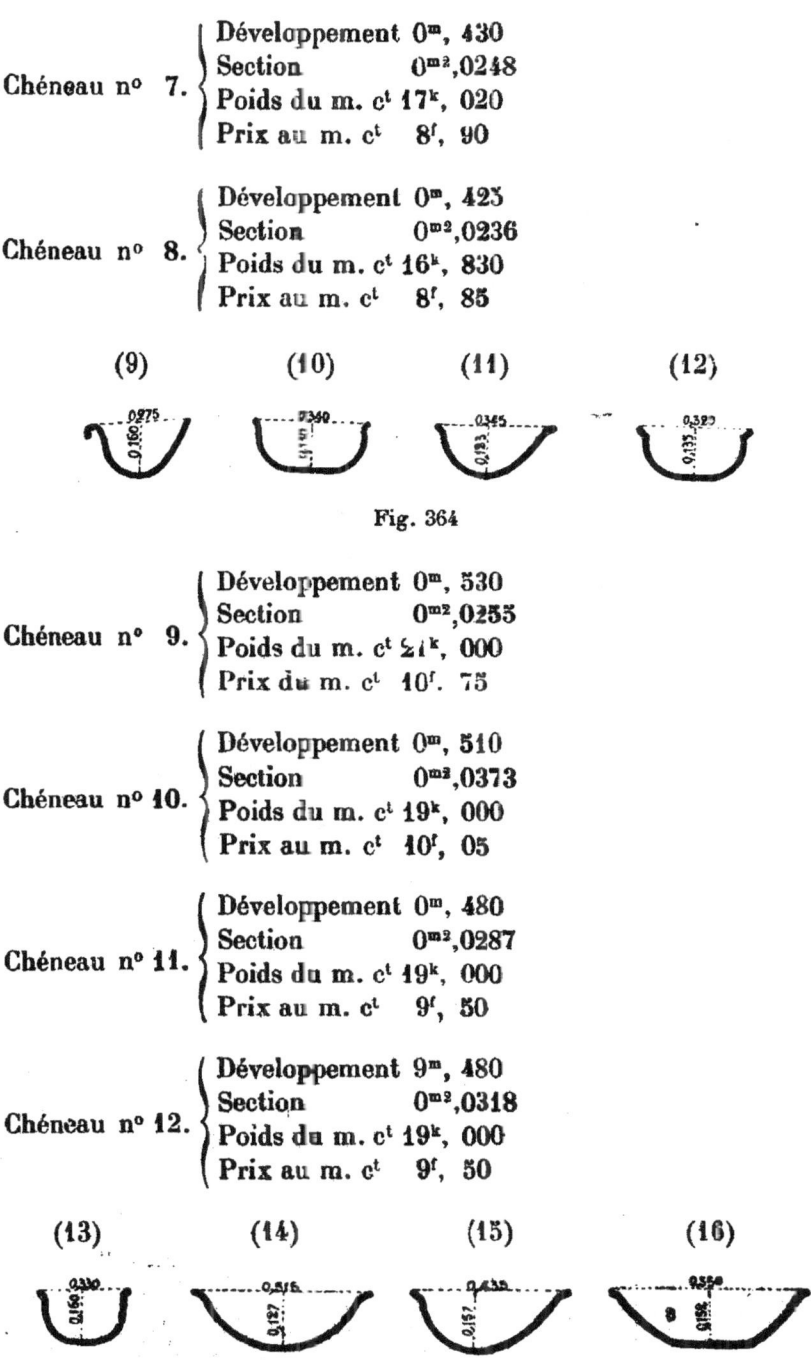

Fig. 364

Chéneau n° 9. { Développement 0ᵐ, 530
Section   0ᵐ², 0255
Poids du m. cᵗ 21ᵏ, 000
Prix du m. cᵗ 10ᶠ. 75 }

Chéneau n° 10. { Développement 0ᵐ, 510
Section   0ᵐ², 0373
Poids du m. cᵗ 19ᵏ, 000
Prix au m. cᵗ 10ᶠ, 05 }

Chéneau n° 11. { Développement 0ᵐ, 480
Section   0ᵐ², 0287
Poids du m. cᵗ 19ᵏ, 000
Prix au m. cᵗ 9ᶠ, 50 }

Chéneau n° 12. { Développement 9ᵐ, 480
Section   0ᵐ², 0318
Poids du m. cᵗ 19ᵏ, 000
Prix au m. cᵗ 9ᶠ, 50 }

Fig. 365

404 CHAP. VIII. — GOUTTIÈRES, CHÉNEAUX ET ACCESSOIRES

Chéneau n° 13. $\begin{cases} \text{Développement } 0^m, 520 \\ \text{Section} \qquad 0^{m2}, 0351 \\ \text{Poids du m. c}^t\ 20^k, 590 \\ \text{Prix au m. c}^t\ 10^f, 55 \end{cases}$

Chéneau n° 14. $\begin{cases} \text{Développement } 0^m, 600 \\ \text{Section} \qquad 0^{m2}, 0418 \\ \text{Poids du m. c}^t\ 23^k, 760 \\ \text{Prix au m. c}^t\ 12^f, 10 \end{cases}$

Chéneau n° 15. $\begin{cases} \text{Développement } 0^m, 575 \\ \text{Section} \qquad 0^{m2}, 0453 \\ \text{Poids du m. c}^t\ 22^k, 770 \\ \text{Prix au m. c}^t\ 12^f, 60 \end{cases}$

Chéneau n° 16. $\begin{cases} \text{Développement } 0^m, 650 \\ \text{Section} \qquad 0^{m2}, 0565 \\ \text{Poids du m. c}^t\ 25^k, 740 \\ \text{Prix au m. c}^t\ 12^f, 65 \end{cases}$

(17)　　　(18)　　　(19)　　　(20)

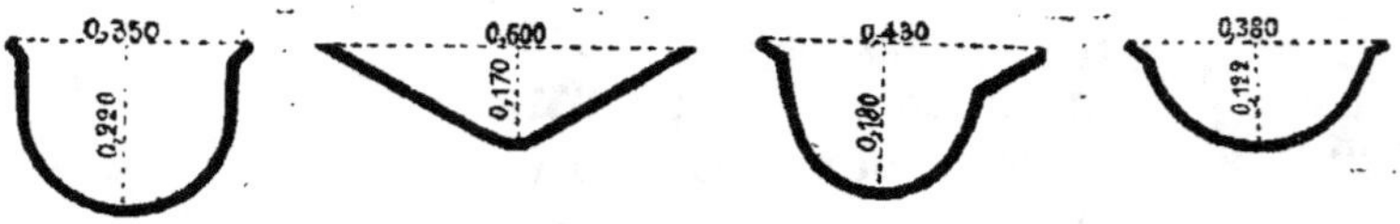

Fig. 366

Chéneau n° 17. $\begin{cases} \text{Développement } 0^m, 650 \\ \text{Section} \qquad 0^{m2}, 0622 \\ \text{Poids du m. c}^t\ 25^k, 740 \\ \text{Prix au m. c}^t\ 12^f, 75 \end{cases}$

Chéneau n° 18. $\begin{cases} \text{Développement } 0^m, 710 \\ \text{Section} \qquad 0^{m2}, 0647 \\ \text{Poids du m. c}^t\ 28^k, 110 \\ \text{Prix au m. c}^t\ 13^f, 85 \end{cases}$

Chéneau n° 19. $\begin{cases} \text{Développement } 0^m, 615 \\ \text{Section} \qquad 0^{m2}, 0474 \\ \text{Poids du m. c}^t\ 24^k, 350 \\ \text{Prix au m. c}^t\ 12^f, 35 \end{cases}$

Chéneau n° 20. $\begin{cases} \text{Développement} & 0^m, 470 \\ \text{Section} & 0^{m2}, 0292 \\ \text{Poids du m. c}^t & 18^k, 610 \\ \text{Prix au m. c}^t & 9^f, 35 \end{cases}$

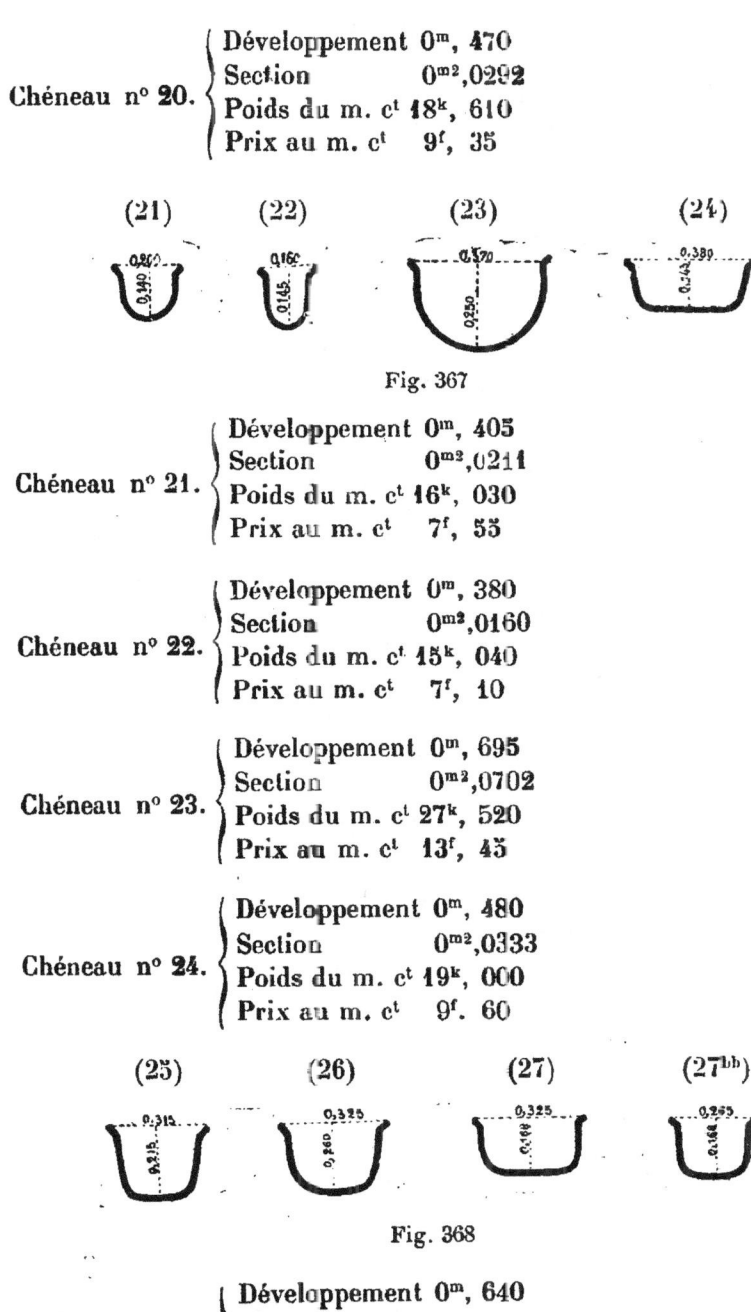

Fig. 367

Chéneau n° 21. $\begin{cases} \text{Développement} & 0^m, 405 \\ \text{Section} & 0^{m2}, 0211 \\ \text{Poids du m. c}^t & 16^k, 030 \\ \text{Prix au m. c}^t & 7^f, 55 \end{cases}$

Chéneau n° 22. $\begin{cases} \text{Développement} & 0^m, 380 \\ \text{Section} & 0^{m2}, 0160 \\ \text{Poids du m. c}^t & 15^k, 040 \\ \text{Prix au m. c}^t & 7^f, 10 \end{cases}$

Chéneau n° 23. $\begin{cases} \text{Développement} & 0^m, 695 \\ \text{Section} & 0^{m2}, 0702 \\ \text{Poids du m. c}^t & 27^k, 520 \\ \text{Prix au m. c}^t & 13^f, 45 \end{cases}$

Chéneau n° 24. $\begin{cases} \text{Développement} & 0^m, 480 \\ \text{Section} & 0^{m2}, 0333 \\ \text{Poids du m. c}^t & 19^k, 000 \\ \text{Prix au m. c}^t & 9^f, 60 \end{cases}$

Fig. 368

Chéneau n° 25. $\begin{cases} \text{Développement} & 0^m, 640 \\ \text{Section} & 0^{m2}, 0530 \\ \text{Poids du m. c}^t & 25^k, 340 \\ \text{Prix au m. c}^t & 12^f, 80 \end{cases}$

Chéneau n° 26.
{ Développement 0ᵐ,705
Section 0ᵐ²,0672
Poids du m. cᵗ 27ᵏ,720
Prix au m. cᵗ 14ᶠ,10 }

Chéneau n° 27.
{ Développement 0ᵐ,540
Section 0ᵐ²,0434
Poids du m. cᵗ 21ᵏ,380
Prix au m. cᵗ 10ᶠ,80 }

Chéneau n° 27. bb
{ Développement 0ᵐ,480
Section 0ᵐ²,0321
Poids du m. cᵗ 18ᵏ,500
Prix au m. cᵗ 9ᶠ,60 }

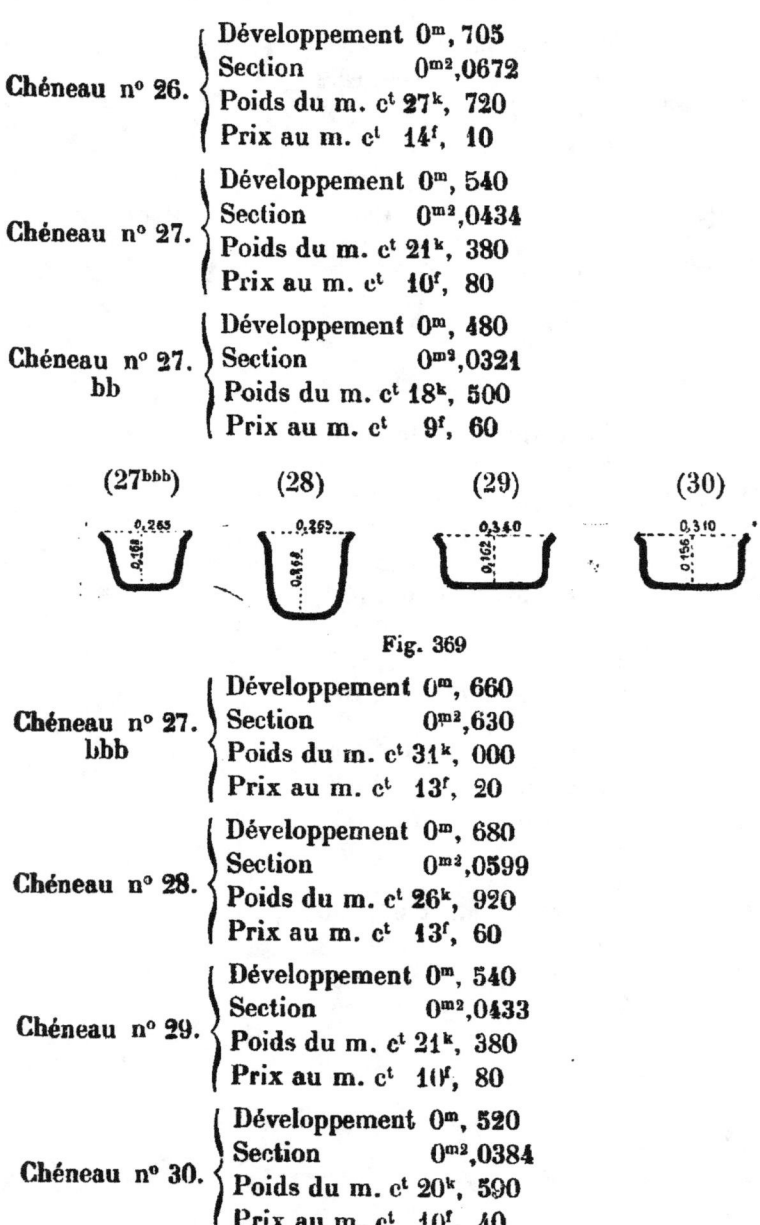

Fig. 369

Chéneau n° 27. bbb
{ Développement 0ᵐ,660
Section 0ᵐ²,630
Poids du m. cᵗ 31ᵏ,000
Prix au m. cᵗ 13ᶠ,20 }

Chéneau n° 28.
{ Développement 0ᵐ,680
Section 0ᵐ²,0599
Poids du m. cᵗ 26ᵏ,920
Prix au m. cᵗ 13ᶠ,60 }

Chéneau n° 29.
{ Développement 0ᵐ,540
Section 0ᵐ²,0433
Poids du m. cᵗ 21ᵏ,380
Prix au m. cᵗ 10ᶠ,80 }

Chéneau n° 30.
{ Développement 0ᵐ,520
Section 0ᵐ²,0384
Poids du m. cᵗ 20ᵏ,590
Prix au m. cᵗ 10ᶠ,40 }

Il y a encore bien d'autres modèles tant dans la maison Bigot-Renaux que chez d'autres constructeurs de ces chéneaux, de telle sorte que pour chaque application il est facile de faire un choix approprié parmi les modèles existants. Mais presque toujours, même quand on les trouve tout faits en magasin, il faut faire fondre des raccords spéciaux, qui demandent un certain temps pour le modèle et la fonderie ; il y a lieu d'en faire la commande assez longtemps à l'avance pour ne pas arrêter les travaux.

246. Détermination des dimensions des chéneaux. — Il est difficile de préciser au moyen du calcul les dimensions qu'il convient de donner aux chéneaux, lorsqu'on connaît les dimensions des pans de toiture qui viennent y déverser leurs eaux.

Le premier élément à déterminer est la quantité maximum d'eau qu'un pan de toiture est susceptible de recueillir ; ce maximum est très variable, suivant les régions et suivant les expositions.

Dans nos contrées, on admet qu'une pluie d'orage peut fournir par seconde et par hectare 120 litres d'eau, ce qui correspond à 0,012 par mètre carré et par seconde, soit $0^{lit},72$ par minute.

Pour être large, nous admettrons 1 litre par minute et par mètre carré. Un bâtiment de 20 mètres de long et 10 mètres de large aura une projection horizontale de 200 mètres et recevra, quelle que soit sa toiture, un maximum de 200 litres par minute.

Pour ses divers modèles de chéneaux, M. Bigot-Renaux appliquant la formule des canaux découverts a trouvé les débits entretenus par une pente de $0^m,002$ par mètre ; il a cherché ensuite pratiquement le débit que donnait l'expérience et a trouvé des résultats un peu différents. Cette différence tient aux irrégularités de la fonte et à la résistance additionnelle produite par les joints dans l'écoulement.

Il a ainsi dressé le tableau suivant.

Tableau du débit des principaux modèles de chéneaux Bigot-Renaux en supposant une pente de 0,002 p. m.

Numéro d'ordre du modèle	Section en centimètres carrés	Périmètre mouillé	Dépense d'eau par minute théorique	Dépense d'eau par minute pratique	Numéro d'ordre du modèle	Section en centimètres carrés	Périmètre mouillé	Dépense d'eau par minute théorique	Dépense d'eau par minute pratique
00	76	0m270	171[1]	84[1]	16	565	0m650	2243	1680
1	102	0 270	259	129	17	622	0 650	2580	1935
2	54	0 200	118	59	18	647	0 710	2622	1968
3	93	0 240	245	122	19	474	0 615	1764	1320
4	234	0 440	715	480	20	292	0 470	978	660
5	227	0 370	750	507	21	211	0 405	640	430
6	214	0 380	679	462	22	160	0 380	439	219
6 bis	177	0 380	514	257	23	702	0 695	3000	2250
7	248	0 430	804	543	24	333	0 480	1176	795
8	238	0 425	750	507	25	530	0 640	2046	1530
9	255	0 410	870	588	26	672	0 705	2784	2088
10	373	0 510	1356	918	27	434	0 540	1653	1242
11	287	0 480	930	630	27 BB	321	0 480	1113	750
12	318	0 480	1104	744	27 BBB	630	0 660	2610	1956
13	361	0 520	1275	870	28	599	0 680	2382	1785
14	418	0 600	1476	996	29	433	0 540	1644	1230
15	453	0 575	1704	1275	30	384	0 520	1392	942

Ce tableau a été calculé par la formule d'hydraulique

$$D = S \times 50 \sqrt{\frac{S}{P} \times 1},$$

D étant le débit maximum que peut donner chaque modèle de chéneau ou gouttière, coulant à pleins bords avec une pente de fond égale à 0,002 p. m.

La colonne intitulée dépense pratique donne des chiffres résultant d'expériences.

Ce tableau est extrait de l'album Bigot-Renaux, pl. 83 et 84.

Pour l'exemple du bâtiment déjà cité donnant 200 litres par minute et supposé couvert par un seul pan, avec un seul chéneau et une descente à l'une des extrémités de ce dernier, les chéneaux 6 bis et 22 suffiraient, puisqu'ils débitent respectivement 257 litres et 219 litres.

En supposant même conduite de chéneau, mais avec deux descentes, chaque côté n'a à débiter que 100 litres et le numéro 3 est encore suffisant.

Enfin s'il y avait deux pans de toiture, deux chéneaux et 4 descentes, chaque canal n'aurait à écouler que 50 litres et on pourrait employer la gouttière n° 2 débitant 59 litres.

Si la pente est plus faible que $0^m,002$, si elle est nulle, par exemple, il faut en tenir compte par une large évaluation. On doit doubler par exemple, dans ce dernier cas, le chiffre qui mesure la quantité d'eau à écouler et appliquer au débit ainsi doublé les chiffres du tableau précédent.

On peut, par analogie, déterminer de la même façon, au moyen du tableau qui vient d'être donné, la section d'un chéneau construit avec toute autre matière que la fonte.

247. Quelques applications des gouttières en fonte. — Voici quelques applications des gouttières en fonte tirées de l'album de la maison Bigot-Renaux.

La *fig.* 370 donne la coupe transversale d'une gouttière

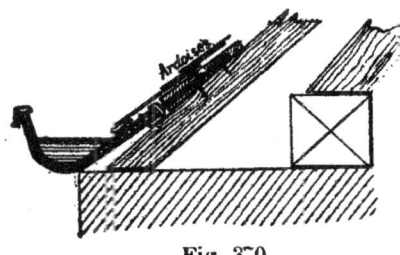

Fig. 370

pendante au-dessus de l'arête supérieure du mur de face d'un bâtiment et le protégeant. La gouttière est posée sur une série de crochets en fer de 0,025, sur 0,005 avec paillettes rivées pour attaches. La *fig.* 371 donne, à plus grande échelle, le détail de ces crochets et de la manière dont la gouttière leur est fixée. Les crochets sont maintenus sur le chevronnage soit par des tirefonds, soit même par des vis fraisées, qui ne font pas de saillie par-dessus.

Comme la couverture du comble est supposée en ar-

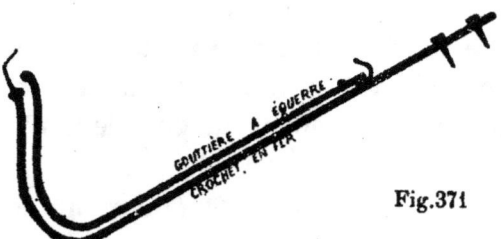

Fig. 371

doise, une bande de batellement en zinc suit la gouttière et reçoit à son tour le doublis d'égout de la couverture du comble.

Si l'on craint une fuite d'eau par les joints, on peut couvrir d'une bande en zinc agrafée la partie de voligeage qui se trouve immédiatement au-dessous du chéneau, comme dans l'exemple représenté dans la *fig.* 372 ; mais, dans la plupart des cas, la bande de recouvrement en zinc est inutile.

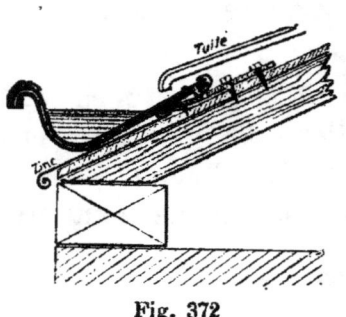

Fig. 372

Lorsque la couverture est exécutée en tuiles, ces dernières, convenablement soutenues par une chanlatte, peuvent verser directement l'eau sur la gouttière ; il suffit pour cela que la pente soit convenable, et que l'égout avance de $0^m,06$ à $0,08$ sur la fonte de la gouttière.

L'exemple de la *fig.* 373 montre cette même application d'une gouttière à une toiture recouverte en tuiles, mais dans le cas où la couverture avance fortement en queue de vache sur le mur de face.

Le croquis représente la coupe de la rive d'un bâtiment du marché aux bestiaux de la Villette à Paris. Les crochets sont entaillés dans une forte chanlatte destinée à supporter le dernier rang de tuiles de la toiture, sans aucune bande de batellement intermédiaire ; la gouttière déborde

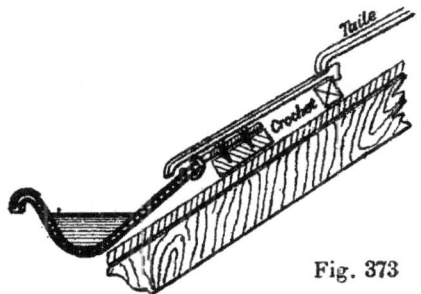

Fig. 373

l'extrémité des chevrons de plus de la moitié de sa largeur, constituant ainsi une sorte de moulure de corniche.

248. Applications de quelques modèles de chéneaux. — Le croquis de la *fig.* 374 donne en coupe trans-

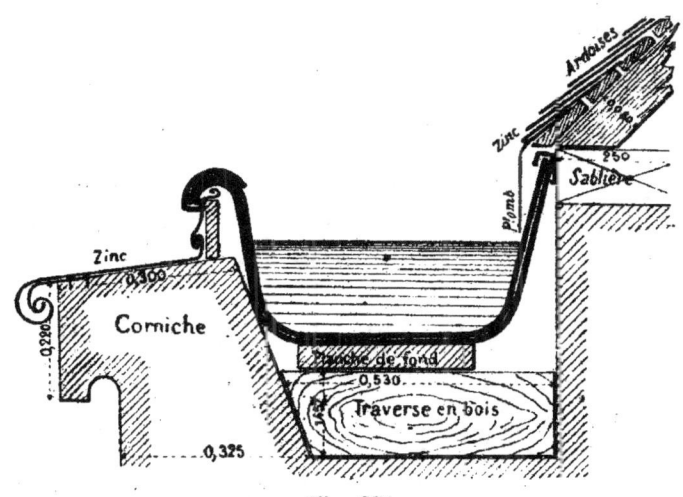

Fig. 374

versale le mode d'installation du chéneau modèle 56 de la maison Bigot-Renaux, dans l'application qui en a été faite au nouvel hôtel des Postes à Paris.

La corniche est évidée, tout en gardant sur le devant

assez de pierre pour la résistance. Au fond de l'évidement on a installé une série de traverses en bois, de 0ᵐ,15 environ de hauteur ; leurs faces supérieures sont réglées de hauteur, de manière à donner une faible pente longitudinale. Sur ces traverses une planche de fond vient former un support continu pour le fond du chéneau. Ce dernier est posé sans autre mode d'attache, il est raccordé à la couverture par une bande de larmier pendante en plomb, surmontée d'une bande de batellement en zinc ; au-dessus sont les ardoises.

La partie de corniche qui se trouve en avant du chéneau est couverte en zinc ; le métal se redresse le long

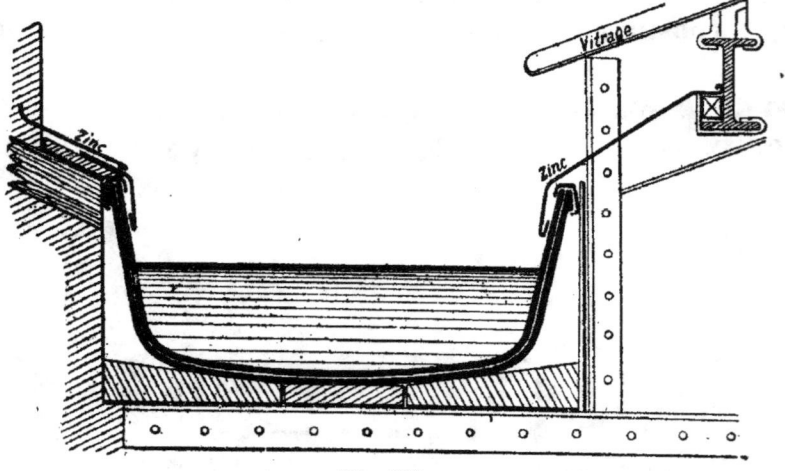

Fig. 375

d'une planche de socle, et vient se perdre en amortissement au-dessous du boudin saillant du chéneau en fonte.

Dans ce même établissement, une autre application de ce chéneau a été faite autour d'une grande cour vitrée ; le chéneau est installé dans un encaissement préparé entre le vitrage et les murs des bâtiments plus élevés qui l'entourent. La *fig.* 375 donne la disposition du chéneau, qui porte dans la série du constructeur le numéro 58. C'est un modèle très large permettant une circulation pour les ouvriers en cas de visites, nettoyages ou réparations.

Dans l'encaissement réservé dans la charpente métallique, on a organisé un caisson en bois sur le fond duquel vient poser le chéneau.

Les raccords avec le mur, d'un côté, avec la charpente au-dessous de l'égout du vitrage, de l'autre, sont établis par des bandes de rives de formes appropriées.

On emploie très fréquemment ces chéneaux dans les maisons d'habitation. Seulement comme il est indispensable dans cette application d'assurer une étanchéité parfaite et d'empêcher le passage de la plus petite trace d'humidité, même en cas de débord produit par un en-

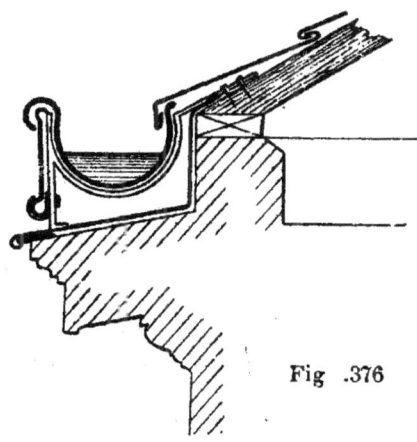

Fig. 376

gorgement dû aux matières étrangères ou à la neige, on fait l'installation sur l'entablement préalablement couvert en zinc. La couverture de la corniche doit revêtir l'attique à une hauteur supérieure au bord le plus élevé du canal. On installe sur cette couverture des crochets à pied, comme ceux qu'on a vus pour les chéneaux suspendus en zinc ; ils ont la forme même de l'extérieur des pièces du chéneau et leur pente est obtenue par la variation de hauteur des pieds.

On a avantage à choisir pour cette application un des modèles de chéneaux présentant un fort boudin saillant sur sa rive extérieure ; ce boudin saillant sert à retenir la bande de socle ; cette dernière, renforcée de deux ourlets, est maintenue, en haut par le boudin et en bas par des paillettes rivées au pied des supports.

Du côté de la couverture, une bande de batellement vient en larmier dans le chéneau et reçoit à son tour l'égout des matériaux de la couverture supérieure.

249. Chéneau entre deux toits à pentes égales. — Les chéneaux entre deux toits se rencontrent souvent dans les bâtiments industriels, et notamment dans les grandes installations de constructions d'usines, composées de surfaces à rez-de-chaussée seulement.

Dans bien des cas, les toitures ont des pentes égales de chaque côté du chéneau ; on prend alors un profil symétrique, tel que celui du n° 14, par exemple ; l'application est représentée par le croquis de la *fig.* 377 ; elle corres-

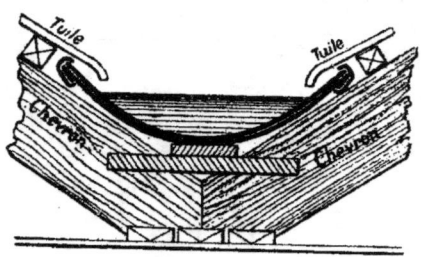

Fig. 379

pond au cas où l'encaissement disponible est simplement l'angle dièdre formé par la rencontre des chevrons. Le chéneau est très évasé, si les pentes sont faibles ; sur les chevrons adjacents, on cloue transversalement des tasseaux, suivant la pente nécessaire, et ces tasseaux soutiennent une planche longitudinale chargée de former le fond du chéneau. Les bords de ce dernier s'étalent assez pour recevoir les égouts des deux rives de tuiles avec les recouvrements nécessaires.

Si la pente est plus forte, on prend un chéneau dans le genre du modèle n° 17, de la maison Bigot-Renaux ; on le soutient de la même façon, et on le cale latéralement au moyen de chantignolles clouées sur les chevrons. On augmente, s'il est nécessaire, la hauteur des chanlattes qui soutiennent le rang des tuiles d'égout, et on obtient la disposition représentée dans la *fig.* 378.

La *fig.* 379 donne une variante des dispositions qui précèdent ; c'est l'application d'un chéneau évasé aux char-

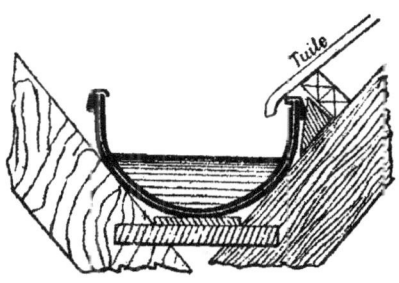

Fig. 378

pentes en fer des bâtiments des entrepôts de Bercy. L'encaissement produit par la charpente en fer, est formé au fond par la sablière en tôles et cornières, et latéralement par les chevrons en fer à I qu'elle supporte ; enfin il est limité par la cornière qui forme la chanlatte du lattis de

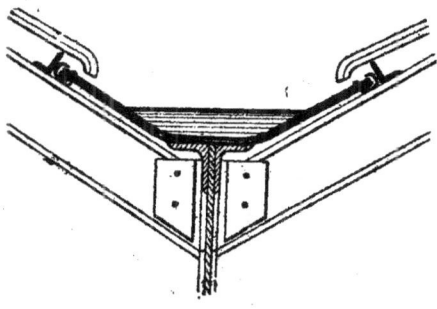

Fig. 379

chaque côté. La maison Bigot-Renaux a créé un modèle spécial pour cette application, et lui a donné le n° 62 ; le profil du chéneau épouse exactement la forme de l'encaissement, de manière à trouver un point d'appui naturel sur la charpente en chaque point.

Le chéneau a une section suffisante pour se passer de

pente, ce qui n'a aucun inconvénient et simplifie beaucoup la construction en supprimant tout calage et toute ligne biaise.

La charpente des toitures adjacentes peut être disposée, en cas de grandes surfaces des pans, de manière à faire entre les chevrons, un encaissement plus considérable, qui permet l'emploi de chéneaux de plus grande section.

La *fig.* 380 donne la coupe transversale d'un chéneau

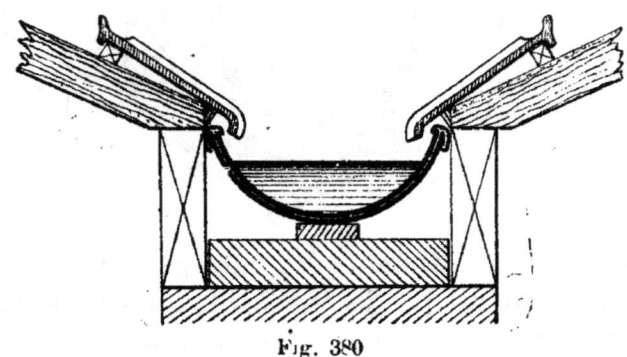

Fig. 380

de ce genre établi sur les bâtiments des magasins généraux de Bercy-Conflans.

La sablière est dédoublée en deux pièces hautes suffisamment écartées, recevant les chevrons à droite et à gauche; on réserve ainsi un encaissement convenable pour placer le chéneau.

Sur les sablières, on cloue des pièces transversales au niveau du dessus des entraits ; on les surmonte d'une planche de fond, servant de support au chéneau et à laquelle on donne la pente voulue ; les pièces de fonte du chéneau sont maintenues latéralement par les parements mêmes des sablières. Le dernier rang de tuiles vient, avec une pente plus forte que celle du restant de la toiture, déverser les eaux dans le chéneau sans l'intermédiaire d'aucune bande de batellement, de telle sorte qu'il en résulte une grande simplicité de construction.

Aux bâtiments des ateliers de construction de Saint-Etienne, la disposition de la charpente est un peu différente : elle est représentée dans la coupe transversale *fig.* 381 ; d'une colonne à l'autre existe une sablière jumelle qui reçoit par l'intermédiaire de traverses la planche de fond et par suite le chéneau. Deux pannes voisines posées sur les arbalétriers sont assez rapprochées de l'axe des colonnes pour que leurs arêtes viennent former points

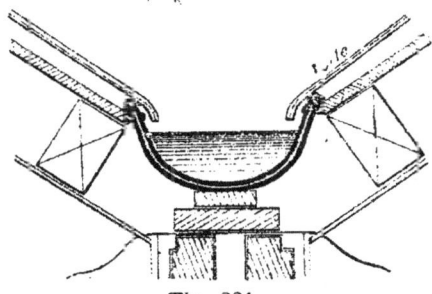

Fig. 381

d'appui aux bords du chéneau, qui est pris du type 29 décrit plus haut. Les tuiles déversent l'eau directement sans l'intermédiaire d'une bande de battellement.

Enfin, aux bâtiments du dépôt des Petites Voitures de la

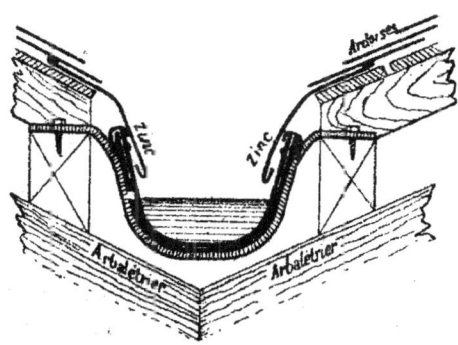

Fig. 382

rue du Ruisseau à Paris, la disposition est encore différente.

Les arbalétriers qui se rejoignent sur les lignes de support viennent soutenir deux sablières parallèles suffisamment espacées et dont les parois sont verticales. Ces sablières supportent, en même temps que l'extrémité des chevrons, des étriers en fer chargés de soutenir le chéneau. Ces étriers portent leur pente. Des bandes de batellement en zinc tombent en larmier dans le chéneau et reçoivent les égouts des toitures voisines couvertes en ardoises.

Lorsque les chéneaux sont ainsi soutenus par des supports, ceux-ci doivent être répartis judicieusement, il faut au moins un support par bout et il est indispensable qu'il soit placé près de l'emboîtement, de manière à parfaitement soutenir le joint.

250. Garniture en fonte d'un chéneau en tôle. —
Dans beaucoup de constructions métalliques, les encaissements préparés en tôle ne sont pas étanches, et il est nécessaire d'y établir un canal qui tienne bien l'eau. On peut exécuter ce dernier avec les chéneaux en fonte, système Bigot-Renaux.

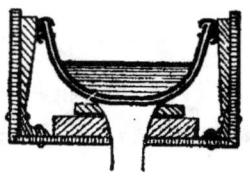

Fig. 383

Que le chéneau soit entre deux pans de toiture ou bien sur la rive extérieure d'un bâtiment, la disposition est la même.

Sur la tôle du fond on dispose des traverses portant une légère pente et qui soutiennent une planche de fond ; on y place le chéneau en fonte, et, pour le maintenir bien en place, on le cale à chaque joint par des coins latéraux en bois.

251. Applications aux sheds des chéneaux Bigot-Renaux. —
Les mêmes cas qui ont été passés en revue pour les toitures à pentes égales vont se retrouver pour les sheds à pentes inégales.

L'encaissement peut être formé par l'angle dièdre des chevrons. Comme précédemment des tasseaux seront cloués transversalement sur les côtés des chevrons contigus ; ils porteront une planche de fond sur laquelle on disposera le chéneau ; seulement on prendra un chéneau dissymétrique que l'on choisira en rapport avec la valeur de l'angle des deux pans.

Les égouts des deux rives de couvertures verseront leur eau dans le chéneau soit directement, soit par l'intermédiaire de bandes de batellement.

La *fig.* 384 rend compte de cette disposition.

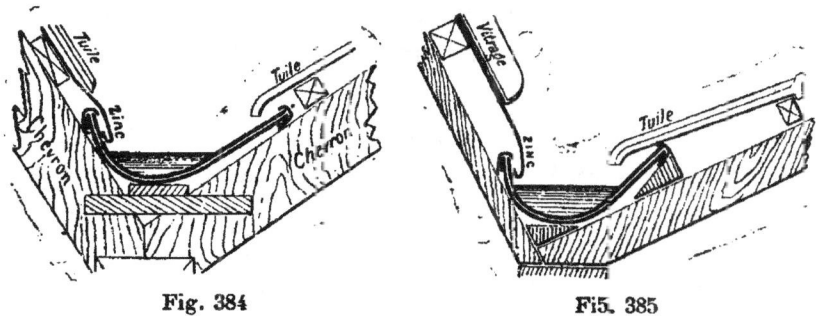

Fig. 384 Fig. 385

Si on ne donne pas de pente au chéneau, on peut remplacer la planche de fond par des chanlattes triangulaires appropriées aux vides disponibles, comme le montre la disposition représentée en coupe transversale dans la *fig.* 385.

Les charpentes des sheds sont quelquefois disposées pour former des encaissements plus importants; elles peuvent

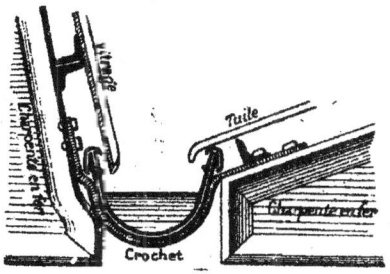

Fig. 386

alors recevoir des chéneaux symétriques appropriés à l'espace disponible. Ces chéneaux se posent soit sur une sablière, soit sur une planche de fond, soutenue par des traverses, soit enfin sur des étriers convenablement rattachés aux charpentes.

La *fig.* 386 donne la disposition de l'application du chéneau n° 8 de la série de la maison Bigot-Renaux aux bâtiments de la gare de Mohon (Chemins de fer de l'Est); une série d'étriers, boulonnés sur le chevronnage et portant leur pente, forment crochets et viennent soutenir près des emboîtements les différents joints de la ligne de chéneau.

252. Chéneau avec larmier. — La forme des chéneaux qui précédent a été très heureusement modifiée pour les cas fréquents où on veut les mettre sur le bord de la corniche, qu'ils dépassent d'une partie de leur épaisseur en en formant la cymaise supérieure. — Ils sont munis d'une bavette de larmier qui vient en avant du listel de la corniche et empêche l'eau de mouiller la

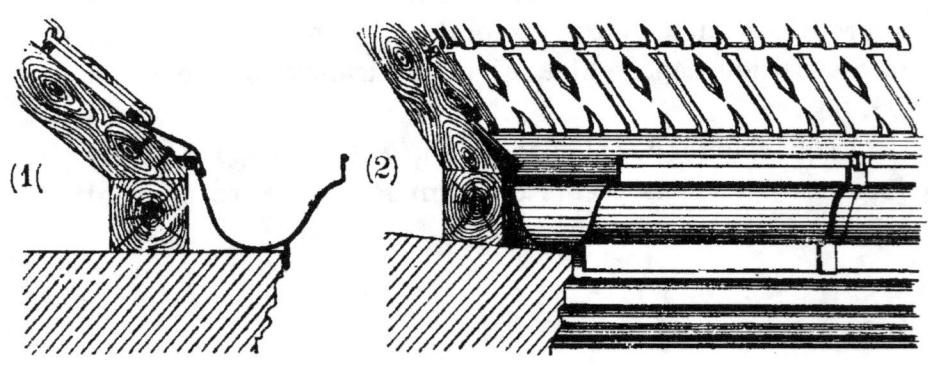

Fig. 387

maçonnerie. La *fig.* représente un chéneau mouluré ainsi muni de son larmier, qui a été appliqué à un bâtiment de la Papeterie d'Essonnes. Le croquis n° 1 montre la coupe transversale de l'installation ; le croquis n° 2 représente la vue de face, en même temps qu'une vue en perspective de la coupe. — Le chéneau pose directement sur la face supérieure du mur. Il est horizontal, son fond ne présente aucune pente et il est retenu en place par une série de pattes reliant son arête supérieure interne à la charpente du bâtiment.

Une bande de battellement est intermédiaire entre le dernier rang inférieur de tuiles et le chéneau et vient déverser ses eaux dans ce dernier sans faire de saillie appréciable réduisant la largeur.

La vue longitudinale montre en même temps la saillie régulière qui vient former l'emboîtement de chaque joint; cette saillie concourt à l'ornementation, à la seule condition que les joints soient régulièrement espacés, de manière à donner une certaine régularité à l'ensemble.

253. Chéneaux paraneige. Système Bigot-Renaux.
— Les chéneaux en fonte, système Bigot-Renaux et analogues, présentent les inconvénients de tous les chéneaux ouverts. Le plus important est le débord causé par les engorgements de matières étrangères ou de neige. Par

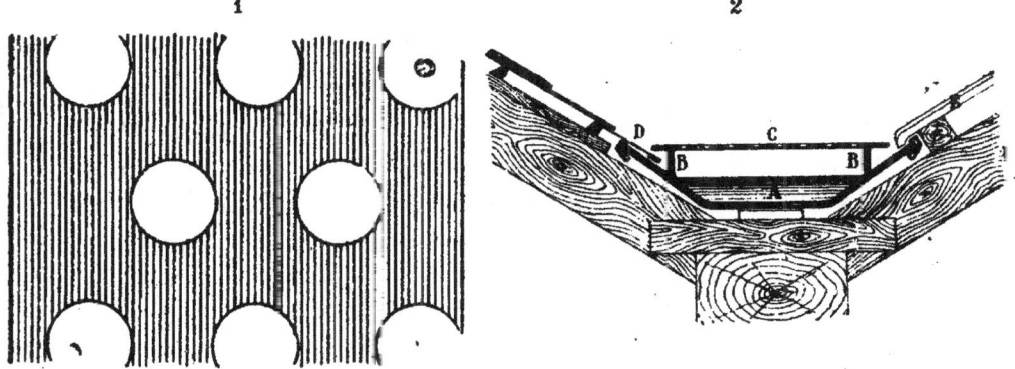

Fig. 388

une surveillance et un nettoyage fréquents, on peut éviter les amas de détritus étrangers. Pour la neige, elle tombe souvent en si grande abondance qu'il est impossible de la déblayer à mesure ; elle obstrue alors les chéneaux, y forme des barrages et quand elle fond produit des débords.

MM. Bigot-Renaux ont imaginé de couvrir leurs chéneaux au moyen d'une tôle perforée, portée sur des taquets venus de fonte avec les côtés des chéneaux. Les plaques de tôle perforée qui recouvrent ainsi les chéneaux, non seulement reçoivent les accumulations de neige en les empêchant de former des barrages, mais encore forment des chemins très commodes pour la surveillance des toitures.

La tôle perforée est représentée en un fragment en grandeur d'exécution dans la *fig.* 388 ; elle a une épaisseur en rapport avec la largeur du chéneau et par suite avec la distance des points d'appui. Elle est supportée par les taquets et ceux-ci sont répartis de telle sorte qu'en marchant sur les plaques on ne risque pas de les voir basculer par suite de porte à faux. Les plaques ne s'étendent pas jusque sur les bords du chéneau, elles laissent l'espace nécessaire pour le raccordement de ce dernier avec les couvertures des pans voisins. Dans aucun cas elles ne peuvent s'opposer à l'écoulement de l'eau, elles ne s'opposent qu'au passage des corps étrangers et de la neige.

La *fig.* 388 donne la coupe transversale d'un chéneau installé avec paraneige. A est le corps même du chéneau, BB les taquets, C la plaque paraneige que l'on peut munir d'ergots convenablement disposés pour qu'elle ne puisse se déplacer dans aucun sens, D est une bande de batellement en zinc raccordant le chéneau et la couverture d'un pan, E est l'extrémité de la couverture en tuile de l'autre pan dont le dernier rang vient tomber en égout dans le chéneau.

Ces dispositions peuvent être ajoutées à tous les profils de chéneaux, en ayant soin de prévoir au moulage l'adjonction des taquets. Elles n'augmentent le prix que de la valeur de la tôle perforée.

254. Chéneaux avec devants de socles en fonte.
— L'étude du moulage des pièces minces pour chéneaux a amené M. Bigot-Renaux à faire avec la même matière

(la fonte), les accessoires de chéneaux tels que les pièces de devant de socle qui s'exécutent ordinairement en zinc. Pour les soutenir, il les assemble avec des supports spéciaux, scellés dans la maçonnerie à la partie supérieure de l'entablement.

Tantôt les devants de socle en fonte sont d'une seule pièce, comme l'indique la coupe transversale représentée *fig.* 389; le bord du chéneau, recourbé en forme de gros

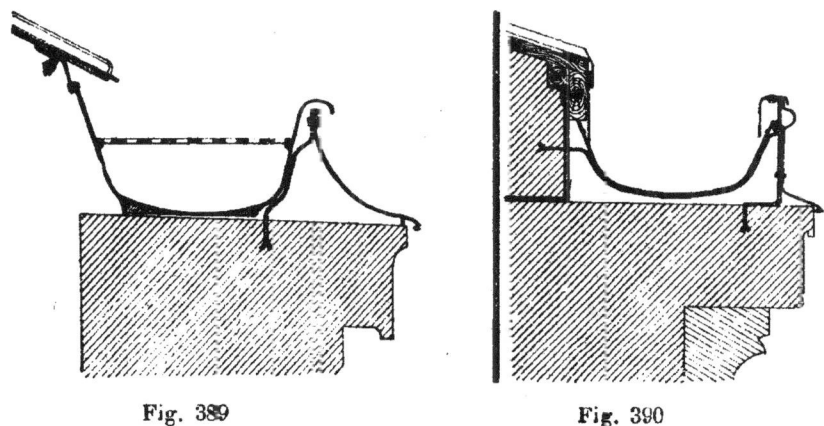

Fig. 389   Fig. 390

ourlet, vient alors recouvrir la partie haute du devant de socle, et ce dernier déborde en larmier le listel de la corniche.

Tantôt il est en plusieurs pièces, ainsi que l'indique le croquis de la *fig.* 390, représentant également une coupe transversale. Le chéneau a son bord uni, le devant de socle mouluré convenablement est posé en façade, et une seconde pièce vient recouvrir l'espace d'entre deux en débordant de chaque côté pour empêcher le passage de l'eau.

Dans les deux cas, la forme des supports est étudiée de manière à assembler ces diverses pièces et à les maintenir d'une façon invariable dans leurs positions relatives.

255. Des chéneaux en tôle noire. Divers exemples. — Dans la plupart des constructions métalliques on exécute les chéneaux au moyen de tôles rivées assemblées par l'intermédiaire de cornières.

Le premier exemple de ce genre de construction est donnée par la *fig.* 391 ; elle représente le chéneau placé à l'extrémité d'une marquise vitrée pour recevoir ses eaux. C'est une caisse rectangulaire à partie supérieure ouverte, exécutée en tôle noire de $0^m,003$ d'épaisseur ; les angles du bas reliant le fond aux deux côtés sont faits par des cornières de 30×30 ; le devant est doublé d'une tôle décou-

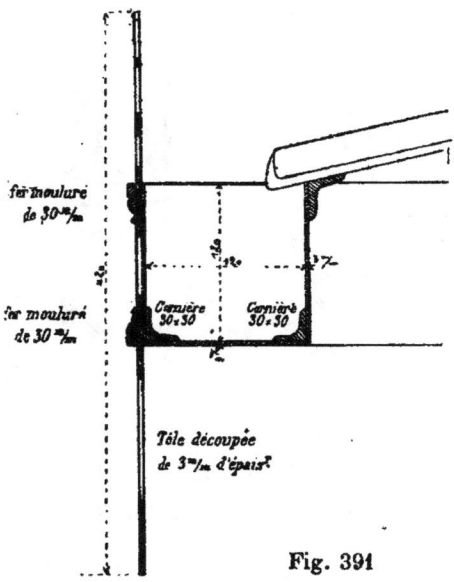

Fig. 391

pée formant lambrequin et consolidée par des moulures extérieures qui ajoutent à la solidité en même temps qu'à la décoration ; le côté interne est raidi par une cornière, qui est plus ouverte que 90° et sert en même temps à recevoir l'assemblage des fers à vitrages de la marquise. Cette construction très simple se reproduit dans tous les ouvrages du même genre ; la rivure est serrée pour permettre de recevoir directement les eaux et donner un canal étanche ; la tôle est peinte à plusieurs couches et doit pour être durable être entretenue de peinture au moins tous les deux ans.

Un autre exemple du même genre est reproduit par la *fig.* 392 ; il s'agit du chéneau du marché Saint-Honoré à Paris. Au lieu de former poutre comme le précédent, il est porté sur la sablière de rive directement et aussi par l'intermédiaire d'une suite de consoles. Le fond étant bien

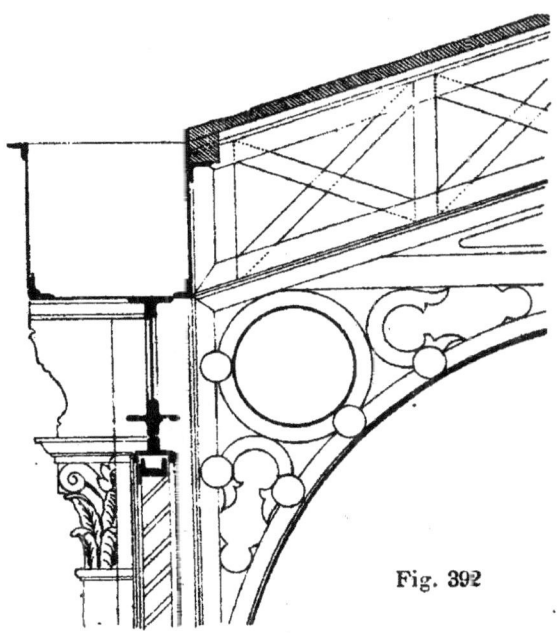

Fig. 392

soutenu porte à son tour les deux côtés par l'intermédiaire de cornières rivées et ces côtés sont raidis eux-mêmes par d'autres cornières ; la cornière interne porte une petite sablière qui reçoit le bas du voligeage.

256. Chéneaux étanches et non étanches. — Suivant la manière dont on soigne les assemblages, et dont les chéneaux peuvent se relier aux tuyaux de descente ou aux colonnes qui en tiennent lieu, on obtient ou des chéneaux tout à fait étanches, dans lesquels on fait écouler les eaux pluviales, ou des caissons qui doivent contenir les chéneaux, mais qui n'ont par eux-mêmes aucun besoin d'étanchéité. On prend surtout cette dernière disposition quand on peut craindre qu'un entretien négligé ne fasse péricliter la charpente en fer dont fait partie le chéneau, ou encore quand le chéneau peut recevoir des eaux ménagères ou autres plus ou moins impures qui risquent d'attaquer la tôle.

257. Garniture en plomb d'un chéneau non étanche en tôle. — Un exemple de chéneau non étanche, demandant une garniture spéciale à laquelle il sert d'encaissement, est donné par la *fig.* 393 qui représente une

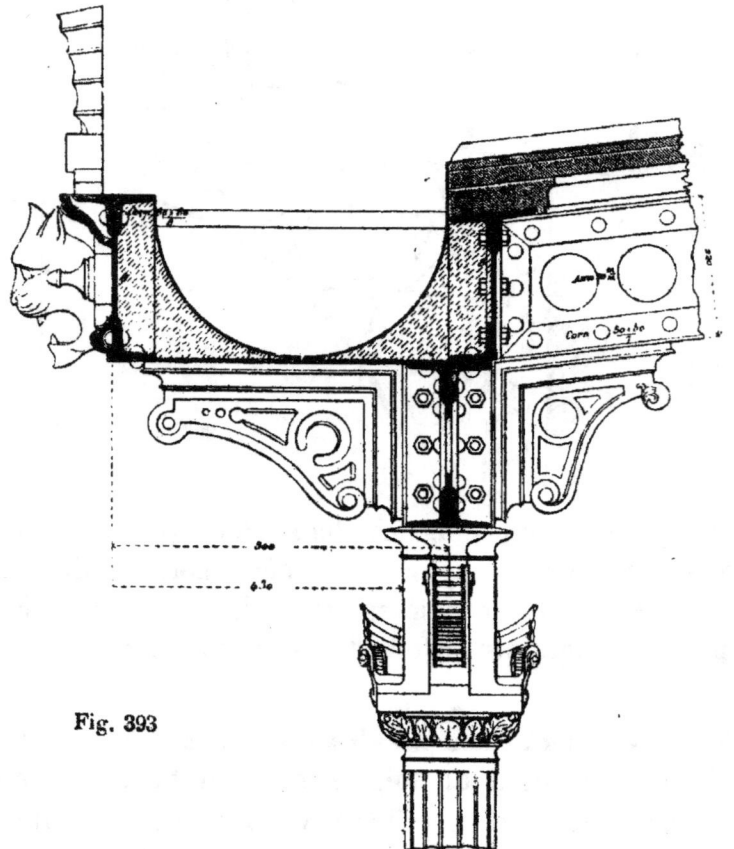

Fig. 393

coupe transversale du chéneau de la marquise de la cour d'arrivée à la gare du chemin de fer d'Orléans, à Paris : La sablière de rive forme l'un des côtés du chéneau et se poursuit en dessous en se déviant ; le fond est horizontal et porte au moyen d'une cornière le côté extérieur. Celui-ci est garni de cornières et de moulures métalliques nécessitées par la décoration.

Cet encaissement une fois construit comme gros œuvre, on a rapporté intérieurement deux côtés verticaux en bois et un fond demi-circulaire également en bois et qui porte sa pente. On a garni la forme ainsi déterminée par une série de feuilles de plomb de 2 millimètres d'épaisseur servant à conduire les eaux. La hauteur de l'encaissement est telle qu'elle permet l'établissement des ressauts nécessaires à la dilatation du métal.

La feuille de plomb qui garnit le chéneau se relève et s'engage d'un côté sous la couverture de l'auvent ; de l'autre elle vient recouvrir la moulure en fonte qui constitue le membron de rive.

Dans ces sortes de constructions l'encaissement en tôle joue le même rôle que les encaissements en bois de chéneaux suspendus en plomb ou en zinc ; il doit avoir les largeur et hauteur nécessaires pour la bonne installation du chéneau d'après les règles que nous avons tracées.

258. Chéneaux en tôle plombée. — Dans certains pays et notamment en Alsace on exécute souvent des chéneaux importants, des chéneaux de sheds de grande longueur par exemple, en tôle plombée. Le plombage des tôles remplace pour cet usage la galvanisation. Il se fait avec un alliage de plomb et d'un peu d'étain ; la tôle est parfaitement recouverte et protégée et, en même temps, le métal se travaille bien mieux que la tôle galvanisée.

On peut également l'obtenir en longueurs beaucoup plus grandes, ce qui diminue le nombre des joints. Les assemblages varient suivant la forme du canal et la manière dont il est soutenu ; d'ordinaire on forme des brides avec des cornières entre lesquelles on serre, au moyen de boulons, une rondelle de plomb interposée.

258. Des chéneaux en fonte formant poutres.
— Dans les sheds d'usines on a souvent utilisé les chéneaux en fonte ou en tôle pour former des poutres travaillant à la flexion et jouant le role de sablières.

La *fig.* 394 montre la coupe transversale de quelques travées de sheds de la filature de Corbeil ainsi disposées ;

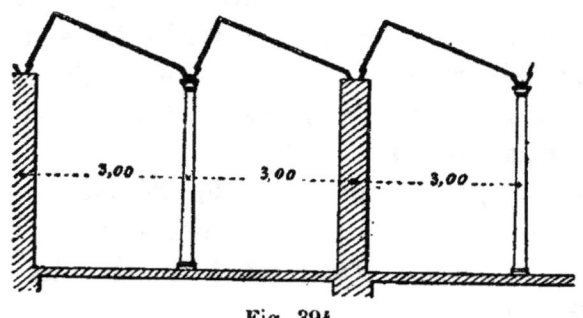

Fig. 394

les travées correspondent aux rangs des métiers. Dans le sens des sheds, les colonnes sont espacées de 5, 6 et 7^m,00. Ces colonnes portent les chéneaux et ces derniers à leur tour soutiennent toute la charpente des pans.

Dans l'intervalle de deux colonnes, le chéneau est en fonte et d'une seule pièce ; le joint est tout à côté d'un point de support.

La coupe transversale d'un chéneau est donnée en détail à plus grande échelle dans la *fig.* 395. C'est un canal évasé dont les bords sont disposés de façons différentes, suivant qu'ils ont à soutenir le pan rapide vitré ou le pan incliné recouvert en tuiles.

Du côté rapide les fers à vitrages sont reliés par une cornière basse horizontale 30 × 30 × 4,5 et cette dernière vient porter sur une nervure intérieure du chéneau, consolidée elle même par d'autres nervures perpendiculaires. L'extrémité des fers à vitrages vient pendre dans le chéneau ainsi que les verres striés qu'ils supportent. — Les eaux de condensation intérieure, accumulées sur les vitres, se réunissent dans le petit canal formé par le haut du chéneau et la nervure a ; des trous ménagés de distance en distance renvoient dans le chéneau le produit de cette condensation.

L'autre rive du chéneau est terminée par une nervure extérieure sur laquelle se pose une cornière renversée b (30 × 30 × 4,5) réunissant des fers en croix espacés de 0,40 en 0,40 comme les fers à vitrages du pan rapide.

Les fers en croix portent des bardeaux creux à section de trapèze, formant en même temps et le remplissage

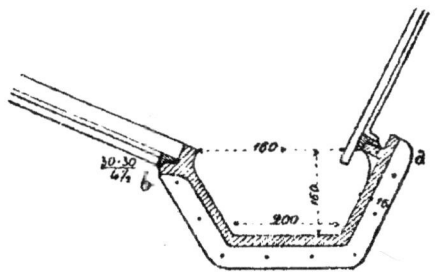

Fig. 395

du plafond et les saillies de lattis nécessaires pour porter les tuiles.

La dernière tuile d'égout vient déborder d'environ $0^m,05$ dans le chéneau.

Les joints de deux bouts consécutifs de chéneau se font au moyen de brides qui suivent le contour du profil et qui sont serrées par des boulons. Pour obtenir une ligne bien droite, les surfaces de joints sont dressées au tour bien perpendiculairement à la longueur du canal. La matière plastique interposée entre les brides est une bande de plomb de $0^m,010$ d'épaisseur, dont les faces sont enduites de mastic de minium et de céruse.

Le plomb est maté après le serrage à fond, lorsque le chéneau est posé et un nouveau matage suffit pour arrêter toute fuite ultérieure.

La fonte n'ayant qu'une très faible résistance à la traction, et par suite résistant mal à la flexion, a besoin d'avoir un profil en rapport avec la charge. Si cette dernière est forte, on renforce la pièce par deux nervures longitudinales placées à la partie inférieure et qui augmentent le moment d'inertie.

Le profil avec nervures est représenté par la coupe transversale de la *fig*. 396.

Les nervures peuvent affecter la forme d'égale résis-

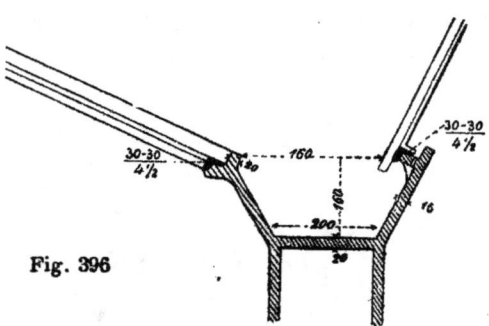

Fig. 396

tance, de manière à ne pas augmenter inutilement le poids des pièces. La vue latérale de deux bouts de chéneaux consécutifs est représentée dans la *fig*. 397. On y voit les

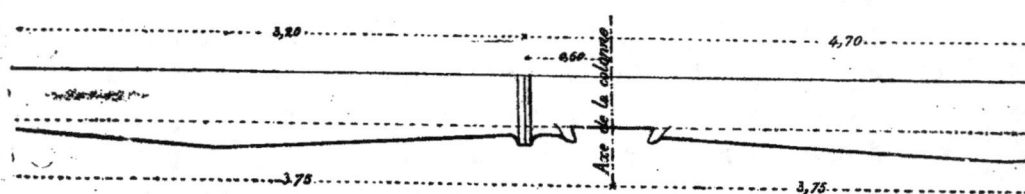

Fig. 397

nervures, le joint à brides à côté d'un point de support, l'axe de la colonne qui constitue ce support et enfin les deux ergots qui permettent l'assemblage avec la table du chapiteau de la colonne.

§ 2. — TUYAUX DE DESCENTE ET ACCESSOIRES DE COUVERTURES

259. Des tuyaux de descente en zinc. — Les tuyaux de descente pour les bâtiments peu importants se font souvent en zinc. On leur donne d'ordinaire le même développement qu'aux gouttières auxquelles ils font suite : ainsi une gouttière de 0,33 de développement correspondra à un tuyau de $0^m,11$ de diamètre, une gouttière de 0,25 à un tuyau de $0^m,08$, et enfin une gouttière de $0^m,16$ à un tuyau de $0^m,05$.

Ces tuyaux sont légèrement coniques pour s'emboîter les uns dans les autres, et pour arrêter l'emboîture on

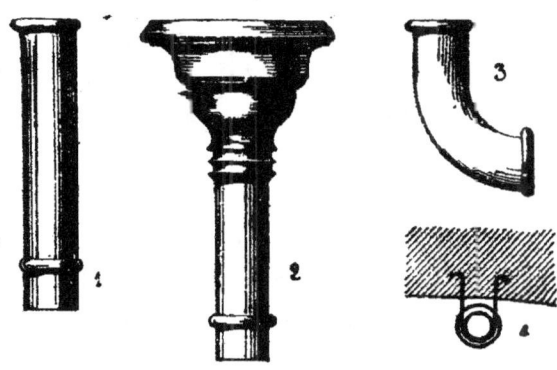

Fig. 398

soude sur le tuyau supérieur et à place convenable un demi cornet en zinc appelé *nez* dont la partie large repose sur le tuyau inférieur.

D'autre fois les tuyaux sont formés de bouts mieux exécutés, terminés en haut et en bas par un cordon saillant soudé et celui du bas est suivi d'une continuation lisse destinée à pénétrer dans le tuyau suivant.

On trouve ainsi dans le commerce des bouts entiers de 1^m,00 de longueur, *fig.* 398 (1), des demi bouts et des quarts de bouts, des cuvettes (2), des coudes au quart, des coudes spéciaux formant la partie basse de la conduite et appelés *dauphins*, figurés en (3).

Tous ces tuyaux se soutiennent par des colliers que l'on place immédiatement sous une saillie, et qui sont faits d'un feuillard replié au marteau, qui entoure le tuyau sur une demi circonférence. Ces feuillards sont ordinairement galvanisés ; on les termine soit par des scellements comme en (3), soit par des pattes percées de trous, destinées à être fixées à vis sur les charpentes.

Les tuyaux en zinc ne sont employés que pour les constructions économiques ou provisoires, en raison de leur faible résistance et de leur durée limitée.

Une précaution qu'il est toujours très bon de prendre consiste à les arrêter à 2^m,00 environ du sol et à les continuer sur cette hauteur par une descente en fonte. La partie basse est la plus exposée à l'humidité, au salpêtre et aux chocs et la fonte résiste infiniment mieux.

260. Prix des tuyaux en zinc. — Le prix des tuyaux en zinc se compose du prix du métal et de celui de la façon. Le prix de façon dépend de celui de la journée d'ouvrier. Le prix du métal dépend de son épaisseur et du cours au jour de la fourniture.

Il est à remarquer que le développement d'un tuyau étant le même que celui de la gouttière correspondante, le prix du métal est le même soit pour la gouttière soit pour le tuyau ; les prix de façon seuls diffèrent légèrement.

Les prix suivants sont déterminés d'après la série en usage à Paris.

Prix des tuyaux en zinc

Prix de façon (1) Tuyaux		Numéro du zinc	Prix du zinc (fourniture seulement) Ces prix comprennent 1/40e pour déchet, 1/10e du tout pour tous transports, faux frais, bénéfices et 0,75 0/0 pour avance de fonds. Au cours de :																	
Diam.	Prix		60	62	64	66	68	70	72	74	76	78	80	82	84	86	88	90	92	94	96	98
0,05	1,55	12	0,51	0,52	0,54	0,56	0,57	0,59	0,61	0,63	0,64	0,67	0,68	0,69	0,71	0,73	0,74	0,76	0,78	0,79	0,81	0,83
		14	0,65	0,67	0,69	0,71	0,74	0,76	0,78	0,80	0,82	0,84	0,87	0,89	0,91	0,93	0,95	0,97	0,99	1,02	1,04	1,06
		16	0,82	0,85	0,87	0,90	0,93	0,95	0,98	1,01	1,04	1,06	1,09	1,12	1,15	1,17	1,20	1,23	1,25	1,28	1,31	1,34
0,08	1,60	12	0,80	0,82	0,85	0,88	0,90	0,93	0,95	0,98	1,00	1,03	1,07	1,09	1,11	1,14	1,16	1,19	1,21	1,24	1,27	1,30
		14	1,01	1,05	1,08	1,12	1,15	1,19	1,22	1,25	1,29	1,32	1,36	1,39	1,42	1,45	1,49	1,52	1,56	1,59	1,63	1,66
		16	1,28	1,32	1,36	1,40	1,45	1,49	1,53	1,57	1,62	1,66	1,71	1,75	1,79	1,84	1,88	1,92	1,96	2,00	2,04	2,08
0,11	1,65	12	1,05	1,08	1,12	1,15	1,18	1,22	1,25	1,29	1,33	1,36	1,40	1,43	1,46	1,50	1,54	1,57	1,61	1,64	1,67	1,70
		14	1,33	1,38	1,43	1,48	1,52	1,56	1,60	1,65	1,70	1,74	1,78	1,82	1,87	1,92	1,96	2,01	2,05	2,09	2,14	2,18
		16	1,68	1,73	1,80	1,86	1,91	1,97	2,03	2,08	2,14	2,20	2,25	2,31	2,36	2,43	2,48	2,53	2,59	2,64	2,70	2,75

(1) Le prix de façon comprend la pose du tuyau et les fourniture et pose des colliers espacés de 0m81, d'axe en axe ; il comprend également les soudures de réunion.

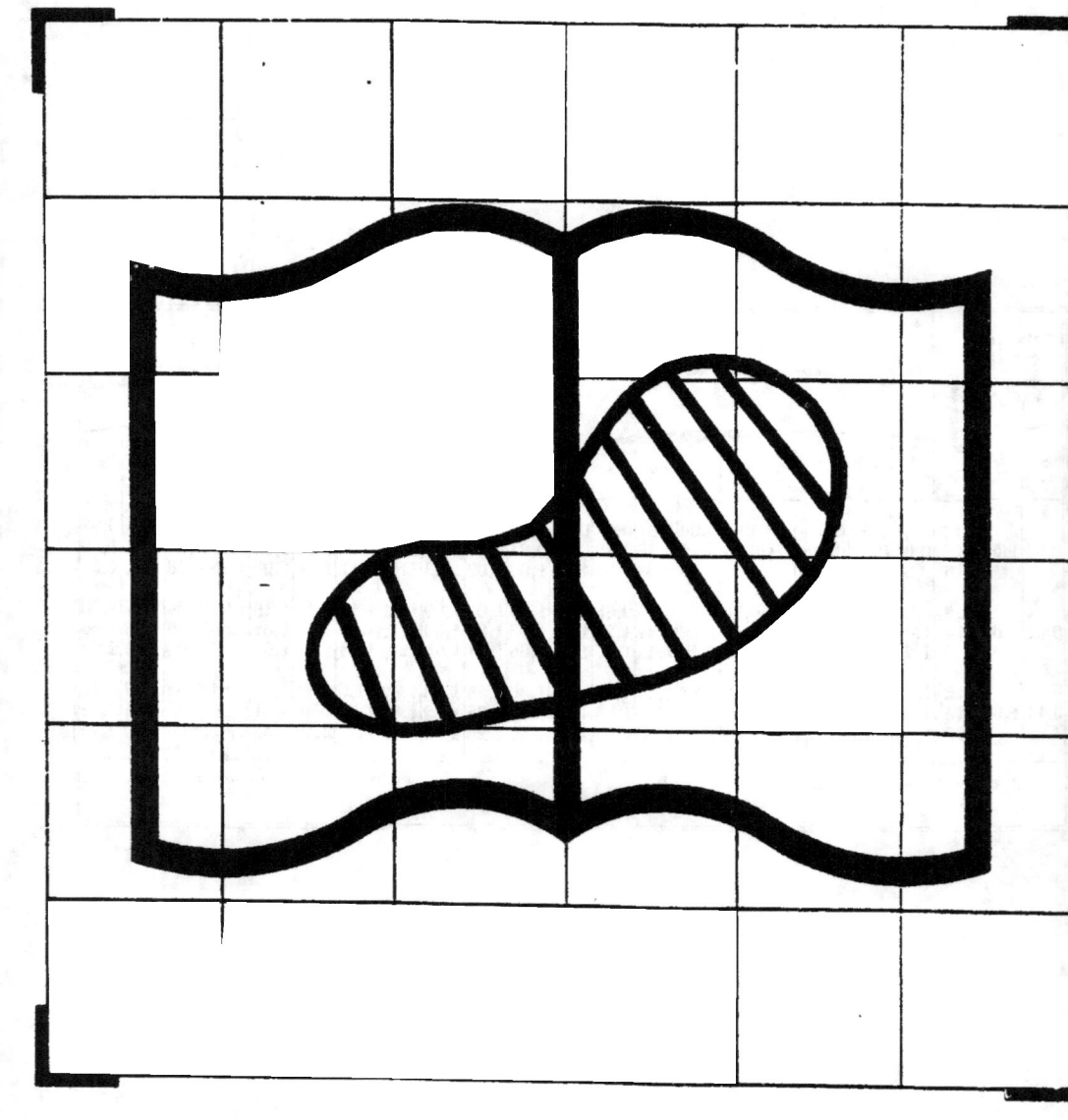

Pour avoir le prix d'un tuyau, on cherche sa valeur, suivant son développement, le numéro et le cours du zinc, dans les colonnes de droite du tableau et on y ajoute le prix de la façon indiqué dans la deuxième colonne de gauche.

Chaque coude est compté pour $0^m,15$ de longueur en plus.

Chaque embranchement ou dauphin est payé comme $0^m,30$ de tuyau.

Les nez sont tarifés à $0^f,20$ l'un.

Enfin les colliers supplémentaires, en plus de ceux prévus, sont payés savoir :

Pour tuyau de $0^m,05$ de diamètre . . . . $0^{fr},15$
Pour tuyau de $0^m,08$ de diamètre . . . . $0^{fr},20$
Pour tuyau de $0^m,11$ de diamètre . . . . $0^{fr},25$

261. Tuyaux de descente en fonte et leurs raccords. — Les tuyaux de descente dans les travaux soignés et importants s'exécutent ordinairement en fonte. Leur section est la plupart du temps circulaire et on les obtient au moulage par bouts de $1^m,00$ environ de longueur utile. L'épaisseur du métal est la plus faible possible $0^m,003$ à $0^m,004$, c'est ce que l'on appelle de la fonte à marmite.

Les joints se font à cordon et emboîtement, sans interposition d'aucune matière formant joint; les joints sont donc libres, ce qui est avantageux pour la dilatation en même temps que pour le débord en cas d'engorgement.

Il est nécessaire d'obtenir, sans couper le métal, des longueurs variables déterminées pour les parties diverses d'une descente; aussi, indépendamment des tuyaux courants de $1^m,00$, trouve-t-on dans le commerce des pièces appelées raccords et de dimensions plus courtes. Ce sont des pièces dites *demi-bouts* de $0^m,65$ de longueur utile, des *tiers* de $0^m,33$, des *quarts de bouts* de $0^m,29$ environ, enfin des *huitièmes de bouts* de $0^m,14$.

Le tableau suivant donne le détail des tuyaux courants et des raccords de l'une des séries les plus répandues dans le commerce.

Diamètres intérieurs		Tuyau			1/2 Tuyau			1/3 de Tuyau			1/4 de Tuyau			1/8 de Tuyau		
en pouces	en millim.	Longueurs		poids	Longueurs		poids	Longueurs		poids	Longueurs		poids	Longueurs		poids
		totales	utiles		totales	utiles		totales	utiles		totales	utiles		totales	utiles	
1 1/2	41	1,05	1,00	5,5	0,70	0,65	4,2	0,38	0,33	2,2	»	»	»	»	»	»
2	54	1,05	1,00	7,6	0,70	0,65	5,3	0,38	0,33	2,8	0,33	0,29	2,1	0,18	0,14	»
2 1/2	68	1,05	1,00	8,2	0,70	0,65	6,0	0,38	0,33	3,4	0,33	0,29	3,2	0,18	0,14	1,7
3	81	1,05	1,00	10,0	0,70	0,65	7,1	0,38	0,33	3,9	0,33	0,29	3,3	0,18	0,14	2,3
3 1/2	95	1,05	1,00	11,7	0,70	0,65	7,7	0,38	0,33	4,7	0,33	0,29	4,7	0,18	0,14	3,0
4	108	1,05	1,00	14,0	0,70	0,65	9,2	0,38	0,33	5,4	0,31	0,26	5,2	0,18	0,14	3,1
4 1/2	121	1,05	1,00	16,0	0,59	0,54	9,4	»	»	»	0,31	0,26	4,8	0,19	0,14	3,2
5	135	1,05	1,00	18,8	0,70	0,65	11,2	0,38	0,33	6,7	0,31	0,26	5,1	0,18	0,13	»
6	162	1,05	1,00	20,0	0,70	0,65	14,0	0,38	0,33	8,0	0,32	0,27	8,6	0,19	0,14	»
7	189	1,05	1,00	25,0	0,70	0,65	16,0	0,38	0,33	9,0	0,21	0,16	6,0	»	»	»
8	216	1,05	1,00	28,0	0,70	0,65	20,0	0,38	0,33	10,5	0,21	0,16	6,2	»	»	»
9	245	0,70	0,65	21,5	0,38	0,33	11,3	»	»	»	0,21	0,16	6,5	»	»	»
10	280	0,70	0,65	25,2	0,38	0,33	14,5	»	»	»	0,21	0,16	9,0	»	»	»
11	300	0,70	0,65	29,0	0,38	0,33	16,0	»	»	»	0,21	0,16	»	»	»	»
12	324	0,70	0,65	30,0	0,38	0,33	17,0	»	»	»	0,21	0,16	»	»	»	»
14	400	0,70	0,65	40,0	»	»	»	»	»	»	»	»	»	»	»	»
18	500	0,70	0,65	60,0	»	»	»	»	»	»	»	»	»	»	»	»

La *fig.* 399 donne les croquis de ces différents tuyaux en (1) (2) (3) et (4).

On voit que les dimensions de ces pièces dérivent encore des anciennes mesures; elles sont un multiple de la dimension du pouce employé autrefois.

Le croquis (5) donne la forme du dernier bout inférieur de la descente qui porte le nom de *Dauphin*, parce que dans certaines descentes ornées on leur donne commun-

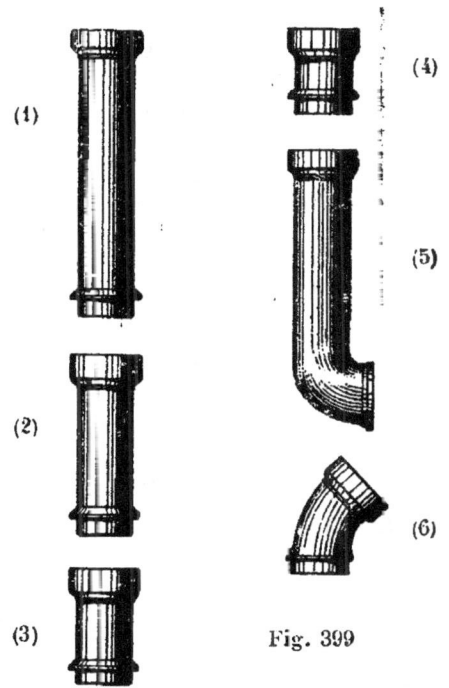

Fig. 399

nement la forme d'une tête de cet animal. Il y a dans le commerce des dauphins pour tous les diamètres de descentes, et pour chaque diamètre il se fait deux modèles, un modèle long comme celui qui est représenté en (5) et un modèle beaucoup plus court.

Les dauphins s'établissant toujours au dessus de caniveaux métalliques ou de cuillers en pierre. Ils y déversent leurs eaux après avoir changé en débit horizontal l'écoulement vertical de la descente.

Les dimensions des dauphins du commerce sont indiquées dans le tableau suivant :

		Diamètre		Longueur totale	Poids approximatif
		Pouces	m/m		
Dauphins longs		2	054	1m,05	9k
		2 1/2	068	1, 05	10, 500
		3	081	1, 05	12, 500
		3 1/2	095	1, 05	14
		4	108	1, 05	17
		4 1/2	121	1, 05	22
		5	125	1, 05	26
Dauphins courts		2	054	0, 50	4, 800
		2 1/2	068	0, 50	5, 600
		3	081	0, 50	6, 500
		3 1/2	095	0, 50	7, 500
		4	108	0, 50	8, 500
		4 1/2	121	0, 50	9
		5	135	0, 50	11, 500
		6	162	0, 50	23

Lorsque l'on a à dévier une conduite d'eau pluviale, on se sert de raccords en forme de coudes représentés par

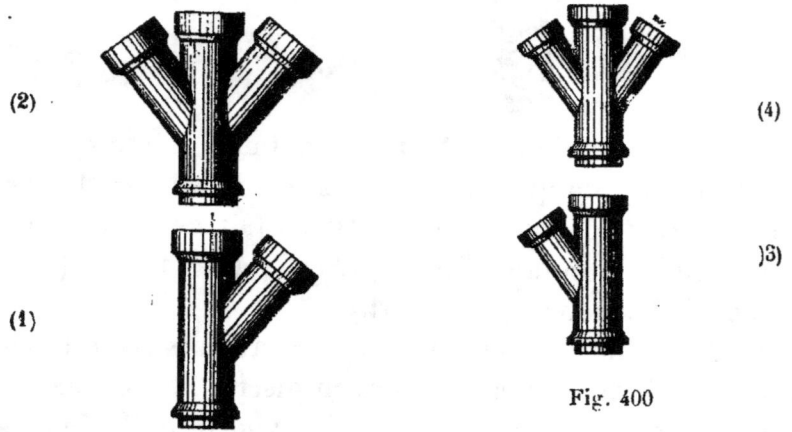

Fig. 400

le croquis (6) de la même figure. Ces coudes sont établis

au 1/8 de circonférence et leurs dimensions pratiques sont consignées au tableau ci-dessous.

	Diamètre		Poids approximatif
	Pouces	m/m	
Coudes de petits diamètres.	1 1/2	041	1ᵏ,400
	2	054	2 100
	2 1/2	068	2 800
	3	081	3
	3 1/2	095	3 200
	4	108	3 500
Coudes de grands diametres.	4 1/2	121	5
	5	135	5 500
	6	162	7 300
	7	189	10 200
	8	216	10 500
	9	245	13 500
	10	280	15
	11	300	16
	12	324	17

Quelquefois une descente doit recevoir un ou deux tuyaux secondaires, les branchements se font au moyen de pièces spéciales rangées encore sous la dénomination de raccords et que l'on nomme *culottes* ou *embranchements*. Ces pièces sont représentées par les croquis (1) (2) (3) (4) de la *fig.* 400.

Les *culottes* ont leurs branches de diamètre égal au corps de tuyau vertical, elles sont ou simples (1) ou doubles (2).

Les *embranchements* ont leurs tubulures latérales de diamètre plus petit que le corps principal de la conduite. Comme les précédentes elles peuvent être simples (3) ou doubles (4).

Le tableau suivant donne les principales dimensions et les poids d'une des plus ordinaires séries du commerce.

Diamètre intérieur		Culottes à branches égales					Embranchement à branches inégales					
		Double			Simple			Double			Simple	
m/m	Pouces	Longueurs totales	Longueurs utiles	Poids	Longueurs totales	Longueurs utiles	Poids	Diamètre de la petite branche	Longueurs utiles	Poids	Diamètre de la petite-branche	Longueurs utiles	Poids
041	1 1/2	0,27	0,22	»	0,27	0,22	2,500	» »	» »	»	» »	» »	»
054	2	0,27	0,22	»	0,27	0,22	3,200	0,41	0,22	»	0,41	0,22	3
068	2 1/2	0,27	0,22	»	0,27	0,22	4,400	0,54	0,24	»	0,54	0,24	4
081	3	0,33	0,28	8,200	0,33	0,28	5	0,54	0,25	8	0,54	0,25	4,700
095	3 1/2	0,38	0,33	10,400	0,38	0,33	8,600	0,68	0,29	9,200	0,68	0,29	7
108	4	0,39	0,34	»	0,39	0,34	8,900	0,81	0,30	»	0,81	0,30	7,300
121	4 1/2	0,61	0,56	24	0,61	0,56	16	0,95	0,56	20	0,95	0,56	14
135	5	0,47	0,42	»	0,47	0,42	13,800	108	0,40	»	108	0,40	11,200
162	6	0,51	0,47	25,500	0,51	0,46	18,300	108	0,35	»	108	0,35	11,500
189	7	0,53	0,48	29,500	0,53	0,48	22,500	135	0,44	23	135	0,44	18
216	8	0,53	0,48	40,500	0,53	0,48	30	162	0,47	30	162	0,47	22
245	9	0,59	0,54	»	0,59	0,54	31	» »	» »	»	189	0,48	26

Ces tuyaux de fonte se fixent aux parements des bâtiments au moyen de colliers à scellements en feuillard galvanisé, comme l'indique la *fig.* 401. Le fer a ordinairement $0^m,03$ de largeur sur $0^m,001$ à $0^m,002$ d'épaisseur ; il est contourné de manière à former deux scellements solides. Les scellements ont $0^m,08$ environ de profondeur. On met autant de colliers qu'il y a de pièces en fonte et on les scelle à hauteur telle que l'emboîtement de chaque tuyau vienne porter sur le collier ; on soutient ainsi parfaitement la fonte et on réserve toute dilatation pour les joints.

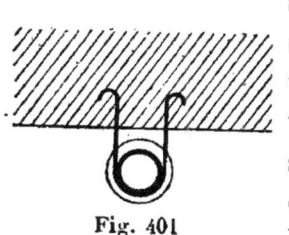

Fig. 401

On termine supérieurement chaque descente par une cuvette simple en fonte munie d'un couvercle, et cette cuvette est chargée de recevoir le moignon du chéneau ou de la gouttière, ainsi qu'il a été dit au n° 233.

Pour éviter l'oxydation des tuyaux, il est bon de les peindre tant à l'intérieur qu'à l'extérieur. Quelquefois on se contente de les goudronner, mais alors il est presque impossible de les peindre à l'huile ultérieurement, sans enlever le goudron par un lessivage à l'eau seconde (potasse) concentrée.

262. Tuyaux en fonte ornée. — Pour les façades soignées et les édifices importants, on substitue aux tuyaux lisses qui viennent d'être décrits des tuyaux en fonte dont le parement extérieur est décoré d'ornements divers. Ils affectent des formes très variées ; les modèles que l'on rencontre tout prêts dans le commerce se rangent dans les trois catégories suivantes :

1° Tuyaux cannelés à section circulaire.

2° Tuyaux à spirales à section circulaire.

3° Tuyaux à pans ou à section polygonale.

Les tuyaux cannelés à section circulaire sont représentés, comme pièces principales et bouts de raccord, dans les croquis de la *fig.* 402.

Les bouts courants ont 1 mètre de longueur utile ; l'emboîtement est limité par deux moulures à boudin entre

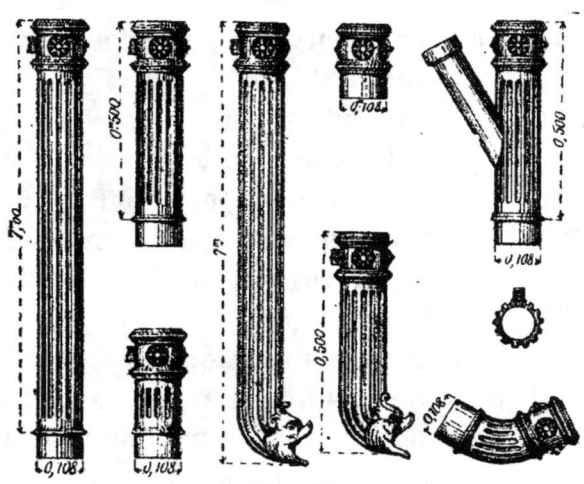

Fig. 402

lesquelles se trouve un gorgerin uni garni de rosaces ; toute la partie intermédiaire entre l'emboîtement et le cordon est ornée de cannelures. La même figure montre des 1/2 bouts, des 1/4 de bouts, des 1/8, un grand et un petit dauphin, un coude au $1/8^e$ et enfin un embranchement.

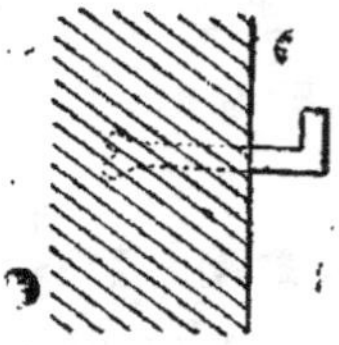

Ces tuyaux, pour qu'on puisse les fixer au parement d'un mur, sont munis d'un anneau à saillie venu de fonte, dans la mortaise duquel vient se loger un gond scellé à hauteur convenable ; ce dernier est dessiné dans la *fig.* 403.

Fig. 403

L'attache est aussi solide que celle d'un collier à scellement et elle présente l'avantage d'être tout à fait invisible.

Les tuyaux cannelés du commerce ont les diamètres suivants :

	0,081	0,094	0,108	0,135	
ils pèsent	12^k	15^k	20^k	25^k	le m. courant

Les tuyaux à spirales ne diffèrent des précédents que par la torsion des cannelures. Ils ont les mêmes longueurs,

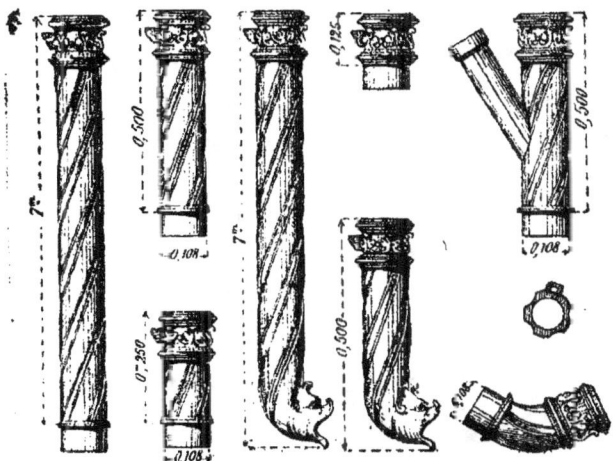

Fig. 404

les mêmes diamètres et les mêmes formes générales ; ils sont représentés par les croquis de la *fig*. 404 et ont les mêmes poids au mètre linéaire.

Ils se posent également sur gonds scellés ; on choisit tan-

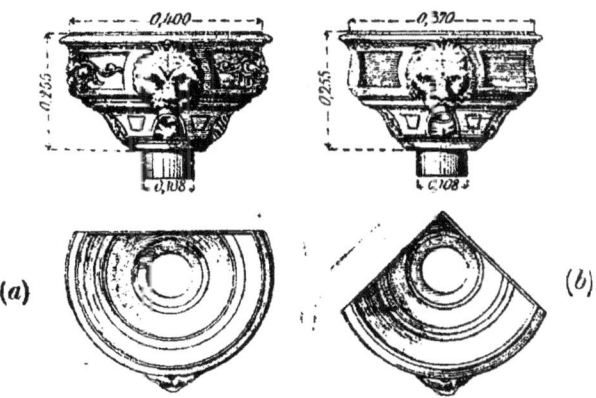

Fig. 405

tôt les tuyaux à cannelures droites, tantôt les tuyaux à spirales, suivant la forme qui paraît le mieux s'accorder avec le caractère de décoration des façades que l'on doit garnir.

Pour former la partie haute des tuyaux de descente en

fonte ornée, on trouve dans le commerce des cuvettes appropriées. La *fig*. 405 représente en élévation et en plan deux formes courantes de ces cuvettes.

La forme *a* est celle qui convient pour mettre à plat le long d'une façade. La forme *b* convient pour les descentes qui se trouvent posées dans l'angle de deux bâtiments d'équerre.

Ces cuvettes présentent la forme d'un entonnoir ; elles sont munies d'un moignon à leur partie inférieure ; elles comportent aussi un trop plein qui est accusé au dehors

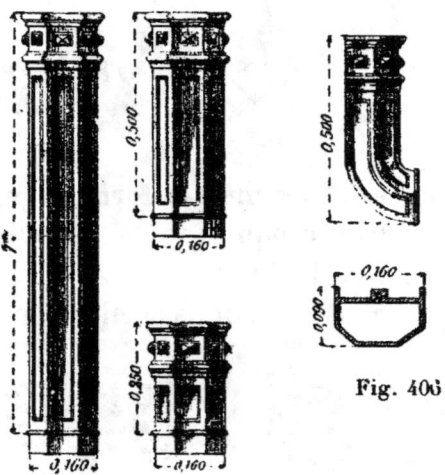

Fig. 405

par une tête et qui prévient des engorgements, tout en éloignant les débords des façades des édifices.

Enfin, comme pour les autres cuvettes, il est bon de les garnir d'un couvercle qui empêche les oiseaux d'y établir leurs nids et de préparer ainsi des obstructions.

Les tuyaux à pans conviennent aux façades plus ornementales, toutes les fois que l'on n'a pas à les établir dans les angles rentrants des bâtiments. Leur forme ne peut servir que pour une application à plat sur les façades longitudinales. Elle est représentée par la *fig*. 406.

Le fond est parallèle au mur ainsi que la paroi d'avant;

les deux retours sont perpendiculaires et sont raccordés en avant par deux pans coupés. Ils dépassent le fond pour venir s'amortir contre la maçonnerie. Les faces vues sont munies de panneaux rentrés encadrés de moulures. Les emboîtements sont accusés par des moulures et leur partie plate comporte des tables ornées saillantes.

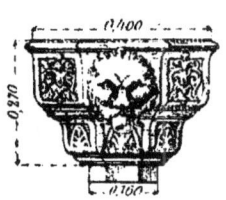

Ces tuyaux se posent comme les précédents, au moyen de pitons venus de fonte formant anneaux et dans lesquels s'engagent les coudes de gonds scellés à la demande.

La même figure montre la forme des raccords de ces tuyaux.

Quant aux cuvettes, établies suivant un seul type, elles s'appliquent à plat

Fig. 407

contre les murs; elles présentent des pans correspondant à ceux des tuyaux. La *fig.* 407 donne la représentation d'une de ces cuvettes en élévation et en plan.

363. Tuyaux système Bigot-Renaux. — M. Bigot-Renaux a étudié un système de descente en fonte qui pré-

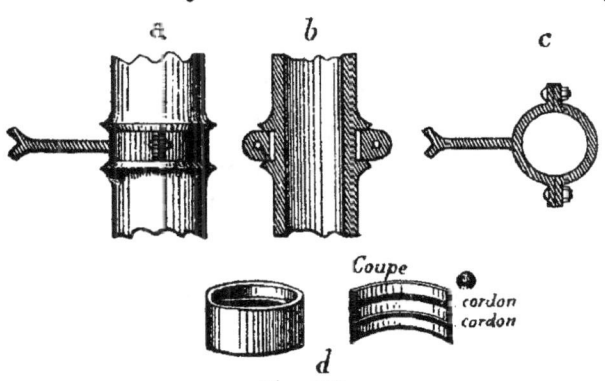

Fig. 408

sente sur les tuyaux ordinairement employés et qui viennent d'être décrits, les avantages suivants :

1° Ils ont des joints complètement étanches; ils ne laissent filtrer aux points de jonction ni eaux sales, ni mauvaises odeurs ; en même temps, pour certains usages, ils sont précieux en ce qu'ils peuvent supporter une pression intérieure considérable, sans rien laisser passer au dehors ni gaz, ni liquides.

Ils se démontent très facilement sans qu'on soit obligé, comme pour les tuyaux précédemment décrits, de casser un bout pour obtenir la dépose partielle des bouts voisins.

Le joint est au caoutchouc. Chacun des bouts se termine par un cordon et une partie unie qui le dépasse ; on réunit les extrémités par un manchon en caoutchouc, avec deux cordons saillants à l'intérieur, représenté en d, *fig.* 408. Le manchon est, à son tour, fortement comprimé

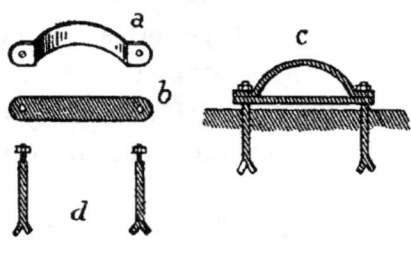

Fig. 409

par le collier à scellement qui sert de support à la descente. Ce collier est en deux pièces, il est formé de deux demi-cercles munis de brides, l'un fait corps avec la tige à scellement, l'autre fait pression sur lui par le serrage de deux boulons ; le collier à scellement est représenté *fig.* 409 en c. Les lettres a et b, dans cette même figure, représentent un joint vu de côté, et un joint coupé longitudinalement par un plan passant par l'axe de la descente.

Ces tuyaux, qui sont surtout applicables aux canalisations d'eaux résiduaires dans l'intérieur des habitations, conviennent également aux tuyaux de descente des eaux pluviales, non seulement dans les constructions d'usine, mais également dans les édifices importants. On les emploie soit à l'état de tuyaux unis, soit à l'état de tuyaux ornés. Les *fig.* 410, 411, et 412 en repré-

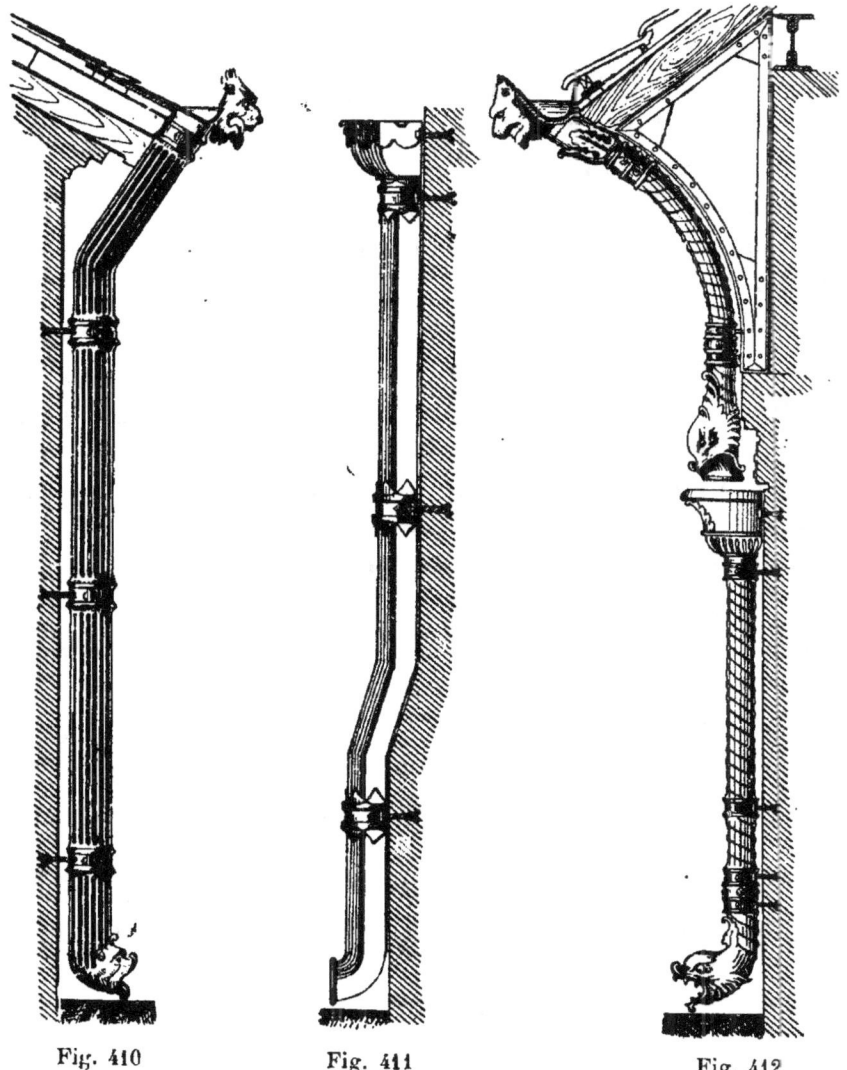

Fig. 410   Fig. 411   Fig. 412

sentent les applications qui en ont été faites dans ces dernières années, à Paris, à des constructions remarquables.

La première donne la vue du côté des descentes cannelées placées au collège Sainte-Barbe.

La seconde représente les tuyaux à spirales placés aux restaurants des entrepôts de Bercy. Ils sont composés pour chaque descente de deux parties : l'une, correspondant à la hauteur du mur sous bandeau, est verticale et se termine en haut par une cuvette, et en bas par un dauphin orné ; la seconde, correspond à la queue de vache formée par la saillie de la toiture ; elle est courbe et va du chéneau à la cuvette, en prenant les points de soutien de ses colliers sur la console en tôles et cornières qui supporte la saillie.

Le chéneau est décoré, à la naissance du moignon d'une tête de lion, tandis qu'a l'extrémité de la descente courbe se trouve un dauphin vertical qui verse l'eau dans la cuvette déjà mentionnée.

Le joint au caoutchouc Bigot-Renaux s'applique de la même manière aux tuyaux à section demi circulaires, ou même aux tuyaux à pans que l'on peut désirer appliquer aux façades.

La *fig*. 409 donne le détail du collier applicable aux tuyaux à section en demi-cerle ; la partie arrière est une traverse plate b, qui s'appuie sur les épaulements de deux boulons à scellement d ; un demi collier a placé en avant est rappelé par les mêmes boulons et forme le serrage nécessaire pour le joint.

Ces tuyaux présentent la même section que les précédents, le caoutchouc se dispose de même, la section transversale seule diffère.

Les tuyaux à pans ont leur joint établi sur le même principe.

La *fig*. 411 donne la vue de côté des tuyaux à pans employés pour les descentes pluviales du Lycée Voltaire à Paris.

Pour démonter et remonter isolément un tuyau intermédiaire F dans une conduite, on opère de la manière suivante : (voir *fig.* 413).

On enlève les écrous A et les boulons B des deux joints du tuyau F ainsi que les deux demi colliers C et D; on fend les deux manchons en caoutchouc afin de les décoller d'avec la fonte, puis on les enlève; on retire ensuite le tuyau F d'entre les tuyaux E et G.

Pour remettre le tuyau F en place, on pose sur chacune de ses deux extrémités un manchon neuf en caoutchouc que l'on replie sur lui-même, en le rabattant par le milieu; on remplace le tuyau F ainsi garni entre les deux tuyaux F et G; on attire légèrement à soit les deux tuyaux

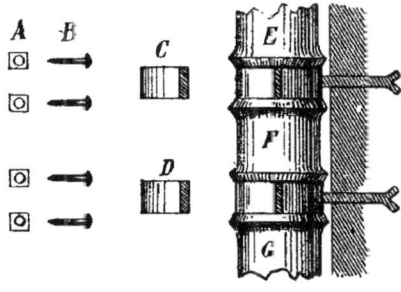

Fig. 413

F et G; on rabat le manchon inférieur, afin de raccorder les tuyaux F et G ; on repousse doucement ces deux tuyaux dans le fond du collier; on replace le demi collier D, que l'on maintient avec les deux boulons sans serrer le joint à fond.

On opère de la même manière pour faire le joint supérieur du tuyau F et le raccorder avec le tuyau E ; on serre ensuite les 4 écrous à fond et le remontage se trouve ainsi terminé.

Prix des tuyaux étanches système Bigot-Renaux. — Les prix des tuyaux dont il vient d'être question sont indiqués dans les tableaux suivants et sont applicables aux bouts entiers.

Tuyaux ronds unis

Diamètres intérieurs des tuyaux.	67 m/m	81 m/m	94 m/m	108 m/m	135 m/m	162 m/m	189 m/m	216 m/m	243 m/m	325 m/m
Prix du mètre courant . . .	5 95	6 45	7 »	7 85	9 »	10 90	13 25	15 »	19 »	25 05

Tuyaux ronds cannelés

Diamètres intérieurs des tuyaux.	81 m/m	94 m/m	108 m/m	135 m/m
Prix du mètre courant . . .	9 10	10 80	13 40	17 15

Tuyaux 1/2 ronds

Dimensions intérieures en m/m.	147/60	160/100
Prix du mètre courant. . .	13 35	14 05

Tuyaux ronds à spirales

Diamètres intérieurs des tuyaux.	81 m/m	94 m/m	108 m/m	135 m/m
Prix du mètre courant. . . .	9 50	10 80	12 »	14 65

Les raccords sont comptés 0^m,50 en plus de leur longueur.

Pour Paris les prix ci-dessus sont augmentés de 10 % pour transport, octroi et camionnage à pied d'œuvre.

Ces prix sont applicables à la fourniture sans pose ; ils comprennent les joints, colliers, boulons et une couche de peinture au minium.

264. Détermination des dimensions des tuyaux de descente. — M. Bigot-Renaux donne, comme résultat d'expériences, les débits suivants, de différentes tubulures de chéneau, sous la seule charge de l'eau qui les emplit. Le diamètre de ces tubulures répond au diamètre qu'il est nécessaire de donner à la descente correspondante pour les débits qui y sont indiqués.

Un tuyau de 0,080 de diamètre débite 194 litres par minute
» 0,095 » 273 »
» 0,108 » 340 »
» 0,115 » 510 »
» 0,135 » 834 »
» 0,160 » 984 »

On a vu au numéro 246 la manière de trouver la quantité maximum d'eau que peut recevoir une toiture On a donc le moyen de déterminer dans chaque cas le diamètre d'un tuyau, ou bien la surface maximum de bâtiment qui peut correspondre à un tuyau d'un diamètre donné.

265. Cuillers et gargouilles. — Lorsque la descente doit verser son eau sur un revers en pavé entourant le bâtiment, on reçoit le déversement sur une pierre dure, résistant bien à l'eau et figurée en A, dans la *fig*. 414. On nomme cette pierre une *cuiller* en raison de sa forme. Elle est creusée en son milieu, présente une pente suivant celle du revers dont elle fait partie, et se raccorde par un caniveau pavé avec le ruisseau qui termine le revers.

Plus généralement maintenant, les bâtiments sont entourés de trottoirs en asphalte ou en granit. On interpose alors au droit des descentes, et dans l'épaisseur du trottoir des caniveaux en fonte, nommés *gargouilles*. Ils sont fermés à leur partie supérieure et leur forme est représentée

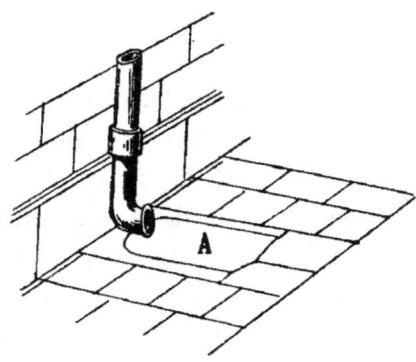

Fig. 414

dans la *fig.* 414. Sur leur face extérieure existe une fente longitudinale servant au dégorgement. On les trouve dans le commerce suivant des longueurs variables, qui permettent par leurs diverses combinaisons d'arriver à une longueur déterminée. Le joint de deux bouts succes-

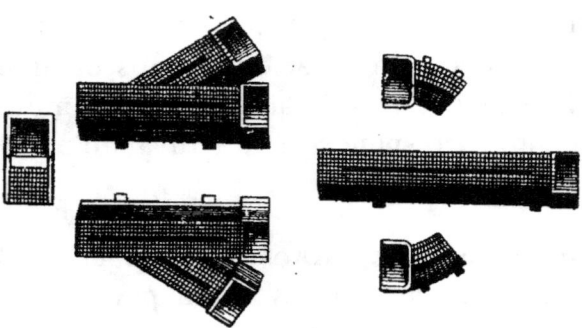

Fig. 415

sifs est formé par une sorte d'emboîtement que l'on garnit de ciment à la pose. Pour pouvoir parer à tous les cas, on a comme raccords des coudes au $1/8^e$, des embranchements de droite et de gauche, et enfin une tête nommée *sabot* recevant le dauphin de la descente. Les dimensions et poids d'une des séries les plus ordinaires de gargouilles sont indiqués dans le tableau ci-joint.

Gargouilles ordinaires		Embranchements droite et gauche	
Longueur	Poids	Longueur	Poids
$2^m,000$	$69^k,00$	$0^m,58$	$27^k,00$
1, 750	59, 00	Coudes droite et gauche	
1, 500	47, 00		
1, 250	42, 00	Au 8me	Poids
1, 000	32, 00		
0, 900	28, 00	»	$8^k,00$
0, 750	25, 00	Sabot	
0, 470	16, 00		
0, 400	14, 00	Longueur	Poids
		$0^m,35$	$11^k,00$

266. Circulation sur les combles, marches en zinc. — On ne peut circuler sur les toitures recouvertes en zinc que lorsque la pente est inférieure à $0^m,30$ environ par mètre ; pour des pentes plus fortes, on dispose des chemins composés de marches en bois attachées par vis, boulons ou tirefonds sur le voligeage et les chevrons, et recouvertes en zinc ; ces marches sont espacées en plan d'environ 0,32 à 0,35.

Pour parer à l'inconvénient d'être glissantes, on a fait des marches en zinc fondu d'une seule pièce, disposées suivant les inclinaisons des combles. Le dessus de la marche est fortement quadrillé.

Pour fixer ces marches sur les combles, on leur fait venir de fonte deux tenons coniques qui viennent s'engager dans deux godets en cuivre ou mieux, en fort zinc, de forme appropriée. On a fait la place de ces derniers dans le voligeage ou les chevrons, et on les a consolidés en soudant leur bord supérieur avec la couverture. Les tenons s'emboîtent exactement dans les godets, et on consolide le contour de la marche avec la feuille de zinc

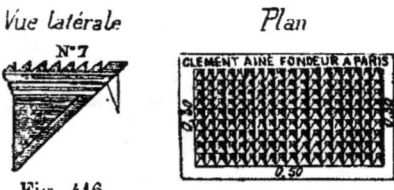

Fig. 416

qui la supporte immédiatement. Ces marches valent de 10 à 20 fr. pièce suivant leurs dimensions.

Dans bien des cas, il est utile et convenable d'accompagner les marches d'une rampe, pour la plus grande facilité de la circulation. Cette rampe se compose généralement de montants en fer espacés de 1^m,00 à 1,50 l'un de l'autre, réunis à la partie supérieure par une main cou-

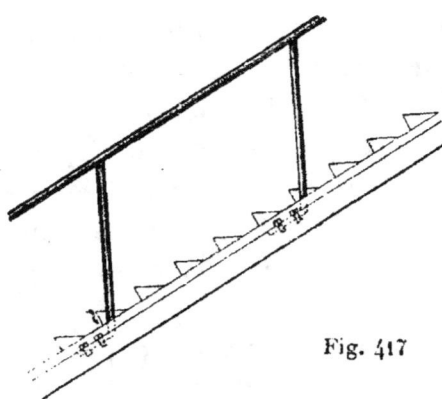

Fig. 417

rante. Montants et main courante peuvent être en fer rond de 0,020 à 0,025 ; on les galvanise pour éviter l'oxydation et permettre les soudures.

Les montants sont à scellements ou à pattes suivant

qu'ils sont à fixer, soit dans un hourdis, soit sur les chevrons. La disposition d'ensemble est indiquée dans la *fig.* 417 ci-dessus.

Il reste à indiquer la manière dont les montants doivent traverser librement la couverture sans empêcher la dilatation.

A l'endroit de chaque montant, on perce un trou d'un diamètre assez grand pour le laisser passer avec un jeu de 0^m,02 environ tout autour. On soude sur ce trou un cylindre vertical en zinc ; d'environ 0^m,10 de hauteur, c'est dans ce fourreau que doit passer librement le montant de la rampe.

Il faut maintenant empêcher l'eau de la pluie d'entrer dans le fourreau, et aussi celle qui, mouillant le montant

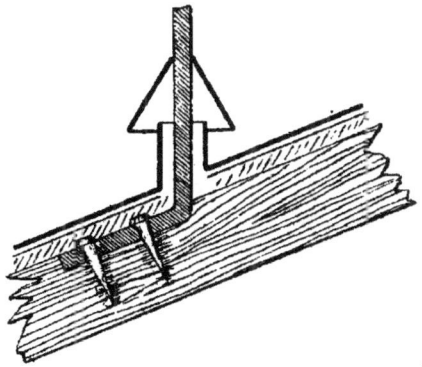

Fig. 418

viendrait à ruisseler sur sa paroi. A cet effet, sur le montant en fer galvanisé, on soude un entonnoir renversé, assez large et descendant assez bas pour former larmier et empêcher absolument l'eau de pénétrer sous la couverture.

De cette façon, toutes les pièces sont indépendantes et peuvent librement se dilater.

267. Echelles en fer avec montants. Paliers. — Lorsque les pans de couverture sur lesquels on doit circuler sont à pente raide, on a avantage à établir parallèlement à ces pans de véritables échelles en fer. On les compose par exemple, comme l'indique la *fig.* 419 ci-contre, de deux cornières de $\frac{60-60}{6}$ espacées de 0,40 à 0,50, comprenant des barreaux à embase de 0,025 de diamètre ; le tout est galvanisé après construction. Les montants de l'échelle sont fixés ou rampant du comble par des supports à pattes, à scellements, ou à boulons suivant les cas. On prend pour ces supports les mêmes dispositions que pour les montants des rampes, afin d'éviter que l'eau ne

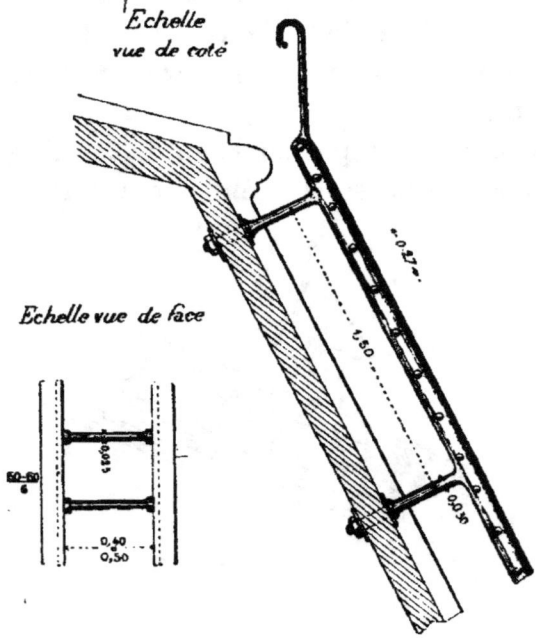

Fig. 419

s'introduise dans le bâtiment par l'orifice de leur passage libre à travers la couverture.

On dispose des échelles identiques pour accéder aux souches de cheminées élevées, et permettre un ramonage ou une réparation d'une façon très commode ; elles aboutissent alors à des paliers à jour, composés de cornières parallèles portant une série de fers à simple T de 30×35, disposés comme des échelons très rapprochés.

La *fig.* 420 montre la coupe longitudinale et la coupe

transversale de ces paliers ; elle indique la manière dont les fers sont assemblés ; l'âme du fer à T est enlevée à ses extrémités, et la table restant seule est rivée sur le champ de la cornière. Il est bon de galvaniser ces pièces lorsque le palier est terminé et assemblé.

Echelons scellés dans la maçonnerie. — Enfin, dans les murs verticaux qui accèdent aux combles on crée des cir-

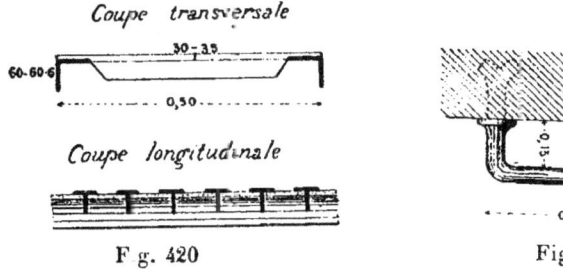

Fig. 420

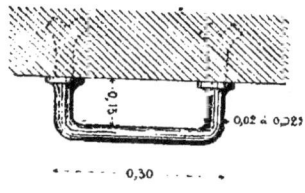

Fig. 421

culations verticales au moyen d'échelons en fer à deux scellements, avec ou sans embases aux branches, et généralement de 0^m,25 à 0^m,30 de largeur ; l'écartement de l'échelon au mur est ordinairement de 0^m,15 et le fer employé est d'un diamètre de 0,020 à 0,022. Il est bon de les galvaniser.

Marches en fers assemblés. — On peut encore exécuter en fers assemblés les marches que l'on doit poser sur les rampants inclinés des couvertures métalliques. On les compose alors comme l'indique la *fig.* 422 ci-contre.

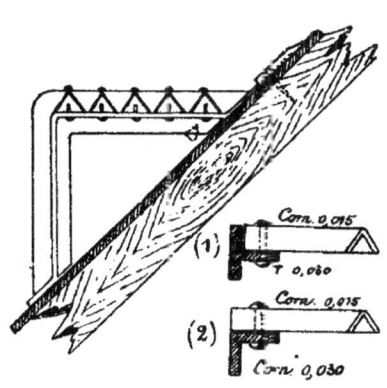

Fig. 422

Un fer à T forme de chaque côté l'ossature de la marche. Il est courbé d'équerre pour constituer la marche et la contremarche ; transversalement, on rive des cornières renversées présentant leur arête à la partie haute. Les extrémités des fers à T sont terminées en pattes dirigées suivant la pente du comble. Les pattes du haut sont seules fixées au moyen de fortes vis, et on augmente beaucoup la solidité en les armant à leur extrémité haute d'un talon qui entre de 0^m,02 dans le bois du voligeage et même dans le chevron. L'assemblage est recouvert par un engaînement empêchant l'introduction de l'eau. On peut remplacer les crémaillères en fer à T (1) par des cornières (2) plus faciles à couder. Ces marches doivent être galvanisées avec soin après leur fabrication.

On peut constituer des échelles suivant les mêmes principes. On forme les limons de cornières ou de fers à T et on les fixe convenablement sur la toiture, après leur avoir assemblé, au moyen de rivures, des marches composées comme les précédentes.

268. Marches en fer et fonte articulées. — On a fait des marches en fonte pouvant prendre des inclinai-

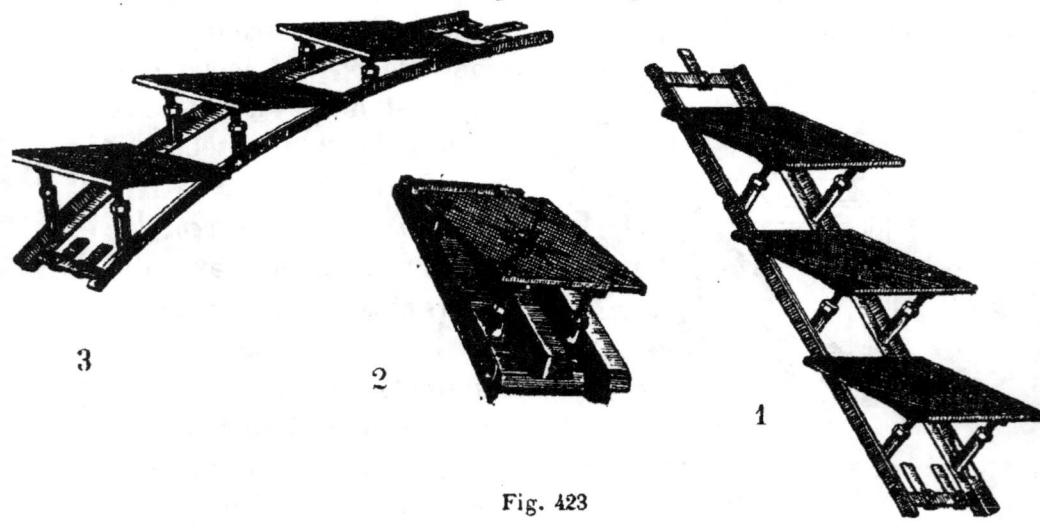

Fig. 423

sons variables au moyen d'articulations spéciales, et de pieds également de longueur variable. Ce système, représenté dans les trois croquis de la *fig.* 423, peut rendre des services dans certaines circonstances.

Le croquis 1 montre une échelle droite formée au moyen de ces marches ; le croquis 2 donne l'exemple d'une échelle cintrée ; enfin, le croquis 3 montre l'application d'une de ces marches à une tuile en fonte, qui se pose comme toutes les autres tuiles, avec lesquelles elle se raccorde. Ces dessins indiquent à la fois et la construction et le mode de variation de pente de ces marches.

FIN

TABLE DES MATIÈRES

CHAPITRE PREMIER

CONSIDÉRATIONS GÉNÉRALES

	Pages
But de la couverture.	3
Classement des matériaux employés	3
Ouvriers employés aux travaux de couverture	4
De la pente des toitures	4
Pentes nécessaires aux divers genres de couverture	7
Conditions que doivent remplir les couvertures	9
Des formes diverses qu'affectent les toitures.	9
Combles de formes dites à la Mansard	12
Modes de liaison des combles de bâtiments contigus.	14
Combles d'usines dits Sheds	16
Groupement des combles des bâtiments divers d'un même établissement	17
Couverture des pavillons	18
Toitures cylindriques	20
Combles coniques.	22
Coupoles de révolution	22
Voligeage et lattis.	23
Des usages en couverture	25
Accès et circulation sur les toitures.	26
Législation relative aux toitures.	27

CHAPITRE II

COUVERTURES EN ARDOISES

	Pages
Propriétés générales du Schiste ardoisier	39
Gisements, principales localités de production	42
Dimensions commerciales des ardoises	42
Formes des ardoises appliquées en couverture	46
Premier mode de pose des ardoises. — Ardoises clouées	46
Pente de la couverture en ardoises clouées	49
Apparence extérieure des couvertures en ardoises. Dispositions décoratives	50
Ardoises épaisses, modèles Anglais	54
Pose de ces ardoises sur des voliges ordinaires ou espacées	57
Choix du modèle d'ardoises	61
Croquis de pose des différents numéros d'ardoises modèles anglais	61
Deuxième mode de pose des ardoises. Fixation avec crochets	65
Système Hugla	65
Système Fourgeau	66
Fixation par crochets sur lattis en fer	67
Autres formes de crochets	68
Couvertures en grandes ardoises sur chevrons sans lattis	69
Egout des couvertures en ardoises. Egout de deux pièces	71
Egout de trois pièces	72
Raccord par le moyen d'une bande de battellement	74
Des ruellées dans les couvertures en ardoises. — Dispositions diverses	74
Raccord d'un pan d'ardoises contre une paroi verticale	78
Des arêtiers dans les couvertures en ardoises	79
Disposition des faîtages des toitures en ardoise	83
Des faîtages ornés	85

	Pages
Comble Mansard avec bris en ardoise	88
Des noues dans les couvertures en ardoises	89
Arrangement des couvertures en ardoises autour des châssis d'éclairage	90
Des raccords autour des chattières	92
Disposition des crochets de service	93
Ouvriers employés pour la couverture en ardoises	94
Outils de couvreur employés dans la couverture en ardoises	95
Prix des ardoises dans Paris	96
Prix composés	97
Sous-détail du prix de règlement d'un mètre superficiel de couverture en ardoises	98

CHAPITRE III

COUVERTURES EN MATÉRIAUX DE MAÇONNERIE PIERRES, CIMENTS, ASPHALTES

Couvertures en pierre des monuments de l'antiquité	103
Disposition employée au Panthéon	105
Couvertures en grandes dalles plates	107
Emploi des dalles creusées et aérées par-dessous	108
Couvertures des clochers. Flèches en pierre	110
Couverture des murs de clôture	111
Dalles naturelles. — Laves. — Mode d'emploi	113
Couvertures en ciment à prise lente. Inconvénients, moyens de les atténuer	114
Couverture en ciment système Caillette	116
Terrasses en ciment	118
Application aux petites parties, murs, souches	119
Couvertures en asphalte. — Précautions à prendre	120

CHAPITRE IV

COUVERTURES EN TUILES

§ 1. — *Tuiles anciennes et tuiles plates*

	Pages
Emploi de la terre cuite en couverture.	125
Comparaison entre la fabrication en pâte molle et la fabrication en pâte dure.	126
Des tuiles anciennes.	128
Tuiles romaines	129
Tuiles flamandes.	130
Tuiles plates de Bourgogne ou de pays. — Grand et petit moule.	131
Pose des tuiles plates. Lattis. Pureau. Recouvrement	132
Disposition à claire-voie	134
Pose de tuiles avec scellements au mortier	135
Pose sur combles hourdés avec liteaux en maçonnerie.	136
Inclinaisons convenables des couvertures en tuiles plates.	137
Prix des tuiles plates	138
Ouvriers et outils employés dans la couverture en tuiles plates.	138
Sous-détail du prix du mètre superficiel	139
Disposition des égouts. Egout simple	140
Egouts de deux pièces	140
Egout de trois pièces.	141
Egout retroussé	142
Egout pendant.	142
Prix des égouts	143
Disposition des faîtages. Faîtages à joints au plâtre	144
Faîtages à recouvrement en terre cuite	144
Prix des faîtages	145
Faîtages ornés.	146
Arêtiers.	146
Prix des arêtiers.	147
Des noues	148
Ruellées.	148
Raccords avec les murs plus élevés et les souches. Solins.	150
Tuiles plates à écailles	152
Coloration des tuiles.	152

Raccord avec les châssis d'éclairage et d'aérage 153
Couverture des murs de clôture en tuiles plates 155
Action de la capillarité. Emoussage 156

§ 2. — *Tuiles mécaniques*

Des tuiles mécaniques 157
Tuiles Gilardoni 158
Tuiles Muller 161
Tuiles Royaux 164
Tuiles Boulet 165
Tuiles Josson 166
Des tuiles dites suisses; dites tuiles de montagne 168
Prix des tuiles mécaniques 169
Sous-détail du prix de règlement de la tuile mécanique posée à Paris 169
Faîtages pour tuiles mécaniques 170
Garnitures de rives. Ruellées 172
Egout inférieur 175
Tuiles spéciales pour chattières et tuyaux 176
Tuiles et châssis d'éclairage 177
Tuiles de raccord en fonte pour montants et marches 181
Couverture des murs en tuiles mécaniques 183

CHAPITRE V

COUVERTURE EN VERRE

Matériaux de vitrerie employés en couverture 189
Couverture en ardoises de verre 193
Couverture en verre ordinaire 194
Emploi de verres striés. Avantages 199
Emploi des glaces brutes 203
Condensation intérieure, précautions, vitrerie du système André 204

CHAPITRE VI

COUVERTURES MÉTALLIQUES

§ 1. — *Couvertures en feuilles de zinc*

	Pages
Propriétés physiques du zinc.	209
Propriétés chimiques	211
Dimensions et poids des feuilles de zinc du commerce.	212
Détermination pratique de l'épaisseur des feuilles de zinc.	214
Des outils employés dans le travail du zinc.	216
Coupement d'une feuille de zinc. Pli d'équerre.	223
Bord plat, ou pince plate	224
Faire un ourlet sur rive, autrement dit border la rive d'une feuille de zinc	224
Manière de faire une soudure	225
Soudure au bain-marie.	226
Surface à recouvrir en zinc. Voligeage.	226
Disposition des feuilles de zinc dans la couverture ordinaire.	228
Disposition des faîtages dans les couvertures en zinc	234
Faîtage-chemin	236
Faîtages moulurés	238
Des faîtages avec ornements en zinc estampé	239
Disposition de la rive d'égoût.	241
Couverture en zinc, système Fontaine.	243
Disposition des arêtiers.	246
Arêtiers ornés.	248
Disposition des châssis d'éclairage et raccord avec la couverture en zinc.	249
Couverture en zinc à ressauts pour faibles pentes	251
Rive latérale. Couverture d'un pignon. Bande à cheval.	252
Amortissement d'une couverture en zinc le long d'une paroi verticale, bandes de solins.	254
Couverture des combles à la Mansard, disposition du bris. Membrons à larmiers	255
Membrons à bourseau	256

	Pages
Membrons ornés	259
Disposition des noues	260
Chattières en zinc	263
Pentes des couvertures en zinc	264
Couverture en zinc d'une souche de cheminée	264
Zinc plombaginé	265
Cours commercial des zincs laminés	266
Bases de la détermination du prix des ouvrages en zinc	266
Sous-détails du prix de façon	267
Prix moyen du mètre superficiel de couverture en zinc	270

§ 2. — *Couverture en zinc des bandeaux et corniches*

Couverture des bandeaux et corniches. Cas où on doit les couvrir	271
Couverture d'un bandeau. Bande d'agrafe et bande de recouvrement	271
Joints par bouts, bandes agrafées, bandes à coulisseaux	274
Raccord avec la bavette d'appui d'une fenêtre	277
Angles saillants et rentrants	278
Bandeaux plus étroits que $0^m,16$	279
Corniches et entablements plus larges que $0^m,16$	279
Bandes de recouvrements à listels	279
Prix des bandes de solin ou d'égoût et des bandes de recouvrement	280

§ 3. — *Ardoises et tuiles métalliques*

Ardoises métalliques	286
Ardoises losangées en zinc de la Vieille Montagne	287
Mode d'attache de ces ardoises	290
Pente de la couverture en ardoises losangées	291
Bandes de rives	291
Faîtages et arêtiers	292
Estampille	293
Ardoises estampées ornées	293
Ardoises métalliques systèmes Menant et Duprat	294

	Pages
Ardoises de Montataire. Forme, dimensions, mode d'attache	296
Pente des couvertures en ardoises de Montataire	299
Disposition des faîtages	300
Prix des ardoises et de leurs accessoires	301
Tuiles en fonte	304

§ 4. — *Feuilles métalliques ondulées*

Emploi de couvertures en feuilles métalliques ondulées. Tôles ondulées	305
Divers modèles de tôles ondulées. Grandes et petites ondes	306
Emploi des tôles ondulées sur charpentes en bois	313
Assemblage des tôles ondulées sur combles en fer	315
Disposition des faîtages	317
Prix des tôles ondulées	319
Zinc ondulé dit cannelé. Mode d'attache	319
Pente, poids et prix. Pente de la couverture en zinc cannelé	321
Feuilles de zinc à doubles nervures. Mode d'attache	322
Disposition du faîtage	323
Organisation de la rive d'égout	324
Des ruellées	325
Raccord contre une paroi verticale, bande de solin	326

§ 5. — *Couvertures en cuivre*

Propriétés physiques du cuivre	327
Propriétés chimiques	328
Emploi du cuivre dans la couverture	328
Couverture de la cathédrale de Saint-Denis	330
Couverture en cuivre avec couvrejoints et tasseaux	331
Couverture en cuivre de l'église de Saint-Vincent de Paul à Paris	333

§ 6. — *Couvertures en plomb*

	Pages
Propriétés physiques du plomb	334
Propriétés chimiques	335
Fusion du Plomb. Fabrication des tables	336
Comparaison du plomb et du zinc	337
Poids du plomb en feuilles	338
De la soudure sur plomb	339
Principes de la couverture en plomb	340
Couverture de Notre-Dame de Paris	342
Couverture en plomb de la cathédrale de Clermont-Ferrand	343
Couverture en plomb du dôme des Invalides	345
Couverture en plomb du dôme de la cathédrale de Marseille	346
Couverture d'une terrasse en plomb	347
Couverture en plomb d'un balcon en pierre tendre	349
Couverture en ardoises de plomb	351

CHAPITRE VII

COUVERTURE EN MATÉRIAUX LIGNEUX

Couverture en bardeaux de merrain	355
Couverture en planches	356
Système Cubett	359
Toitures en papiers, cartons et feutres bitumés ou goudronnés	360
Couverture en chaume	362
Couverture en roseaux	363

CHAPITRE VIII

GOUTTIÈRES, CHÉNEAUX ET ACCESSOIRES DE COUVERTURE

§ 1. — Gouttières et chéneaux

	Pages
Captation des eaux des toitures. Gouttières et chéneaux	366
Gouttières et chéneaux en pierre	368
Des gouttières en zinc	369
Des longueurs de pentes. Points bas, points hauts	372
Prix des gouttières en zinc	374
Des gouttières dites à l'anglaise ou encore sur entablement couvert	376
Des ressauts dans les gouttières	379
Des chéneaux. Chéneau en plomb encaissé	380
Des ressauts dans les chéneaux en plomb	382
Des chéneaux en zinc	384
Du ressaut dans les chéneaux en zinc	385
Exemple d'un chéneau entre toit et mur	387
Chéneau de façade avec devant en terre cuite	391
Autre disposition du trop plein dans les ressauts de chéneaux	392
Des chéneaux sur entablements couverts	393
Chéneaux en terre cuite	396
Des gouttières et chéneaux en fonte, système Bigot-Renaux	399
Des modèles divers des chéneaux, système Bigot-Renaux	401
Détermination des dimensions des chéneaux	407
Quelques applications des gouttières en fonte	409
Applications de quelques modèles de chéneaux	411
Chéneaux entre deux toits à pente égales	414
Garniture en fonte d'un chéneau en tôle	418
Application aux sheds des chéneaux Bigot-Renaux	418
Chéneaux avec larmier	420
Chéneaux paraneige. Système Bigot-Renaux	421

	Pages
Chéneaux avec devants de socles en fonte	422
Des chéneaux en tôle noire. Divers exemples	424
Chéneaux étanches et non étanches	425
Garniture en plomb d'un chéneau non étanche en tôle	426
Chéneaux en tôle plombée	427
Des chéneaux en fonte formant poutres	428

§ 2. — *Tuyaux de descente et accessoires des couvertures*

Des tuyaux de descente en zinc	431
Prix des tuyaux en zinc	432
Tuyaux de descente en fonte et leurs raccords	434
Tuyaux en fonte ornée	440
Tuyaux système Bigot-Renaux	444
Détermination des dimensions des tuyaux de descente	450
Cuillers et gargouilles	450
Circulation sur les combles, marches en zinc	452
Echelles en fer avec montants. Paliers	454
Marches en fer et fonte articulées	457

Saint-Amand (Cher) Imprimerie Destenay, Bussière Frères.

ENCYCLOPÉDIE DES TRAVAUX PUBLICS

Directeur : M.-C. Lechalas, 12, rue Alphonse-de-Neuville, Paris.

Premières connaissances de l'ingénieur

Traité de Physique, 2 vol. par M. Gariel, avec 448 figures dans le texte. . . . . 20 fr.

Éléments de statique graphique, par M. Eug. Rouché, 1 vol. avec 107 figures dans le texte. 12 fr. 50

Mécanique générale, par M. Flamant, Insp. Gén. des ponts et chaussés. 1 vol. avec 202 figures dans le texte. . . . . . . 20 fr.

Levé des plans et nivellement, par MM. L. Durand-Claye, Pelletan et Lallemand. 1 vol. de plus de 700 p. avec 280 figures dans le texte. . . . . . . 25 fr.

Procédés généraux et mécanique appliquée

Coupe des pierres, par MM. Eug. Rouché et Brisse, ancien professeur et professeur de géométrie descriptive à l'École centrale, 1 vol. et un atlas . . . . . . 25 fr.

Applications de la statique graphique, par M. Mce Koechlin, ingénieur civil, un volume et un atlas . . . . 30 fr.

Procédés généraux de construction. — Terrassements, Tunnels, Dragages et Dérochements, par M. E. Pontzen, ingénieur civil . . . . 25 fr.

Stabilité des constructions. Résistance des matériaux, par M. Flamant, 1 vol avec 264 figures dans le texte. . . . . 25 fr.

Hydraulique, par le même. 25 fr.

Chimie et géologie appliquées. Salubrité

Chimie appliquée à l'art de l'ingénieur, par M. L Durand-Claye. Insp. général des ponts et chaussées, avec 71 figures . . . . . 10 fr.

Hydrauliques agricole, par M Charpentier de Cossigny, lauréat de la Société des Agriculteurs de France, deuxième édition, revue et augmentée, avec 160 fig. . 15 fr.

Géologie appliquée à l'art de l'ingénieur, par M. Nivoit, ingénieur en chef des mines, 2 volumes avec 555 figures. . . . . . 40 fr.

Distributions d'eau. Assainissement, par M. Bechmann, ingénieur en chef de la ville de Paris, 1 vol. avec 624 figures dans le texte. 30 fr.

Exploitation des mines, 1 volume avec 500 fig. par M. Dorion. 25 fr.

Routes et Ponts

Routes et chemins vicinaux, par MM. L. Marx et Durand-Claye, inspecteurs généraux des ponts et chaussées, un volume avec 235 figures . . . . . . 25 fr.

Ponts métalliques, par M. J. Résal, ingénieur en chef des ponts et chaussées, 2 volumes avec 530 fig. dans le texte . . . . . 40 fr.

Constructions métalliques ; fonte, fer et acier, par le même 20 fr.

Ponts en maçonnerie, par MM. Degrand, inspecteur général honoraire des ponts et chaussées, et J. Mésal, avec une Introduction par M. M.-C. Lechalas, 2 volumes avec plus de 300 figures dans le texte . . . . 40 fr.

Mouvement des terres, par M. Ern. Henry, Insp. général . 2 fr. 50

Chemins de fer

Notions générales et économiques, par M. Levque, Ingénieur civil . . . . 15 fr.

Superstructure, 1 vol. avec figures et 1 atlas de 73 gr. pl. par M. Deharme, ingénieur, professeur à l'École centrale. . . . 50 fr.

Chemins de fer à crémaillères, par M. Lévy-Lambert, Ingénieur civil . . . . 15 fr.

Chemins de fer funiculaires, par le même . . . . . . 15 fr.

Navigation intérieure. Inondations

Rivières et canaux, par M. Guillemain, inspecteur général, deux volumes, avec 200 fig. . 40 fr.

Hydraulique fluviale. Inondations, par M.-C. Lechalas, 1 vol. avec 78 figures dans le texte. . . . . . 17 fr. 50

Restauration des montagnes, par M. Thiéry, avec 170 fig. . 15 fr.

Travaux maritimes. Ports

Travaux maritimes, *Phénomènes marins, accès des ports*, par M. Laroche, inspecteur général, professeur à l'École des ponts et chaussées, 1 vol. avec 116 figures dans le texte et 1 atlas . . 40 fr.

Ports maritimes, par le même 2 vol. avec 524 figures et 2 atlas . 50 fr.

La Seine maritime et son Estuaire, par M. Lavoinne, ingénieur en chef des ponts et chaussées, avec une introduction par M. M.-C. Lechalas . . . . 10 fr.

Les ports des îles britanniques. — Les ports de la mer du Nord et du Pas-de-Calais, par M. Guilain, Inspecteur général.

Architecture et constructions civiles

Maçonnerie, par M. Denfer, professeur à l'École centrale, 2 vol. avec 794 fig. . . . . . 40 fr.

Charpente en bois et menuiserie, par le même, 1 vol. 680 fig. 25 fr.

Couverture des édifices, 1 volume, par le même, avec 423 fig. . 20 fr.

Ouvrages divers

Électricité industrielle. Production et applications, par M Monnier, profes. à l'École centrale, 390 figures. . . . . . 20 fr.

Législation des mines, française et Étrangère, par M. Aguillon, ingénieur en chef, professeur à l'École nationale supérieure des mines. 3 vol . . . . . 40 fr.

Manuel de droit administratif, par M. G. Lechalas, ingénieur en chef des ponts et chaussées, tome I . . . . . . 20 fr.

Tome II (1re partie) . . . 10 fr.

Notices biographiques, par M. Tarbé de St-Hardouin, inspect. général. . . . . . . 5 fr.

Droit industriel, par M. Michel Pelletier, prof. à l'Éc. cent. 15 fr.

www.ingramcontent.com/pod-product-compliance
Lightning Source LLC
Chambersburg PA
CBHW051622230426
43669CB00013B/2144